Schiffskessel

SCHIFFSKESSEL

EIN HANDBUCH

FÜR

KONSTRUKTION UND BERECHNUNG

VON

WALTER MENTZ

DIPL.-ING.

PROFESSOR AN DER KGL. TECHNISCHEN HOCHSCHULE ZU DANZIG

MIT 222 TEXTFIGUREN UND 5 TAFELN

MÜNCHEN UND BERLIN

DRUCK UND VERLAG VON R. OLDENBOURG

1907

Vorwort.

Mehrfach an mich herangetretenen Anregungen folgend, habe ich mich zur Abfassung dieses Buches entschlossen, in der Überzeugung, dafs, was Schiffskessel betrifft, in der ohnehin nicht allzu umfangreichen schiffbautechnischen Literatur eine auffallende Lücke vorhanden ist. Während sich über Wasserrohrkessel in Zeitschriften usw. verschiedentlich, teilweise allerdings veraltete, Aufsätze finden, ist über Zylinderkessel in der deutschen Literatur so gut wie nichts vorhanden. Auch die fremdsprachliche Literatur bringt wenig darüber. Aus diesem Grunde habe ich in dem vorliegenden Buch die Zylinderkessel besonders eingehend behandelt. Insbesondere schien es mir angebracht, die Entstehung und Bedeutung der Formeln der Klassifikationsgesellschaften zu besprechen, da in der Praxis meist keine Zeit vorhanden ist, um die in denselben enthaltenen Annahmen, Beanspruchungen usw. zu ergründen.

Schon beim Durchblättern des Buches wird es auffallen, dafs Tabellen darin fast gar nicht enthalten sind. Es ist dies mit voller Absicht geschehen, da in der Praxis kaum nach Tabellen, deren Herkunft, Unterlagen usw. dazu oft noch recht zweifelhaft sind, gerechnet wird, und die Ingenieurtätigkeit überhaupt in etwas Höherem besteht als im Anwenden von Tabellen. Verdampfungsversuche, Betriebsresultate usw in gröfserem Umfange in das Buch aufzunehmen und womöglich zu einem Vergleich der einzelnen Kesselarten zu benutzen, erschien mir nicht ratsam, da diese Versuche, wie genauer im XII. Abschnitt auseinandergesetzt ist, meist Paradeversuche sind, die für eine Beurteilung und einen Vergleich der Kessel keine ausreichende Grundlage bilden; Betriebsergebnisse dagegen sind wieder so vielen Zufälligkeiten unterworfen, dafs ihre Wiedergabe wenig Wert hat.

Von den Wasserrohrkesseln wurden nur die Arten besprochen, welche sich einer gröſseren Verbreitung erfreuen.

Auf die Mechanik des Wasserdampfes, Anstellung von Verdampfungsversuchen, chemische Untersuchung der Heizstoffe, Heizgase usw. einzugehen, schien mir nicht notwendig, da alles dieses keine Besonderheit der Schiffskessel bildet und gerade hierüber auch verschiedentlich Bücher und Aufsätze erschienen sind. Die gesetzlichen Bestimmungen über Kessel, die Vorschriften der Klassifikationsgesellschaften usw. sind nicht abgedruckt, da diese fortwährenden Änderungen unterworfen sind und daher zweckmäſsig stets im Originalabdruck eingesehen werden.

Selbstverständlich wurde die bestehende Literatur benutzt; es ſand sich jedoch darin, wie schon oben angedeutet, sehr wenig Material. Am meisten Stoff boten noch die von der Kaiserlichen Marine veröffentlichten Vorschriften über die Bedienung der Kessel, Materialabnahme usw.

Besonderen Wert habe ich auf gute, nur das Wichtige zeigende Figuren gelegt. Hierdurch konnte der Text auch verhältnismäſsig kurz abgefaſst werden, da eine Figur oft mehr sagt als seitenlange Beschreibungen. Es ist mir eine angenehme Pflicht den deutschen und ausländischen Firmen, welche mir in der entgegenkommendsten Weise Zeichnungen überlassen haben, an dieser Stelle meinen auf richtigsten Dank auszusprechen. Zu besonderem Dank bin ich Sr. Exzellenz dem Herrn Staatssekretär des Reichs-Marine-Amts verpflichtet, der in weitgehendster Weise die Benutzung von Zeichnungen und Bauvorschriften gestattete.

Die Verlagsbuchhandlung hat bezüglich der Ausstattung des Buches in der bei ihr gewohnten Weise alles Denkbare getan.

An alle Leser meines Werkes sei hierdurch die Bitte gerichtet, mir freundlichst alles mitzuteilen, was ihnen irgendwie ergänzungsbedürftig erscheint oder zu Bemerkungen Anlaſs gibt, damit dies bei einer eventuellen zweiten Auflage berücksichtigt werden kann.

Danzig-Langfuhr, im Mai 1907.

Walter Mentz.

Inhaltsverzeichnis.

I. Abschnitt.

Geschichtliche Entwickelung der Schiffskessel.

Die allerältesten Schiffskessel besaßen einen in den Kessel eingebauten Raum, in welchem die Kohlen verbrannt wurden, hatten jedoch noch keinerlei Rohre, durch welche die Gase gehen mußten; es waren vielmehr nur einige Kammern vorhanden, durch welche die Gase abzogen. Die Ausnutzung der in den Heizgasen enthaltenen Wärme war demgemäß

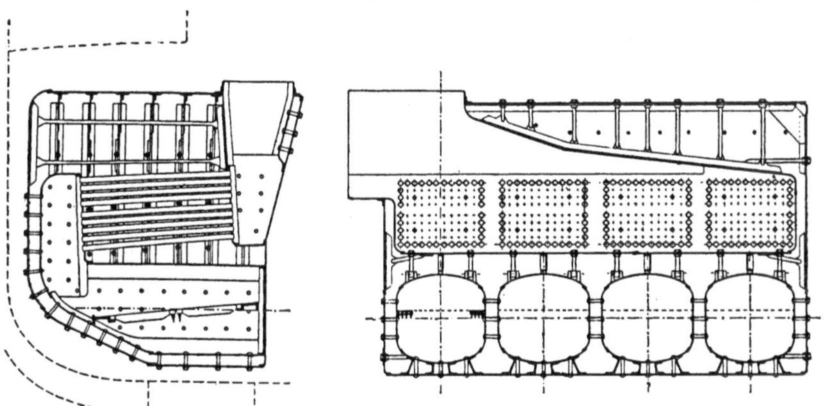

Fig. 1.

eine sehr schlechte. Größere Verbreitung hatten dann die sog. Kofferkessel (Fig. 1), bei welchen Feuerbüchsen zur Aufnahme der Roste, Feuerkammern zur Verbrennung der Gase und eine Anzahl Siederohre vorhanden waren, welche den Gasen eine größere Oberfläche und somit Gelegenheit boten, ihre Wärme an das Wasser möglichst vollständig abzugeben. Wie aus dem punktiert angedeuteten Spant ersichtlich, war die

Raumausnutzung eines solchen Kessels eine äußerst günstige. Die flachen Wände verlangten aber eine ausgiebige Versteifung durch Anker und Stehbolzen, sodaß diese Kessel nur für etwa 2 oder höchstens 3 at Überdruck ausgeführt werden konnten. Bei diesen Drucken war das Innere durch die Versteifungen schon ziemlich unzugänglich, und das Gewicht eines solchen Kessels einschließlich Wasser betrug bei nur 2 at Überdruck etwa 66 kg pro PS_i. In unserer Marine waren die alten Panzerschiffe wie »König Wilhelm«, »Kaiser«, »Deutschland«, ferner die Schulschiffe »Mars«, »Stosch«, »Moltke«, »Blücher« usw. mit diesen Kesseln ausgerüstet.

Bei den im Laufe der Zeit allmählich steigenden Dampfdrucken erwies sich die Einführung der Zylinderkessel als Notwendigkeit, bei welchen sowohl der Mantel wie auch die Flammrohre als Zylinder ausgebildet waren. Dieser Kesseltyp ist in der Kriegsmarine erst seit etwa einem Jahrzehnt durch die Wasserrohrkessel verdrängt worden, in der Handelsmarine ist er bis heute vorherrschend und wird es wohl auch noch

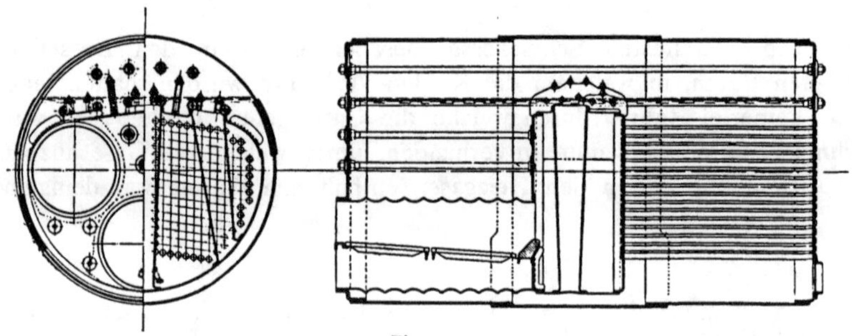

Fig. 2.

lange bleiben. Bei beschränkter Höhe des Kesselraumes verwandte man in der Marine Zylinderkessel mit durchschlagender Flamme (Fig. 2). Die drei Flammrohre, in welchen die Roste gelagert sind, münden hier in eine gemeinsame Feuerkammer. Von hier aus gehen die Gase in derselben Richtung durch die Siederohre weiter. An der Hinterwand des Kessels befindet sich dann der Rauchfang. Der geringe Kesseldurchmesser gestattete zwar eine geschützte Lage unter Deck, die Raumausnutzung war jedoch sehr ungünstig, da nur ein sehr geringer Teil der vom Kessel beanspruchten Grundfläche durch Roste ausgefüllt wurde. Außerdem mußte die Rückwand für etwaige Reparaturen, Reinigen der Siederohre usw. stets zugänglich sein. Heute findet man Kessel mit durchschlagender Flamme nur noch bei Beibooten, z. B. bei den Beibooten I. bis III. Klasse der deutschen Marine. Fig. 3 stellt einen solchen Kessel für ein Beiboot I. Klasse dar. Ab und zu wird schließlich dieser Kesseltyp noch für flachgehende Raddampfer ausgeführt.

Die übliche Ausführung der Kessel ist die mit rückkehrender Flamme. In Fig. 4 und 5 und Tafel I sind drei moderne, für Handels-

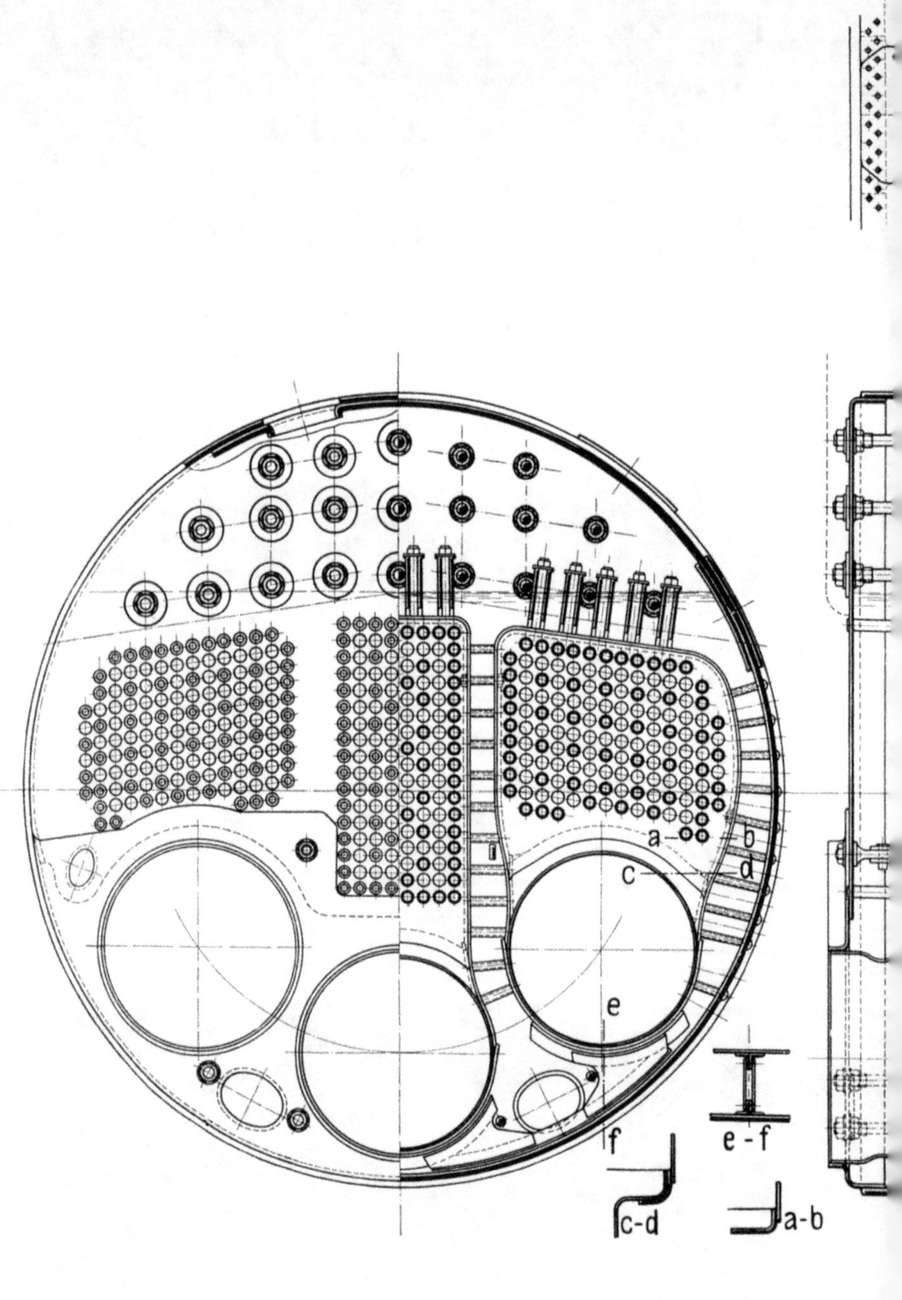
a
b
c
d
e
f
e - f
c-d
a-b

Tafel I.

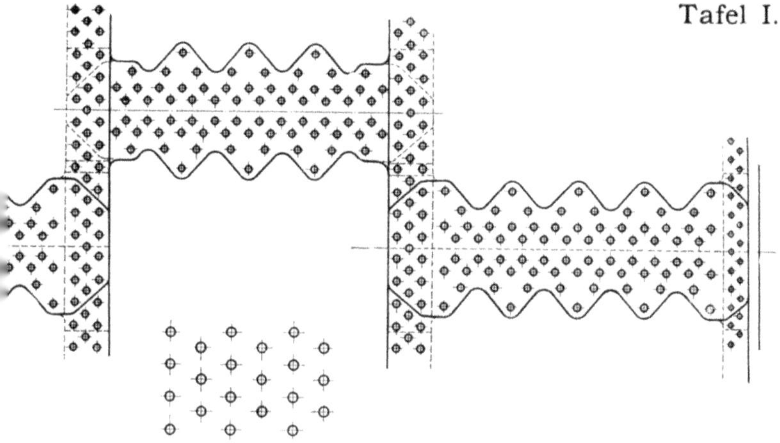

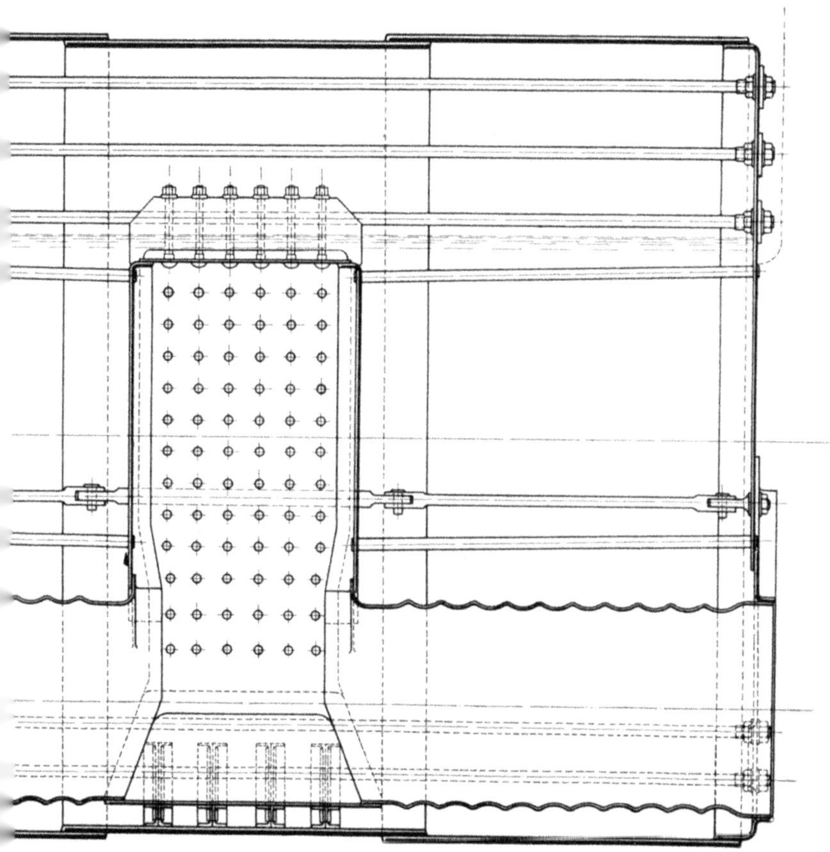

schiffe bestimmte Ausführungen solcher Kessel dargestellt. Die Siederohre liegen hier über den Flammrohren, so daß die Flamme in der Verbrennungskammer umkehren muß; der Rauchfang befindet sich daher an

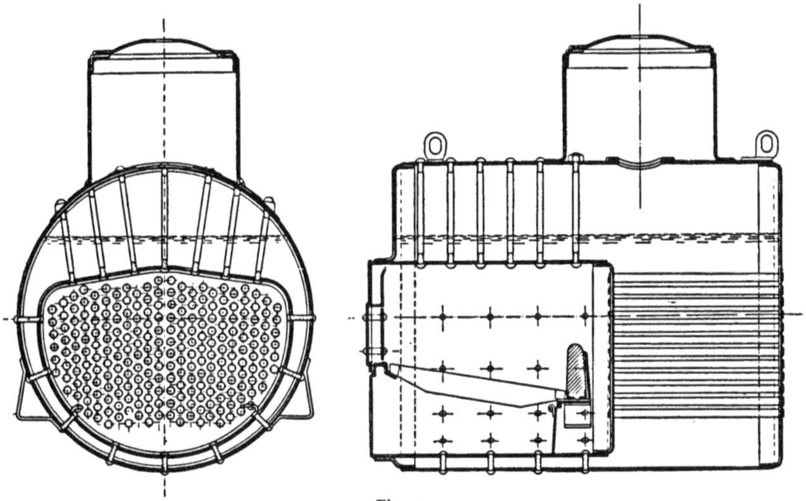

Fig. 3.

der Vorderwand des Kessels. Diese Kessel können als Einender (Fig. 4 und 5) oder als Doppelender (Tafel I) ausgeführt werden; bei letzteren erhalten die gegenüberliegenden Flammrohre meist eine gemeinsame Feuer-

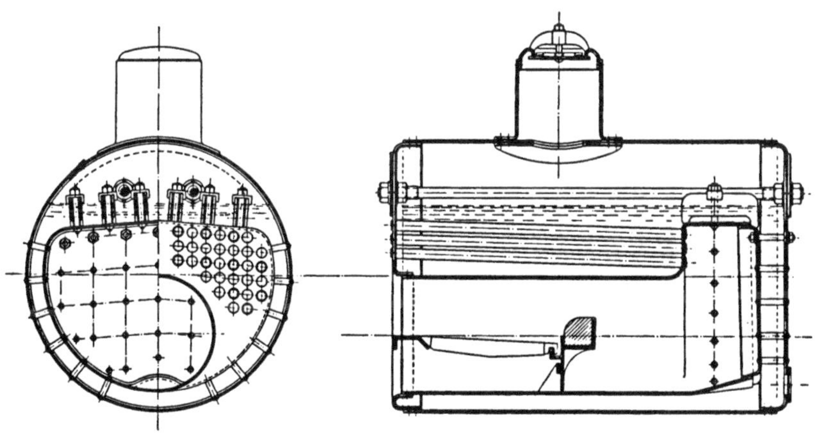

Fig. 4.

kammer. Je nachdem in die Stirnwand 1, 2, 3 oder 4 Flammrohre eingebaut sind, unterscheidet man Einfeuerkessel (Fig. 4), Zweifeuerkessel (Fig. 5), Dreifeuerkessel (Tafel I) und Vierfeuerkessel (Fig. 6). Letztere verwendet man nur bei Raummangel; aus diesem Grunde haben dann

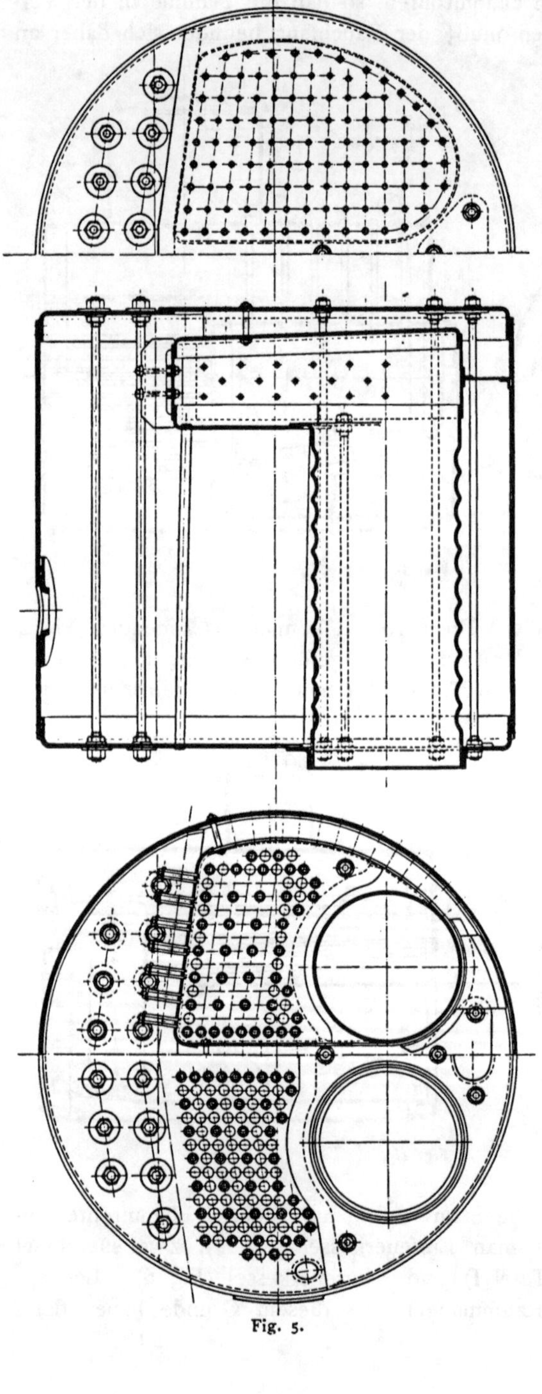

Fig. 5.

hier oft, wie auch in Fig. 6 angegeben, zwei nebeneinanderliegende Flammrohre eine gemeinsame Feuerkammer.

Die flachen Stirnwände werden in ihrem mittleren Teil durch die Siederohre, von welchen ein bestimmter Prozentsatz als Ankerrohre mit größerer Wandstärke und eingeschraubten Enden ausgeführt wird, versteift; der obere Teil muß durch Anker unterstützt werden. Die flachen Wände der Feuerkammern werden durch Stehbolzen abgesteift.

Das Gewicht von Zylinderkesseln für Handelsschiffe einschließlich Wasser beträgt bei einem Kesselüberdruck von 15 at und natürlichem Zug pro PS_i etwa 100 kg für Einender und 80 kg für Doppelender; pro qm Heizfläche wiegen Zylinderkessel bei diesem Dampfdruck ohne Wasser etwa 240 kg, bei 12 at Kesselüberdruck etwa 200 kg. Die als Einender ausgeführten Zylinderkessel der »Brandenburg«-Klasse, welche 12 at Überdruck hatten und mit künstlichem Zug arbeiteten, wogen einschließlich Wasser nur etwa 70 kg pro PS_i.

Zylinderkessel wurden bis Mitte der neunziger Jahre auf größeren Schiffen der Kriegsmarine fast allgemein verwendet; Torpedoboote und

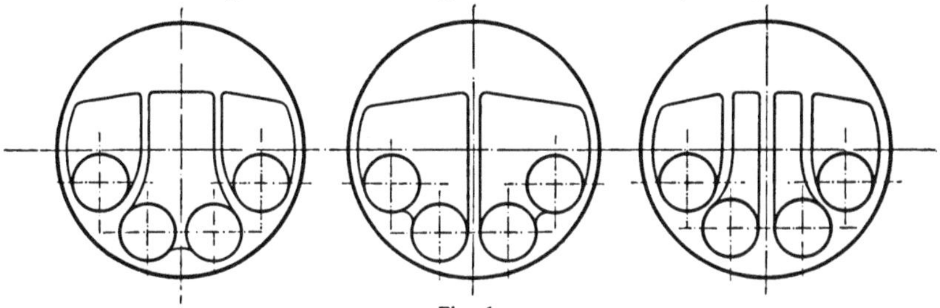

Fig. 6.

auch unsere Küstenpanzerschiffe der »Ägir«-Klasse erhielten dagegen Lokomotivkessel (Fig. 7), welche sich stärker forcieren ließen, d. h. gestatteten,

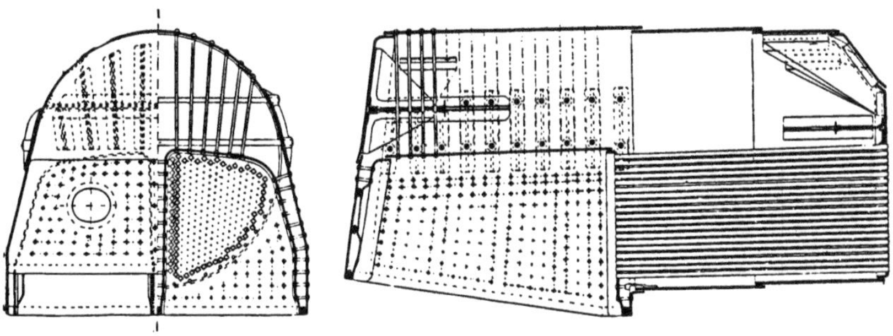

Fig. 7.

bei höherem Luftdruck im Aschfall pro qm Rost mehr Kohlen zu verbrennen als Zylinderkessel. Mit diesen Kesseln sind pro qm Rost und Stunde bis zu 350 kg Kohle gegenüber etwa 130 kg bei den Zylinderkesseln der »Brandenburg«-Klasse verbrannt worden. Bewährt haben sich diese Kessel nicht; Stehbolzenbrüche und Leckagen der einzelnen Wände sind oft eingetreten. Es klärt sich dies sofort auf, wenn man daran denkt, daß die Wände der Feuerbuchse eine weit höhere Temperatur annehmen und sich so stärker ausdehnen müssen als die mit ihnen durch Stehbolzen oder Siede- und Ankerrohre verbundenen Wände des Kessels. Das Gewicht pro PS_i einschließlich Wasser war bei diesen Kesseln bei starker Forcierung bis auf 20 kg pro PS_i gesunken.

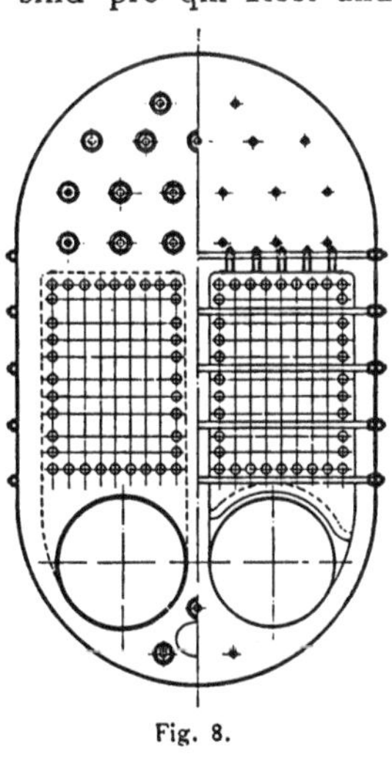

Fig. 8.

Auf Handelsschiffen wurden eine Zeitlang für niedrigere Dampfdrucke auch die sog.

Ovalkessel (Fig. 8) ausgeführt. Diese boten eine günstige Ausnutzung der Grundfläche und besaßen einen verhältnismäßig großen Dampfraum. Bei der allmählichen Steigerung der Dampfdrucke sind sie jedoch bald wieder von der Bildfläche verschwunden.

Für kleine Schiffe, ferner als Hilfskessel usw sind noch eine Anzahl von Kesselarten ausgeführt, von denen hier nur einige genannt werden sollen. Bei vielen Hamburger Barkassen findet man den Kessel Fig. 9;

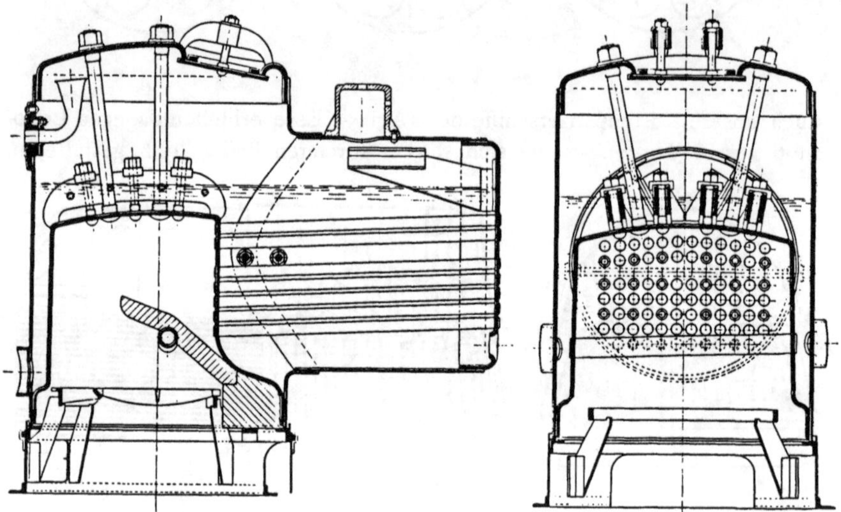

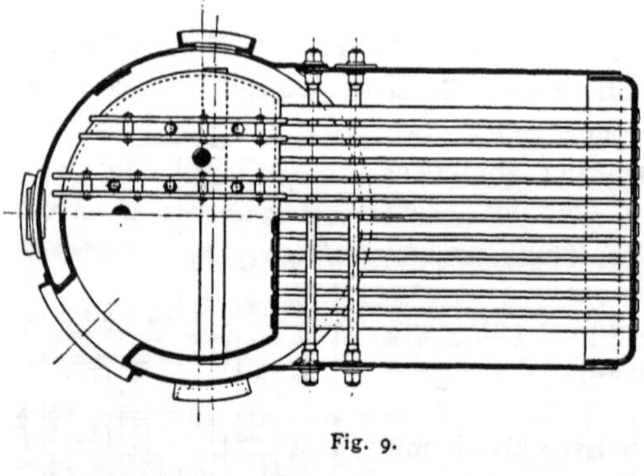

Fig. 9.

neuerdings wird er jedoch kaum noch ausgeführt. Bei seiner Konstruktion war die Verwendung von flachen Wänden und Stehbolzen auf ein Minimum beschränkt. Eine billigere Konstruktion der Zylinderkessel stellen die sog. Tornisterkessel (Fig. 10) dar. Hier ist die verhältnismäßig teuere und durch Stehbolzen zu versteifende Verbrennungskammer, welche bei kleinen Kesseln auch schwer zugänglich ist, weggelassen und statt dessen hinten am Kessel ein mit Schamotte ausgefütterter Tornister angebaut. Flammrohr und Rohrbündel liegen bei dem dargestellten Kessel nebeneinander, wodurch man ein bequemeres Heizen und eine leichtere Reinigung der

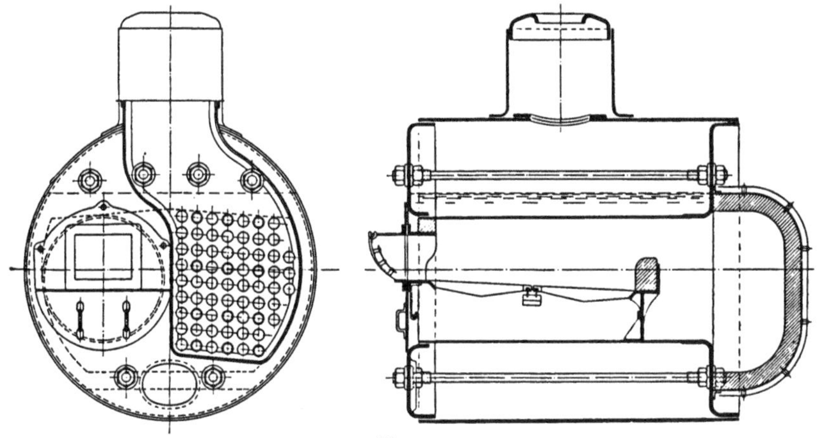

Fig. 10.

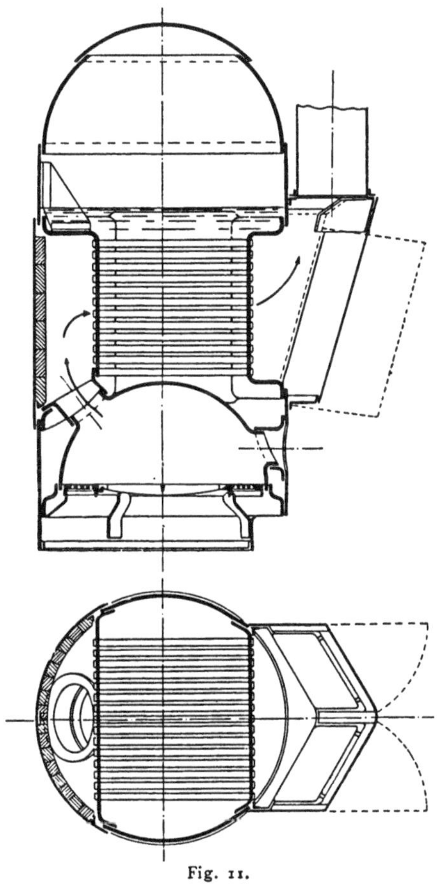

Fig. 11.

Außenseite des Flammrohres erzielt. Als Hilfskessel sind häufig stehende Kessel ausgeführt worden, von welchen hier der Cochran-Kessel (Fig. 11) genannt sei.

Auf Kriegsschiffen wurde nun etwa in der Mitte der neunziger Jahre das Bedürfnis nach einer Verringerung der Gewichte der Maschinen- und Kesselanlage so dringend, daß man sich entschloß, Wasserrohrkessel an Bord zu versuchen, bei welchen also im Gegensatz zu den bisher genannten Feuerrohrkesseln das Wasser in den Rohren enthalten ist und die Heizgase um die Rohre herumschlagen. Inzwischen haben die Wasserrohrkessel, welche einschließlich Wasser pro PS_i je nach dem Typ und Grad der Forcierung nur etwa 10 bis 30 kg wiegen, die Zylinderkessel in allen Kriegsmarinen vollständig verdrängt. Die einzelnen Arten der Wasserrohrkessel und ihre Vor- und Nachteile gegenüber den Zylinderkesseln sind in Abschnitt XII bis XV eingehend behandelt, sodaß sich an dieser Stelle eine weitere Besprechung derselben erübrigt. Auf Handelsschiffen von den bewährten Zylinderkesseln abzugehen, liegt zurzeit kein Grund vor. Nur auf besonders leicht gebauten Schiffen wie z. B. flachgehenden Raddampfern usw. werden ab und zu Wasserrohrkessel verwendet.

Die an Bord üblichen Dampfdrucke sind bei Dreifachexpansionsmaschinen etwa 13 bis 14, bei Vierfachexpansionsmaschinen meist 14 bis 15 at. Die deutsche Kriegsmarine hat im allgemeinen 15 at Überdruck mit Ausnahme der Torpedoboote, welche 16 bis 17 at Überdruck haben. In anderen Kriegsmarinen finden sich öfters auch bei großen Schiffen noch höhere Dampfdrucke.

II. Abschnitt.

Die Brennstoffe.

Als Brennmaterial kommt bei Schiffskesseln fast ausschließlich Kohle zur Verwendung, und zwar im allgemeinen die beste Kohle, da es unvorteilhaft wäre, Kohlen von geringerer Heizkraft, z. B. Braunkohle, an Bord mitzunehmen. In kohlenarmen Gegenden, wie z. B. in den Kolonien, dient auch Holz als Brennmaterial. Umfassende Versuche sind ferner in den meisten Marinen und auf Handelsschiffen mit Ölfeuerung gemacht worden, ohne indessen im großen und ganzen den Erwartungen entsprochen zu haben. In der Kriegsmarine werden auch Preßkohlen benutzt, welche aus Kohlengrus und einem Bindemittel, wie Teer, Pech oder dergl. unter hohem Druck hergestellt sind.

Die durchschnittliche chemische Zusammensetzung und der Heizwert von Holz, Braun- und Steinkohle ist in folgender Tabelle zusammengestellt:

Brennstoff	C	H	O + N	Heizwert d. h. Kalorien, welche 1 kg Brennstoff bei vollkommener Verbrennung zu erzeugen vermag.
Gedörrtes Holz	50	6	44	4000
Braunkohle	60—70	5	25—35	3000—5700
Steinkohle	70—90	4—5	8—10	6500—8000

Lufttrockenes Holz enthält bis zu 20 % Wasser und hat etwa nur einen Heizwert von 3000 bis 3500 Kalorien.

Die auf deutschen Kriegs- und Handelsschiffen meist verwendete westfälische Kohle besteht etwa aus

80 % C
4,5 % H
7,5 % O
1 % N
0,75 % S
0—3 % H_2O
3—8 % Asche.

Schlesische Kohle enthält nur ca. 70% C und dafür mehr Sauerstoff, Wasser und Asche.

In fremden Ländern muß man natürlich oft bedeutend schlechtere Kohle an Bord nehmen; so enthält z. B. die ostasiatische und südafrikanische Kohle meist 20 bis 25% Asche und Schlacke gegenüber etwa 7 bis 10% bei der deutschen und englischen Kohle.

In bezug auf das Verhalten auf dem Rost unterscheidet man

1) magere oder Sandkohlen, welche nicht backen, sondern beim Verbrennen in kleinere Stücke zerfallen,
2) Sinterkohlen, welche etwas backen und
3) backende oder Fettkohlen, welche bei der Verbrennung zu einer Masse zusammenfließen.

Je nach der Größe der Flamme unterscheidet man auch kurz- und langflammige Kohlen.

Das wichtigste Erfordernis einer guten Kohle für Schiffszwecke ist natürlich eine möglichst große Heizkraft, da Kohlen von geringer Heizkraft mehr Raum und Gewicht beanspruchen und die Heizer stärker anstrengen. Einmal muß ja bei minderwertiger Kohle ein größeres Quantum zur Erzeugung einer bestimmten Menge Dampf verbrannt werden und dann ist auch die Bearbeitung der Feuer bei stark aschen- und schlackenhaltiger Kohle schwieriger. Außerdem verlangt man von einer guten Kohle große Festigkeit, da sie sonst beim Anbordnehmen und Kohlenziehen zu sehr zerfällt. Für die Kriegsmarine spielt ferner eine möglichst schwache Rauchentwickelung eine große Rolle, da sich Schiffe dem Feinde zuerst durch Rauch bemerkbar machen. Auch bei Handelsschiffen ist eine rauchschwache Kohle vorzuziehen, weil sie das Deck weniger beschmutzt und die Passagiere nicht so sehr belästigt.

Kohlen, welche frisch aus der Grube gefördert, naß oder stark schwefelhaltig sind, neigen zur Selbstentzündung. Auch eine starke Erhitzung der Bunkerwände durch zu nahe an denselben stehende Kessel kann zur Selbstentzündung der Kohlen führen. Die Kohlenbunker müssen daher möglichst oft gelüftet werden, damit die entstehenden Gase abziehen können; ebenso ist die Temperatur in den Bunkern öfters zu messen. Ein Betreten der Bunker sollte nur mit elektrischen oder Sicherheitslampen stattfinden.

Da die Verbrennung nie vollkommen sein wird und durch die Wärme der abziehenden Heizgase, durch Strahlung usw. Verluste bedingt sind, läßt sich nur ein Teil der in der Kohle enthaltenen Kalorien ausnutzen. Erfahrungsgemäß werden in Schiffskesseln mit 1 kg bester Kohle etwa 8,3 kg Wasser von 0° in Dampf von 100° verwandelt; es werden dann also $8{,}3 \cdot 637 = 5287$ Kalorien von den 7500 bis 7800 Kalorien, welche diese Steinkohle theoretisch erzeugen könnte, nutzbar gemacht.

Der Nutzeffekt der Kessel, der sich durch Division der nutzbar gemachten Kalorien durch die theoretisch in der Kohle enthaltenen Kalorien ergibt, beträgt bei Schiffskesseln etwa 70 bis 80%.

Die Kaiserliche Marine verwendet im allgemeinen westfälische Kohlen, welche außer anderen Bedingungen bei einem Heizversuch in einem Versuchskessel bei einer Verbrennung von 90 kg pro qm Rost mindestens 8,3 kg Wasser von 0° in Dampf von 1 kg pro qcm absoluter Spannung verwandelt haben. Meist werden hierbei 8,4 bis 8,7 kg Wasser verdampft. Die Rückstände waren bei verschiedenen derartigen Verdampfungsversuchen im Mittel 4% Schlacke, 2% Asche, 0,4% Flugasche, zusammen also 6,4%.

Zur Verbrennung von 1 kg Kohle sind je nach der Kohlensorte, der Art des Heizens, der Temperatur der Luft usw. etwa 11 bis 18 cbm Luft erforderlich. Bei vorgewärmter Verbrennungsluft gelten die niedrigeren Ziffern, wie genauer im Abschnitt XVI auseinandergesetzt ist.

Da der Heizwert flüssiger Brennstoffe, wie z. B. Masut, Borneoöl, Braunkohlenteeröl, Steinkohlenteeröl usw. 10000 bis 11000 Kalorien beträgt, erscheinen diese für den Gebrauch an Bord besonders geeignet. Man braucht daher bei flüssigen Brennstoffen nur ein kleineres Quantum mitzuführen. Die Bunker könnten aber noch aus einem anderen Grunde kleiner gehalten werden. Das spezifische Gewicht der meist verwendeten schwereren Öle ist nämlich 0,95 bis 1,05, sodaß man rund 1000 kg in 1 cbm Bunkerraum unterbringen kann, während der gleiche Raum nur etwa 800 bis 850 kg Kohlen faßt. Der Aktionsradius würde also bei Verwendung von flüssigen Brennstoffen sehr vergrößert werden.

Als weitere Vorteile würden sich ergeben: Leichtere Forcierbarkeit der Kessel, schneller Wechsel zwischen höherer und niedrigerer Leistung, ferner eine Entlastung und Verringerung des Heizerpersonals, da von einem eigentlichen Heizen hier nicht mehr die Rede ist. Die Arbeit der Heizer beschränkt sich hauptsächlich auf die Regelung der Zufuhr der Verbrennungsluft und des Druckes und der Temperatur des Heizöles. Da Feuertüren, welche geöffnet werden müßten, nicht vorhanden sind, ist auch die Temperatur im Heizraum geringer. Schließlich können flüssige Brennstoffe auch viel schneller an Bord genommen werden als feste.

Trotzdem hat sich die Ölfeuerung auf Schiffen im allgemeinen nicht einbürgern können. Für Deutschland kommt hier vor allem der hohe Preis der flüssigen Brennstoffe und die schwierige Beschaffung in fremden Häfen oder im Kriegsfalle in Frage. Im Deutschen Reich werden jährlich etwa 800000 t Erdöl, Steinkohlenteeröl und Braunkohlenteeröl gewonnen, von welchen der größte Teil in der chemischen Industrie verwendet wird. Aber auch das ganze Quantum würde nicht entfernt den Bedarf auf Schiffen decken können. Der Preis dieser flüssigen Brennstoffe ist je nach der Konjunktur $1\frac{1}{2}$ bis $2\frac{1}{2}$mal so hoch als der der Steinkohle, sodaß also eine Kostenersparnis mit der Verwendung von Heizöl nicht verbunden ist.

Nur in Gegenden, in welchen ein Reichtum an diesen Ölen, Masut, Naphta od. dgl. vorhanden ist, wie z. B. in Amerika und Südrußland, hat daher die Verwendung von flüssigen Brennstoffen Fuß fassen können.

Für die Kriegsmarine ist ferner die Rauchfrage von besonderer Bedeutung. Hier besteht bei der Verwendung von Heizölen vor allem die Schwierigkeit, längere Zeit rauchlos zu fahren. Auch bei Zufälligkeiten, wie z. B. erniedrigter Temperatur des Brennstoffes, tritt leicht starker Rauch auf. Nachteilig wäre ferner auch der Fortfall des Kohlenschutzes.

Schließlich ist auch die Verwendung dieser flüssigen Brennstoffe nicht so einfach, wie es auf den ersten Blick erscheint. Die Bunker oder Heizölzellen müssen große Heizschlangen, besonders in der Nähe der Saugeköpfe der Pumpen, erhalten, da das Heizöl sonst im Winter zu kalt und daher zu dickflüssig ist. Aus demselben Grunde und damit das Öl überhaupt besser verbrennt, wird es in Röhrenvorwärmern auf ca. 130 bis 140 ^{0} C vorgewärmt, ehe es in die Zerstäuber tritt. Bei den in der Marine früher benutzten Cunibertischen Düsen wurde das Öl durch einen Dampfstrahl mitgerissen und zerstäubt. Da dieser Dampf für den Kreislauf des Wassers verloren ging und diese Zerstäubungsmethode überhaupt nicht so leistungsfähig war, werden neuerdings die Körtingschen Zentrifugalzerstäuber verwendet, bei welchen das Heizöl durch eine Pumpe mit etwa 4 at in eine Düse gepreßt wird, welche eine spiralförmig gedrehte Spindel enthält. Naturgemäß müssen in die Druckleitung Siebe eingeschaltet werden, damit die Zerstäuber nicht so leicht verstopft werden. Geringere Verstopfungen lassen sich durch Dampfspülung beseitigen.

Bei Verwendung von Ölheizungen für Zylinderkessel wird der Zerstäuber vorn am Flammrohr angebracht. Das erste Stück des Flammrohres wird mit feuerfester Schamotte ausgemauert, einmal um das Flammrohr vor der sehr hohen Temperatur der Stichflamme zu schützen und dann auch, um bei kurzen Unterbrechungen eine sofortige Wiederinbetriebsetzung der Anlage zu ermöglichen, da dann die Zündung des Öles an der glühenden Schamotteschicht selbsttätig erfolgt. Zum Anheizen lassen sich die Zentrifugalzerstäuber nicht benutzen, da ihre Wirkung zu intensiv ist; es werden dann offene Schalen mit Heizöl in das Flammrohr gestellt, welche eine langsame Erwärmung des Kessels bewirken.

Ab und zu wird schließlich auch gemischte Feuerung, d. h. gleichzeitige Verbrennung von Kohlen und Öl angewendet. Abwechselnd, je nach dem zur Verfügung stehenden Brennstoff, Kohle und Öl zu verbrennen, bietet, wenigstens für Zylinderkessel, Schwierigkeiten.

III. Abschnitt.

Rost- und Heizfläche, Zugquerschnitte, Wasser- und Dampfraum.

Rostfläche.

Unter Rostfläche versteht man bei Zylinderkesseln das Produkt aus Rostlänge und innerem Flammrohrdurchmesser. Da die Flammrohre meist aus gewellten Profilen bestehen, ist die Rostfläche dieser Wellen wegen meist noch etwas größer, was aber nicht berücksichtigt wird. Ebenso vernachlässigt man es, daß der Rost meist etwas geneigt ist, wodurch die Rostfläche gegenüber dem Produkt Rostlänge mal Flammrohrdurchmesser wieder etwas kleiner wird. Der innere Flammrohrdurchmesser schwankt zwischen 700 und 1200 mm; meist wählt man runde Zahlen, wie z. B. 1000, 1050, 1100 usw. Der äußere Flammrohrdurchmesser ist bei gewellten Rohren stets 100 mm größer als der innere. Größere innere Durchmesser als 1200 mm werden nicht ausgeführt, da bei diesem Durchmesser und 15 at die Wandstärke schon etwa 18 mm betragen muß und größere Wandstärken die Wärmeübertragung erschweren, wenn auch wohl nicht in dem Maße, wie es bisweilen angenommen wird.

Die Rostlänge beträgt bei Zylinderkesseln selten mehr als 1800 oder höchstens 1900 mm. Für ein gutes Heizen und einen gleichmäßigen Zutritt der Verbrennungsluft auch zu dem hintersten Teile des Rostes sind geringe Rostlängen, also etwa höchstens 1600 bis 1700 mm, empfehlenswert. Bei großen Rostlängen kommt noch dazu, daß sie nur bei größeren Flammrohrdurchmessern zulässig sind, sodaß also dann die Rostfläche verhältnismäßig groß ausfällt und ihre Bearbeitung zu schwierig wird. Bei kleinen Flammrohrdurchmessern ist nämlich die Höhe des Verbrennungsraumes über dem Rost zu gering, um die Kohlen bei langem Rost bequem auf den hintersten Teil des Rostes werfen und dort bearbeiten zu können. Bei den Wasserrohrkesseln, welche meist einen höheren Verbrennungsraum haben, fällt dagegen diese Rücksichtnahme fort. In der Handelsmarine gilt es nun als Bedingung, daß jede einzelne Rostfläche höchstens 2 qm groß ist; bei einem größten zulässigen Flammrohrdurchmesser von 1200 mm würde dieser Bedingung eine Rostlänge von etwa 1670 mm entsprechen. Manchmal ist man jedoch auch bei Handelsschiffen gezwungen, größere Rostlängen zu verwenden. Bei Zylinderkesseln ergibt nach dem eben Gesagten der Quotient $\frac{\text{Gesamtrostfläche}}{2}$ die geringstmögliche Anzahl der Feuerstellen. Bei den Wasserrohrkesseln der Kriegsmarine wird der Raum- und Gewichtsersparnis wegen meist das höchste Maß von 2000 mm als Rostlänge ausgeführt. Auf den von Normand gebauten Torpedobooten finden sich allerdings Rostlängen von 2900 mm, was hier seine Erklärung darin findet, daß man mit nur zwei Kesseln auskommen wollte. Da die Länge des Heizraumes aber von der Länge der Schürstange abhängig ist und diese mit größerer Rostlänge natürlich auch zunehmen muß, ist die Platzersparnis, von Sonderfällen wie dem eben genannten abgesehen, bei großen Rostlängen auch keine so bedeutende.

Mit der Wahl des inneren Flammrohrdurchmessers liegt nun auch je nach dem Typ, Zwei-, Drei- oder Vierfeuerkessel, der Durchmesser des Kessels ungefähr fest. Die Werte $\frac{\text{innerer Kesseldurchmesser}}{\text{innerer Flammrohrdurchmesser}}$ sind nämlich bei jeder der genannten Kesselarten nur wenig voneinander verschieden und können so beim Konstruieren einen guten Anhalt geben.

Wie aus Spalte 5 der Tabellen in Abschnitt V hervorgeht, ist der innere Kesseldurchmesser bei

Einfeuerkesseln etwa gleich dem 2,4 bis 2,7 fachen inneren Flammrohrdurchmesser,

Zweifeuerkesseln etwa gleich dem 3,5 bis 3,8 fachen Flammrohrdurchmesser,

Dreifeuerkesseln etwa gleich dem 3,9 bis 4,3 fachen Flammrohrdurchmesser, ferner ist er bei

Vierfeuerkesseln etwa gleich dem 4,25 bis 4,5 fachen Flammrohrdurchmesser.

Daß die Zahlen bei demselben Typ etwas verschieden sind, hängt selbstverständlich mit dem Durchmesser der Siederohre, der Größe der Heizfläche und des Dampfraumes sowie der Spielräume zwischen Mantel und Flammrohren usw. ab.

Da man nun bei der Konstruktion eines Kessels meist einen ähnlichen Kessel als Anhalt zur Verfügung hat, ist es zweckmäßig, von diesem vorhandenen Kessel das Verhältnis $\frac{D_i}{d_i}$ auszurechnen und es für den neuen Kessel zugrunde zu legen, wodurch man dann mit dem angenommenen Flammrohrdurchmesser sofort einen vorläufigen Wert für den inneren Durchmesser des Kessels erhält. Wenn man sich bezüglich der Größe der Heizfläche, des Durchmessers der Siederohre usw. ebenfalls nach dem vorhandenen Kessel richtet, so wird man an dem so festgestellten inneren Kesseldurchmesser kaum etwas zu ändern haben oder ihn nur sinngemäß vergrößern oder verkleinern müssen, je nachdem man den Siederohrdurchmesser, die Größe des Dampfraumes usw. gegenüber dem vorhandenen Kessel ändern will. Auf diese Weise ist der Kesseldurchmesser viel schneller zu finden als auf rein konstruktivem Wege.

Im allgemeinen führt man aus:

Einfeuerkessel	etwa	bis	zu	2800	mm	Durchmesser,
Zweifeuerkessel	»	»	»	3900	»	»
Dreifeuerkessel	»	»	»	4700	»	»
Vierfeuerkessel	»	»	»	5000	»	»

Zweifeuerkessel werden selten, Drei- und Vierfeuerkessel dagegen häufig als Doppelender ausgebildet.

Mit der Verteilung der Gesamtrostfläche auf die einzelnen Feuer hängt auch die Frage, ob Ein-, Zwei-, Drei- oder Vierfeuerkessel zu wählen sind, eng zusammen und soll deswegen an dieser Stelle besprochen werden.

Einfeuerkessel findet man nur auf ganz kleinen Schiffen; in Grenzfällen, in denen man die Wahl hat, einen Einfeuer- oder einen Zweifeuerkessel auszuführen, muß man daran denken, daß bei einem Einfeuerkessel beim Reinigen und Beschicken der Feuer der Dampfdruck leicht sinken wird, was bei Zweifeuerkesseln nicht so leicht eintritt, da hier beide Feuer nicht gleichzeitig bearbeitet werden. Dagegen ist ein Zweifeuerkessel mit kleinem Flammrohrdurchmesser wieder ungünstiger zu bedienen als ein Einfeuerkessel mit größerem Flammrohrdurchmesser. Es wird also von dem betreffenden Falle abhängen, wofür man sich entscheidet.

Auf Schiffen mit mittleren Maschinenleistungen findet man im allgemeinen Zweifeuerkessel. Sobald die in jedem Kessel unterzubringende Rostfläche zu groß wird, im allgemeinen also mehr als 4 qm beträgt, wählt man Dreifeuerkessel. Diese Dreifeuerkessel bilden auf größeren Schiffen überhaupt die Regel. In bezug auf eine gute Unterbringung einer möglichst großen Rostfläche in einem gegebenen Raum haben sie vor den Zweifeuerkesseln Vorteile und dabei noch nicht den Nachteil der Vierfeuerkessel, welcher in einem zu großen Unterschied in der Höhenlage der einzelnen Roste besteht. Dieser Höhenunterschied der mittleren und seitlichen Roste beträgt nämlich bei Dreifeuerkesseln je nach dem Flammrohrdurchmesser etwa 550 bis 650 mm, was für eine bequeme Bedienung der Feuer noch zulässig ist. Ab und zu ordnet man dann auch noch den mittleren Rost ein wenig unter und die Seitenroste ein wenig über Mitte Flammrohr an, um diesen Höhenunterschied etwas auszugleichen. Aus den Werten auf S. 14 ergibt sich nun, daß das Verhältnis $\frac{\text{Kesseldurchmesser}}{\text{Flammrohrdurchmesser}}$ bei Dreifeuerkesseln nur wenig größer ist als bei Zweifeuerkesseln, daß man also in einem nur wenig größeren Kessel eine etwa um 50 % größere Rost- und Heizfläche unterbringen kann. Es hängt dies damit zusammen, daß die Rostflächen beim Dreifeuerkessel sich, von oben gesehen, mit ihren Seitenflächen fast berühren und somit einen größeren Prozentsatz der Kesselbreite einnehmen als beim Zweifeuerkessel. Noch günstiger ist hierin der Vierfeuerkessel, bei dem die Roste, von oben gesehen (Fig. 12), sich sogar etwas überschneiden. Der Wert $\frac{D_i}{d_i}$ ist denn auch nach S. 14 für Vierfeuerkessel nicht größer als für reichlich bemessene Dreifeuerkessel. Es ist also möglich, in denselben Kesseldurchmesser vier statt drei Flammrohre vom gleichen Durchmesser mit den zugehörigen Heizflächen einzubauen.

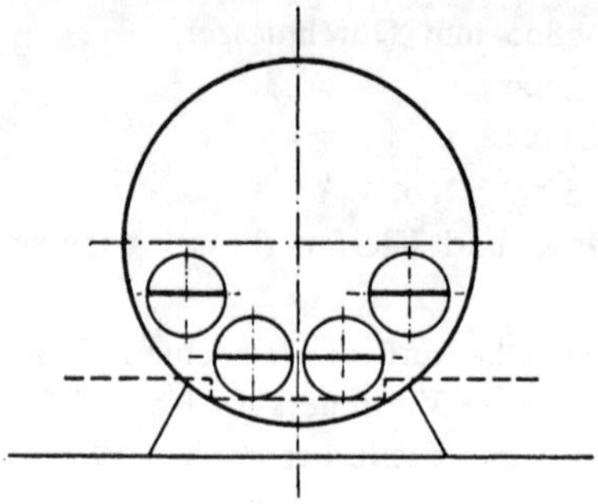

Fig. 12.

Trotzdem verwendet man Vierfeuerkessel nur notgedrungen, und zwar nur bei Schnelldampfern und in der Kriegsmarine, also dann, wenn es auf große Platz- und Gewichtsersparnis ankommt. Der Unterschied in der Höhenlage der mittleren und seitlichen Feuer beträgt nämlich bei Vierfeuerkesseln meist 900 bis 1000 mm, ist also zu groß, um die Feuer noch von einem ebenen Flur bedienen zu können; es müssen vielmehr, wie Fig. 12 zeigt, für die Bedienung der mittleren Feuer Vertiefungen im Flur angebracht werden, welche durch hereinfallende Kohlen, erschwerte Entfernung der Asche usw. Unbequemlichkeiten mit sich bringen.

Ob man die Gesamtrostfläche so verteilt, daß man Zwei- oder Dreifeuerkessel erhält und eventuell Doppelender verwendet, hängt natürlich auch eng mit der Schiffsbreite und überhaupt mit dem für die Kessel zur Verfügung stehenden Raum zusammen. In Abschnitt IV sind die üblichen Kesselaufstellungen eingehender besprochen. Doppelender geben gegenüber Einendern eine wesentliche Gewichts- und Raumersparnis in der Längsrichtung, sobald die Feuerkammern gemeinsam ausgeführt werden; einmal kann nämlich die gemeinsame Feuerkammer schmaler gehalten werden als zwei einzelne Feuerkammern zusammen, und dann fällt auch der sonst zwischen Feuerkammerrückwand und Hinterwand des Kessels notwendige Wasserraum fort. Wie bedeutend diese Platz- und Gewichtsersparnis ist, geht am besten aus einem Beispiel hervor. Die Länge eines Einenders betrug zwischen den Stirnwänden 3400 mm, die Länge des Doppelenders dagegen, der also genau die doppelte Rostfläche und fast genau die doppelte Heizfläche enthielt, nur 6150 mm. Doppelender mit in der Längsrichtung des Kessels nicht gemeinsamer Feuerkammer (Fig. 13) werden heutzutage nicht mehr ausgeführt, da sie gegenüber Einendern kaum nennenswerte Vorteile bieten und die Stehbolzen, welche die beiden

Feuerkammerrückwände verbinden, schwer zugänglich sind. Wenn eine Trennung der Feuerkammern für beide Kesselseiten erwünscht ist, wie z. B. bei Howdens Zug, so wird trotzdem eine gemeinsame Feuerkammer ausgeführt, welche dann aber durch eine Schamottewand in zwei Teile geteilt wird (s. Fig. 206). Bei einer Kesselanlage mit Doppelendern führt man jedoch nicht alle Kessel als Doppelender aus, sondern richtet sie so ein, daß man auch einen oder zwei Einender erhält, da ein Doppelender für den Hafenbetrieb zu groß ist.

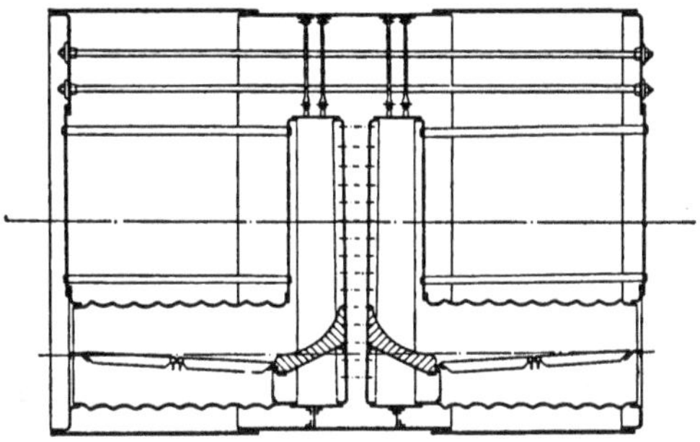

Fig. 13.

Bei Zylinderkesseln mit natürlichem Zug werden pro qm Rost und Stunde je nach der Schornsteinhöhe usw. etwa 75 bis 90, bei künstlichem Zug etwa 100 bis 120 kg Kohle verbrannt. Bei den Wasserrohrkesseln lassen sich je nach dem Grad der Forcierung bis zu 300 kg Kohle pro qm Rost und Stunde verbrennen.

Heizfläche.

Unter Heizfläche versteht man die Flächen, welche auf einer Seite mit den Feuergasen, auf der anderen dagegen mit dem Wasser in Berührung stehen. Bei Zylinderkesseln besteht die Heizfläche daher

1) aus der oberen Hälfte der Flammrohre,
2) aus dem Teil der Feuerkammerwände, welcher über der Feuerbrücke liegt,
3) aus der Heizfläche der Siede- und Ankerrohre und
4) aus dem Teil der vorderen Stirnwand, welcher mit dem Wasser und den Feuergasen in Berührung steht.

Bei Zylinderkesseln versteht man unter Heizfläche stets die wasserberührte Heizfläche. Den größten Teil derselben bilden die Siede- und Ankerrohre, welche hier also mit dem äußeren Durchmesser einzuführen sind. Man rechnet also hier, wie es auch natürlich ist, die Heizfläche an der Stelle, an welcher die Wärmeübertragung auf das Wasser stattfindet. Bei den Wasserrohrkesseln berechnet man nun, entweder aus Gleichgültigkeit oder weil es sich so bequemer rechnet — denn die bei einem Kessel oft verschiedene Wandstärke der Rohre spielt dann keine Rolle — ebenfalls die Heizfläche mit dem äußeren Durchmesser der Rohre. Man versteht daher unter Heizfläche bei Wasserrohrkesseln im allgemeinen die feuerberührte Heizfläche, welche wesentlich größer ist als die wasserberührte, bei Schulz-Kesseln z. B. ungefähr im Verhältnis der Rohrdurchmesser also wie 36 : 30. Wenn dieses Verfahren auch allgemein üblich ist, so ist es doch unzweckmäßig und macht vor allem einen Vergleich zwischen Zylinder- und Wasserrohrkesseln durch einfache Gegenüberstellung der Heizflächen unmöglich. Überhaupt wird im Schiffskesselbau im Gegensatz zum Landkesselbau weniger mit der Heizfläche, sondern mehr mit der Rostfläche gerechnet, was auch nicht zweckmäßig ist, denn die Heizfläche ist es und nicht die Rostfläche, welche durch die Wärmeübertragung auf das Wasser den Dampf erzeugt. Hierbei ist natürlich eine gewisse Grenze vorhanden, sodaß z. B. ein Kessel mit derselben Rostfläche und etwa $1^1/_2$ mal so großer Heizfläche ohne weiteres nicht die $1^1/_2$ fache Dampfmenge erzeugen könnte.

Bei Zylinderkesseln mit natürlichem Zug ist der Wert $\frac{\text{Heizfläche}}{\text{Rostfläche}}$ meist 32 bis 37 : 1, bei künstlichem Zug etwa 40 bis 45 : 1. Bei Wasserrohrkesseln ist das Verhältnis der Heizfläche zur Rostfläche, wobei jedoch die größere feuerberührte Heizfläche gerechnet ist, ungefähr 45 bis 50 : 1.

Eine Nachrechnung von Maschinenanlagen von 26 auf den verschiedensten Werften erbauten Handelsschiffen ergab, daß bezogen auf Konstruktionsleistung bei

Zweifachexpansionsmaschinen pro PS_i im Mittel 0,393 qm Heizfläche,

Dreifachexpansionsmaschinen pro PS_i bei natürlichem Zug im Mittel 0,294 qm Heizfläche,

Dreifachexpansionsmaschinen pro PS_i bei Howdens Zug im Mittel 0,250 qm Heizfläche,

Vierfachexpansionsmaschinen pro PS_i bei natürlichem Zug im Mittel 0,270 qm Heizfläche,

Vierfachexpansionsmaschinen pro PS_i bei Howdens Zug im Mittel 0,238 qm Heizfläche

gerechnet werden. Rechnet man bei einer gewöhnlichen Kohle von 7500 Kalorien, Dauerbetrieb und natürlichem Zug pro PS_i und Stunde etwa 0,95, 0,72 resp. 0,65 kg Kohle für Zwei-, Drei- resp. Vierfachexpansionsmaschinen, bei Howdens Zug jedoch jedesmal etwas weniger, und nimmt man an, daß, wie bei Schiffsmaschinen meist üblich, die wirkliche Leistung in PS_i etwa 10% größer ist als die Leistung nach Konstruktion, da man ja meist mit einem bestimmten, oft allerdings zu hohen, Sicherheitsgrad die Maschinen- und Kesselanlagen berechnet, so ergibt sich übereinstimmend für alle Maschinenarten, gleichgültig ob natürlicher oder künstlicher Zug vorhanden ist, daß Schiffskessel im Betriebe nur so weit angestrengt werden, daß auf 1 qm Heizfläche pro Stunde 2,65 bis 2,7 kg Kohle oder rund 20000 Kalorien kommen. Auf diese Erfahrungszahl oder obige Zahlen sollte bei Berechnung von Kesselanlagen Rücksicht genommen werden, da sich bei Überschreitung derselben die Kesselanlage als zu klein erweist oder so überangestrengt werden muß, daß Leckagen und häufige Reparaturen die Folge sind.

Ein Wert, welcher bei der Bestimmung der Kesseldurchmesser gute Dienste leistet, ist der Prozentsatz der Gesamtheizfläche, welcher in den Siede- und Ankerrohren enthalten ist. Als solche werden bei größeren Zylinderkesseln meist Rohre von 70, 76 oder 83 mm äußerem Durchmesser verwendet. Der genannte Prozentsatz muß natürlich bei verschiedenen Kesseln schwanken

1) mit der Länge der Rohre, denn der Teil der Gesamtheizfläche, welcher in der Feuerkammer und den Rohrwänden enthalten ist, ändert sich ja bei einer Veränderung der Rohrlänge nicht,

2) mit dem Durchmesser der Rohre, denn mit dünneren Rohren läßt sich in einem gegebenen Raum mehr Heizfläche unterbringen als mit größeren,

3) je nachdem Ein- oder Doppelender in Betracht kommen, denn bei Einendern ist der Anteil der Heizfläche, welchen die Feuerkammer bildet, verhältnismäßig größer als bei Doppelendern mit gemeinsamer Feuerkammer; in einem Spezialfalle z. B. betrug bei sonst ganz gleichen Verhältnissen (Kesseldurchmesser usw.) der Anteil der Siederohre beim Einender 84,5 und beim Doppelender 87 %.

Bei natürlichem Zug werden meist Rohre von 2000 bis 2200 mm Länge und 83 mm, seltener von 76 oder 89 mm äußerem Durchmesser verwendet. Hierbei beträgt der Prozentsatz der Heizfläche, welcher in den Siede- und Ankerrohren enthalten ist, als Mittelwert von 17 Ausführungen der verschiedensten Werften

bei Einendern	79—84 %
bei Doppelendern	87—89 »

Bei künstlichem Zug, bei welchem meist Rohre von 70 oder 76 mm äußerem Durchmesser und 2300 bis 2450 mm Länge verwendet werden, ist der genannte Prozentsatz als Mittelwert von 13 verschiedenen Ausführungen

bei Einendern	80—84,5 %
bei Doppelendern	85—88 »

Die genaueren Werte, welche in den Tabellen im V. Abschnitt angegeben sind, lassen sich unter Berücksichtigung des eben unter 1) und 3) Gesagten bei Neukonstruktionen sinngemäß verwerten.

Die Gesamtheizfläche verteilt sich im großen und ganzen in folgenden Prozentsätzen auf die einzelnen Gruppen, aus welchen sie besteht:

Flammrohre	6—8 %
Feuerkammer	9—12 »
Siede- und Ankerrohre . . .	79—89 »
Kesselstirnwand	1,3—2 »

Der Anteil der einzelnen Gruppen an der Dampferzeugung ist natürlich ein ganz anderer. Die Siederohre, welche rund 85 % der Heizfläche enthalten, werden bei weitem nicht diesem Anteil entsprechend an der Dampferzeugung beteiligt sein, da sie nicht mit den allerheißesten Gasen in Berührung kommen und ihre untere Fläche auch nicht so wirksam sein wird. Einen sehr großen Teil des gesamten Dampfes liefert vor allem der obere Teil des Flammrohres, trotzdem seine Oberfläche nur 6 bis 8 % der gesamten Heizfläche beträgt. Auch schon aus diesem Grunde werden gewellte Flammrohre vorzuziehen sein, da sie eine etwa 9 bis 11 % größere Fläche enthalten als nicht gewellte.

Zugquerschnitte.

Am vorderen Ende des Flammrohres findet die Verbrennungsluft im Aschfall den halben Flammrohrquerschnitt vor. Dieser beträgt je nach dem gewählten Verhältnis der Rostlänge zur Rostbreite, also zum inneren Durchmesser des Flammrohres, pro qm Rost im allgemeinen 18 bis 26 % der Rostfläche. Kurze und infolgedessen breitere Roste sind also nicht nur des leichteren Heizens wegen, sondern bei natürlichem Zuge auch wegen des besseren Zutritts der Verbrennungsluft günstiger; denn bei einem langen, schmalen Rost ist der Eintrittsquerschnitt für die Verbrennungsluft im Aschfall des kleineren Flammrohrdurchmessers wegen verhältnismäßig klein, so daß die Luft auch nicht so gut zu den hinteren Teilen des Rostes gelangen kann.

Da der Rost fast genau auf halber Höhe des Flammrohres liegt, ist der Querschnitt, welcher den entstehenden Verbrennungsgasen im Flammrohr zur Verfügung steht, abgesehen von der Dicke der Kohlenschicht wiederum gleich dem halben Flammrohrquerschnitt. Auch hier wird bei einer bestimmten Rostfläche ein kürzerer Rost und dementsprechend größerer Flammrohrdurchmesser günstiger sein, denn der den Heizgasen zur Verfügung stehende Querschnitt wächst ja mit dem Quadrat des Flammrohrdurchmessers und gestattet daher eine günstigere Verbrennung. Am hinteren Ende des Rostes wird stets eine Feuerbrücke aus feuerfesten Steinen aufgemauert (s. Fig. 205 und 206), welche einerseits verhindern soll, daß glühende Kohlen in die Feuerkammer fallen, andererseits den Flammrohrquerschnitt an dieser Stelle absichtlich verengen und so eine größere Geschwindigkeit der Heizgase hervorrufen soll; hierdurch wird eine innigere Mischung der Heizgase und der noch nicht ausgenutzten Verbrennungsluft erzielt.

Die Feuerkammer wird meist recht geräumig gehalten, da hier die unverbrannten Gase noch verbrennen sollen. Bei Einendern ist die Verbrennungskammer verhältnismäßig breiter, als bei Doppelendern; bei Einendern finden daher die Heizgase hier etwa 40 bis 60 %, bei Doppelendern

30 bis 50 % der Rostfläche als Zugquerschnitt, gemessen in der Höhe der untersten Siederohre, vor.

In den Siederohren selbst beträgt der Zugquerschnitt je nach dem gewählten Rohrdurchmesser und dem Verhältnis $\frac{\text{Heizfläche}}{\text{Rostfläche}}$ 19 bis 22 % der Rostfläche. Wenn das Verhältnis $\frac{\text{Heizfläche}}{\text{Rostfläche}}$ bei natürlichem und künstlichem Zug dasselbe wäre, würden die engen Rohre, welche bei künstlichem Zug Verwendung finden, bei derselben Heizfläche den Heizgasen einen geringeren freien Querschnitt bieten als weitere Rohre, denn die Heizfläche variiert mit der ersten, der freie Rohrquerschnitt dagegen mit der zweiten Potenz des Rohrdurchmessers. Daß trotzdem die Zahlen bei künstlichem und natürlichem Zug fast genau gleich groß sind, rührt daher, daß pro qm Rost bei künstlichem Zug mehr Heizfläche gewählt werden muß, wodurch der freie Rohrquerschnitt wieder zunimmt. Der Zugquerschnitt in den Rohren ist, wie aus den eben genannten Zahlen hervorgeht, etwa ebenso groß, wie der Zugquerschnitt über und unter dem Rost. Während dort jedoch, abgesehen von der einen absichtlich verengten Stelle an der Feuerbücke, keine nennenswerten Widerstände vorhanden sind, ist die Oberflächenreibung der Heizgase an den inneren Wänden der vielen, verhältnismäßig engen Siederohre wegen, ziemlich groß und bei ein und demselben Zugquerschnitt bei engeren Rohren naturgemäß größer als bei weiteren. Bei natürlichem Zug wählt man daher meist Siederohre von 83 mm Durchmesser, welche bei einer gegebenen Heizfläche den Heizgasen einen größeren lichten Querschnitt und somit weniger Widerstand bieten. Bei künstlichem Zug, welcher gewisse Widerstände eher überwinden kann, werden dagegen Siederohre von 70 oder 76 mm äuserem Durchmesser verwendet, da sich mit diesen Rohren in einem gegebenem Raum eine größere Heizfläche unterbringen läßt.

Im Rauchfang oberhalb der Siederohre ergibt sich meist schon konstruktiv ein reichlicher Zugquerschnitt; man findet hier als solchen meist 40 bis 50 %, bei kleineren Kesseln sogar bis 75 % der Rostfläche. Im Schornstein, der wenig Widerstand bietet, kann der Zugquerschnitt bedeutend geringer sein, er beträgt hier im allgemeinen bei großen Schornsteinen 20 bis 25 % der Rostfläche und bis zu 40 % bei kleinen Schornsteinen. Auf Kriegsschiffen wird der Schornsteinquerschnitt der Gewichtsersparnis wegen und um ein kleineres Zielobjekt zu bieten, meist nicht größer gewählt als 14 bis 16 % der Rostfläche. In der Kriegsmarine spielt der Zugquerschnitt des Schornsteines bei höheren Leistungen keine allzugroße Rolle, da der Zug dann hauptsächlich durch die Ventilationsmaschinen erzeugt wird; bei verringerter Leistung reicht dagegen der verhältnismäßig geringe Schornsteinquerschnitt zur Erzielung eines genügenden Zuges aus. Im großen und ganzen werden kleinere Schornsteine wegen ihrer geringeren Höhe und dem damit verbundenen schlechteren Zuge, wie es auch meist schon die Ausführbarkeit mit sich bringt, mit verhältnismäßig größerem Querschnitt ausgeführt als große Schornsteine.

Im allgemeinen ist bei den Zugquerschnitten besonders darauf zu achten, daß, wenigstens für natürlichen Zug, keine zu kleinen Siederohrdurchmesser gewählt werden, da sonst bei einer bestimmten Heizfläche der Zugquerschnitt zu klein und somit der Widerstand für die Heizgase zu groß wird. Bezüglich des Zugquerschnittes über und unter dem Rost ist ebenso wie für eine günstige Rostfläche ein größerer Flammrohrdurchmesser und dementsprechend ein kürzerer Rost vorteilhaft.

Allgemein gesprochen werden unter sonst gleichen Verhältnissen Kessel mit größeren Zugquerschnitten, besonders bei natürlichem Zug, ökonomischer arbeiten als solche mit geringeren Zugquerschnitten.

Angaben über die Geschwindigkeiten der Heizgase lassen sich nicht machen, da ja nicht nur die ihnen zur Verfügung stehenden Querschnitte verschieden sind, sondern auch ihr Volumen insbesondere infolge ihrer an den einzelnen Stellen des Kessels verschiedenen Temperatur fortwährenden Änderungen unterworfen ist.

Wasser- und Dampfraum.

Bei allen Zylinderkesseln ist die relative Lage des niedrigsten Wasserstandes fast genau dieselbe. Dieser Wasserstand liegt nämlich fast stets auf etwas weniger als $^1/_4$ Kesseldurchmesser von oben. Liegt der Wasserstand noch höher, so wird meist ein Dom angeordnet, um einen genügend großen Dampfraum und trockenen Dampf zu erhalten. Nach den mit Zylinderkesseln im Laufe von Jahrzehnten gesammelten Erfahrungen stehen bei der genannten Lage des Wasserstandes die Größe des Wasser- und Dampfraumes in richtigem Verhältnis zueinander und zur Rost- und Heizfläche. Es erübrigt sich daher, weitere Angaben über die Größe des Wasser- und Dampfraumes zu machen. Wenn man nämlich den Wasserstand stets ungefähr auf $^1/_4$ Kesseldurchmesser von oben legt, ergibt sich z. B. für Compoundmaschinen, welche gegenüber Dreifachexpansionsmaschinen ihres höheren Dampfverbrauches wegen auch einen größeren Dampfraum verlangen, dieser ganz von selbst, da die Rost- und Heizfläche pro PS_i bei Compoundmaschinen des höheren Kohlenverbrauches wegen ebenfalls größer sein muß. Das Gleiche gilt von Kesseln für Dreifachexpansionsmaschinen gegenüber solchen für Vierfachexpansionsmaschinen. Um einen Begriff von der Größe des Dampfraumes zu geben, sei nur gesagt, daß der Dampfraum bei Zylinderkesseln für natürlichen Zug pro PS_i etwa 13 bis 17 cdcm beträgt. Der Wasserraum beträgt meist das 2 bis 2,5 fache des Dampfraumes. Naturgemäß muß stets die gesetzliche Vorschrift über die Lage des niedrigsten Wasserstandes zu den höchsten feuerberührten Zügen des Kessels eingehalten werden.

Bei Wasserrohrkesseln sind Wasser- und Dampfraum und Wasseroberfläche bedeutend kleiner; die Erzeugung trockenen Dampfes und die Speisung sind daher hier auch schwieriger. Bei Schulzkesseln beträgt z. B. der Dampfraum pro PS_i etwa nur 1,5 cdcm also nur rund den zehnten Teil des Dampfraumes bei den Zylinderkesseln der Handelsmarine.

Der Wasserraum ist bei Schulzkesseln etwa gleich dem 2,5 fachen des Dampfraumes. Der niedrigste Wasserstand liegt bei diesen Kesseln neuerdings etwa auf Mitte Oberkessel; früher, als noch nicht alle Rohre unter Wasser mündeten, lag er etwas tiefer.

Im großen und ganzen wird ein großer Dampfraum als Vorratsraum bei ungleichmäßigem Heizen, beim Reinigen der Feuer usw. vorteilhaft sein. Dazu kommt noch, daß bei Zylinderkesseln mit einem größeren Dampfraum auch eine größere Wasseroberfläche verbunden ist. Je größer aber die Wasseroberfläche ist, durch welche sich der erzeugte Dampf seinen Weg bahnen muß, desto trockener wird er im allgemeinen sein.

Auf Raddampfern wäre es wegen der geringen Tourenzahl und der dementsprechend stoßweisen Dampfentnahme zweckmäßig, den Dampfraum größer zu wählen als bei Schraubenschiffen; dies widerspricht aber der Bedingung, daß die Kessel auf Radschiffen des meist geringen Tiefganges wegen nicht zu schwer ausfallen dürfen.

IV. Abschnitt.

Die Aufstellung der Kessel.

Je nachdem man bei Zylinderkesseln Einender oder Doppelender, sowie gemeinsame oder getrennte Heizräume wählt, ergeben sich für die Aufstellung der Kessel verschiedene Möglichkeiten. Vorausgeschickt sei, daß die Länge des Heizraumes der Handhabung der Schürstangen wegen stets etwas größer sein muß als die Länge des Rostes. In der Handelsmarine, bei welcher die Rostlänge selten mehr als 1600 oder 1700 mm beträgt, sind die Heizräume meist 2500 bis 3000 mm lang; gemeinsame Heizräume werden etwa 3500 bis 4000 mm lang ausgeführt. Die Kriegsmarine, welche meist Rostlängen von 2000 mm verwendet, rechnet etwa bei getrennten Heizräumen Heizraumtiefe = Rostlänge + 700 mm und bei gemeinsamen Heizräumen Heizraumtiefe $\geqq$ 3500 mm. Bei gemeinsamen Heizräumen spart man also etwas an Platz; trotzdem sind getrennte Heizräume stets vorzuziehen, da sie kühler sind und die Heizer sich beim Bedienen der Feuer gegenseitig nicht behindern. Auch die Aufstellung der im Heizraum notwendigen Hilfsmaschinen und die Anordnung der Niedergänge stößt bei gemeinsamen Heizräumen oft auf Schwierigkeiten. Die angegebenen Maße für getrennte Heizräume sind gemessen von Kesselstirnwand bis Schott. Fast stets wird der dadurch gegebene Raum aber noch durch Schottwinkel, Pumpen, Rohrleitungen usw. verengt. Der nötige Platz zum Auswechseln von Rohren bei Zylinder- und weitrohrigen Wasserrohrkesseln ist bei Innehaltung obiger Maße meist ohne weiteres vorhanden.

Im folgenden sei ein Einender als Einheit und ein Doppelender als zwei Einheiten gezählt. Die Zahl der Einheiten sei mit a bezeichnet. Fig. 14 und 15 stellen nun die üblichen Kesselaufstellungen bei Zylinderkesseln dar; gleichzeitig sind die bei normalen Schiffsbreiten üblichen Bunkeranordnungen angegeben. Für $a = 1$ ergibt sich dann die mit A bezeichnete Aufstellung. Die Schiffsbreite gestattet hier wohl stets eine Anordnung von Seitenbunkern; wie punktiert angedeutet, ist manchmal ein Staubschott zwischen Maschinen- und Kesselraum vorhanden. Für $a = 2$

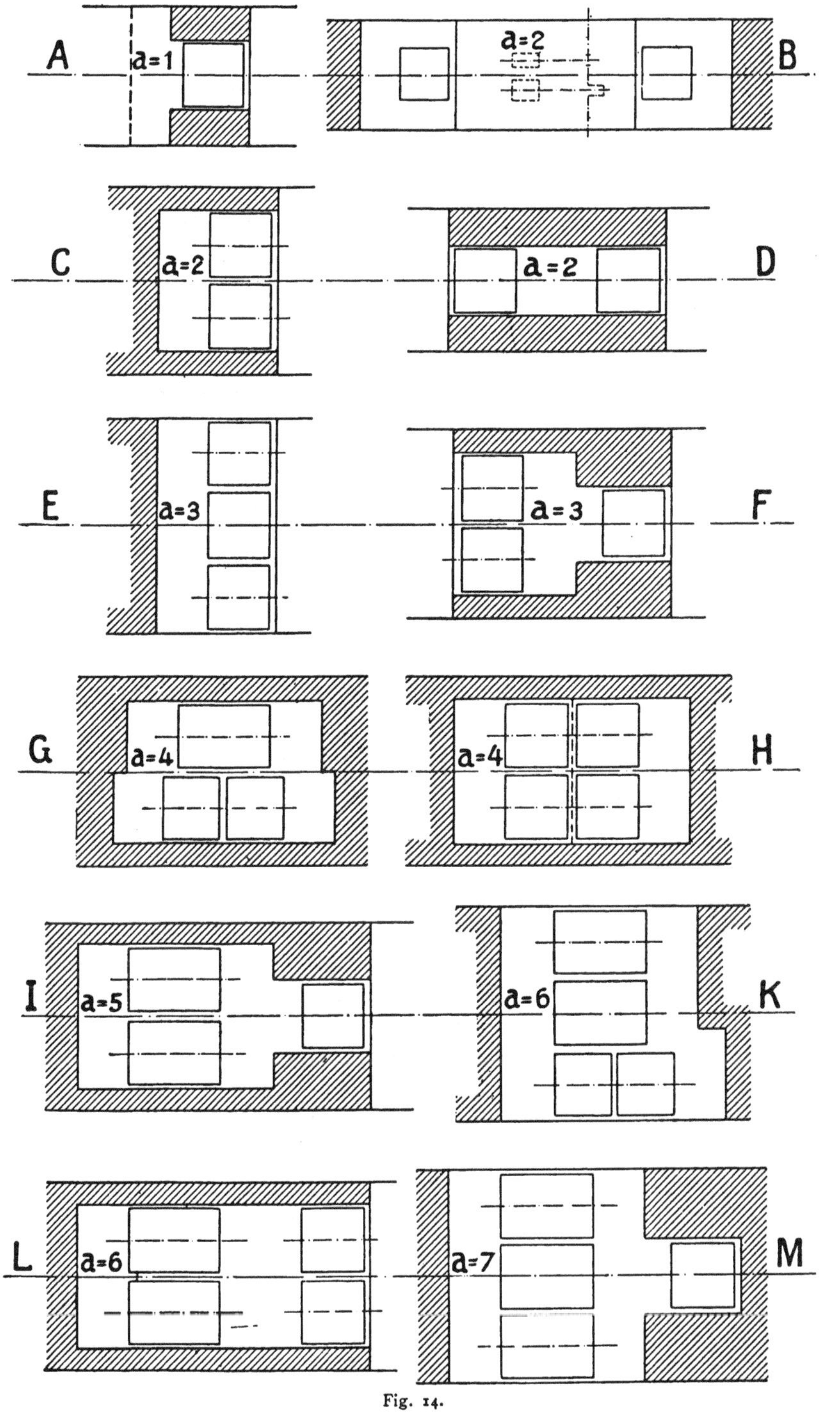

Fig. 14.

sind die drei Möglichkeiten *B*, *C* und *D* dargestellt. Die Anordnung *B* findet sich hauptsächlich auf Raddampfern, bei welchen mit Rücksicht auf die Lage der Schaufelräder, des Trimms usw. die Maschine zwischen den Kesseln zu liegen kommt. Für Schraubenschiffe wird die Anordnung *C* vorzuziehen sein. Beide Kessel stehen hier nebeneinander, und der Schornstein läßt sich über den Kesseln anordnen. Bei der Anordnung *D* dagegen nehmen die über dem gemeinsamen Heizraum zusammengezogenen

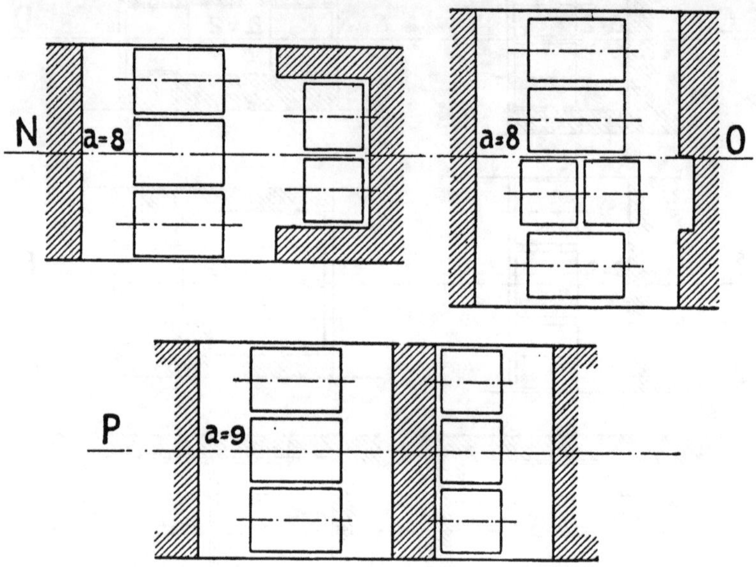

Fig. 15.

Rauchfänge bei dem üblichen Fall, daß man nur einen Schornstein ausführt, dem Heizraum Licht und Luft. Trotzdem findet man diese Anordnung verschiedentlich ausgeführt; am wenigsten wird sie der schlechteren Ventilation wegen für heiße Gegenden geeignet sein. Für $a = 3$ ergeben sich die Möglichkeiten *E* und *F*; für welche von beiden man sich entscheidet, hängt von der Schiffsbreite, der Größe und Lage der Bunker usw. ab. Eine Anordnung für $a = 4$ ist in *G* dargestellt; nur Doppelender führt man nicht aus, da diese für den Hafenbetrieb zu groß sind; statt des einen Doppelenders sind daher hier zwei Einender gewählt. Oft findet man auch die Anordnung *H*, d. h. nur Einender, wobei, wie punktiert angedeutet, ein Querschott vorhanden sein kann. Eine gebräuchliche Anordnung für $a = 5$ ist in *I* dargestellt. Statt des einen der beiden Doppelender findet man hier ab und zu auch zwei Einender. Man kann dann abwechselnd einen der drei Einender als Hilfskessel benutzen. Für $a = 6$ ergeben sich die Aufstellungen *K* und *L*; für Hilfskreuzer würde *L* günstiger sein, da hier ein Schutz der Kessel durch Seitenbunker vorhanden ist.

M ist eine Anordnung für $a = 7$. Falls hierbei z. B. Howdens Zug verwendet wird, erhält der Einender, welcher als Hilfskessel dient, meist nur natürlichen Zug, damit es im Hafen nicht nötig ist, die Howdensche Zuganlage in Betrieb zu nehmen. Öfters findet man bei der dargestellten Anordnung auch statt eines Doppelenders zwei Einender ausgeführt, um nicht immer denselben Kessel als Hilfskessel verwenden zu müssen. *N* stellt eine Anordnung für $a = 8$ dar; für sehr breite Schiffe ist auch die Anordnung *O* möglich. *P* gibt schließlich die Kesselaufstellung für $a = 9$.

Außer den dargestellten Anordnungen sind natürlich noch andere Aufstellungen möglich, welche jedoch meist eine ungünstige Größe und Lage der Bunker usw. ergeben, wie an zwei Beispielen gezeigt werden mag. Fig. 16 stellt z. B. eine Anordnung für $a = 4$ dar; hierbei wird jedoch die Kohlenzufuhr, welche nur durch die Längsbunker erfolgen kann,

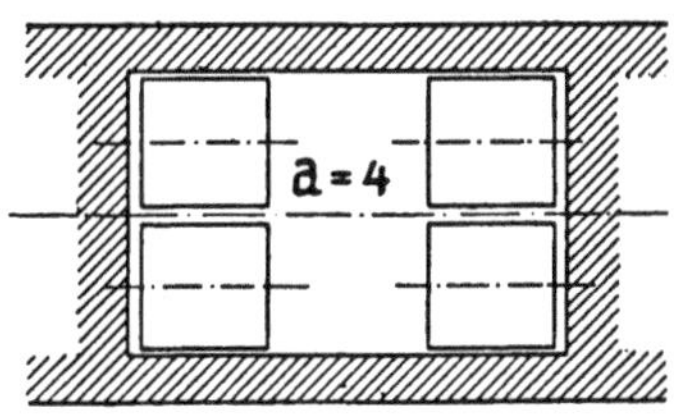

Fig. 16.

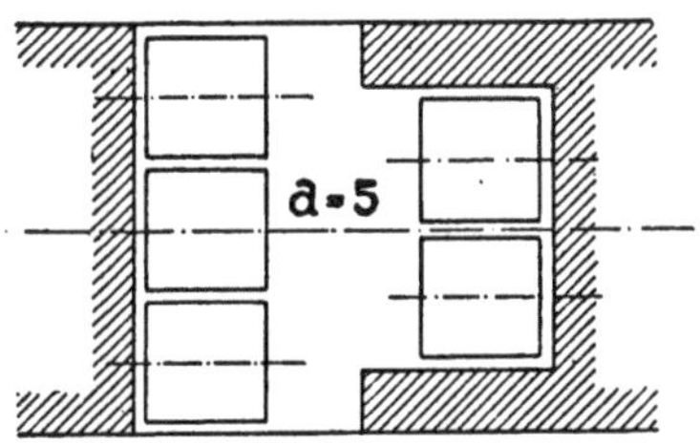

Fig. 17.

ungünstig. Fig. 17 gibt eine ebenfalls noch nicht genannte Anordnung für $a = 5$ wieder. Hierbei wird die Schiffsbreite meist nicht ausreichen, um große Seitenbunker anzuordnen, Querbunker sind aber hier für die Kohlenzufuhr sehr ungünstig.

Bei der Anordnung der Bunker wird man hauptsächlich noch auf folgendes zu achten haben. Die Kessel sollen sich leicht einsetzen und herausnehmen lassen. Durch den Kohlenverbrauch soll das Schiff möglichst parallel austauchen, besonders in der Kriegsmarine, bei welcher ein Trimmen durch Ladung, Wasserballast usw. nicht möglich ist. Die Kohlen für jeden Kessel sollen möglichst aus den nächstgelegenen Bunkern genommen werden können; bei größeren Schiffen wird jedoch meist ein Schienenstrang zwischen den Kesseln notwendig, um die Kohlen bequem aus den Bunkern vor die Kessel bringen zu können. Große und breite Bunker sind für die Unterbringung der Kohlen stets günstiger als kleine und enge. Seitenbunker sind unter Umständen als Kohlenschutz vorteilhaft.

Die Entfernung nebeneinander stehender Kessel, von Mantel bis Mantel gerechnet, beträgt mindestens 200 mm, üblich sind meist etwa 300 mm, öfters findet man auch bis zu 360 mm. Auf jeden Fall muß man überall Nieten verstemmen oder Stehbolzenmuttern anziehen können, ferner muß man z. B. bei drei nebeneinander befindlichen Kesseln wenigstens zwischen zweien bequem passieren können, ebenso muß ev. Platz für die Kohlenwagen vorhanden sein. Von den genannten Maßen geht durch Nietköpfe, Doppellaschen und die Kesselbekleidung meist noch etwas ab. Zwischen Kessel und Doppelboden muß ein Spielraum von 300 oder besser 400 mm vorhanden sein, um dort revidieren und Nieten verstemmen zu können. Zwischen Kessel und Seitenbunkerwand resp. Seitenstringer oder Rahmenspant ist ein Spielraum von mindestens 200 mm, besser von 250 oder 300 mm vorzusehen. Über den Kesseln ist genügend Platz für die Anordnung und Bedienung der Absperrventile, Sicherheitsventile usw. zu lassen. Dampfdome, welche insbesondere bei kleinem Dampfraum zweckmäßig sind, können ev. nach innen geneigt werden

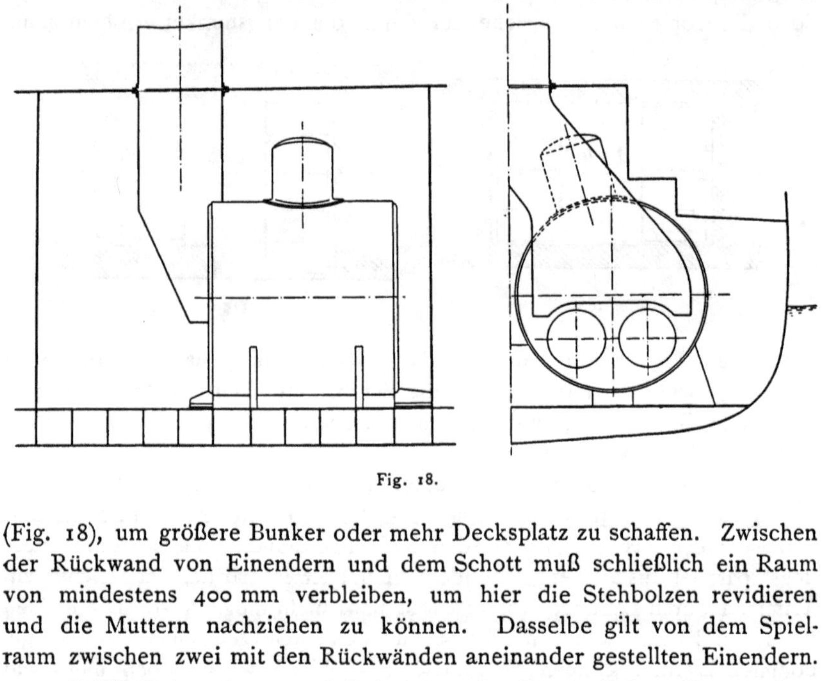

Fig. 18.

(Fig. 18), um größere Bunker oder mehr Decksplatz zu schaffen. Zwischen der Rückwand von Einendern und dem Schott muß schließlich ein Raum von mindestens 400 mm verbleiben, um hier die Stehbolzen revidieren und die Muttern nachziehen zu können. Dasselbe gilt von dem Spielraum zwischen zwei mit den Rückwänden aneinander gestellten Einendern.

Schließlich sei an zwei Beispielen der Entwurf einer Kesselanlage gezeigt.

Beispiel 1. Kesselanlage für 4800 PS_i. Natürlicher Zug. Dreifachexpansionsmaschinen.

Für Dreifachexpansionsmaschinen und natürlichen Zug rechnet man nach dem auf S. 18 Gesagten pro PS_i etwa 0,294 qm Heizfläche; hiernach würde also die Gesamtheizfläche in unserem Falle $\sim$ 1411 qm betragen. Der Kohlenverbrauch pro PS_i und Stunde sei nach den Erfahrungen auf einem ähnlichen Schiff zu 0,7 kg angenommen; bei der vorhandenen Schornsteinhöhe ließen sich hier 80 kg Kohle pro qm Rost und Stunde leicht verbrennen. Die Rostfläche wird daher sein $\frac{4800 \cdot 0{,}7}{80} = 42$ qm. Der Wert $\frac{H}{R}$ würde dann $\frac{1411}{42} = \infty\ 33{,}6$ sein, was für natürlichen Zug nach den Tabellen im V. Abschnitt ein guter Mittelwert ist. Die Werte für Heizfläche und Rostfläche können daher beibehalten werden. Es handelt sich nun zuerst um die Unterbringung der Rostfläche. Die Bedingung Rostfläche jedes Feuers $\lesseqqgtr$ 2 qm ergibt mindestens 21 Feuerstellen. Diese würden bei Dreifeuerkesseln, also $a = 7$, in drei Doppelendern und einem Einender unterzubringen sein, z. B. Anordnung M in Fig. 14. Zu 2 qm Rostfläche gehört bei einem Flammrohrdurchmesser von 1100 mm eine Rostlänge von 1820 mm, welche jedoch zu groß ist; zu 1200 mm Flammrohrdurchmesser würde eine gut brauchbare Rostlänge von 1670 mm gehören. Es würden daher drei Doppelender und ein Einender gewählt werden können, und zwar Dreifeuerkessel mit einem inneren Flammrohrdurchmesser von 1200 mm und einer Rostlänge von 1670 mm; der innere Kesseldurchmesser würde dann nach den Tabellen im V. Abschnitt unter Berücksichtigung des Wertes $\frac{H}{R} = 33{,}6$ etwa das Vierfache des inneren Flammrohrdurchmessers betragen, d. h. ca. 4800 mm. Der äußere Kesseldurchmesser wird dann ca. 4880 mm betragen. Die lichte Kesselraumbreite sei bei dem betreffenden Schiffe 15 800 mm. Für die Spielräume zwischen den Kesseln untereinander und zwischen Kessel- und Bunkerwand bleiben daher übrig 15 800 — (3 · 4880) = 1160 mm, womit sich die in Fig. 19 eingetragenen Spielräume ergeben. Die Kessel lassen sich also bequem im Schiff unterbringen. Wollte man hier die Rostfläche pro Feuer kleiner als 2 qm machen, so würde man noch einen Einender mehr ausführen müssen.

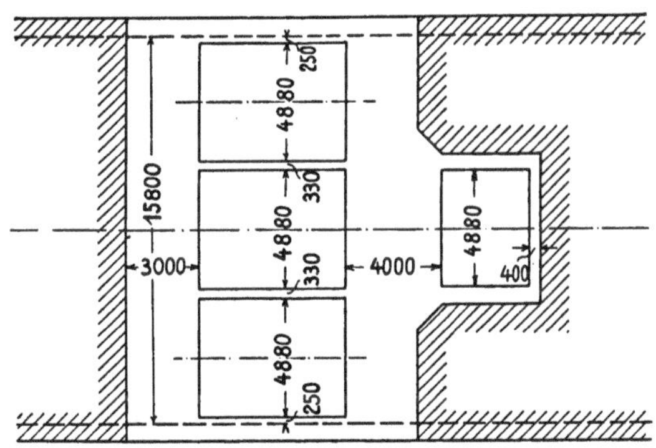

Fig. 19.

Beispiel II. Man kann aber auch im Gegensatz zum ersten Beispiel die Rostabmessungen annehmen und danach aus der Gesamtrostfläche die Anzahl der Feuer ausrechnen. Es sei eine Kesselanlage für 3000 PS_i zu entwerfen, Howdens Zug, Dreifachexpansionsmaschinen. Hierfür müßte die Gesamtheizfläche nach S. 18 $3000 \cdot 0{,}250 = 750$ qm sein. Bei einem ähnlichen Schiff betrug der Kohlenverbrauch bei einer Verbrennung von 115 kg Kohle pro qm Rost und Stunde 0,65 kg pro PS_i

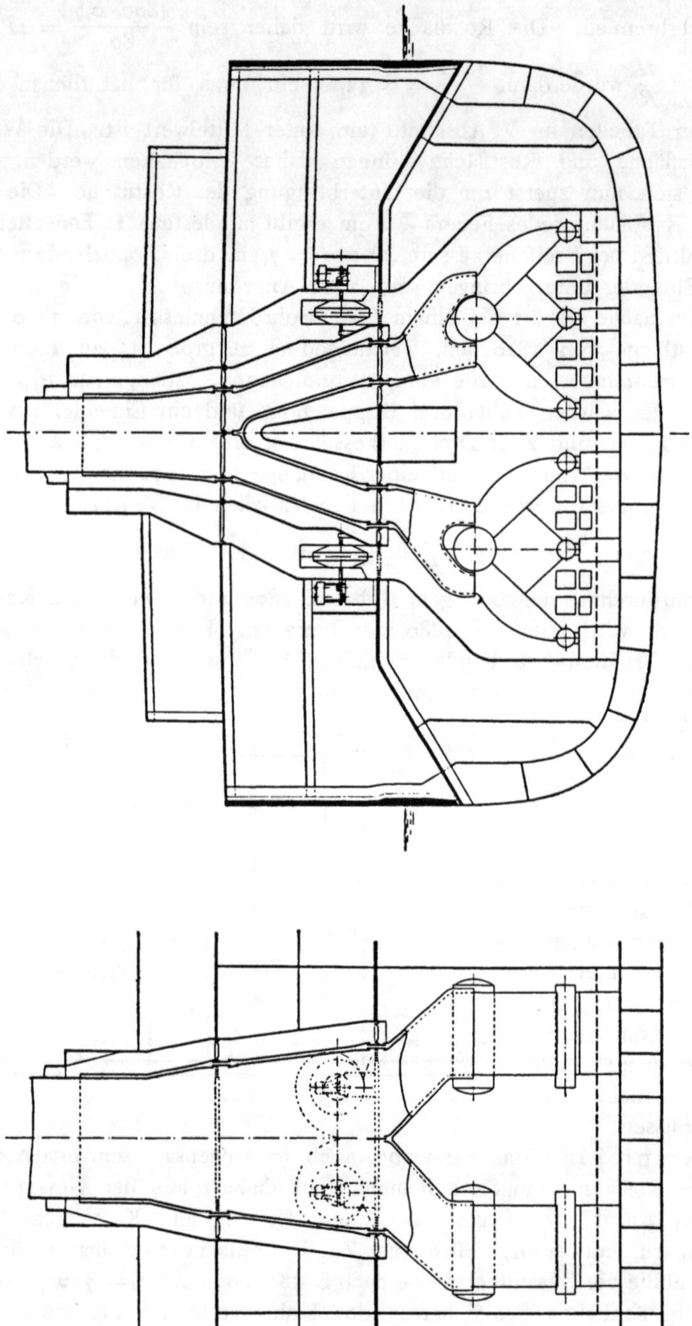

Fig. 20.

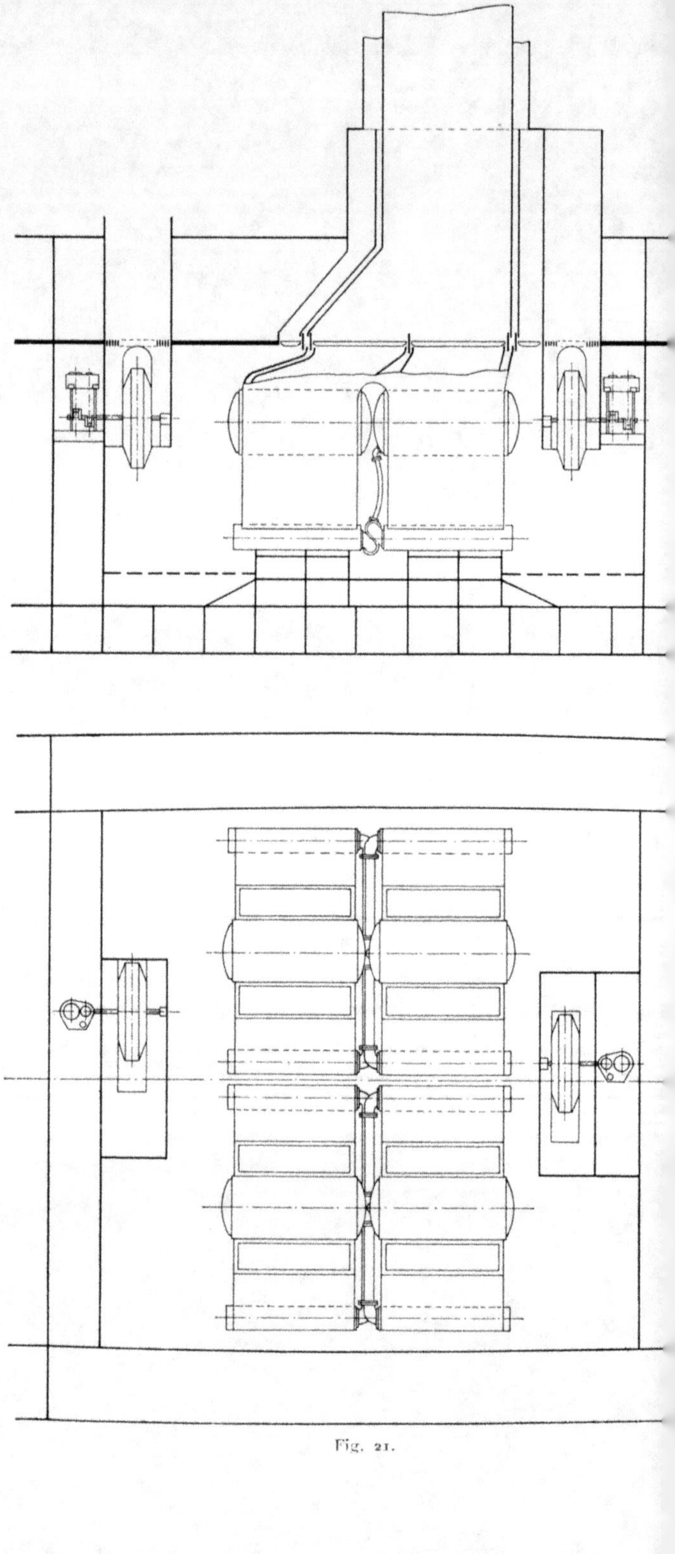

Fig. 21.

Tafel II.

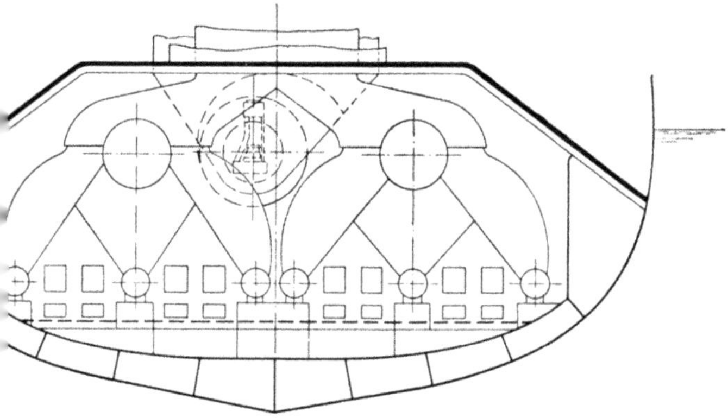

Fig. 22.

und Stunde. Hiermit würde die Gesamtrostfläche $\frac{3000 \cdot 0{,}65}{115} = 17$ qm sein müssen. Der Wert $\frac{H}{R} = \frac{750}{17} = 44{,}1$ paßt nach den Tabellen im V. Abschnitt gut für Kessel mit Howdens Zug, sodaß die Werte für H und R beibehalten werden können. Für 17 qm Gesamtrostfläche ergibt sich dann mit Flammrohrdurchmessern von 1000, 1100 und 1200 mm und Rostlängen von 1600 und 1700 mm folgende Tabelle:

Flammrohr-durchmesser mm	Rostlänge mm	folglich Rost-fläche pro Feuer qm	folglich Anzahl der Feuer
1000	1600	1,6	10,6
1000	1700	1,7	10,0
1100	1600	1,76	9,7
1100	1700	1,87	9,1
1200	1600	1,92	8,9
1200	1700	2,04	8,3

Hier würden daher neun Feuer, also z. B. drei Dreifeuerkessel mit einem Flammrohrdurchmesser von 1100 und einer Rostlänge von 1700 mm, aber noch besser mit einem Flammrohrdurchmesser von 1200 mm und einer Rostlänge von 1600 mm passend sein.

Auf Kriegsschiffen richtet sich die Anzahl, Größe und Aufstellung der Kessel nach der Art der Kessel und dem Schiffstyp. Dürr-Kessel müssen z. B. so aufgestellt werden, daß ihre Rohre längsschiffs liegen, damit auch bei großer Schlagseite des Schiffes die Wasserzirkulation nicht aufgehoben wird. Die in der deutschen Marine bei den allgemein eingeführten engrohrigen Wasserrohrkesseln üblichen Kesselaufstellungen zeigen

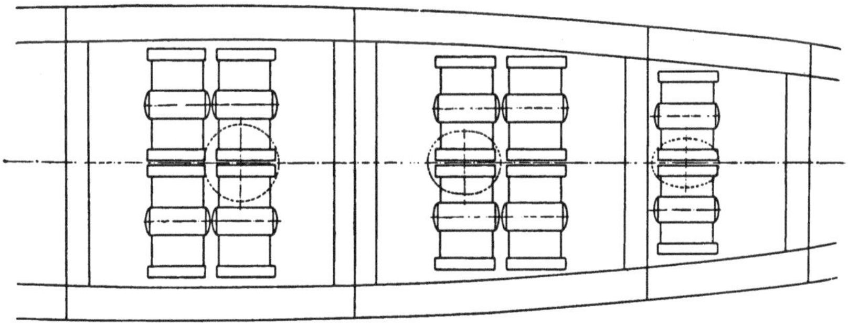

Fig. 23.

die Fig. 20 bis 24. Fig. 20 stellt eine Kesselgruppe eines Linienschiffes oder Panzerkreuzers dar. Querbunker sind hier meist nicht vorhanden, sodaß gemeinsame Heizräume entstehen. In Fig. 21 und 22 (Tafel II) ist die auf kleinen Kreuzern übliche Aufstellung dargestellt. Hier werden meist getrennte Heizräume angeordnet, welchen die Kohlen aus Querbunkern zugeführt werden. Häufig finden sich auf demselben Schiff auch zwei oder drei verschieden breite Kesselausführungen, derart, daß die weniger breiten Kessel in dem vorderen, durch die Schärfe des Schiffes schmaleren Kesselraum Aufstellung finden. Fig. 23 zeigt eine solche Kesselanlage für

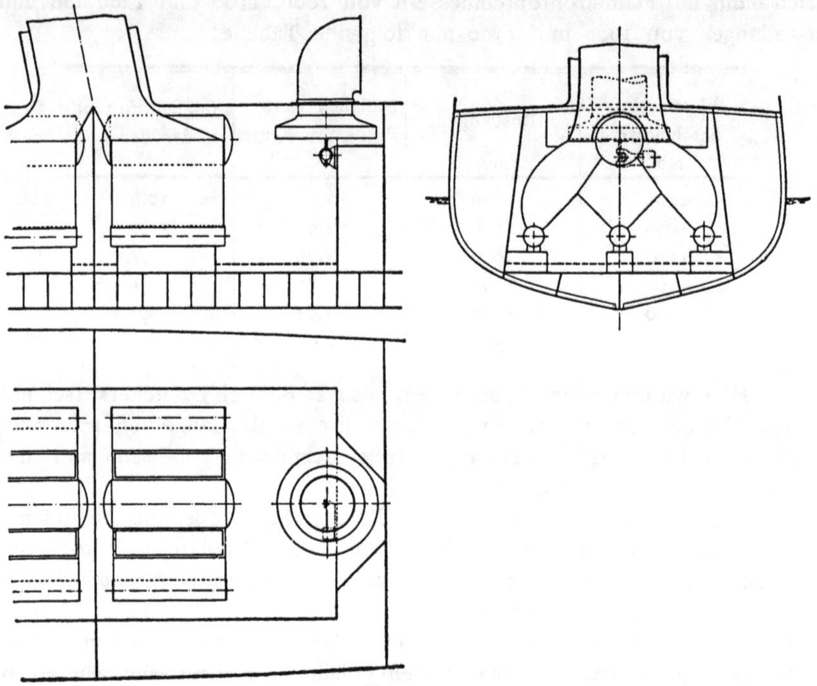

Fig. 24.

10000 PS_i mit einpunktierten Schornsteinen. Bei Torpedobooten ist es schließlich nur möglich, die Kessel hintereinander aufzustellen; Fig. 24 gibt einen solchen Kesselraum wieder. Öfters findet man auf Torpedobooten auch gemeinsame Heizräume. Die Aufstellung der Ventilationsmaschinen bei den verschiedenen Kriegsschiffstypen ist im XVI. Abschnitt, »Künstlicher Zug«, eingehend besprochen.

V. Abschnitt.

Der Entwurf eines Kessels.

Nachdem man sich entsprechend dem in Abschnitt III und IV Gesagten für eine bestimmte Art, Anzahl und Größe der Kessel entschieden hat, folgt der Entwurf eines Kessels. Bei Wasserrohrkesseln wird man konstruktiv von der Rostfläche ausgehen und hierbei auch gleich die Unterkessel, soweit sie bei dem betreffenden Kesseltyp überhaupt vorhanden sind, berücksichtigen; die Größe derselben ist meist durch die Bedingung der Befahrbarkeit gegeben. Dann muß die Anzahl und Form der Wasserrohre und die Größe des Oberkessels zeichnerisch und rechnerisch ausprobiert werden, bis die gewünschte Heizfläche untergebracht ist. Bei weitrohrigen Wasserrohrkesseln ist beim Entwurf oft auf die Größe der einzelnen »Elemente« oder Wasserkammern Rücksicht zu nehmen.

Während also der Entwurf eines Wasserrohrkessels für eine bestimmte Rost- und Heizfläche verhältnismäßig einfach ist, ist es bei einem Zylinderkessel schwierig, ohne Anwendung einiger Erfahrungsgrundsätze zeichnerisch die Abmessungen des Kessels festzulegen. Hier handelt es sich vor allem darum, den Durchmesser des Kessels für einen bestimmten Flammrohrdurchmesser nicht zu groß und auch wieder nicht zu klein zu erhalten.

Flammrohrdurchmesser und Rostlänge waren bereits bei der Verteilung der Gesamtrostfläche auf die einzelnen Feuer festgelegt. Eine bequeme Hilfe beim Konstruieren bieten nun die Werte

$$\frac{\text{innerer Kesseldurchmesser}}{\text{innerer Flammrohrdurchmesser}}$$

in Spalte 5 der Tabellen auf S. 34 bis 37. In diesen Tabellen sind gleichzeitig die Hauptwerte von 46 Zylinderkesseln, geordnet nach dem Kesseldurchmesser, angegeben. Hat man einen ähnlichen Kessel als Vorbild, so wird man sich von diesem den genannten Wert $\frac{D_i}{d_i}$ ausrechnen und dann

1	2	3	4	5	6	7	8	9
Einender oder Doppelender	Art des Zuges	Innerer Kessel-durchmesser D_i	Innerer Flammrohr-durchmesser d_i	$\frac{D_i}{d_i}$	Kessellänge zwischen Außenseiten der Stirnwände	qm Heizfläche H	qm Rostfläche R	$\frac{H}{R}$
								Einfeuer-
Einender	natürlich	1600	672	2,38	2390	26,5	0,7	38
»	»	1900	800	2,38	1904	26	0,9	28,9
»	»	2000	750	2,67	2800	45,13	1,2	37,6
»	»	2000	821	2,43	2750	42	1,15	36,5
»	»	2175	900	2,42	2400	40	1,48	27
								Zweifeuer-
Einender	natürlich	2700	750	3,6	2892	76,3	2,17	35,2
»	»	2750	750	3,67	2590	61,9	1,72	35,9
»	»	2800	800	3,5	2498	70,46	2,4	29,3
»	»	2850	800	3,57	2900	90	2,89	31,2
»	»	2900	850	3,42	3020	103	3,42	30,1
»	»	2960	900	3,29	3000	95	3,5	27,1
»	»	3000	830	3,62	3042	97	2,67	36,3
»	»	3240	1000	3,24	2944	112,5	3,62	31,1
»	»	3340	1006	3,32	2665	113	3	37,7
»	»	3400	1000	3,4	2943	113	3,1	36,5
»	»	3400	1050	3,24	3000	130	3,68	35,4
»	»	3480	900	3,87	3034	110	2,88	38,2
»	»	3580	950	3,77	3194	121	3,2	37,8
Doppelender	Howden	3658	1030	3,55	6238	284	6,59	43,1
Einender	natürlich	3760	1100	3,42	3449	150	4,2	35,7
»	»	3800	1050	3,62	3246	132,5	3,7	35,8
Doppelender	Howden	3860	1100	3,51	6248	325	7,5	43,35
Einender	natürlich	3870	1100	3,52	3250	147	4,25	34,6
»	»	3900	1200	3,25	3039	155	4,7	33
»	»	3950	1150	3,43	3234	150	4,06	37
								Dreifeuer-
Einender	Howden	3960	900	4,4	3560	180	4,3	41,8
»	natürlich	4100	1000	4,1	3180	157,73	4,8	32,9
»	»	4150	950	4,37	3230	190	5,2	36,6

10	11	12	13	14	15		16		17
Überdruck at	Rostlänge	Freie Rohrlänge	In den Rohren sind enthalten °/₀ der Heizfläche	Rohrdurchmesser außen	Rohrteilung		Größte Weite der Feuerkammer		$\varphi = \frac{t-d}{t}$
					vertikal	horizontal	Einender	Doppelender	

kessel

11	850	1732	80,7	63,5	85	85	425	—	0,76
8	1125	1400	78	70	97	97	344	—	0,83
10	1600	2100	84,5	76	102	102	500	—	0,83
9	1410	2056	81,5	83	107	107	430	—	0,77
8	1650	1750	83	76	100	100	445	—	0,72

kessel

10	1450	2080	79,4	83	108	108	570	—	0,74
7	1150	1736	79	83	110	110	650	—	0,79
9	1500	1850	80,3	76	100	100	470	—	0,85
13	1700	2054	86,9	83	110	110	580	—	0,87
12	2000	2194	87,8	83	107	107	585	—	0,90
9	1940	2220	81,7	83	107	107	560	—	0,86
9	1610	2150	84,5	83	110	110	650	—	0,83
12	1810	2030	80,7	83	108	108	660	—	0,85
12	1500	1900	80,5	83	105	105	520	—	0,82
8	1600	2000	81	83	110	110	650	—	0,82
13	1750	2000	80	83	108	110	665	—	0,90
13	1600	2100	87,5	83	110	110	650	—	0,91
13	1685	2150	84,3	83	110	110	750	—	0,91
15	1600	2438	85,3	70	100	100	—	1220	0,90
15	1900	2420	82,5	76	107	107	710	—	0,93
13	1760	2200	82,6	89	118	120	750	—	0,91
15	1700	2460	88,2	76	107	107	—	1220	0,93
12,5	1850	2250	82	89	118	118	650	—	0,90
13	1960	2120	84,3	83	108	108	660	—	0,91
13	1760	2200	82,25	86	115	118	750	—	0,91

kessel

14,5	1590	2350	81,3	70	100	100	850	—	0,91
8,5	1600	2200	81,25	83	114	114	700	—	0,84
15	1825	2160	83,5	83	110	110	720	—	0,91

Fortsetzung der Tabellen

1	2	3	4	5	6	7	8	9
Einender oder Doppelender	Art des Zuges	Innerer Kesseldurchmesser D_i	Innerer Flammrohrdurchmesser d_i	$\frac{D_i}{d_i}$	Kessellänge zwischen Außenseiten der Stirnwände	qm Heizfläche H	qm Rostfläche R	$\frac{H}{R}$
Doppelender	natürlich	4150	1000	4,15	6198	377,5	11	34,3
Einender	Howden	4160	950	4,38	3605	201	4,7	42,8
Doppelender	»	4200	1000	4,2	5854	322,28	9,15	35,3
»	»	4200	1000	4,2	5903	330	9,15	36,1
»	»	4275	1000	4,27	6427	370,81	9	41,2
Einender	»	4343	1000	4,34	3646	193,45	4,5	43
Doppelender	Ellis u. Eaves	4350	1000	4,35	6340	444	10,9	40,75
Einender	Howden	4394	1030	4,27	3658	214,51	4,71	45,6
»	»	4400	1050	4,18	3561	225	5,35	42
»	natürlich	4424	1150	3,85	3534	200	6	33,3
»	Ellis u. Eaves	4473	1100	4,06	3400	208	5,44	38,2
Doppelender	»	4473	1100	4,06	6150	404	10,89	37,1
Einender	Howden	4550	1100	4,13	3682	251,69	5,61	44,8
»	natürlich	4655	1200	3,88	3355	240	6,84	35,1
Doppelender	»	4655	1200	3,88	5700	442,5	13,68	32,35
Einender	»	4700	1200	3,92	3233	231	6,84	33,8
»	»	4720	1150	4,1	3200	231	6,55	35,3
Doppelender	Howden	4739	1150	4,12	6286	500	11,9	42

mit dem schon festgelegten Flammrohrdurchmesser vorläufig den inneren Durchmesser des zu konstruierenden Kessels festlegen. Soll der neue Kessel z. B. etwas weniger Heizfläche erhalten oder zwar denselben Wert von $\frac{H}{R}$ wie der als Vorbild dienende Kessel, dabei aber Siederohre von geringerem Durchmesser bekommen, so wird man den Kesseldurchmesser gegenüber dem nach der genannten Methode festgelegten Durchmesser noch etwas kleiner annehmen können und umgekehrt; kurz unter sinngemäßer Benutzung dieser Werte läßt sich die Feststellung eines passenden Kesseldurchmessers sehr vereinfachen. Bei Benutzung des Wertes $\frac{D_i}{d_i}$ eines ähnlichen Kessels wird man im allgemeinen für die Größe der Heizfläche, des Wasserraumes, des Dampfraumes usw. ohne weiteres ähnliche Verhältnisse erhalten. Hat man viel Platz zur Verfügung oder wünscht einen größeren Wasser- und Dampfraum, so wird man z. B. für einen Dreifeuerkessel einen der größeren Werte $\frac{D_i}{d_i}$, etwa 4,2 wählen; hat von Seite 34 und 35.

10	11	12	13	14	15		16		17
Über-druck at	Rost-länge	Freie Rohr-länge	In den Rohren sind enthalten $^0/_0$ der Heizfläche	Rohr-durch-messer außen	Rohrteilung		Größte Weite der Feuerkammer		$\varphi = \frac{t-d}{t}$
					ver-tikal	hori-zontal	Ein-ender	Doppel-ender	
15	1835	2450	87,5	83	110	110	—	1150	0,91
14	1650	2400	81,4	70	110	100	810	—	0,91
13	1525	2250	82,6	76	105 u. 115	105 u 115	—	1300	0,91
14	1525	2250	82,4	76	105	110	—	1300	0,93
14,5	1500	2440	83,5	70	104 u. 107	106	—	1400	0,93
14,5	1500	2440	79,9	70	104 u. 107	106	870	—	0,93
15	1815	2371	88,3	70	100	100	—	1450	0,91
15	1525	2438	81,1	70	100	99	910	—	0,93
15	1700	2450	84,5	70	101	101	795	—	0,91
15	1740	2400	78,5	76	105	103	720	—	0,90
15	1650	2350	84,5	76	104	104	760	—	0,90
15	1650	2350	86,9	76	104	104	—	1354	0,90
15	1700	2438	82	70	100	99	900	—	0,93
14,5	1900	2300	85,8	76	100 u. 106	100	750	—	0,90
14,5	1900	2200	89,2	76	100 u. 106	100	—	1203	0,90
13	1900	2152	81,8	89	116	116 u. 118	780	—	0,91
12,6	1900	2152	78	89	115	115	725	—	0,92
15	1650	2400	87,2	70	100	100	—	1380	0,90

man dagegen nur einen beschränkten Raum oder wenig Gewicht zur Verfügung, so wird man einen kleinen Wert $\frac{D_i}{d_i}$ wählen müssen und den Kessel, aus welchem dieser Wert abgeleitet ist, beim Konstruieren für die Erfahrungswerte, wie z. B. die Größe der Rohrteilung, des Wasserraumes zwischen Feuerkammerseitenwand und Mantel usw., zum Vorbild nehmen. Man schlägt nun mit dem vorläufig festgestellten Kesseldurchmesser einen Kreis und zeichnet unter Berücksichtigung der Maße a und b (Fig. 25), welche man einem ähnlichen Kessel entnimmt, und des gewählten Flammrohrdurchmessers, die Flammrohre ein. Jetzt handelt es sich um die Unterbringung der Heizfläche. Auf S. 19 sind für verschiedene Fälle die Prozentsätze der Heizfläche genannt, welche auf die Siede- und Ankerrohre entfallen. Mit diesen Werten, oder noch besser mit einem entsprechenden, aus dem ähnlichen als Vorbild dienenden Kessel abgeleiteten Wert, stellt man nun fest, wieviel Quadratmeter von der Gesamtheizfläche in den Rohren unterzubringen sind. Mit einem bestimmten Siederohrdurchmesser, bei dessen Annahme man das unter »Heizfläche« und »Zugquerschnitte«

Gesagte zu berücksichtigen haben wird, und einer gleichfalls angenommenen Siederohrlänge ergibt sich dann die Anzahl der notwendigen Rohre. Das Maß c entnimmt man ebenfalls einem ähnlichen Kessel, hat es jedoch

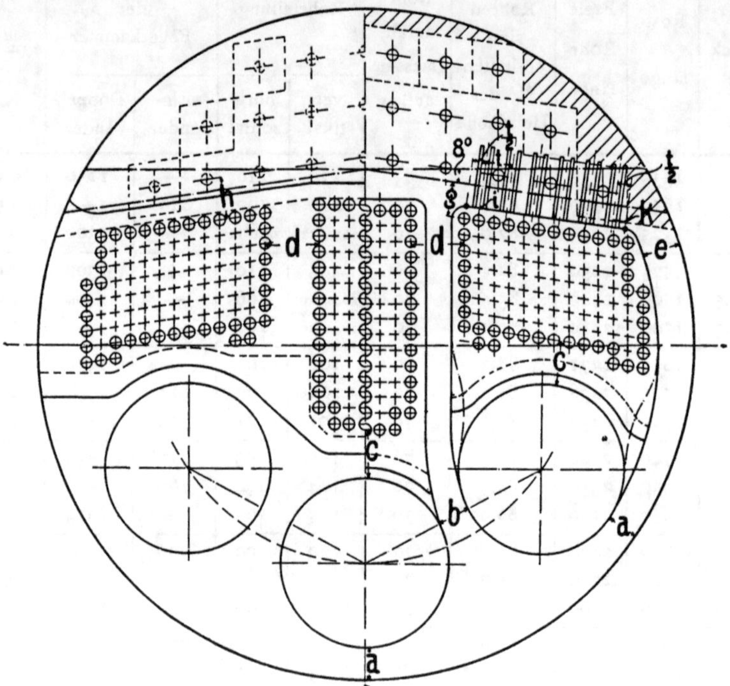

Fig. 25.

eventuell etwas abzuändern, wenn man z. B. in der Stirnwand an dieser Stelle entgegen der Figur keine Naht anzuordnen braucht, sondern die Stirnwand ganz oder wenigstens bis zu den Ankern aus einem Stück herstellen will. Man beginnt nun damit, unter Annahme einer den Tabellen auf S. 34 bis 37 oder dem ähnlichen Kessel entnommenen Rohrteilung die Rohre in die Feuerkammerrohrwände so einzutragen, daß auf jedes Rohrbündel möglichst gleichviel Rohre entfallen. Oft ist dies nicht genau möglich; ein wesentlicher Unterschied in der Anordnung der Siederohre bei Dreifeuerkesseln ist hierbei, ob man eine Reihe Siederohre gerade auf die Mittellinie des Kessels setzt, wie in Fig. 25 gezeichnet, oder rechts und links daneben, wie z. B. auf Tafel I. Unter Berücksichtigung dieses Unterschiedes wird es meist leichter, die Rohre gleichmäßig auf die drei Bündel zu verteilen, denn der Höhe nach sollen die Bündel ja ungefähr gleich hoch reichen. Ab und zu findet man auch, um diese gleiche Verteilung zu erleichtern, eine verschiedene Rohrteilung bei dem mittleren und den seitlichen Rohrbündeln (s. Spalte 15 auf S. 37).

Bei der Aufzeichnung der Rohrbündel ist vor allem darauf zu achten, daß die Maße *d* von Mitte bis Mitte der begrenzenden Rohrreihen nicht kleiner als 350 mm oder bei größerem Rohrdurchmesser nicht kleiner als 360 mm gewählt werden. Selbst bei den stärksten vorkommenden Rohren von 89 mm äußerem Durchmesser ist dann zwischen den Siederohren selbst noch ein freier Raum von 360 — 89 = 271 mm vorhanden, sodaß es dann gerade noch möglich ist, zwischen den Siederohrbündeln herunterzugelangen und die obere Seite des Flammrohres usw. zu besichtigen und zu reinigen. Das Maß *e* wird zweckmäßig etwas größer als das Maß *a* gewählt, mit anderen Worten also die Feuerkammerseitenwand exzentrisch zum Mantel angenommen, damit, ähnlich wie bei der fast immer etwas geneigten Feuerkammerrückwand bei Einendern trotz der aufsteigenden Dampfblasen überall ungefähr das gleiche Wasserquantum zur Kühlung der Feuerkammerwand vorhanden ist. Bei auswechselbaren Flammrohren müssen die Feuerkammerseitenwände, wie strichpunktiert angedeutet, meist etwas eingezogen werden, wie näher unter »Flammrohre« im IX. Abschnitt auseinandergesetzt ist. Nachdem die Siederohre untergebracht sind, stellt man nach Fig. 26 die Lage des höchsten feuerberührten Punktes fest. Den Radius *r*, der seinen Mittelpunkt nicht tiefer haben darf als in der Verlängerung der obersten Kante des höchstgelegenen Siederohres, kann man bei den üblichen Blechstärken noch zu 25, ja selbst zu 20 mm annehmen. Es wird dann die Dicke der Feuerkammerdecke eingezeichnet. Die Entfernung des niedrigsten Wasserstandes von der höchsten Stelle der durch einen Dampfkessel gehenden Feuerzüge, also bei Zylinderkesseln das Maß *f*, muß nach einem deutschen Gesetz mindestens 100 mm betragen. Dieser Minimalabstand muß für Kessel auf Fluß- und Binnenseeschiffen bei einem Neigungswinkel der Schiffsbreite gegen die Horizontalebene von 4°, für Kessel auf Seeschiffen bei einem Neigungswinkel von 8° noch gewahrt sein. Die meisten ausländischen Gesetze verlangen für das Maß *f* einen Wert von etwa 200 mm, haben dagegen die Bestimmung mit den 4° resp. 8° nicht. Nach Fig. 26 ergibt sich nun für *g* ein bestimmter Zahlenwert, durch dessen Eintragung in Fig. 25 die Lage des niedrigsten Wasserstandes festgelegt ist. Es ist nun nachzusehen, ob dieser niedrigste Wasserstand nicht zu tief oder zu hoch liegt. Wie

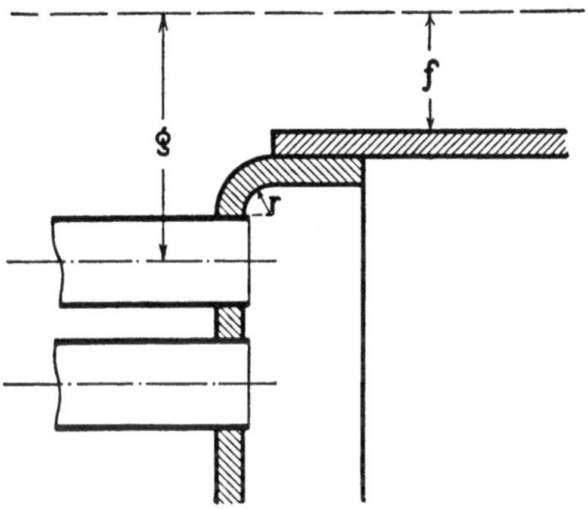

Fig. 26.

unter »Dampfraum« auf S. 22 angegeben, liegt der niedrigste Wasserstand meist etwas mehr als $^1/_4$ Kesseldurchmesser über der Mitte des Kessels; liegt er hiernach in der Entwurfsskizze zu tief, so kann der Kesseldurchmesser kleiner, liegt er zu hoch, ist also der Dampfraum zu klein geworden, so muß der Kesseldurchmesser größer angenommen werden. Hat man jedoch sinngemäß den Wert $\frac{D_i}{d_i}$ eines ähnlichen Kessels benutzt und auch alle rechnerisch nicht feststellbaren Werte diesem Kessel entnommen, so wird man den Kesseldurchmesser kaum zu ändern brauchen, was sonst oft unvermeidlich ist.

Beim Einzeichnen der Siederohrbündel in die Stirnwand des Kessels wird man noch darauf zu achten haben, daß die Siederohre nach der Stirnwand zu meist etwas ansteigen; nach ähnlichen Ausführungen wird man nun mit dem Maß h die unterste Reihe der Anker einzeichnen. Hier hat man wieder darauf zu achten, ob eine Nietnaht zwischen den Ankern und den Siederohren vorhanden ist, oder die Stirnwand hier aus einem Stück besteht; unter Umständen wird man also das einer anderen Zeichnung entnommene Maß h hiernach abzuändern haben. Mit verschiedenen Ankerentfernungen und auch mit rechteckigen Feldern probiert man nun so lange, bis man eine günstige Ankerverteilung gefunden hat. Außer der Wahl verschiedener Ankerabstände hat man auch hier wieder das Mittel, die Anker, wie in der rechten Hälfte der Fig. 25 ausgezogen, rechts und links von der senkrechten Kesselachse oder, wie links punktiert angedeutet, auf dieser Achse beginnen zu lassen.

In dem vorliegenden Falle würde die punktierte Ankeranordnung ungünstig sein, da man mindestens in den zwei unteren Reihen ganz links noch einen Anker mehr anordnen müßte, wobei man dann den Mantel selbst kaum zum Tragen der Stirnwand heranziehen kann, wie es bei der rechts ausgezogenen Anordnung für die schraffierten Teile der Stirnwand der Fall ist. Diese Teile der Stirnwand, welche der Mantel tragen soll, dürfen nämlich auch wieder nicht zu groß werden, wie es z. B. auf der linken Seite der Figur der Fall sein würde, wenn man sich mit den hier punktiert eingezeichneten Ankern begnügen wollte. Man muß nun durch Probieren die günstigste Ankerverteilung festzustellen suchen. Man braucht auch alle Felder nicht gleich groß zu machen, sondern kann etwa für die oberste Ankerreihe auch kleinere Felder und dementsprechend kleinere Ankerdurchmesser wählen. Bei der Eintragung der Anker hat man noch darauf zu achten, daß sie nicht mit den Deckenträgern kollidieren. An der Lage dieser Deckenträger ist kaum etwas zu ändern. Man kann sagen, daß die Rundung der Feuerkammerseitenwand sich selbst trägt, und kann nun, von den beiden Nullenkreisen höchstens eine halbe Teilung entfernt, also bei i und k eine Mittellinie eines Deckenträgers annehmen; häufig setzt man jedoch die äußersten Deckenträger näher an die Rundung heran. Den Raum zwischen den äußersten Deckenträgern *i* und *k* teilt man nun in so viel Teile, daß man eine übliche Entfernung der Deckenträger — meist sind es 190 bis 200 mm — erhält. Die Anker müssen sich also mit ihrer Anordnung fast immer nach den Deckenträgern richten.

Man wird natürlich stets sehen, mit so wenig wie möglich Ankern und Deckenträgern auszukommen, ohne jedoch irgendeinen Kesselteil hierbei unzulässig zu beanspruchen.

Die Anordnung der Stehbolzen in den Seitenwänden und bei Einendern auch in den Rückwänden der Feuerkammern bietet keine Schwierigkeiten. Man wird möglichst vermeiden, daß Stehbolzen in die Nietnähte fallen; wenn dies aber doch der Fall sein muß, läßt man die Stehbolzen mit Nieten zusammenfallen und kann sie zu diesem Zweck auch etwas aus ihrer eigentlich notwendigen regelmäßigen Stellung herausrücken. Man findet die günstigste Stellung leicht, wenn man die Stehbolzenteilung und die Nietteilung auf zwei verschiedenen Blättern Pauspapier aufzeichnet und ein Blatt auf dem anderen so lange verschiebt, bis die Stehbolzen mit den Nietlöchern größtenteils zusammenfallen oder ihnen wenigstens nahekommen.

Das Aufzeichnen des Kessellängsschnittes bietet keine Schwierigkeiten. Die Kessellänge ergibt sich sofort aus der Siederohrlänge, der Weite der Feuerkammer und bei Einendern noch aus dem Raum zwischen Feuerkammerrückwand und Hinterwand des Kessels. Dieses Maß beträgt je nach der Kesselgröße 120 bis 250 mm. Will man auch die letzte Rundnaht des Kessels hydraulisch nieten, so muß ein Boden so eingesetzt werden, daß seine konkave Seite nach außen kommt, wie z. B. in Fig. 10. In den Tabellen auf S. 34 bis 37 ist die Kessellänge stets von Außenfläche Stirnwand bis Außenfläche Stirnwand angegeben; ist also ein Boden »verkehrt« eingesetzt, so ist die Gesamtlänge des Kessels noch etwas größer.

Zuletzt ist dann zu kontrollieren, ob die Gesamtheizfläche auch in dem Kessel enthalten ist, ob also der für die Siederohre angenommene Prozentsatz der Gesamtheizfläche auch der richtige war; ev. sind dann noch einige Siederohre anzuordnen oder wegzunehmen, um die gewünschte Heizfläche genau zu erhalten.

VI. Abschnitt.

Das Material der Kessel.

Als Material für Kesselbleche kommt heutzutage nur noch Siemens-Martin-Flußeisen in Frage. Bleche aus Schweißeisen werden kaum noch verwendet.

Die 1906 herausgegebenen Vorschriften des Germanischen Lloyd über Festigkeit und Dehnung bei flußeisernen Kesselblechen lauten:

Festigkeit kg pro qmm	50—47	46	45	44	43	42	41	40	39	38	37	36	35	34
Dehnung %	20	20,5	21	21,5	22	22,5	23	23,5	24	24,5	25	25,5	26	26,5

Für diejenigen Teile des Kessels, welche gebörtelt oder von den Feuergasen berührt werden, wird dringend empfohlen, nur solche Bleche zu verwenden, deren Zerreißfestigkeit 34 bis 40 kg pro qmm bei mindestens 25 % Dehnung beträgt. Die Festigkeit darf jedoch ausnahmsweise bis 46 kg pro qmm betragen, wobei dann die Mindestdehnung obiger Tabelle zu entsprechen hat.

Diese Vorschriften decken sich mit den Würzburger Normen von 1905; in diesen wird jedoch für Feuerbleche außer den Vorschriften: Zugfestigkeit 34 bis 40 kg pro qmm und Dehnung mindestens 25 % noch verlangt, daß die Gütezahl, d. h. die Summe von Zugfestigkeit und Dehnung, mindestens 62 beträgt, sodaß z. B. ein Feuerblech von 36 kg Festigkeit und 25,5 % Dehnung nicht zulässig wäre.

Auf die von der Kaiserlichen Marine, dem Germanischen Lloyd usw. erlassenen Vorschriften über die Vornahme der Biegeproben, Härtungsbiegeproben, Schmiede- und Lochproben usw. kann hier nicht näher eingegangen werden.

In Anlehnung an obige Vorschriften und teilweise diese verschärfend, wird von vielen Werften etwa folgendes bei Blechbestellungen vorgeschrieben:

a) für Bleche, welche gebörtelt oder von Feuergasen berührt werden, Zugfestigkeit 36 bis 42 kg pro qmm bei mindestens 25 % Dehnung,

b) für Mantelbleche und Laschen Zugfestigkeit 45 bis 50 kg pro qmm und dementsprechend mindestens 21 bis 20 % Dehnung.

Für kleinere Kessel wählt man jedoch meist Bleche von geringerer Festigkeit, etwa 38 bis 44 kg pro qmm, um nicht zu dünne Bleche zu erhalten. Für größere Kessel würde die Wandstärke bei Blechen von geringerer Festigkeit zu groß ausfallen. Kommt es, wie z. B. bei Schnelldampfern, auf besondere Leichtigkeit des Kessels an, so geht man mit den Anforderungen noch höher; so war z. B. für die Mantelbleche der Kessel des Schnelldampfers »Kaiser Wilhelm II.« eine Zugfestigkeit von 52 bis 60 kg pro qmm bei mindestens 20 % Dehnung vorgeschrieben.*)

Die Kaiserliche Marine verlangt als Material basisches Siemens-Martin-Flußeisen und schreibt vor:

Verwendungszweck	Zerreißfestigkeit kg pro qmm	Dehnung wenigstens %	Gütezahl wenigstens
Bleche, welche den Feuergasen ausgesetzt und ferner solche, welche gebörtelt oder geschweißt werden sollen	34—39 (für die zu schweißenden Bleche möglichst nicht über 37)	25	62
Bleche, welche nicht den Feuergasen ausgesetzt, nicht gebörtelt und nicht geschweißt werden sollen	41—47	20	64

In der verlangten Blechdicke gestattet die Kaiserliche Marine ein Untermaß von 0,25 bis herauf zu 1 mm je nach der Blechdicke und -breite, ferner ein Übergewicht ebenfalls je nach Blechdicke und -breite bis zu 8 % über das Rechnungsgewicht, welches unter Zugrundelegung eines spez. Gewichtes von 7,85 bestimmt ist.

Die von der deutschen und englischen Marine und verschiedenen Klassifikationsgesellschaften vorgeschriebenen Festigkeiten und Dehnungen sind in dem Diagramm Fig. 27 aufgetragen. Besonders auffällig ist hierbei, daß die Vorschriften der englischen Marine und des englischen Lloyd vorwiegend härteres Material vorsehen. Diese Vorschriften basieren nämlich auf der in England üblichen Verwendung von hartem sauerem Material. Die Vorschriften des Germanischen Lloyd und des Bureau Veritas sind so gehalten, daß sie sowohl das in Deutschland fast ausschließlich gebrauchte weiche basische Flußeisen als auch das härtere sauere umfassen.

*) Zeitschrift des Vereines deutscher Ingenieure 1903, S. 1143.

Bei der Bestellung der Kesselbleche hat man im allgemeinen noch folgendes zu beachten. Die Bleche werden in der Breite je nach ihrer Größe 10 bis 30 mm größer bestellt; die Länge eines Mantelbleches ergibt

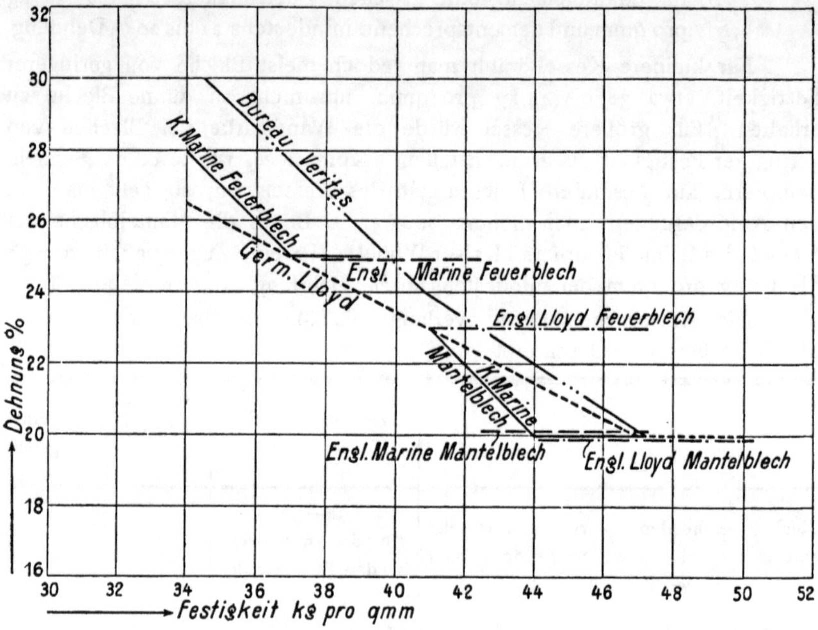

Fig. 27.

sich aus dem Umfang der mittleren Faser und einer Zugabe, welche etwa 20 bis 30 mm, bei Blechen, welche zugeschärft werden, noch etwas mehr beträgt. Damit die Walzrichtung der Laschen mit der Walzrichtung der Mantelbleche übereinstimmt, gibt man bei der Bestellung der Laschen die Breite als Länge und die Länge derselben als Breite an.

Bei kleineren Schiffskesseln besteht jeder Schuß aus nur einem Stück, bei größeren Kesseln jedoch meist aus zwei Blechen. Es wird aber auch bei Kesseln von 4,5 bis 5 m Durchmesser häufig jeder Schuß nur aus einem Stück hergestellt. Für diese 14 bis 16 m langen Bleche muß dann ein Überpreis bezahlt werden, man spart aber wieder Gewicht und Kosten für die zweite Laschenverbindung. Was vorteilhafter ist, hängt von dem Einzelfall ab. Da ein Einender meist aus zwei Schüssen und Doppelender im allgemeinen aus drei Schüssen bestehen, beträgt die Breite eines Kesselschusses bei Schiffskesseln meist etwa 2 m. Bei dieser Breite liefern die Walzwerke je nach der Blechdicke 12 bis 14 m lange Bleche ohne jede Schwierigkeit. Auch größere Längen lassen sich in besonderen Fällen herstellen. Auf der Düsseldorfer Ausstellung hatte Krupp z. B. ein Kesselblech von folgenden Abmessungen ausgestellt:

Länge 26,8 m, Breite 3,65 m, Dicke 38,5 mm; das Gewicht betrug 29,5 t.

Wann Überpreise eintreten, geht aus folgendem Auszug aus der »Allgemeinen Überpreisliste des Verbandes deutscher Grobblechwalzwerke« hervor.

Allgemeine Überpreisliste für Grobbleche aus Flußeisen von 5 mm bis einschließlich 40 mm Dicke.

Für die Berechnung der Bleche sind maßgebend:

1. der Grundpreis, welcher je nach der verlangten Qualität verschieden ist und von Fall zu Fall bestimmt wird;
2. die Überpreise, welche dem Grundpreise hinzuzufügen sind und für welche die folgenden Bestimmungen gelten.

Der Grundpreis gilt für folgende normalen Maße und Gewichte:

Bei einer Dicke von	Breite und Durchmesser bis zu mm	Fläche bis zu qm	Gewicht bis zu kg
8 bis unter 9 mm	1900	9	800
9 » » 10 »	2000	10	900
10 » » 15 »	2200	12	1250
15 » » 25 »	2400	15	2500
25 und darüber	2700	20	3500

A. Überpreise für Maß und Gewicht.

1. Bei Überschreitung der vorstehenden normalen Maße und Gewichte werden folgende Überpreise berechnet, nämlich bei Überschreitung

	pro 1000 kg.
a) der normalen Breite bzw. des Durchmessers für jede angefangenen 25 mm	1,00 M.
b) der normalen Fläche für jeden angefangenen 0,1 qm	0,50 »
c) des normalen Gewichts für jede angefangenen 100 kg	1,00 »

2. Vereinbarung der Überpreise bleibt vorbehalten für Bleche, die wegen ihrer ungewöhnlich großen Länge im Verhältnis zur Breite und Dicke in der Herstellung besondere Schwierigkeiten verursachen.

B. Überpreise für Form.

1. Runde und halbrunde Bleche werden mit einem Überpreise von 20 % berechnet über dem Preise, der sich nach dem Aufschlage für Maß und Gewicht der fertigen Scheibe ergibt.

2. Sonstige Formbleche werden als rechtwinklige Platten berechnet unter Vergütung von 50 M. pro 1000 kg für den entfallenden Schrot.

Ausgenommen davon sind Formbleche von weniger als 1000 mm Länge und weniger als 1000 mm Breite (Knotenbleche); hierfür bleibt Preisvereinbarung vorbehalten.

Allgemeine Bestimmungen.

1. Als Einheitsgewicht der Bleche gilt für den qm Fläche bei 1 mm Dicke 8 kg.

Maßgebend für Abweichungen in Länge, Breite, Dicke und Gewicht sind die »Vorschriften für Lieferung von Eisen und Stahl, aufgestellt vom Verein deutscher Eisenhüttenleute, Düsseldorf 1901«. Falls bei einer Lieferung bedungen wird, daß das obige Einheitsgewicht nicht überschritten werden darf, sind die doppelten Gewichtsabweichungen nach unten bezw. nach oben als zulässig zu betrachten.

2. Für die Lieferung von Kesselblech sind, wenn etwas anderes nicht ausdrücklich vereinbart worden ist, die Würzburg-Kieler Normen des Verbandes der Dampfkessel-Überwachungsvereine maßgebend. Falls für eine Lieferung von diesen Normen abweichende Bedingungen gestellt werden, tritt eine zu vereinbarende Erhöhung des Grundpreises ein, welche wenigstens 10 M. pro Tonne betragen wird.

3. Für Flußeisenbleche, die zu Böden, Hauben, Deckeln u. dgl. verarbeitet, die geflanscht, ausgetrieben oder sonstwie gebörtelt, sowie die geschweißt werden sollen, ist Siemens-Martin Ia Qualität zu verwenden und zu berechnen.

Runde Scheiben für Böden, welche aus einem Stück bestehen sollen, lassen sich ohne Schwierigkeit bis zu einem Durchmesser von etwa 3,8 m herstellen.

Die Oberkessel der engrohrigen Wasserrohrkessel werden meist aus einem unteren dickeren und einem oberen dünneren Bleche hergestellt, welche durch Doppellaschen verbunden werden. Selten findet man, daß der Oberkessel aus einem Stück Blech mit Wassergas geschweißt wird. Der Gewichtsersparnis wegen muß dann die obere Hälfte dünner gehobelt werden, was sehr beträchtliche Kosten verursacht. Die Unterkessel für engrohrige Wasserrohrkessel wurden früher geschweißt, können heutzutage aber auch als nahtlos gezogene Rohre bezogen werden.

Geschweißte Kesselmäntel für Zylinderkessel dürften kaum vorkommen, da die Schweißnaht nach den Vorschriften der Klassifikationsgesellschaften nur mit 0,7 der Festigkeit des vollen Bleches in Rechnung gestellt werden darf.

Seit einigen Jahren ist es aber möglich, nahtlos gewalzte Kesselschüsse bis 2,5 m Durchmesser zu erhalten. Diese werden von dem Preß- und Walzwerk in Düsseldorf-Reisholz nach dem Patent Ehrhardt in folgender Weise angefertigt. Der warme Stahlblock wird durch einen Preßstempel in eine topfartige Form verwandelt und in derselben Hitze durch Ziehen zu einem längeren Zylinder verarbeitet. Dann wird der Boden abgesägt und dieser Zylinder auf einer eigenartigen Walze ausgewalzt. Zum Einziehen des Zylinders muß natürlich die Oberwalze losnehmbar sein. Die Unterwalze ist schwenkbar angeordnet, wodurch, wie Fig. 28 übertrieben zeigt, erreicht wird, daß der Druck beim Walzen nicht so groß ist. In der ausgeschwenkten Stellung ist nämlich dieser Druck hauptsächlich in der Mitte vorhanden und dehnt sich erst beim Einschwenken der Walze nach den beiden Enden zu allmählich aus. Der ausgewalzte Zylinder wird dann auf das richtige Maß abgestochen und stehend ausgeglüht. Die Verarbeitung des Materials ist eine derartige, daß die Materialproben hinter denen glattgewalzter Bleche nicht zurückstehen. Da die Festigkeit dieser Mäntel gleich 1 gesetzt werden kann, würden diese Mäntel beträchtlich leichter ausfallen als genietete; ihre Ausführung, die des angegebenen größten Durchmessers von 2,5 m wegen nur für kleinere Kessel in Betracht käme, ist im allgemeinen eine rein wirtschaftliche Frage.

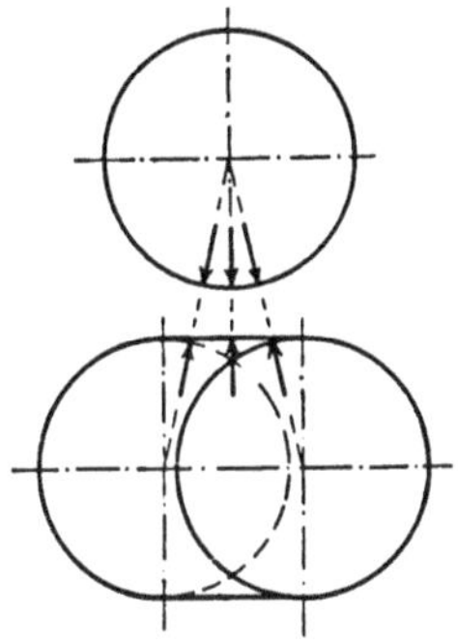

Fig. 28.

Für gewellte Flammrohre schreibt die Kaiserliche Marine ein basisches Siemens-Martin-Flußeisen von 34 bis 39 kg pro qmm Zerreißfestigkeit (bei zu schweißenden Rohren gut schweißbares Material mit möglichst nicht über 37 kg Festigkeit), mindestens 25 % Dehnung und eine Gütezahl von wenigstens 62 vor.

Diese Flammrohre können nahtlos sein oder dürfen geschweißt werden, jedoch nicht auf elektrischem Wege.

Nieteisen. Die Nieten bestehen meist aus Siemens-Martin-Flußeisen, im Innern des Kessels verwendet man jedoch oft Niete aus Schweißeisen. Die Kaiserliche Marine schreibt neuerdings für alle Kesselniete Schweißeisen vor. Für die Niete muß nach den Vorschriften des Germanischen Lloyd bei Schweißeisen ein Material von mindestens 38 kg pro qmm Zugfestigkeit und mindestens 20 % Dehnung und bei Flußeisen von 34 bis 42 kg pro qmm und mindestens 25 % Dehnung verwendet werden. Die Festigkeit kann jedoch bei Flußeisen ausnahmsweise bis 45 kg pro qmm betragen, wobei die Mindestdehnung der Tabelle auf Seite 42 zu entnehmen ist. Die Kaiserliche Marine verlangt für Nieteisen aus sehnigem Schweißeisen eine Abscherfestigkeit von wenigstens 28 kg pro qmm.

Das Nieteisen wird im Durchmesser 1, bei stärkeren Nieten auch 2 mm kleiner bestellt, als der Nietlochdurchmesser beträgt, damit sich die erwärmten Nieten leichter einziehen lassen.

Anker- und Stehbolzeneisen. Nach den Vorschriften des Germanischen Lloyd muß das hierfür verwendete Material bei Schweißeisen eine Zugfestigkeit von mindestens 38 kg pro qmm bei mindestens 20 % Dehnung, bei Siemens-Martin-Flußeisen eine Zugfestigkeit von 34 bis 45 kg pro qmm bei einer der Tabelle auf S. 42 entsprechenden Dehnung haben. Die Kaiserliche Marine verlangt für Kesselanker basisches Siemens-Martin-Flußeisen von 41 bis 47 kg pro qmm Festigkeit und mindestens 22,5 % Dehnung, für Stehbolzeneisen ein sehniges Schweißeisen von mindestens 37 kg Festigkeit bei mindestens 20 % Dehnung.

Bei der Bestellung ist daran zu denken, daß im Durchmesser, ferner ev. in der Länge für das Aufstauchen und die häufig zum Einschrauben verwendeten Vierkante etwas zuzugeben ist.

Siede- und Ankerrohre werden aus Schmiedeeisen überlappt geschweißt oder gezogen angefertigt. Ein Ende wird häufig schon aufgeweitet bestellt. Man bestellt diese Rohre meist etwa 15 bis 30 mm länger, als die Entfernung der Außenseiten der Rohrwände beträgt, und schneidet sie dann selbst auf genaues Maß zu.

VII. Abschnitt.

Die Herstellung der Kessel.

In den Walzwerken werden die Bleche nur mit einer Schere beschnitten, wobei die getroffenen Fasern leiden und für die Herstellung einer guten und dichten Nietnaht nicht brauchbar sein würden. Aus diesem Grunde und da die Kanten des Verstemmens wegen etwas abgeschrägt werden müssen, werden die Bleche zuerst genau auf Maß gehobelt. Wenn die Böden aus einem Stück bestehen und vielleicht schon fertiggestellt sind, empfiehlt es sich, den äußeren Durchmesser der Böden nachzumessen und, falls dieser nicht genau nach Zeichnung ausgefallen ist,

Fig. 29.

danach die Länge des zu hobelnden Mantelbleches zu korrigieren. Selbstverständlich muß bei der Berechnung der abgewickelten Länge des Mantelbleches der mittlere Durchmesser des fertigen Kesselschusses zugrunde gelegt werden.

Fig. 29 zeigt eine von der Firma Ernst Schieß in Düsseldorf hergestellte Blechkantenhobelmaschine. Oft fehlt, wie Fig. 30 andeutet, das in der Fig. 29 links vorn sichtbare Quersupportbett, sodaß statt der beiden im rechten Winkel zueinander angeordneten Schlittenbahnen nur

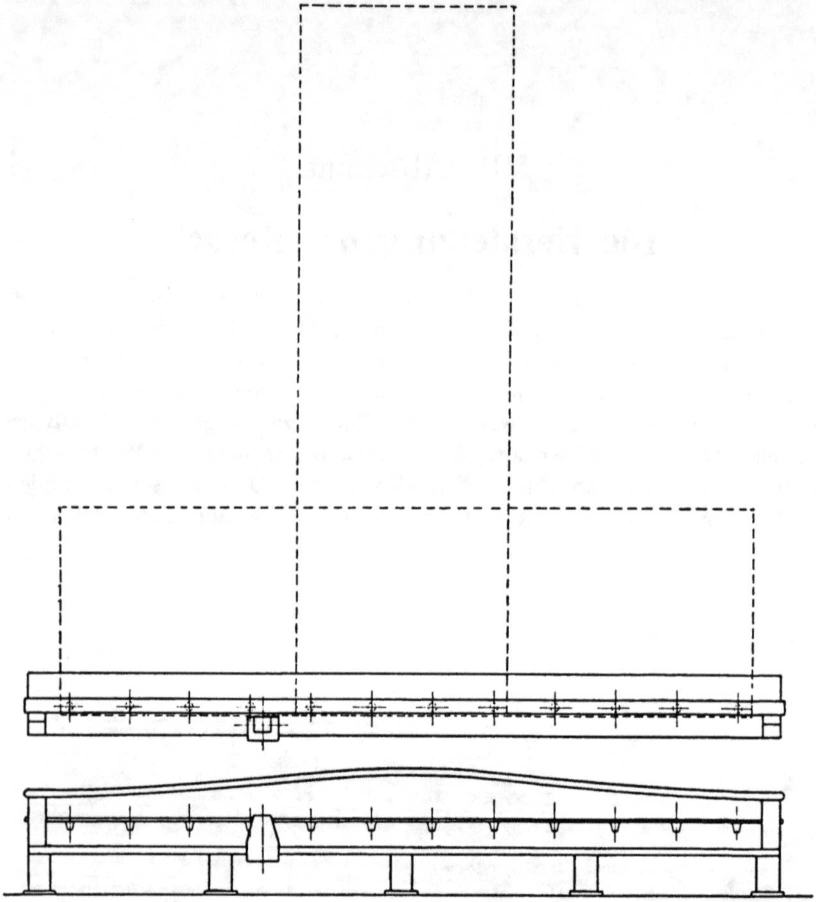

Fig. 30.

eine Schlittenbahn vorhanden ist und dann jedes Blech zum Abhobeln der Kanten viermal umgespannt werden muß. Ist dagegen der Querarm vorhanden, so kann das Blech zu gleicher Zeit an zwei Seiten gehobelt werden, wodurch wesentlich an Zeit gespart wird. Die in Fig. 29 dargestellte Maschine gestattet noch Bleche von 10 m Länge und 2,5 m Breite zu hobeln; sind die Bleche länger, so müssen sie in der Längsrichtung noch einmal umgespannt werden. Wenn man die jetzt meist übliche Methode benutzt, an den Enden der Längsnähte etwas Blech, in Fig. 31 mit *a* bezeichnet, vorstehen zu lassen, das zur Abdichtung der Längsnaht niedergestemmt wird (s. Fig. 68), müssen in die Kanten, welche zu den Rundnähten gehören, zwei Aussparungen *b* und *c* eingemeißelt werden, damit

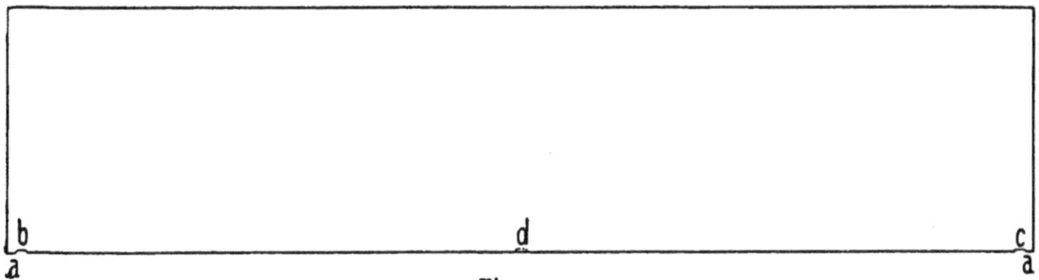

Fig. 31.

der Stahl beim Hobeln einen Anfang vorfindet und auslaufen kann; läßt es die Größe der Hobelmaschine zu, so wird von *b* bis *c* durchgehobelt, anderenfalls muß noch eine Aussparung *d* vorhanden sein. Es wird dann zuerst nur von *b* bis *d* und nach dem Umspannen von *d* bis *c* gehobelt. Das Festspannen der Bleche erfolgt von Hand durch Schraubenspindeln oder durch die in Fig. 29 zwischen den einzelnen kleinen Schraubenspindeln sichtbaren hydraulischen Preßkolben. Der Supportschlitten wird durch eine Schraubenspindel angetrieben; sein Weg ist durch verstellbare

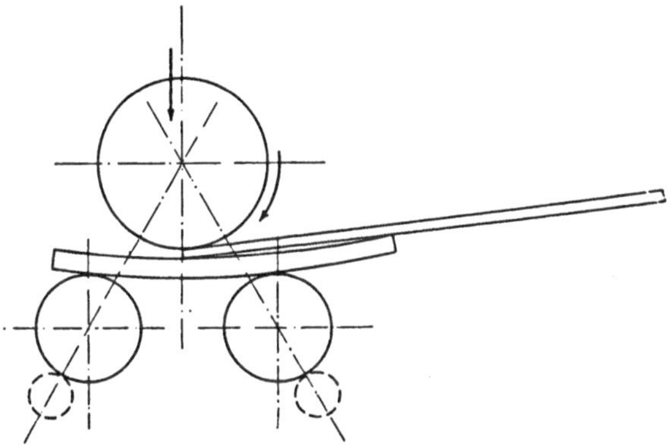

Fig. 32.

Anschläge einstellbar. Die Meißelhalter der Supportschlitten können um 180° um ihre horizontale Achse gedreht werden, sodaß man mit einem symmetrisch geschliffenen Meißel beim Vorwärts- und Rückwärtsgang des Schlittens hobeln und so wieder die Zeit zum Hobeln auf die Hälfte abkürzen kann. Die höchste Schnittgeschwindigkeit ist etwa 100 mm pro Sekunde.

Nachdem die Mantelbleche genau auf Maß gehobelt sind, werden sie rund gewalzt oder hydraulisch rund gebogen. Blechbiegemaschinen mit Walzen findet man seltener. Sie bestehen, wie Fig. 32 andeutet, aus einer in vertikaler Richtung nachstellbaren Oberwalze (Druckwalze) und zwei Unterwalzen (Biegewalzen). Da bei horizontal liegenden Walzen das Blech während des Walzens durch das Eigengewicht des freigewordenen Teiles sich verbiegen kann, werden diese Blechwalzen häufig vertikal angeordnet. Um bei sehr großer Länge der Walzen ein Durchbiegen derselben zu verhindern, erhalten sie oft ein bis zwei gleichmäßig auf die Länge verteilte Gegenrollen, wie in Fig. 32 punktiert angedeutet. Angetrieben werden nur die zwei dünneren Biegewalzen, und zwar durch offene und gekreuzte Riemen oder einen Reversierelektromotor. Damit man auch Mäntel, welche aus einem Stück bestehen, nach dem Walzen aus der Maschine nehmen kann, muß sich die Oberwalze leicht entfernen lassen. Handelt es sich um dünnere Bleche, so kann man etwa die ersten 1 oder 2 m des zu walzenden Bleches hin und her walzen und mit einer Schablone nachmessen, wann die Oberwalze für den zu walzenden Durchmesser richtig eingestellt ist, dann kann der übrige Teil des Bleches auf einmal durchgewalzt werden. Bei dickeren Blechen reicht meist schon die zur Verfügung stehende Kraft nicht aus, um die Bleche auf einmal auf den gewünschten Durchmesser zu walzen; es muß dann mehreremal unter Nachziehen der Oberwalze hin und her gewalzt werden. Eine Schwierigkeit bildet nun das Walzen des ersten und letzten Blechstückes, das sich naturgemäß ohne weiteres nicht walzen läßt. Es gibt aber eine sehr einfache Abhilfe. Man legt in die Maschine, wie Fig. 32 andeutet, eine runde Schablone aus starkem Blech ein und walzt das erste und das letzte Stück des Bleches sozusagen in die Höhlung dieser Schablone hinein. Sonst läßt sich auch das erste und letzte Stück mit Schablonen, welche in die hydraulische Nietmaschine eingespannt werden, oder in weniger empfehlenswerter Weise auch durch Handhämmer stückweise rundbiegen. Das Rundwalzen der Laschen kann ebenfalls mit Zuhilfenahme des genannten dickeren Bleches oder auf die eben genannten Arten erfolgen.

Meist findet man jetzt zum Rundbiegen des Mantelbleches eine hydraulische Biegepresse, welche ohne weiteres auch zum Biegen der Laschen benutzt werden kann. Fig. 33 stellt eine solche hydraulische Blechbiegemaschine der Firma Haniel & Lueg in Düsseldorf dar. Zwischen den beiden an ihren Außenseiten parabelförmig gestalteten Ständern befindet sich ein Preßbalken, welcher unten auf Rollen gelagert ist und oben eine Führung hat. Zwischen diesem Preßbalken wiederum und dem rechten Ständer ist ein hydraulischer Preßzylinder angeordnet, dessen Plunger bei seiner Aufwärtsbewegung das Gleitstück mit den vier Stahlwalzen nach oben schiebt und dadurch den Preßbalken gegen den linken Ständer preßt. Von den einander zugekehrten Flächen des linken Ständers und des Preßbalkens ist nun die eine konvex und die andere konkav nach demselben Radius ausgeführt, ein dazwischen gelegtes Blech wird also, wenn der Preßbalken durch den hydraulischen Zylinder so weit nach links geschoben wird, daß er nur um die Blechdicke von dem linken Ständer entfernt ist, das Blech nach diesem Radius rundpressen. Kleinere Radien lassen sich dadurch erzielen, daß nach Fig. 34 Blechstreifen mit stark ge-

Fig. 33.

brochenen Kanten in die Presse eingelegt werden; Krümmungen mit größerem Radius werden dadurch hergestellt, daß man den Plunger einen geringeren Weg beschreiben läßt, also den Preßbalken dem linken Ständer nicht ganz nähert, wobei nach Fig. 35 nur die Stellen *a*, *b* und *c* der gekrümmten Flächen drückend wirken. Man kann hier auch den schwarz angelegten Blechstreifen einlegen, wenn man es nicht vorzieht, den Hub

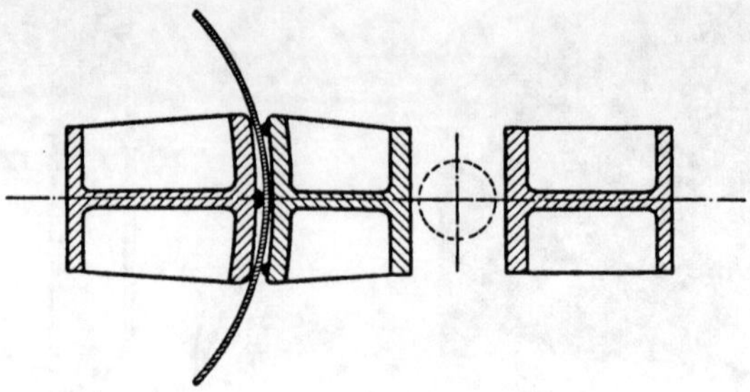

Fig. 34.

des hydraulischen Kolbens genau zu regulieren, was leicht möglich ist. Man erhält auf diesem Wege dann streng genommen keine gleichförmige Rundung, sondern ein Polygon, da der Druck gegen das Blech nicht

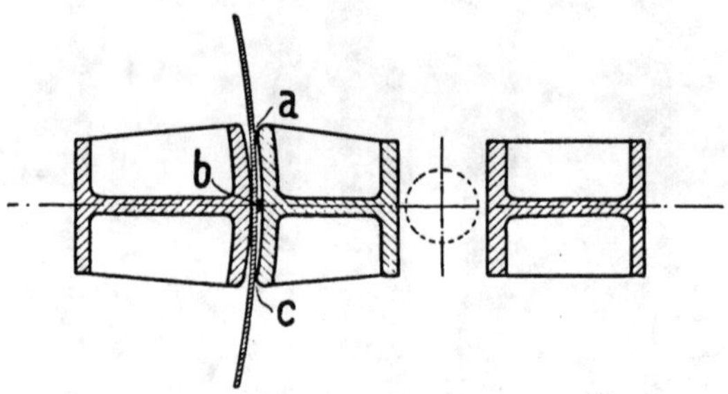

Fig. 35.

überall, sondern nur an einzelnen Stellen vorhanden ist. Diese Abweichung von der Kreisform ist jedoch so unbedeutend, daß sie praktisch vernachlässigt werden kann. Vereinzelt findet man auch, um stets eine ganz genaue Kreisform zu erhalten, die konvexe und die konkave Druckfläche auf besonderen auswechselbaren Gußstücken angebracht, sodaß die Preßzylinder nach Einschaltung der betreffenden, zu dem gewünschten Krümmungsradius gehörigen Stücke immer den vollen Hub machen. Der Rückgang des Preßbalkens erfolgt, nachdem man den Plunger in dem hydraulischen Zylinder wieder hat sinken lassen, vermittelst der wagerecht liegenden Zugstange durch den kleineren, ebenfalls wagerecht liegenden Zylinder; durch einen hydraulischen Seilflaschenzug erfolgt hierbei gleichzeitig selbsttätig ein beliebig einstellbarer Vorschub des Bleches. Um Blechzylinder, welche aus einem Stück gewalzt sind, aus der Maschine entfernen zu können, läßt sich das vierkantige Kopfstück, welches beide Ständer verbindet, durch den rechts oben liegenden kleinen hydraulischen Zylinder mittels Gelenkkette nach oben ausschwenken. Die Nutzhöhe der dargestellten Maschine beträgt 3,5 m, der Preßdruck 565 t. Englische Blechbiegemaschinen haben öfters statt der schrägen Flächen, an welchen das Walzenpaar arbeitet, eine Kniehebelanordnung zum Bewegen des Preßbalkens.

Das Flanschen der Platten, welche zu den Kesselböden und den Rohr- und Rückwänden der Feuerkammer Verwendung finden, geschieht in kleinen Werkstätten von Hand durch Herumhämmern des Randes um gußeiserne Matrizen. Da dieses Herumhämmern jedoch ziemlich viel Zeit

Fig. 36.

in Anspruch nimmt, muß das Blech stückweise mehrmals erwärmt werden, was, abgesehen von einem großen Verbrauch an Brennmaterial, den Nachteil hat, daß das Blech auch durch das vielmalige Erwärmen und Abkühlen trotz späteren Ausglühens des ganzen Stückes leiden kann. In größeren Werkstätten findet man daher allgemein eine Börtelpresse von der in Fig. 36 dargestellten Bauart. Außer den beiden vertikalen hydraulischen Zylindern ist noch ein wagerecht liegender Zylinder auf der rechten Seite der Figur erkennbar. Das zu flanschende Blech wird auf einem größeren Teil seines Umfanges erwärmt und eventuell auf der links sichtbaren Stütze zentriert. Dann wird es durch den linken der beiden vertikalen Kolben auf der Matrize festgehalten und durch das am unteren Ende des rechten vertikalen Plungers befestigte eigenartig geformte Stück allmählich um den

Rand der Matrize herumgebogen. Hat dieser zweite Kolben wieder seinen Weg nach oben genommen, so wird der erste Kolben ebenfalls gehoben, das Blech etwas weiter gedreht und das Spiel beginnt von neuem. Da sich jedoch der umgebörtelte Rand nicht ganz glatt legt, sondern etwas kräuselt, so tritt nach mehrmaligem Arbeiten der vertikalen Preßzylinder der wagerechte Zylinder in Funktion, welcher durch ein passend geformtes Kopfstück den umgebörtelten Rand des Bleches gegen die Matrize drückt und so glättet. Zum Pressen der Umbörtelungen in den Stirnplatten, welche mit den Flammrohren vernietet werden, können die beiden vertikalen Zylinder gekuppelt werden und diese Umbörtelungen bei Benutzung einer Matrize mit einem Mal pressen. Auf ähnliche Weise werden auch die gewölbten und geflanschten Böden der Oberkessel der Wasserrohrkessel in einer Hitze gepreßt. Spezialfabriken für Wasserrohrkessel haben hierzu eine besondere hydraulische Presse, durch welche gleichzeitig auch das Mannloch in die Böden eingepreßt werden kann. Fig. 37 zeigt schematisch, wie durch Herunterbewegen des Obergesenkes und durch Heraufgehen des unteren Stempels die punktiert gezeichnete Platte in die schwarz ausgezogene Form gepreßt und so in einem Arbeitsvorgang ein Boden für einen Unterkessel hergestellt wird. Wenn Kesselteile nicht in einer Hitze hergestellt werden können, wie z. B. Stirnböden, sondern stückweise erwärmt werden müssen, ist ein nachträgliches Ausglühen erforderlich, da sonst Spannungen in den Blechen bleiben, welche zu Rissen führen können. Blauhitze ist beim Bearbeiten von Flußeisenblechen streng zu vermeiden, trotzdem sie bei dem heutigen guten Flußeisen nicht mehr so schädlich ist wie früher.

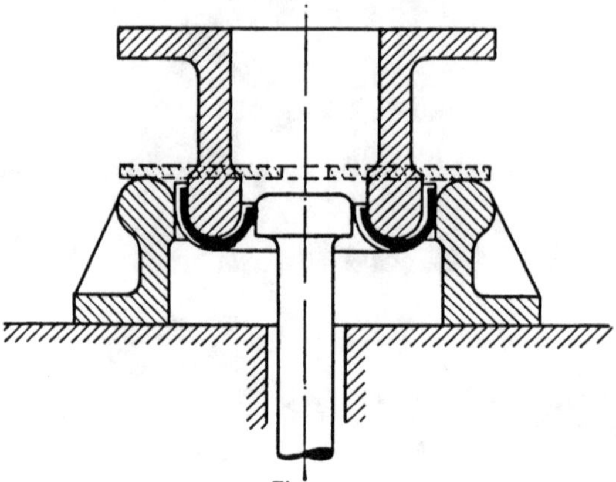

Fig. 37

Kleinere Böden, z. B. für Wasserrohrkessel, lassen sich leicht auf einer Hobelmaschine oder Drehbank an den Stemmkanten bearbeiten, für größere Böden und die Rohr- und Rückwände der Feuerkammern der Zylinderkessel findet man häufig eine der Werkzeugmaschinenfabrik O. Froriep in Rheidt patentierte Maschine (Fig. 38) in Gebrauch. Das Eigenartige ist hier, daß um den umgebörtelten Rand des Arbeitsstückes ein Drahtseil herumgelegt und mit einer Klemme befestigt wird, das dann durch eine Trommel der Maschine aufgewickelt werden kann. Durch diese allmähliche Aufwickelung des Drahtseils wird nun der gebörtelte

Boden, der auf kleinen Rollwagen gelagert ist, durch den Fräskopf der Maschine hindurchgezogen. Es wird hierbei ein gewöhnlicher Walzenfräser verwendet, welcher der schrägen Stemmkante wegen etwas geneigt

Fig. 38.

angeordnet ist. Der überstehende Rand kann auch nach Fig. 39 mit einer gewöhnlichen Fräsmaschine weggefräst oder auch von Hand mit einem Meißel »durchgehauen« werden.

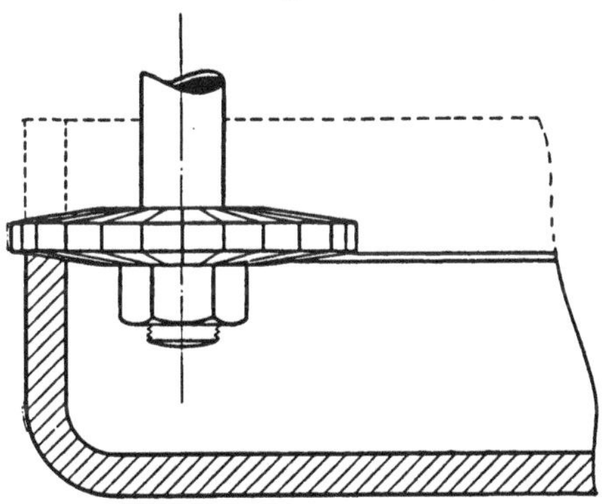

Fig. 39.

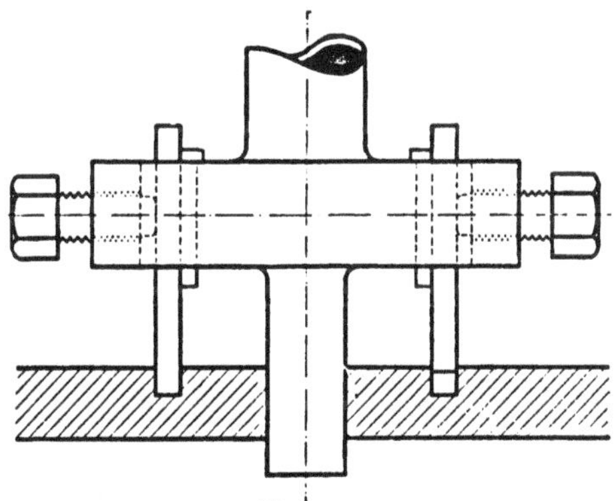

Fig. 40.

Zum Bohren der Löcher für die Siederohre wird meist ein kleines Loch vorgebohrt und dann mit einem Schneidemesser (Fig. 40) ein Kreisring herausgeschnitten. Zweckmäßig schneidet man hierbei nicht ganz durch, da sonst die Schneidemesser zu sehr leiden, sondern läßt noch etwa $^1/_2$ mm vom Blech stehen; das Kreisstück wird dann mit einem Hammer herausgeschlagen. Mit einer der Firma Hettner in Münstereifel patentierten Vorrichtung kann man aber auch das Bohren der kleinen

Zentrierungslöcher sparen. In der hohlen Spindel einer Bohrmaschine befindet sich hierbei nämlich eine verschiebbare Stange, welche unten in einer Körnerspitze endigt und sich nicht mitdreht. Diese Stange wird heruntergeschraubt und die Körnerspitze in das vorgekörnte Loch eingesetzt. Dann wird die Maschine mit dem Schneidemesser in Gang gebracht.

Nachdem die Böden und Mäntel soweit fertiggestellt sind, werden sie zusammengepaßt, wozu einige Heftlöcher an Stellen, an die später Nietlöcher kommen, gebohrt werden müssen. Diese Heftlöcher erhalten vorläufig einen kleineren Durchmesser als die später einzuziehenden Nieten. An den Stellen, an denen sich Überlappungen befinden, z. B. bei Stirnböden, welche aus mehreren Stücken zusammengesetzt sind, müssen noch Blechecken ausgeschärft werden, was meist mit Setzhämmern geschieht. Diese Stellen werden beim Zusammenpassen warm »angerichtet«, d. h. durch Hämmern zum genauen Aufeinanderliegen gebracht. Die Doppellaschen werden nun an den Mantel kalt »angerichtet«, wozu oft eine besondere Einrichtung an der hydraulischen Nietmaschine dient, und mit Heftschrauben befestigt. Erst dann, also nach dem Biegen der Bleche, werden die Nietlöcher mit einer Radialbohrmaschine gleichzeitig durch die beiden Laschen und den Mantel gebohrt. Gestanzte Löcher kommen im Schiffskesselbau nicht vor, da das Blech durch diesen zwar billigen, aber verhältnismäßig rohen Prozeß in der Nähe des Lochrandes zu sehr leidet. Bei gestanzten Löchern müßte außerdem das Blech nach den Vorschriften der Klassifikationsgesellschaften dicker gewählt werden, wodurch eine Ersparnis wieder aufgehoben werden würde. Höchstens in Bekleidungsblechen od. dgl. dürfen Löcher gestanzt werden. Nach dem Bohren der Nietlöcher werden die Laschen wieder abgenommen und der Grat entfernt, dann setzt man die Laschen wieder auf, richtet sie noch einmal an und reibt nötigenfalls die nicht passenden Löcher auf; außerdem müssen die Nietlöcher auf beiden Seiten noch etwas versenkt werden, damit die Nietköpfe sich mit einem kurzen konischen Übergangsstück an den Schaft anschließen. Bei den Rundnähten ist naturgemäß ein Aufreiben häufiger notwendig als bei den Längsnähten. Wenn alle Nietlöcher genau passend gemacht sind, kann mit dem Nieten begonnen werden. In ähnlicher Weise werden die Flammrohre mit den Feuerkammern zusammengebaut, vernietet und dann samt diesen in den Kessel eingesetzt. Bei Einendern wird der Vorderboden, bei Doppelendern werden eventuell beide Böden zuletzt eingesetzt und vernietet. Schließlich werden die Ankerrohre, Siederohre, Stehbolzen und Anker eingezogen. Eine besondere Besprechung erfordert noch das Nieten. Wie im nächsten Abschnitt genauer besprochen, müssen einmal die Bleche hierbei dicht aufeinanderliegen und dann der Niet selbst im Schaft so gestaucht werden, daß er das Nietloch genau ausfüllt; beim Erkalten preßt er dann die Bleche noch fester aufeinander. Bei der Handnietung, die bei kleineren Kesseln üblich ist und auch bei großen Kesseln, wie weiter unten auseinandergesetzt ist, oft für eine Rundnaht Anwendung findet, wird nun sowohl das Aufeinanderpressen der Bleche wie auch das Stauchen des Nietschaftes nicht so vollkommen ausgeführt werden können wie bei Maschinennietung. Bei Verwendung der letzteren, welche auch die Bleche mehr schont, da das Herstellen des Nietkopfes durch ruhigen Druck geschieht, kann daher die Blechstärke des Kesselmantels nach den Vorschriften der Klassifikationsgesellschaften auch geringer gewählt werden. Wie gleichfalls im nächsten Abschnitt genauer besprochen, muß aber bei Maschinennietung darauf geachtet werden, daß der Nietdöpper den Nietkopf erst verläßt, wenn der Niet genügend erkaltet ist. Sowohl bei Hand- wie bei Maschinennietung werden Nieten verwendet, welche bereits einen auf einer Spezialmaschine gepreßten Kopf, den sog. Setzkopf, besitzen; der beim Nieten hergestellte zweite Kopf heißt Schließkopf. Ab und zu findet man Maschinen mit sog. Stiftnietung. Hierbei werden rotwarme Rundeisenstücke in die Nietlöcher gesteckt und derart zentriert, daß auf beiden Seiten ein gleich langes Stück hervorsteht; dann wird von beiden Seiten ein Druck auf das Rundeisenstück ausgeübt, sodaß gleichzeitig beide Nietköpfe gebildet werden. Die Schwierigkeit bei dieser Stiftnietung, welche ja viel Verlockendes hat, ist die, auf beiden Seiten gleich große Köpfe zu erhalten. War z. B. der Nietstift ungleichmäßig erwärmt, so wird sich ein Ende eher stauchen als das andere, wodurch sich der Nietstift im Loch verschiebt und beide Köpfe verschieden groß ausfallen, ebenso können die Nietköpfe bei Stiftnietung leichter exzentrisch zu sitzen kommen als bei der »Kopfnietung«.

Man unterscheidet hydraulische und pneumatische Nietmaschinen. Letztere arbeiten mit etwa 6 bis 8 at Druck und bedürfen daher, um die Preßkolben nicht zu groß ausführen zu müssen, einer Kniehebelübersetzung zur Erzeugung des beim Nieten erforderlichen hohen Druckes. Da sie außerdem unrationeller arbeiten als hydraulische Nietmaschinen, findet man sie selten und nur für schwächere Nieten. Die übliche Art des Nietens ist nun folgende. Die Nieten werden in einem Nietwärmeofen warm gemacht, mit einer Zange erfaßt und durch Aufschlagen der Zange von Zunder usw. befreit. Dann werden sie von innen in das Nietloch gesteckt und nun in einer hydraulischen Nietmaschine mit dem Schließkopf versehen. Fig. 41 zeigt eine solche Nietmaschine. Sie besteht aus zwei Armen, zwischen denen der Kessel vermittelst eines Kranes bewegt werden kann. Zuerst wird z. B. bei dem dargestellten Doppelender die Rundnaht *a*, dann die Rundnaht *b*, dann *c* und schließlich auch die Naht *d* genietet, wenn der eine Boden, wie gezeichnet, mit der Börtelung nach außen in den Kessel eingesetzt ist. Soll auch dieser Boden, z. B. um bei der zugehörigen Rundnaht zwei Stemmkanten zu haben, ebenso wie der andere Boden, mit der Börtelung nach innen in den Kessel kommen, so muß diese letzte Rundnaht von Hand genietet werden, da

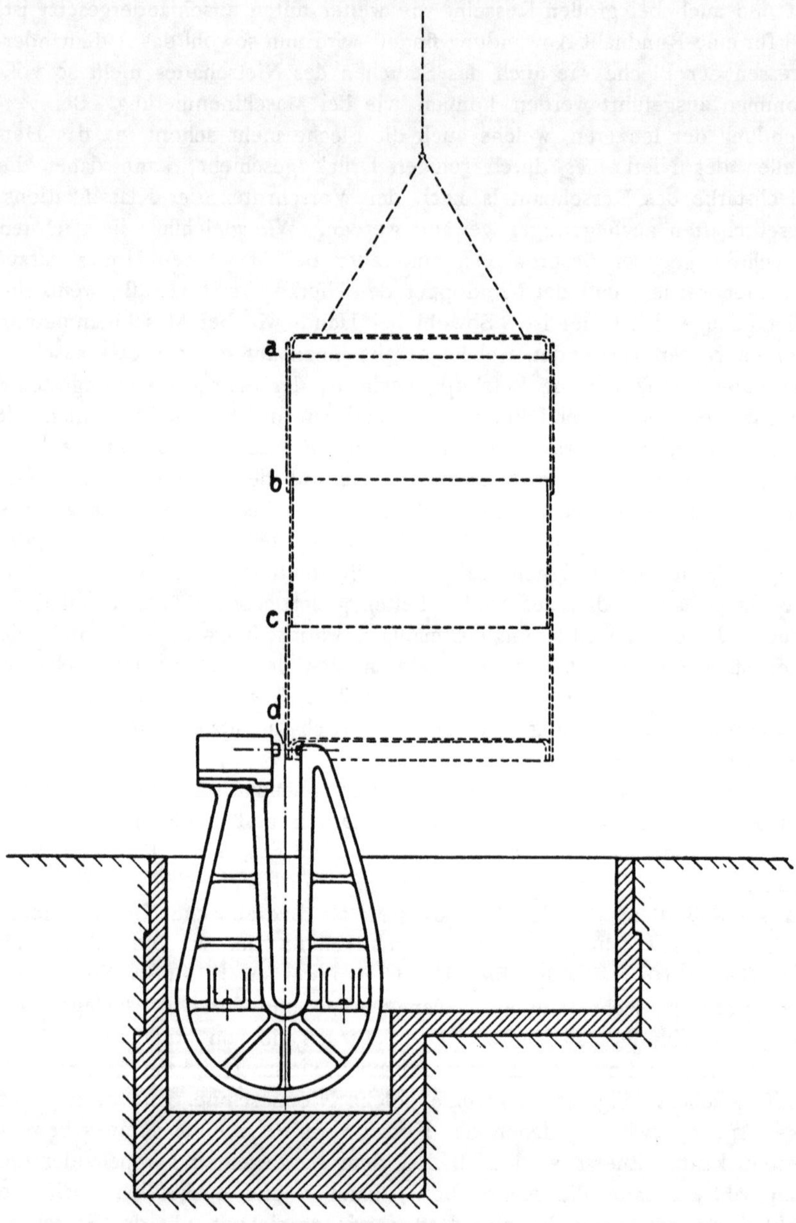

Fig. 41.

sonst der rechte Arm der Nietmaschine, welcher den Gegenhalter bildet, nicht in Verwendung treten kann. Wenn die letzte Rundnaht von Hand genietet wird, benutzt man meist Nieten mit versenkten Köpfen, da diese erfahrungsgemäß die Bleche stärker zusammenpressen und so den Nachteil der Handnietung gegenüber der Maschinennietung wieder einigermaßen ausgleichen. Die amerikanische Marine schreibt sogar die Verwendung von versenkten Nieten bei Handnietung vor. Außerdem findet man versenkte Nieten häufig in der Feuerkammer und außen an der Stirnwand an den Stellen, an denen der Rauchfang befestigt wird.

Die Nietmaschine wird in einer gemauerten Grube aufgestellt, einmal um an Höhe der Werkstatt zu sparen, und dann auch, um den Kopf der Nietmaschine und so die Stelle, an der genietet wird, in bequemer Höhe über dem Flurboden zu haben. Fig. 42 stellt den Kopf

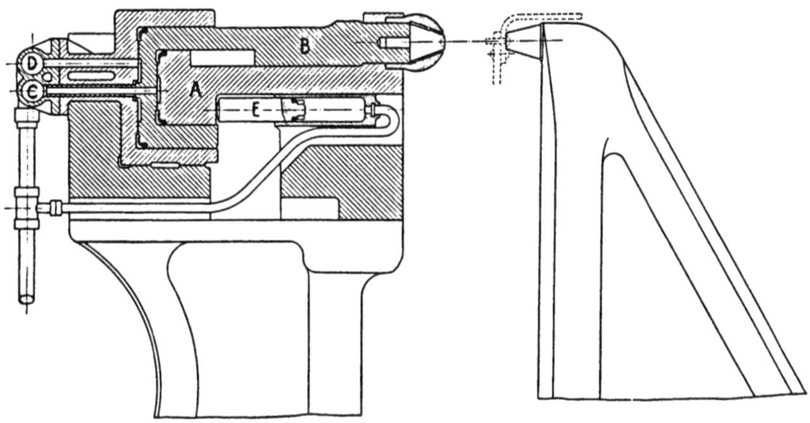

Fig. 42.

einer Nietmaschine der Firma Haniel & Lueg dar. Der Preßkolben *A* trägt an seinem rechten Ende einen sog. Blechschließer, d. h. einen Ring, welcher sich um das Nietloch legen und die Bleche zusammenpressen kann. Dieser Preßkolben *A* ist in einem zweiten Preßkolben *B* gelagert, welcher an seinem rechten Ende den sog. Nietdöpper trägt, d. h. eine auswechselbare Matrize, welche den Schließkopf des Nietes bilden kann. Links erkennt man dann in der Figur die Ventile *C* und *D*, welche Druckwasser hinter die Preßkolben *A* und *B* lassen können. Das erforderliche Wasser wird von einer Preßpumpe in einen hydraulischen Akkumulator gepreßt, welcher bei dem meist ungleichmäßigen Verbrauch von Druckwasser als Vorratsraum dient. Fig. 43 stellt einen solchen Akkumulator mit feststehendem Zylinder dar, in welchem durch das eingepumpte Druckwasser der mit Gewichten beschwerte Kolben gehoben wird. Hat dieser Kolben seine höchste Stellung erreicht, so stellt er selbsttätig die Preßpumpe ab. Die Belastung des Kolbens und somit der Druck des Wassers kann je nach der Größe der zu pressenden Nieten durch Ab- und Zuhängen von Gewichten verändert werden. Es gibt auch Akkumulatoren, bei denen der Kolben feststeht und der Zylinder sich auf und ab bewegt, wodurch das große Eigengewicht des Zylinders günstig ausgenutzt wird. Dafür ist jedoch das Verpacken der dann nach unten gerichteten Stopfbüchse schwieriger. Der übliche Druck bei hydraulischen Nieteinrichtungen beträgt etwa 100 at. Ein Vorteil der Akkumulatoren besteht auch darin, daß beim Ende jeder Druckwasserentnahme, also nach Pressung eines jeden Schließkopfes, der Druck des Wassers durch die lebendige Kraft des plötzlich in seiner Fallbewegung aufgehaltenen schweren Akkumulatorteiles beträchtlich erhöht wird.

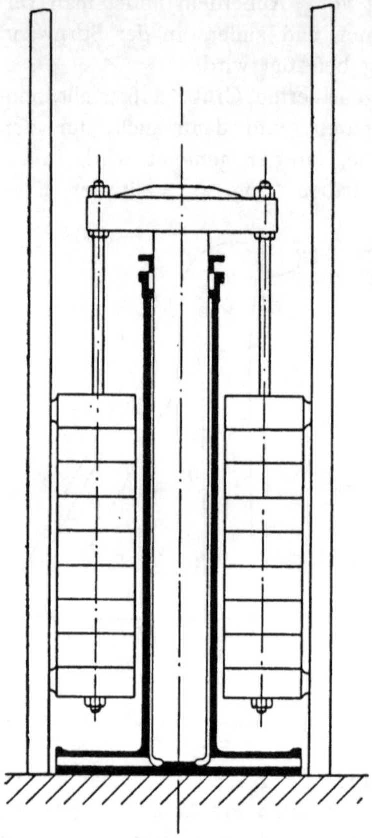

Fig. 43.

Der normale Arbeitsvorgang ist nun folgender. Nachdem der warme Niet in die zu nietenden Bleche eingesetzt ist, wird der Kessel so gedreht, daß der Setzkopf in den rechten Nietdöpper zu liegen kommt, wie in Fig. 42 punktiert angedeutet. Durch Öffnen des Ventiles C wird nun Druckwasser aus dem Akkumulator hinter den Kolben A gelassen, sodaß die zu nietenden Bleche durch den an diesem Kolben exzentrisch befestigten Blechschließer fest aufeinander und gegen den rechten, feststehenden Nietdöpper gepreßt werden. Nun wird das Ventil D geöffnet, welches Druckwasser auch hinter den Kolben B treten läßt. Da in dem Kolben B der Kolben A gelagert ist und hinter diesen bereits Druckwasser gelassen war, so wird der Kolben B, welcher den beweglichen Nietdöpper trägt, nur mit der Differenz der Kreisflächen von B und A nach rechts geschoben. Hierbei verkleinert sich der vom Druckwasser erfüllte Raum hinter dem Kolben A, sodaß aus diesem Raum etwas Druckwasser in die Akkumulatorleitung zurücktritt. Während also der Kolben A mit dem Blechschließer die Bleche aufeinandergepreßt hält, wird nun durch den Kolben B der Schließkopf gebildet. Bei ganz schwerer Arbeit kann man nach der Bildung des Schließkopfes das Ventil C schließen. Hierdurch wird erreicht, daß das Druckwasser auf die ganze Kreisfläche des Kolbens B drückt und somit ein noch höherer Druck auf den Niet ausgeübt wird als vorher. Bei dünneren Blechen und Nieten ist eine Verwendung des Blechschließers nicht nötig. Man nimmt dann den Blechschließer von dem Kolben A

herunter und setzt dafür einen Nietdöpper ein. Man bildet dann den Schließkopf nur mit dem kleineren Kolben *A* ohne Benutzung des Kolbens *B*.

Im allgemeinen wird auch bei schwerer Arbeit der Blechschließer nicht bei jedem Niet benutzt — dies würde bei mehrreihigen Nietungen auch kaum möglich sein, da der Blechschließer stets auf den Kopf des daneben liegenden Nietes aufsetzen würde —, sondern man verwendet den Blechschließer nur ab und zu für einen Niet. Die dazwischen liegenden Niete werden dann ohne Benutzung des Blechschließers gepreßt.

Ein selbsttätiges Zurücklaufen der beiden Preßkolben wird dadurch erzielt, daß der kleine Kolben *E* stets unter Druck steht und somit, sobald die Ventile *C* und *D* geschlossen sind, die Preßkolben *A* und *B* nach links treibt. Um Druckwasser zu sparen, ist die Steuerung so eingerichtet, daß der Rücklauf der Preßkolben selbsttätig je nach der Länge des gepreßten Nietes gehemmt wird. Der bewegliche Nietdöpper sowohl wie der Blechschließer sind exzentrisch in dem zugehörigen Preßkolben gelagert, damit man auch bequem Eckverbindungen nieten kann. Zum Einnieten der Flammrohre in die Stirnwände u. dgl. bedient man sich oft beweglicher hydraulischer Nietmaschinen, welche nach demselben Prinzip, aber natürlich bedeutend einfacher ausgebildet sind.

Bei Handnietung muß beim Schlagen des Schließkopfes gegen den Setzkopf ein schwerer Hammer gehalten oder eine entsprechende Matrize durch eine Winde od. dgl. gepreßt werden. Der Setzkopf wird hierbei so gebildet, daß zuerst direkt auf das überstehende Ende des Nietes geschlagen wird. Dann wird ein Setzhammer mit einer entsprechenden Höhlung für den Schließkopf aufgesetzt, auf den nun mit Vorschlaghämmern geschlagen wird.

Bei einer Rundnaht werden meist zuerst rundherum neben den Heftschrauben einige Heftniete eingezogen und dann die Zwischenräume mit Nieten ausgefüllt. Würde man von einem Punkt anfangend nach einer Richtung herumnieten, so würden die Bleche sich immer mehr verschieben,

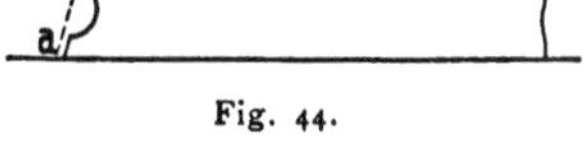

Fig. 44.

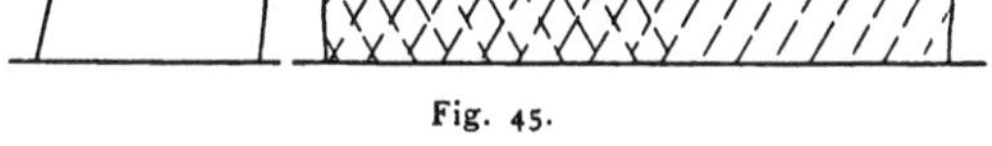

Fig. 45.

sodaß die letzten Nietlöcher am schlechtesten passen würden. Bei Längsnähten werden in ähnlicher Weise auch erst einige Heftniete auf die ganze Längsnaht verteilt und nachher die dazwischen liegenden Niete eingezogen.

Das Verstemmen der Nietnähte kann auf »englische« oder »deutsche« Art geschehen. Bei der englischen Art wird, wie Fig. 44 übertrieben zeigt, zuerst mit einem abgerundeten Stielstemmer eine runde Vertiefung in die

Blechkante eingestemmt, sodaß das obere Blech auf die Breite von einigen Millimetern an das untere herangepreßt wird. Dann wird mit einem leichteren Nahtstemmer die Fläche *a* verstemmt, wodurch die Blechkanten noch weiter abgedichtet werden. Die deutsche Art des Verstemmens, die neuerdings verschiedentlich vorgezogen wird, ist folgende. Zuerst wird, wie Fig. 45 in Ansicht auf die zu verstemmende Blechkante zeigt, diese Blechkante mit einem Kehlstemmer nach der einen Richtung schräge und dann nach der andern Richtung schräge auf ihrer ganzen Breite niedergestemmt, dann werden mit einem dicken Nahtstemmer, welcher etwa eine Breite von $^2/_3$ Blechstärke hat, die unteren zwei Drittel des zu verstemmenden Bleches verstemmt und schließlich mit einem zweiten und dritten Nahtstemmer, welche nur eine Breite von $^1/_2$ resp. $^1/_4$ Blechstärke haben, die untere Hälfte und das untere Viertel des Bleches niedergestemmt. Mit Vorteil lassen sich die pneumatischen Stemmhämmer zum Verstemmen verwenden. Alle Nähte werden ebenso wie die Nietköpfe innen und außen verstemmt.

Schließlich sei noch das Aufwalzen der Rohre in den Rohrwänden besprochen. Man bedient sich hierzu eines Rohraufwalzers, auch Mandrill genannt (Fig. 46). Dieser besteht aus einem konischen Dorn, welcher in

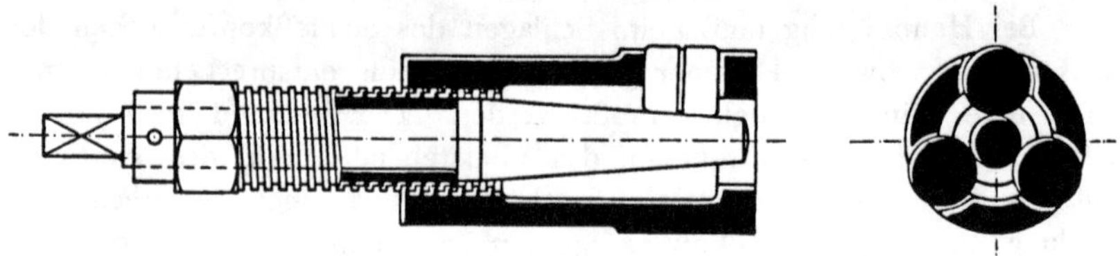

Fig. 46.

einer mit Gewinde versehenen Hülse gelagert ist und sich somit nachstellen läßt. Drei kleine Walzen sind gleichmäßig auf dem Umfang des Dornes verteilt. Dieser Rohraufwalzer wird nun an der Dichtungsstelle in das Rohr eingeführt und der Dorn durch einen auf das Vierkant aufgesetzten Schlüssel in Drehung versetzt, wobei die Walzen gegen das Rohr drücken und es in die Rohrwand einwalzen. Das Nachstellen des Dornes erfolgt durch gelegentliches Drehen an dem Sechskant der Hülse. Öfters sind die Walzen nicht parallel zum Dorn, sondern etwas schräge gelagert; sie beschreiben dann beim Drehen des Dornes Schraubenlinien und geben so dem ganzen Werkzeug einen Vorschub. Die Rohre selbst werden vor dem Einsetzen in die Rohrwände blank gemacht und auch oft gebeizt, um eine gute metallische Dichtung zu erzielen.

Die Herstellung der Wasserrohrkessel ist je nach der Kesselart verschieden. Bei weitrohrigen Wasserrohrkesseln dienen oft besondere Spezialmaschinen zum Herstellen der Rohre, Pressen der Wasserkammern aus Flußeisen usw., bei engrohrigen Wasserrohrkesseln erfolgt das Bohren der

Löcher in die Mäntel des Ober- und Unterkessels manchmal mit Bohrschablonen. Die gebohrten Ober- und Unterkessel werden meist durch ein provisorisches Gerüst aus Winkeleisen im richtigen Abstand verbunden; dann werden die Rohre nacheinander eingesetzt. Das Einwalzen der Rohre in die engen Unterkessel geschieht hier ebenfalls mit den genannten Rohraufwalzern, kann dagegen, da der Raum im Unterkessel zu beschränkt ist, nicht gut von Hand geschehen, sondern erfolgt meist durch mechanischen Antrieb durch das Mannloch im Unterkesselboden. Auf Besonderheiten in der Herstellung der Wasserrohrkessel z. B. auf das konische Aufweiten der eingewalzten Rohrenden beim Schulz-Kessel u. dgl. ist bei dem betreffenden Wasserrohrkessel hingewiesen.

VIII. Abschnitt.

Die Nietverbindungen.

Am erwünschtesten wäre die Herstellung des Kesselmantels bei Zylinderkesseln aus einem nahtlos gewalzten Schuß. Die Werkstatt würde dann mit dem Biegen oder Walzen des Bleches und der Nietung der Längsnähte nichts zu tun haben. Man würde auch, abgesehen von einer Gewichts- und Kostenersparnis durch den Wegfall der Laschen, mit einer dünneren Blechstärke auskommen können, da das Blech nicht durch Nietlöcher geschwächt werden würde. Natürlich müßte gewalztes Material überall die gleiche Stärke und Festigkeit haben; die Schwächung durch Ausschnitte im Blech, z. B. bei Mannlöchern, Dampfdomen usw., müßte selbstverständlich nach wie vor durch aufgenietete Verstärkungsringe oder bleche ausgeglichen werden.

Solche nahtlose Kesselschüsse lassen sich nach dem auf S. 46 u. 47 besprochenen Ehrhardtschen Verfahren herstellen, jedoch vorläufig noch nicht in den für größere Schiffskessel notwendigen Abmessungen, sodaß es nach wie vor allgemein üblich ist, die Kesselmäntel aus Blechen, welche rund gewalzt oder gebogen werden, herzustellen, wobei dann die Stellen, an denen die Bleche zusammenstoßen, durch Niete verbunden werden müssen.

Eine andere Möglichkeit, nahtlose Kesselschüsse herzustellen, wäre die durch Schweißung. An Bord dürfte man bei Zylinderkesseln einen geschweißten Kesselmantel kaum finden, da damit keine Gewichtsersparnis verbunden wäre; man müßte im Gegenteil das Blech dicker wählen als bei einer normalen Doppellaschennietung, denn die Klassifikationsgesellschaften setzen auf eine geschweißte Längsnaht nur wenig Vertrauen. So gestattet z. B. der Germanische Lloyd nur eine Inrechnungstellung einer geschweißten Naht mit 0,7 der Festigkeit des vollen Bleches. Diese Vorsicht erscheint um so mehr berechtigt, als die Zuverlässigkeit einer Schweißnaht sehr von der Geschicklichkeit der Arbeiter und der Qualität des Materials abhängt.

Bei Wasserrohrkesseln findet man dagegen geschweißte Kesselmäntel häufiger. Die Unterkessel der Schulz-Kessel werden oft im Kohlenfeuer oder mit Wassergas geschweißt, auch nahtlos gezogene Rohre finden als Unterkessel Verwendung. Die Oberkessel der Schulzkessel werden seltener geschweißt, da hier die untere Hälfte wegen der Schwächung durch die Löcher für die Wasserrohre bedeutend stärker sein muß als die obere, z. B. etwa 30 mm gegen 18 mm oben. Man müßte hier also ein dünneres Blech mit einem dickeren zusammenschweißen, also zwei Schweißstellen in Kauf nehmen, oder, falls man den Oberkessel aus einem Blech herstellt, die obere Hälfte durch Hobeln auf einer Langhobelmaschine auf eine geringere Wandstärke bringen, um den Kessel nicht unnötig schwer zu machen. Dieses Verfahren wird auch ab und zu bei Torpedobootskesseln angewendet, trotzdem hierbei ganz beträchtliche Herstellungskosten aufzuwenden sind und die Gewichtsersparnis nur im Wegfall der Laschen und vielleicht einer etwas geringeren Dicke der oberen Blechhälfte besteht.

Wegen der bei Schulz-Kesseln ungleichen Wandstärke der oberen und unteren Hälfte des Oberkessels finden hier auch die nahtlos gewalzten Kesselschüsse keine Verwendung, trotzdem die Herstellung dieser Oberkessel ihrer Größe nach — es handelt sich meist um Durchmesser von 1100 bis 1500 mm — keine Schwierigkeiten bietet.

Als normaler Fall bleibt also die Verbindung der in der Längsnaht zusammenstoßenden Blechkanten durch Nietung.

Überlappungsnietungen findet man bei Kesselmänteln nur bei geringem Druck und kleinem Kesseldurchmesser, also z. B. bei Hilfskesseln oder Kesseln für Verbundmaschinen. Für größere Durchmesser und höheren Druck würden Überlappungsnietungen nicht zweckmäßig sein, da hierbei stets starke Biegungsbeanspruchungen auftreten.

Die Regel bildet bei den Mänteln der Schiffskessel die Doppellaschennietung, bei der also außen und innen eine Lasche angeordnet und durch Nieten mit dem Mantel verbunden ist; meist sind beide Laschen gleich breit, anderenfalls wird das Mantelblech doch etwas auf Biegung beansprucht.

Da sämtliche Klassifikationsgesellschaften bei der Berechnung der Nieten die Scherbeanspruchung derselben und nicht nach der Theorie von Bach den Gleitungswiderstand zugrunde legen, soll hier zuerst auf die übliche Nietberechnung mit der Scherbeanspruchung der Niete eingegangen werden.

Wenn eine Doppellaschenverbindung reißen würde, so könnte entweder das Blech reißen, ohne daß die Nieten beschädigt werden, also in Fig. 47 in der Nietreihe I, oder es könnten die Nieten durchgeschert werden, ohne daß das Blech leidet, oder es könnte sowohl das Blech wie die Nieten in Mitleidenschaft gezogen werden, nämlich wenn das Blech in Nietreihe II oder III reißen würde. Schließlich könnten auch die Doppellaschen beschädigt werden.

Die Entfernung von Mitte bis Mitte Nietloch der äußersten Reihe (Reihe I) sei im folgenden stets t und der Nietdurchmesser d genannt. Die Nietreihen seien von der äußersten Reihe nach innen bis zur Symmetrielinie der Nietverbindung mit I, II, III usw. bezeichnet.

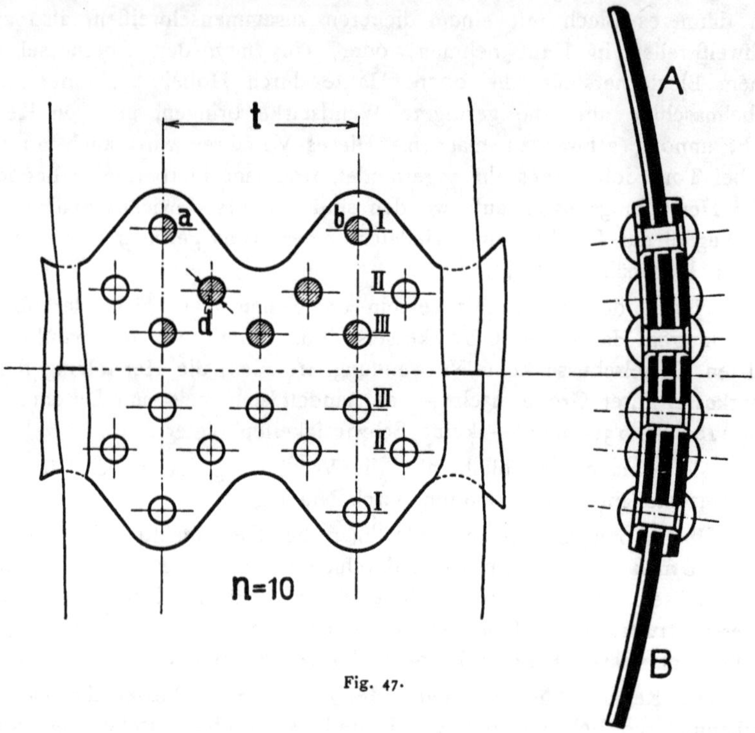

Fig. 47.

Im Gegensatz zur Überlappungsnietung muß nun bei der Doppellaschennietung jedes Niet auf **zwei** Stellen also auf einer Fläche $2\,\frac{d^2\,\pi}{4}$ durchgeschert werden, wenn überhaupt eine Zerstörung der Niete in Frage kommt. Würde also bei der in Fig. 47 dargestellten Nietverbindung das Blech A sich von dem Blech B entfernen wollen und würde das Blech so stark bemessen sein, daß es nicht beschädigt werden würde, so müßten

Fall I, in einem Felde von der Breite t, also innerhalb einer Niet teilung, die schraffierten Niete, also 4 halbe und 3 ganze Niete, zusammen also 5 ganze Niete, an zwei Stellen ihres Querschnittes durchgeschert werden; da es sich bei der hier dargestellten Nietverbindung um einen Gesamtquerschnitt von $10 \frac{d^2 \pi}{4}$ handelt, sei diese Nietung im folgenden mit $n = 10$ bezeichnet.

Es könnten nun auch folgende Fälle eintreten:

Fall II. Das Blech reißt in der Nietreihe I. Der Reißquerschnitt pro Teilung ist hier der Schwächung durch die Nietlöcher wegen $= (t - d)$ mal Blechstärke; irgend ein Niet braucht hier nicht durchgeschert zu werden, wenn das Blech A sich von B entfernen würde.

Fall III. Das Blech reißt in der Nietreihe II; der Reißquerschnitt pro Teilung ist hier, da in der Reihe I jedes zweite Niet ausgelassen ist, geringer als in Reihe I, nämlich nur $= (t - 2d)$ mal Blechstärke; das Blech allein würde hier also eher reißen als in Nietreihe I, es müßte dann aber gleichzeitig die zwei halben Niete in Nietreihe I an zwei Stellen ihres Querschnittes durchscheren. Eine Nietverbindung wird nun so entworfen, daß dieser Fall nicht eher eintritt als der Fall II, daß also die Kraft, die dazu gehören würde, das Blech in Nietreihe II und gleichzeitig die beiden halben Niete in Nietreihe I durchzuscheren, größer oder mindestens ebenso groß ist als die Kraft, welche das Blech in Nietreihe I zerreißen würde. Es läßt sich dies angenähert folgendermaßen beweisen. Der Prozentsatz der Festigkeit des geschwächten Bleches zum vollen Blech ist in Nietreihe I, wie Fig. 47 zeigt, $= \frac{t - d}{t}$; dieser Wert ist bei ausgeführten Schiffskesselnietungen im Mittel $\backsim 0{,}9$. Dies eingesetzt, ergibt $\frac{t-d}{t} = 1 - \frac{d}{t} = 0{,}9$, woraus folgt $\frac{d}{t} = 0{,}1$. Der Blechquerschnitt in der Nietreihe I ist also $0{,}9$ vom vollen Blechquerschnitt, also $= 0{,}9\, t \cdot s$. In Nietreihe II ist der Prozentsatz der Festigkeit des geschwächten Bleches zum vollen Blech $= \frac{t - 2d}{t} = 1 - \frac{2d}{t}$; durch Einsetzen von $\frac{d}{t} = 0{,}1$ ergibt sich für diesen Prozentsatz der Wert $0{,}8$, folglich wird der Reißquerschnitt in Nietreihe II $= 0{,}8\, t \cdot s$. Wenn dieser Querschnitt aber reißen würde, müßten gleichzeitig in Nietreihe I zwei halbe Niete auf zwei Stellen ihres Querschnittes, im ganzen also ein Querschnitt von $2 \frac{d^2 \pi}{4}$ durchgeschert werden. Von diesem Querschnitt seien jedoch nur $\frac{2}{3}$ in Rechnung gestellt, da die Scherbeanspruchung meist niedriger gewählt wird, als die Zugbeanspruchung; wird ferner $\frac{\pi}{4} = \frac{3}{4}$ gesetzt, so ergibt sich als durchzuscherender Nietquerschnitt statt $2 \frac{d^2 \pi}{4}$ der Wert d^2; wenn das Blech in

Nietreihe II reißt, müßte also ein Gesamtquerschnitt von $0{,}8\, t \cdot s + d^2$ zerstört werden, und es wäre nun nachzuweisen, daß dieser Wert mindestens $= 0{,}9\, t \cdot s$, also gleich dem Blechquerschnitt in Nietreihe I ist.

Aus $\frac{d}{t} = 0{,}1$ folgt $d = 0{,}1\, t$. Ferner muß nach den Vorschriften der meisten Klassifikationsgesellschaften $d \geqq s$ sein; wir wollen den ungünstigsten Fall wählen, nämlich daß $d = s$ ist. Schreibt man nun statt $0{,}8\, t \cdot s + d^2$ den Wert $0{,}8\, t \cdot s + d \cdot d$ und ersetzt das eine d durch $0{,}1\, t$ und das andere d durch den Wert s, so erhält man $0{,}8\, t \cdot s + 0{,}1\, t \cdot s = 0{,}9\, t \cdot s$. Also selbst wenn der Nietdurchmesser nur gleich s gewählt wird, ist der beim Reißen in Nietreihe II zu zerstörende Querschnitt unter Berücksichtigung der geringeren Scherbeanspruchung der Niete immer noch gleich dem in Nietreihe I zu zerstörenden Blechquerschnitt.

Fall IV. In der Nietreihe III wird das Blech auf keinen Fall reißen, denn der Blechquerschnitt ist hier derselbe wie in Nietreihe II; beim Nachgeben müßten hier aber außer den zwei halben Nieten in der Nietreihe I noch die beiden Niete in der Nietreihe II durchgeschert werden.

Fall V. Wenn statt des Bleches nun die Laschen reißen würden, so würde dies am ehesten in Nietreihe III geschehen, da dann keinerlei Niete durchzuscheren sein würden. Bezüglich eines Reißens der Laschen ist also nur dieser eine Fall zu untersuchen. Hierbei ist nachzuweisen, daß der Reißquerschnitt der Laschen in Nietreihe III größer oder mindestens ebenso groß ist wie der Reißquerschnitt des Bleches in Nietreihe I. Für den Mittelwert $\frac{t - d}{t} = 0{,}9$ war der letztgenannte Querschnitt $= 0{,}9\, t \cdot s$. Dann ist ähnlich wie vorher der Reißquerschnitt der Laschen in Nietreihe III $= 0{,}8\, t$ mal Gesamtlaschendicke. Diese ist nach den Vorschriften des Germanischen Lloyd $= 1{,}5\, s$, folglich ergibt sich, daß der Reißquerschnitt der Laschen in Nietreihe III in unserem Falle sogar gleich $0{,}8\, t \cdot 1{,}5 s = 1{,}2\, t \cdot s$ ist. Dieser Wert wird jedoch ungünstiger, sobald in der Nietreihe I nicht jedes zweite, sondern jedes zweite und dritte Niet, resp. zweite, dritte und vierte Niet ausgelassen ist, was z. B. bei der in Fig 53 dargestellten Vernietung mit $n = 18$ resp. $n = 22$ der Fall ist. Aber auch in letzterem Falle ist der gesamte Reißquerschnitt der Laschen immer noch gleich $0{,}6\, t \cdot 1{,}5\, s = 0{,}9\, t \cdot s$, also noch ebenso groß wie der Reißquerschnitt des Bleches in Nietreihe I.

Jetzt wären noch die Fälle zu betrachten, bei denen das Blech nicht, wie bisher angenommen, parallel zur Symmetrielinie, also zur Fuge der Nietverbindung, reißen würde, sondern im Zickzack, also

Fall VI, etwa wie Fig. 48 zeigt, auf dem Linienzuge $cd + ef + gh$. Da hierbei jedoch die Kraft nicht mehr senkrecht zu dem gesamten Reißquerschnitt steht, müßte streng genommen eine Kräftezerlegung in eine Zugkraft und eine Scherkraft vorgenommen werden und dann die sich daraus ergebenden Spannungen zu einer ideellen Spannung wieder zusammengesetzt werden. Der Einfachheit wegen soll hier jedoch die übliche Annäherungsrechnung benutzt werden. Dann würde nämlich dieser Fall ebenso wahrscheinlich sein, wie Fall II, wenn der Linienzug $cd + ef + gh$, also die Reißlänge im Zickzack gemessen, ebenso groß wäre wie die Reißlänge ab in Fig. 47, da ja auch hierbei keinerlei Nieten durchzuscheren sind, um das Blech A nachgeben zu lassen. Die Nietung wird nun auch so ausgeführt, daß $cd + ef + gh = ab$ ist, sodaß man also im Zickzack denselben Sicherheitsgrad hat wie in der wagerechten Reißlinie ab.

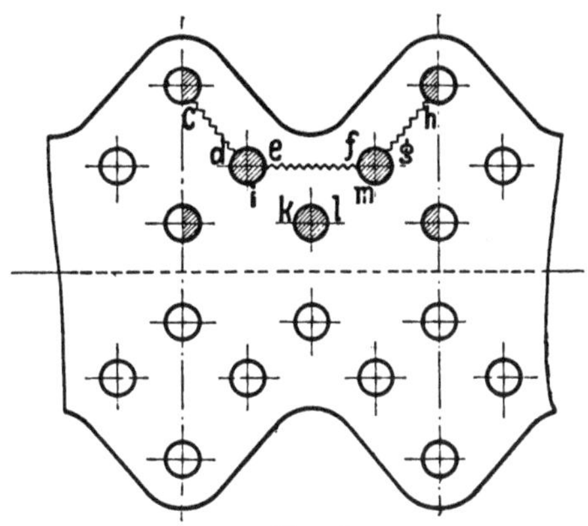

Fig. 48.

Fall VII. Ebensowenig wird als Sonderfall des Falles VI das Blech auf den Strecken cd und gh reißen, dazwischen aber nicht auf der Strecke ef, sondern auf dem Linienzug $ik + lm$ (wobei ebenfalls keine Abscherungen von Nieten notwendig wären), wenn man $ik + lm \gtreqless ef$ machen würde. Um überall gleiche Sicherheit zu haben, macht man nun $ik + lm = ef$, hat dann also auch im Linienzuge $cd + ik + lm + gh$ dieselbe Sicherheit wie im Linienzuge $cd + ef + gh$.

Wenn also die Entfernung der Nietreihen I, II und III voneinander groß genug gewählt wird, denn davon hängt ja die Erfüllung der eben genannten Gleichungen $cd + ef + gh = ab$ usw. ab, scheiden die Fälle VI und VII aus. Da die Fälle III, IV und V nach dem dabei Gesagten ebenfalls ausgeschlossen sind oder wenigstens nicht eher eintreten als Fall II, bleiben also beim Entwurf einer Nietung nur noch die beiden Bedingungen des Falles I und II zu erfüllen, also:

1. Das Blech muß stark genug sein, um nicht in der äußersten Nietreihe zu reißen.
2. Die Niete müssen fest genug sein, um nicht durch Durchscherung eine Trennung der beiden Bleche zu gestatten.

Im Schiffskesselbau hat sich nun durch das Vorgehen der ältesten Klassifikationsgesellschaft, des Englischen Lloyd, das Verfahren eingebürgert, für die Beanspruchung des Bleches einen bestimmten Teil der Zugfestigkeit des Bleches zu wählen. Man sagt also nicht, wie meist im Maschinenbau, man beansprucht z. B. Material von mindestens 40 kg Festigkeit und entsprechender Dehnung mit etwa 1000 kg, sodaß man also im ungünstigsten Falle, wenn das Material wirklich nur 40 kg Zerreißfestigkeit besitzt, immer noch 4fache Sicherheit, in dem Falle, daß es dagegen

z. B. 48 kg Festigkeit hat, aber 4,8fache Sicherheit hat, sondern man setzt als zulässige Beanspruchung einen ganz bestimmten Teil der durch Zerreißversuche nachgewiesenen Festigkeit des Materials.

Läßt man also nachweisen, daß das bestellte Mantelblech z. B. eine Festigkeit von 45—50 kg pro qmm besitzt, so beansprucht man dieses Blech mit 1000 kg pro qcm, wenn 4,5fache, und mit 1125 kg, wenn 4fache Sicherheit vorgeschrieben ist. Man erhält hiernach also bei einer bestimmten Sicherheit ein um so dünneres Blech, je höher die Festigkeitsziffern, natürlich bei genügender Dehnung, waren. Die Ansicht einer Reihe von Eisenhüttenleuten, daß weicheres Material ebenso stark beansprucht werden könnte wie härteres*), ist bisher von anderer Seite nicht geteilt worden.

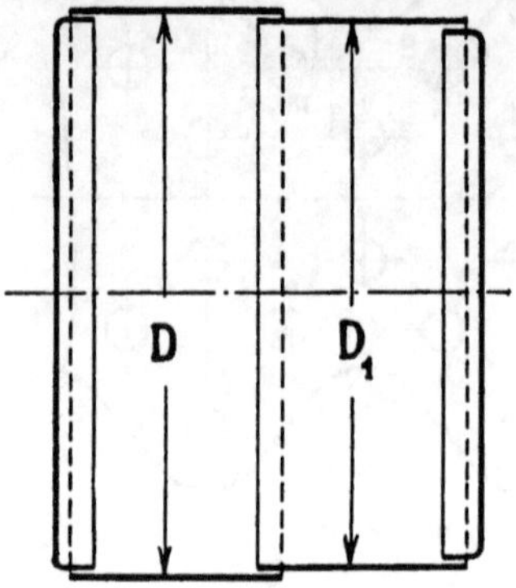

Fig. 49.

Selbstverständlich muß bei der Berechnung der größte vorkommende Schuß eines Kessels zugrunde gelegt werden; die Blechstärke und Vernietung wird dann für die kleineren Schüsse desselben Kessels ebenso ausgeführt und ist daher in dem Verhältnis der inneren Durchmesser dieser Kesselschüsse, also bei Fig. 49 im Verhältnis $\frac{D_1}{D}$, weniger beansprucht als bei dem äußeren Kesselschuß.

Es sei nun:

D = größter innerer Kesseldurchmesser in cm,

p = Überdruck in kg pro qcm,

s = auszuführende Blechstärke des Mantels in cm,

t = Nietteilung in cm, d. h. Entfernung von Mitte bis Mitte Nietloch in der äußersten Nietreihe,

$\varphi = \frac{t-d}{t}$ = Gütegrad der Nietung, d. h. das Verhältnis des durch die Nietlöcher geschwächten Blechquerschnittes zum vollen Blechquerschnitt innerhalb einer Teilung t, gemessen in der äußersten Nietreihe,

K_z = Zugfestigkeit des Blechmaterials in kg pro qcm,

$\mathfrak{S}$ = Sicherheitsgrad gegen Reißen für das Blech,

$k_z = \frac{K_z}{\mathfrak{S}}$ = zulässige Zugbeanspruchung des Bleches in kg pro qcm,

k_s = zulässige Scherbeanspruchung der Niete in kg pro qcm,

d = Nietdurchmesser in cm,

*) Vergleiche Protokoll der 34. Delegierten- und Ingenieurversammlung des Internationalen Verbandes der Dampfkesselüberwachungsvereine zu Amsterdam am 17. und 18. Februar 1905.

n = Anzahl der bei einer Trennung der beiden Bleche abzuscherenden Nietquerschnitte innerhalb einer Teilung, z. B. Fig. 50, $n = 3$ bei Überlappungsnietung, ferner Fig. 47 auf S. 68, $n = 10$ bei Doppellaschen, da hier jeder der schraffierten Niete an zwei Stellen durchgeschert werden muß und z. B. $n = 7$ in Fig. 51, da hier die »drei« schwarz angelegten Niete zweimal und die zwei halben schraffierten Niete nur einmal durchgeschert werden müßten.

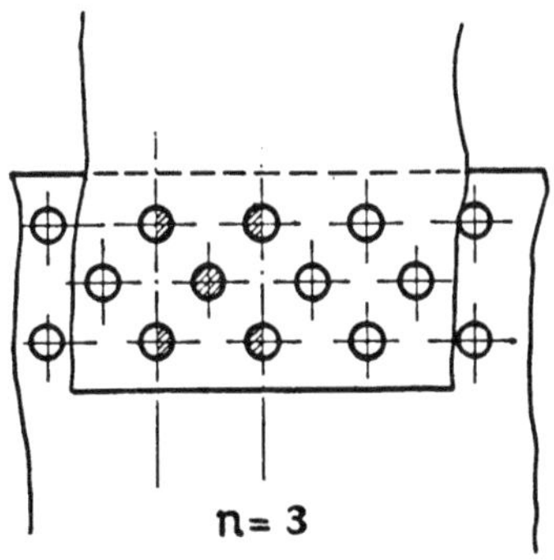

Fig. 50.

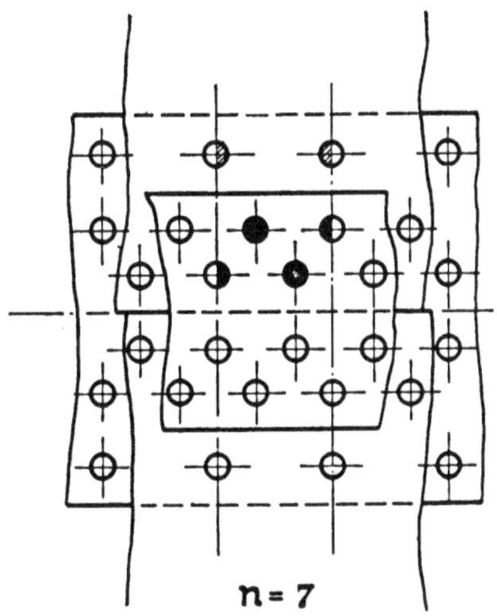

Fig. 51.

Denkt man sich nun aus einem zylindrischen Körper von der Blechstärke s einen Ring von der Breite 1 cm (Fig. 52) herausgeschnitten, so ist die auf die Projektion dieses Ringes entfallende Kraft = $D \cdot p$; auf jeden der beiden schraffierten Reißquerschnitte entfällt also $\frac{D \cdot p}{2}$. Diese Kraft erzeugt in dem zur Verfügung stehenden Blechquerschnitt $s \cdot 1$ die Zugspannung k_z, folglich ist

$$\frac{Dp}{2} = s \cdot k_z$$

In der äußersten Nietreihe ist nun aber nicht der volle Blechquerschnitt, sondern der Niet-

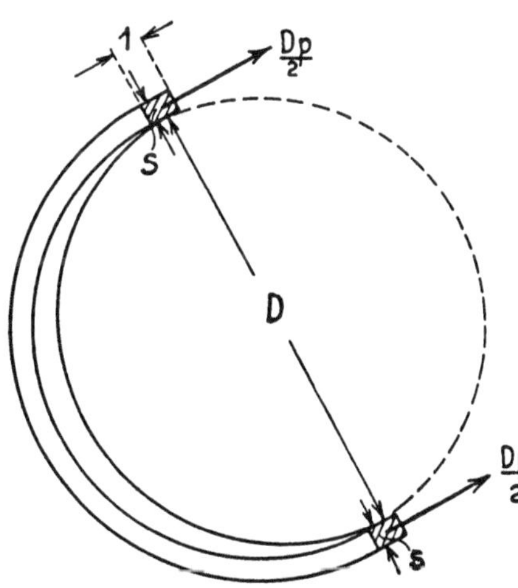

Fig. 52.

löcher wegen nur ein geschwächter Blechquerschnitt vorhanden. Die Blechdicke ist daher noch mit dem Werte φ, der stets kleiner als 1 ist, zu multiplizieren, und wir erhalten die Gleichung:

$$\frac{Dp}{2} = s \cdot \varphi \cdot k_z \text{ oder mit } k_z = \frac{K_z}{\mathfrak{S}}$$

$$\frac{Dp}{2} = s \cdot \varphi \cdot \frac{K_z}{\mathfrak{S}}$$

folglich ist

$$s = \frac{Dp\,\mathfrak{S}}{2\,\varphi\, K_z} \quad \ldots\ldots\ldots \quad (1)$$

D und p sind gegeben, ebenso liegen $\mathfrak{S}$ und K_z nach den Vorschriften der betreffenden Klassifikationsgesellschaften fest, wobei selbstverständlich die schärfsten Werte einzusetzen sind, wenn der Kessel den Vorschriften mehrerer Klassifikationsgesellschaften genügen soll. Mit einem nach ähnlichen Ausführungen angenommenen φ erhalten wir daher die auszuführende Blechstärke, die auf ganze ev. auch nur auf halbe Millimeter abzurunden ist.

Für die Niete ergibt sich folgendes. Die pro cm Längsnaht aufzunehmende Zugkraft war $\frac{Dp}{2}$, folglich entfällt auf einen Streifen von der Breite t eine Kraft $\frac{Dp}{2} \cdot t$; diese Kraft erzeugt in den n pro Feld zur Verfügung stehenden Nietquerschnitten von der Größe $\frac{d^2\pi}{4}$, welche ev. abgeschert werden müßten, eine Scherbeanspruchung k_s, folglich ist

$$\frac{Dp}{2} \cdot t = n\,\frac{d^2\pi}{4} \cdot k_s$$

Da in dieser Gleichung die von d abhängige Teilung t unbekannt ist, müssen wir sie durch einen schon festliegenden Wert zu ersetzen suchen. Es war $\varphi = \frac{t-d}{t}$, folglich ist $t = \frac{d}{1-\varphi}$; dies eingesetzt ergibt

$$\frac{Dp}{2} \cdot \frac{d}{1-\varphi} = n\,\frac{d^2\pi}{4} \cdot k_s$$

folglich ist

$$n = \frac{Dp}{2\,(1-\varphi)\,\frac{\pi}{4}\,k_s\,d} \quad \ldots\ldots \quad (2)$$

Das noch unbekannte d entnehmen wir der weiter unten folgenden Tabelle oder dem Diagramm Fig. 59. Der sich ergebende Wert von n wird im allgemeinen keine ganze Zahl sein, müßte also auf jeden Fall auf eine solche abgerundet werden. Zweckmäßig sind aber nur die in Fig. 53

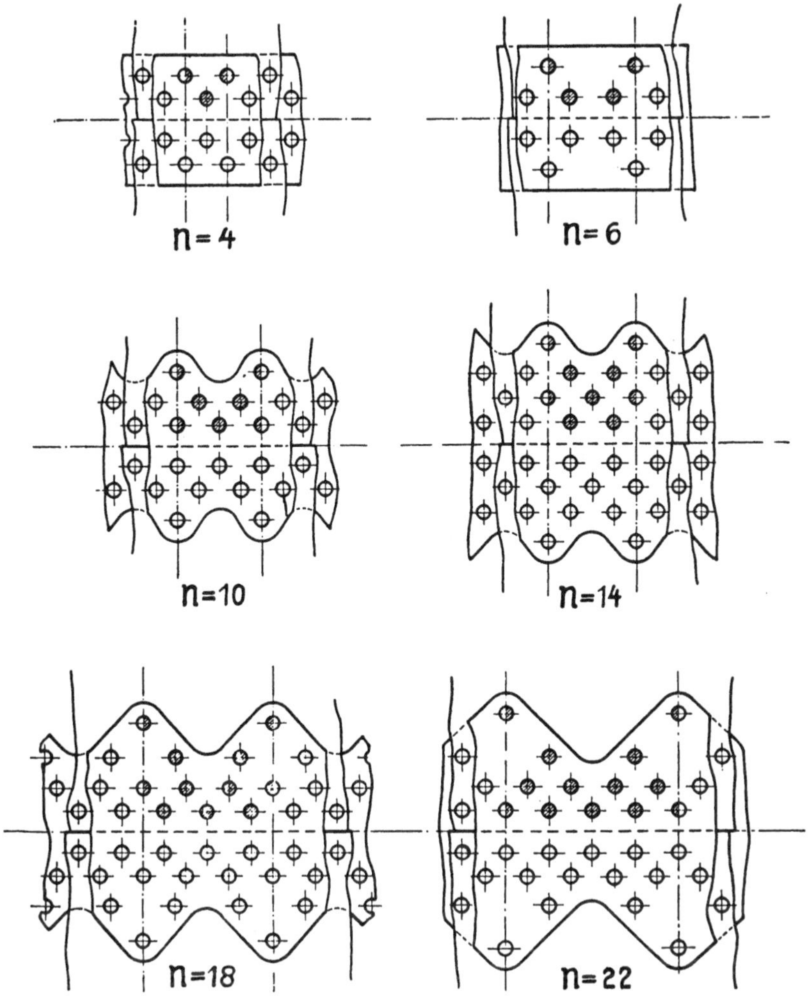

Fig. 53.

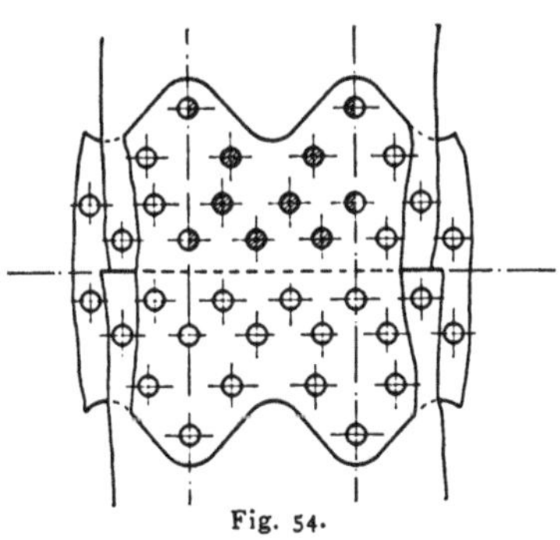

Fig. 54.

dargestellten, auch in den Vorschriften des Germanischen Lloyd angegebenen Werte von n. Andere Werte, z. B. der willkürlich herausgegriffene Wert $n = 16$, ergeben eine ganz unregelmäßige Nietteilung (Fig. 54), welche unter anderem auch die Aufzeichnung der Nietlöcher in der Werkstatt sehr erschwert. Bei der in Fig. 53 dargestellten Nietung mit $n = 22$ sind die Niete in der äußersten Nietreihe von den anderen Nieten verhältnismäßig weit entfernt. Durch das Verstemmen der Laschen werden daher diese Niete häufig überanstrengt, sodaß die Nietköpfe abspringen. Ab und zu gibt man daher bei $n = 22$ den Nieten in der äußersten Reihe einen größeren Durchmesser, wodurch aber wieder das φ heruntergeht.

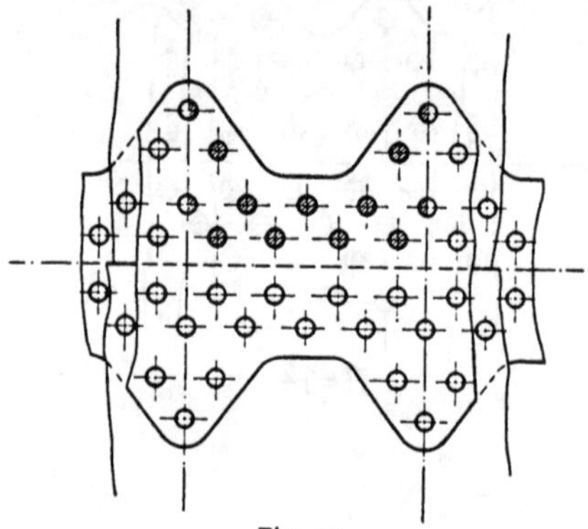

Fig. 55.

Vom Ottensener Eisenwerk wird für $n = 22$ die in Fig. 55 dargestellte Nietung ausgeführt. Hierbei ist nun die Nietteilung in der zweiten Nietreihe von außen nicht gleichmäßig, was naturgemäß erwünscht wäre, andererseits werden jedoch die Niete in der äußersten Nietreihe hier durch das Verstemmen nicht so stark beansprucht wie bei der üblichen in Fig. 53 dargestellten Nietung mit $n = 22$.

Da nun im allgemeinen nur die in Fig. 53 angegebenen Nietanordnungen zweckmäßig sind, wird man z. B. eine sich für n ergebende Zahl 19 entweder unter Beibehaltung des in die Formel (2) eingesetzten Nietdurchmessers auf 22 abrunden oder den Nietdurchmesser so weit vergrößern, daß die Gleichung (2) eine Zahl 18 oder etwas unter 18 ergibt. Eine Nachrechnung bei einer größeren Anzahl von ausgeführten Schiffskesseln ergab, daß meist mehr Niete ausgeführt sind, als unbedingt notwendig wäre, daß also die von den Klassifikationsgesellschaften gestattete Scherbeanspruchung meist bedeutend unterschritten ist. Es mag dies mit Rücksicht darauf geschehen sein, daß nicht alle Niete gleich beansprucht werden, vielleicht auch mit Rücksicht auf einige etwa schlecht eingezogene Niete, wahrscheinlich aber deswegen, weil es ohne Benutzung von Gleichungen, nur durch Probieren, kaum möglich ist, eine Nietung zu entwerfen, welche gerade den Vorschriften entspricht, d. h. gerade die zugelassenen Beanspruchungen für Blech und Niete gleichzeitig ergibt.

Wenn man unter Beibehaltung des in die Formel (2) eingesetzten Nietdurchmessers die sich ergebende Zahl n nach oben auf eine gebräuchliche Zahl abrundet, also unter der zulässigen Scherbeanspruchung bleibt, erhält man für die Teilung t zwei Werte, ein Maximum und ein Minimum. Ebenso, wenn man die Blechstärke nach oben auf ein rundes Maß abrundet, was also eine geringere Blechbeanspruchung zur Folge hat.

Das Minimum ergibt sich mit Rücksicht auf das Blech aus $\varphi = \frac{t - d}{t}$ zu*):

$$t_{\min} = \frac{d}{1 - \varphi} \quad \ldots \ldots \ldots \ldots \quad (3)$$

Läßt man nämlich in der Formel $\varphi = \frac{t - d}{t}$ bei konstantem d das t wachsen, so wächst der Wert des Bruches, also auch φ, d. h. das Verhältnis des durch die Nietlöcher geschwächten Blechquerschnittes zum vollen Querschnitt wird günstiger und das Blech somit weniger beansprucht, als gestattet und beabsichtigt war. Unzulässig wäre es dagegen, das t kleiner zu wählen, als diese Formel ergibt, da sonst das Blech höher beansprucht werden würde. Der sich aus dieser Formel ergebende Wert für t ist daher der kleinste zulässige Wert. In dem Falle, daß Gleichung (1) kein rundes Maß für s ergab und daher die errechnete Blechstärke nach oben abgerundet wurde, könnte die Teilung noch etwas geringer gewählt werden, als Gleichung (3) ergibt, ohne die zulässige Blechbeanspruchung zu überschreiten. Da die hierdurch erreichbare Verminderung des Wertes für t jedoch sehr gering ist, empfiehlt es sich auch in diesem Falle, $t_{\min}$ nach Gleichung (3) zu bestimmen.

Mit Rücksicht auf die Niete erhält man noch einen zweiten Wert, der das Maximum der Nietteilung darstellt. Diese Teilung t ist nämlich auch schon durch die oben mit Rücksicht auf die zulässige Scherbeanspruchung der Niete abgeleitete Formel

$$\frac{Dp}{2} \cdot t = n \frac{d^2 \pi}{4} \cdot k_s$$

bestimmt. Würde man nun in dieser Formel die Anzahl n und den Querschnitt $\frac{d^2 \pi}{4}$ der Niete unverändert lassen und t wachsen lassen, so würde k_s zunehmen, sodaß also die Niete im Feld zu stark beansprucht werden würden. Der aus dieser Formel abgeleitete Wert stellt daher das zulässige Maximum der Nietteilung dar, folglich ist

$$t_{\max} = \frac{2n \frac{d^2 \pi}{4} k_s}{Dp} \quad \ldots \ldots \ldots \quad (4)$$

Hat man bei der Berechnung zufällig für s ein rundes Maß und ebenso für n eine ganze Zahl gefunden, welche ausführbar ist, also z. B. 10, 14, 18 usw., so ergeben die Formeln für $t_{\min}$ und $t_{\max}$ denselben Wert. Nur dadurch, daß man ein Ergebnis oder beide Ergebnisse der Formeln (1) und (2) nach oben abrundete, bekommt man einen Spielraum in der auszuführenden Nietteilung t. Zwischen $t_{\min}$ und $t_{\max}$ wird

*) Zeitschrift des Vereines deutscher Ingenieure 1898, S. 880.

man naturgemäß ein rundes Maß wählen, und zwar ein solches, das bei der schon zeichnerisch festgestellten Länge der Kesselschüsse eine gute Nietverteilung und Laschenform ergibt.

Nachzutragen wäre jetzt noch einiges über φ, K_z, $\mathfrak{S}$, k_z, k_s und d, sowie über den Zusammenhang der Gleichungen (1) und (2) mit den Formeln der Klassifikationsgesellschaften; dann erst soll das eben Besprochene auf ein Beispiel angewendet werden.

Bei Annahme des Wertes φ und somit bei der Bemessung der Mantelstärke hat man noch auf eine andere Schwächung als die durch Nietlöcher Rücksicht zu nehmen. Öffnungen für Mannlöcher, Hauptabsperrventil, Kesselsicherheitsventil usw. werden ja stets mit reichlich bemessenen Verstärkungsringen versehen, sodaß bei der Bemessung der Mantelstärke hierauf keine Rücksicht genommen zu werden braucht. Eine Stelle, die aber noch eine besondere Beachtung erfordert, ist die, an welcher die Stehbolzen der seitlichen Feuerkammern in den Mantel eingeschraubt sind.

Wie Fig. 5 auf S. 4 und Tafel I zeigen, sind bei einigermaßen großen Kesseln stets mehrere Stehbolzenreihen in den Kesselmantel eingeschraubt. Bei den Feldern, welche auf dem Mantel durch die Stehbolzen der seitlichen Feuerkammerwände gebildet werden, ergibt sich nun bei einer Stehbolzenbeanspruchung von 600 kg pro qcm, daß der Wert $\varphi = \frac{t-d}{t}$, wenn man jetzt unter t die Entfernung der Stehbolzen und unter d den mittleren Stehbolzendurchmesser versteht, im allgemeinen nicht über etwa 0,85 herausgeht. Je nach der Höhe des Dampfdruckes bleibt das Güteverhältnis des durch die Stehbolzenlöcher geschwächten Bleches zum vollen Blech noch unter diesem Wert. Es hätte dann auch keinen Zweck, eine Nietung mit einem φ von etwa 0,9 oder sogar 0,93 zu entwerfen, wenn man doch eine Stelle am Kessel zulassen müsste, an der kein höheres φ als etwa 0,85 zu erreichen wäre. So lange es sich nun nur um zwei Reihen Stehbolzen handelt, wie bei vielen Einendern, kann man diese Schwächung noch hingehen lassen, da es sich nur um eine kurze Strecke mit zwei Löchern handelt, anders jedoch sobald man drei Reihen oder, wie besonders bei Doppelendern mit gemeinsamer Feuerkammer, bis zu sechs Reihen Stehbolzen hat. Es gibt nun aber ein einfaches Mittel, um hier Abhilfe zu schaffen.

In Fig. 56 sei AB die Längsachse des Kessels. Zu dem Feld $l \cdot l$ gehört nun bei einem gegebenen Dampfdruck und einer bestimmten zulässigen Stehbolzenbeanspruchung ein bestimmter mittlerer Stehbolzendurchmesser d_m; der Wert für φ wird demnach $= \frac{l-d_m}{l}$ sein. Dieser Wert, welcher von der Höhe des Dampfdruckes und der zulässigen Stehbolzenbeanspruchung, dagegen, wie weiter unten auseinandergesetzt ist, nicht von der Größe des Feldes abhängt, schwankt etwa zwischen 0,8 und 0,85.

Denkt man sich nun einfach die Felder um 45° gedreht, wie Fig. 57 zeigt, wobei AB nach wie vor die Längsachse des Kessels darstellt, so werden die Stehbolzen naturgemäß dieselben bleiben; das φ wird jetzt aber, da die Strecke L als Diagonale eines Quadrates $= 1{,}41\, l$ ist, $= \frac{1{,}41\, l - d_m}{1{,}41\, l}$ sein. Dieser neue Wert für φ muß größer sein als der alte Wert $\frac{l - d_m}{l}$,

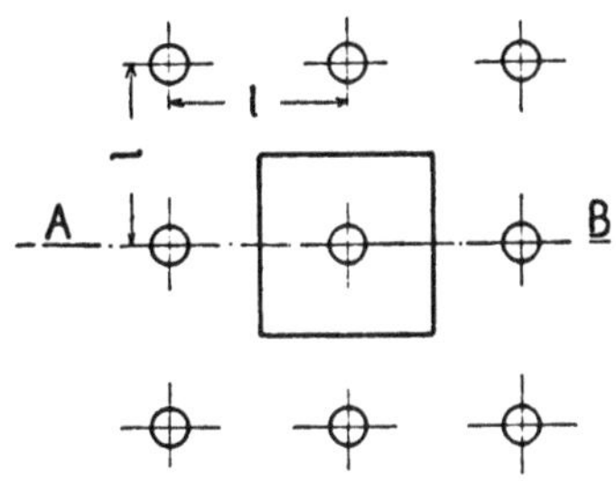

Fig. 56.

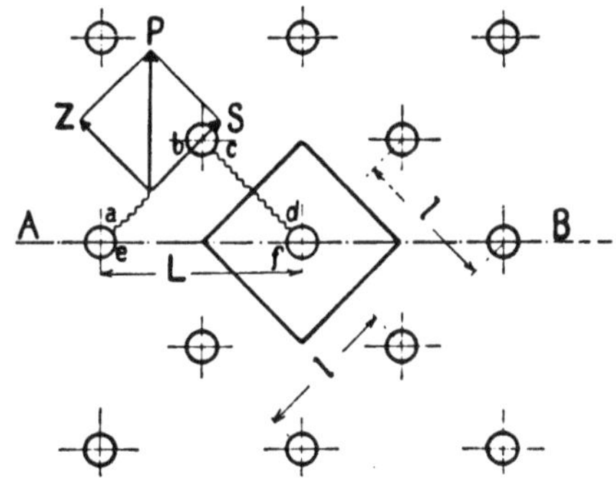

Fig. 57.

da der Wert d_m in beiden Brüchen derselbe geblieben ist, in dem letztgenannten Falle aber $1{,}41\, l$ statt l im Zähler und Nenner vorkommt. Übereck wird das Blech, angenähert gerechnet, nun auch nicht reißen, da die Summe der Strecken $ab + cd > ef$ ist.

Sollte durch diesen Kunstgriff das φ noch nicht den gewünschten Wert erreicht haben, den man bei dem Entwurf der Längsnähte zugrunde gelegt hatte, so kann man sich sogar noch das um 45° gedrehte Feld vom Inhalt l^2 in ein Rhombus vom gleichen Inhalt verzerrt denken, wie Fig. 58 zeigt. Der Stehbolzendurchmesser wird noch immer derselbe geblieben sein, da die von einem Stehbolzen zu tragende, mit dicken Linien eingerahmte Fläche dieselbe geblieben ist. Die Entfernung von zwei Stehbolzen in der Richtung der Längsachse des Kessels AB ist bei einem Rhombus von gleicher Fläche aber noch größer als $1{,}41\, l$, folglich muß auch bei konstant gebliebenem d_m der Wert φ noch günstiger geworden sein. Dieses Verzerren des Quadrates zu einem Rhombus kann man nun mit einiger Annäherung solange vornehmen, bis die Summe der Strecken $ab + cd = ef$ geworden ist. Würde

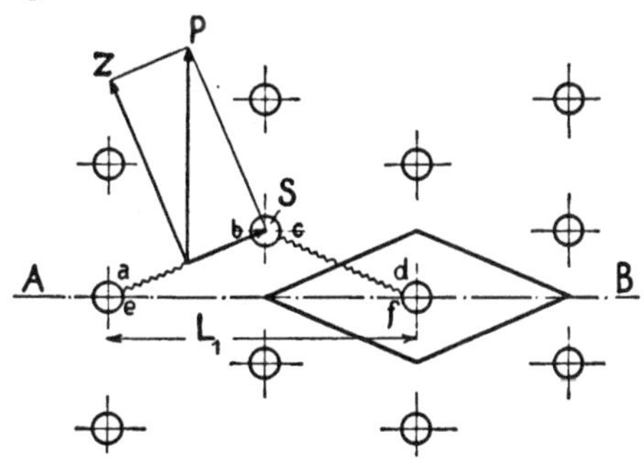

Fig. 58.

man darin noch weiter gehen, so würde eben das Blech übereck reißen. Sollte auch dieses Verfahren noch nicht zum Ziele führen, so bleibt nichts Anderes übrig, als den Schuß, in welchem die Stehbolzen eingeschraubt sind, etwa einen halben oder 1 mm dicker zu machen, als die anderen.

Zwei, allerdings etwas spitzfindige, Tatsachen kann man indessen auch noch berücksichtigen. Daß bei dem φ an der genannten Stelle der mittlere Stehbolzendurchmesser eingesetzt werden kann und auch meist eingesetzt wird, ist schon erwähnt; eigentlich ist auch dies unzulässig, da die hervorstehenden Gewindeteile, insbesondere da auch die zunächst liegenden Blechfasern beim Gewindeschneiden beschädigt sind, kaum als tragend angesehen werden können. Mit Recht könnte man aber bei der Berechnung der Stehbolzen nicht die Fläche l^2, sondern nur die Fläche $l^2 - \frac{d^2 \pi}{4}$ in Rechnung setzen, worin d den Stehbolzendurchmesser bezeichnet, da ja der Dampfdruck nur auf die letztgenannte Fläche wirkt. Ferner ist meist der Fall vorhanden, den z. B. auch Tafel I darstellt, daß die Stehbolzen in einem *inneren* Schuß sitzen. Das φ in der Nietnaht und die zulässige Blechbeanspruchung gelten nun für den äußeren Schuß; die Blechdicke des inneren Schusses und seine Vernietung wird aber ebenso ausgeführt, trotzdem hier nur ein um zweimal Blechdicke kleinerer innerer Durchmesser D_1 (Fig. 49 auf S. 72) vorhanden ist. Die Blechbeanspruchung ist daher beim inneren Schuß gegenüber dem äußeren im Verhältnis der inneren Durchmesser beider Schüsse $\frac{D_1}{D}$ geringer, das φ des inneren Schusses kann also bei derselben Blechbeanspruchung im Verhältnis der Durchmesser $\frac{D_1}{D}$ kleiner sein.

Obige Rechnung, in welcher die Reißlinien übereck einfach auf Zug beansprucht gedacht sind, ist jedoch, ebenso wie die Methode bei mehrreihigen Nietverbindungen, die Abstände der Nietreihen voneinander danach zu bestimmen, daß die Reißlänge übereck ebenso groß ist wie in der geraden Linie, nur eine Annäherungsrechnung. Bei einer genaueren Rechnung muß bei Kräften, welche zu dem wahrscheinlichen Reißquerschnitt nicht senkrecht stehen, eine Zerlegung in eine Zugkraft und eine Scherkraft stattfinden und die aus beiden resultierenden Spannungen müssen zu einer ideellen Spannung zusammengesetzt werden. Am besten läßt sich das eben über φ in der Stehbolzenteilung Gesagte an einem Beispiel erörtern und gleichzeitig hierbei die Genauigkeit der erwähnten Annäherungsrechnung untersuchen. Wie üblich, sei hier mit dem mittleren Gewindedurchmesser gerechnet und die Verkleinerung des Feldes um den Wert $\frac{d^2 \pi}{4}$ außer acht gelassen.

Beispiel. Die Länge l (Fig. 56) sei $= 18$ cm; der Dampfdruck $= 15$ at. Dann ist die von einem Stehbolzen aufzunehmende Kraft $15 \cdot 18 \cdot 18 \cdot = 4860$ kg. Mit 600 kg pro qcm Zugbeanspruchung ergibt sich ein Kernquerschnitt von 8,1 qcm und dementsprechend ein Kerndurchmesser von 3,3 cm. Wie bei Stehbolzen üblich, wird feines Gewinde von etwa 2 mm Gangtiefe — Differenz des äußeren und des Kerndurchmessers also 4 mm — gewählt; der mittlere Gewindedurchmesser ist daher = 3,5 cm. Der Wert φ ist nun bei der Stehbolzenanordnung nach Fig. 56

$$= \frac{l - d_m}{l} = \frac{18 - 3,5}{18} = 0,806.$$

Bei der Stehbolzenanordnung nach Fig. 57, in der dieselben Felder um 45^0 gedreht gedacht sind, ist nun $L = 1,414 \cdot 18 = 25,5$ cm. Das φ ist daher jetzt

$$= \frac{L - d_m}{L} = \frac{25,5 - 3,5}{25,5} = 0,863,$$

also schon bedeutend günstiger, aber im Verhältnis zur Nietnaht, bei welcher im allgemeinen ein φ von etwa 0,9 gewählt wird, noch zu klein.

In Fig. 58 ist schließlich der Grenzfall, bei dem $ab + cd = ef$ ist, aufgezeichnet. Hier ist $L_1 = 39$ cm; der bei 15 at und 600 kg Stehbolzenbeanspruchung erreichbare Wert von φ ist daher

$$= \frac{L_1 - d_m}{L_1} = \frac{39 - 3,5}{39} = 0,91.$$

Dieser Wert kann dadurch, daß man die Verschiedenheit der inneren Durchmesser der Kesselschüsse und die genaue Feldbelastung $p\left(l^2 - \frac{d^2 \pi}{4}\right)$, sowie nur eine Gewindetiefe von 1,5 mm einführt, noch bis auf etwa 0,915 erhöht werden. Einen höheren Wert bei 15 at und 600 kg Stehbolzenbeanspruchung in die Berechnung der Vernietung einzuführen, würde jedoch keinen Zweck haben, da dann wegen der von den Stehbolzen durchdrungenen Stelle des Mantels wenigstens dieser Schuß doch eine größere Wandstärke, berechnet mit dem eben genannten φ von etwa 0,915, erhalten müßte. Bei geringeren Kesseldrucken läßt sich natürlich ein etwas höheres φ erreichen, da dann der Stehbolzendurchmesser im Verhältnis etwas kleiner wird. Die Stehbolzenbeanspruchung schwankt bei allen Klassifikationsgesellschaften um den Wert 600 kg pro qcm herum, darf also im allgemeinen nicht höher gewählt werden.

Da die genannte Rechnung mit dem Reißen übereck, wie bereits erwähnt, nur eine Annäherungsrechnung ist, sei hier zur Kontrolle die genauere Rechnung ebenfalls ausgeführt. Die Stärke des Mantels sei im vorliegenden Falle 3,5 cm; für einen 1 cm breiten Ring des Kessels (Fig. 52 auf S. 73) ist dann jeder der beiden dort schraffierten Reißquerschnitte = 3,5 qcm. Die Wandstärke sei aus dem Kesseldurchmesser und Kesseldruck derart berechnet, daß jeder qcm des nicht geschwächten Mantelbleches mit 1000 kg belastet sei. Es würden dann also pro cm der Längsachse des Kessels AB (Fig. 56 auf S. 79) $3,5 \cdot 1000 = 3500$ kg Zugspannung aufzunehmen sein. Wenn die Nietung mit einem $\varphi = 0{,}9$ entworfen wäre, so würde die Zugspannung in dem durch die Niete geschwächten Blechquerschnitt $\frac{1000}{0{,}9} = 1111$ kg betragen. Dieser Wert wäre bei dem betreffenden Kessel dann also zugelassen und dürfte auch in der Stehbolzenteilung nicht überschritten werden. Daß die Zugbeanspruchung in dem Felde, Fig. 56, größer sein muß als 1111 kg, können wir bereits erwarten, denn das φ war ja dort kleiner als der für die Vernietung angenommene Wert von 0,9 und zwar nur $= 0{,}806$. Wir müssen hier also als Zugspannung den Wert $1111 \cdot \frac{0{,}9}{0{,}806} = 1240$ kg erhalten. Die Rechnung ergibt denn auch, daß auf einer Strecke $l = 18$ cm der Längsachse AB eine Kraft aufzunehmen ist von $18 \cdot 3500 = 63\,000$ kg. Hierfür steht zur Verfügung, da der mittlere Stehbolzendurchmesser 3,5 cm beträgt, ein Querschnitt $(18-3{,}5) \cdot 3{,}5 = 50{,}8$ qcm, folglich ist die Zugspannung $= \frac{63\,000}{50{,}8} = 1240$ kg pro qcm.

In Fig. 57 ist für $l = 18$ cm der Wert $\frac{L}{2} = 12{,}75$ cm; die von einem Kesselstreifen von dieser Breite aufzunehmende Kraft ist hier daher $= 12{,}75 \cdot 3500 = 44\,625$ kg. Diese Kraft P muß, wie die Figur zeigt, in eine Zugkraft Z und eine Scherkraft S zerlegt werden; beide sind hier gleich groß und $= 31\,559$ kg. Der Reißquerschnitt ab ist wiederum $= (18-3{,}5) \cdot 3{,}5 = 50{,}8$ qcm, folglich ist die Zugbeanspruchung dieses Querschnittes $\sigma = 621$ kg. Die Scherbeanspruchung τ ist ebenfalls $= 621$ kg, folglich ergibt sich die ideelle Spannung

$$\sigma_{max} = 0{,}35\ \sigma + 0{,}65 \sqrt{\sigma^2 + 4\ \alpha_o^2 \tau^2}$$

mit $\alpha_o = 1$ zu

$$\sigma_{max} = 0{,}35 \cdot 621 + 0{,}65 \sqrt{621^2 + 4 \cdot 621^2} = 1120 \text{ kg pro qcm},$$

also nur um 9 kg größer, als eigentlich zulässig war.

In Fig. 58 war $\frac{L_1}{2} = 19{,}5$ cm; die von einem Kesselstreifen von dieser Breite aufzunehmende Kraft ist daher $= 19{,}5 \cdot 3500 = 68\,250$ kg. Durch Zerlegung ergibt sich $Z = 62\,700$ kg und $S = 26\,800$ kg. Folglich ist hier die Zugbeanspruchung σ des Reißquerschnittes $ab = 1009$ kg und die Scherbeanspruchung $\tau = 431$ kg, die ideelle Hauptspannung ergibt sich dann zu $\sigma_{max} = 1210$ kg pro qcm, also in diesem Falle ungefähr 100 kg größer als in der Nietnaht. Absolut genau ist auch diese Rechnung nicht, da theoretische Untersuchungen und Versuche über die Beanspruchung durchlochter Bleche fehlen.

Es zeigt sich also, daß die Annäherungsrechnung, welche darauf basiert, daß der Reißquerschnitt übereck gemessen mindestens ebenso groß sein soll als der Reißquerschnitt in der geraden Linie, bei Stehbolzen für die quadratischen Anordnungen ungefähr dieselben Werte liefert, daß jedoch bei rhombischen Feldern die Zugbeanspruchung in Wirklichkeit etwas größer ausfällt, als die Annäherungsrechnung ergibt. Im großen und ganzen zeigt sich jedoch, daß diese Annäherungsrechnung bei genügender Vorsicht bei Stehbolzenteilungen ebenso wie bei der Berechnung der Abstände der einzelnen Nietreihen voneinander zulässig ist.

An dieser Stelle sei bereits erwähnt, daß bei der Berechnung der Mäntel der Ober- und Unterkessel von Wasserrohrkesseln, welche durch die Löcher für die Rohre in hohem Maße geschwächt sind, wie am Ende dieses Abschnittes genauer auseinandergesetzt ist, stets noch eine besondere Rechnung angestellt werden muß.

Bei 15 at Kesseldruck und der üblichen Stehbolzenbeanspruchung läßt sich also kein größeres φ als etwa 0,91 erzielen, denn auch bei kleineren oder größeren Feldern als dem angenommenen bleibt dieser Wert derselbe, da sich der Durchmesser des Stehbolzens mit derselben Potenz wie die Seitenlänge des Feldes, nämlich mit der ersten Potenz, ändert. Die Fläche des Feldes und somit der aufzunehmende Druck wächst ja mit dem Quadrat der Seitenlänge, ebenso wächst aber auch die Fläche des Stehbolzens mit dem Quadrat des Durchmessers, woraus sich das eben Gesagte erklärt. Bei geringerem Kesseldruck läßt sich natürlich ein etwas höheres φ erzielen. Im allgemeinen wird es aber zweckmäßig sein, beim Entwurf einer Nietung und somit bei der Berechnung des Mantels das φ nicht größer anzunehmen als etwa 0,89 bis höchstens 0,91, da man sonst ev. nur der Stehbolzen wegen die Blechdicke, wenigstens in dem betreffenden Schuß, vergrößern muß. Ein geringes φ ergibt eine verhältnismäßig große Blechstärke, welche aus Ausführungsrücksichten bei kleinen Kesseln indessen erwünscht sein mag. Bei großen Kesseln wird man dagegen das φ möglichst hoch zu halten suchen. Es über 0,91 zu wählen, ist jedoch nach dem eben Gesagten nicht angebracht.

Daß die in den Tabellen auf S. 34 bis 37 für φ angegebenen Werte so verschieden sind — sie schwanken dort zwischen 0,82 und 0,93 — mag darin seinen Grund haben, daß man wohl selten eine Vernietung durch Gleichungen festgestellt hat, sondern vielmehr Nietdurchmesser und Teilung aus Tabellen oder mehr durch Probieren unter stetem Nachrechnen, ob die zulässige Blech- und Nietbeanspruchung nicht überschritten ist, bestimmt hat. Auf diese Weise ist es aber schwierig, ein bestimmtes φ und gerade noch zulässige Blech- und Nietbeanspruchungen zu erhalten, welche aber mit Rücksicht auf Gewicht und Kosten möglichst zu erstreben sind. Die für einen vorliegenden Fall günstigste Nietung läßt sich jedenfalls am schnellsten und genauesten nach der angegebenen Methode finden.

Die für die absolute Zugfestigkeit von Mantelblechen üblichen Werte sind im VI. Abschnitt näher angegeben. Im allgemeinen werden für größere Kessel Bleche von 45 bis 50 kg pro qcm Zugfestigkeit verwendet. Die zur Berechnung der Nietung vom Englischen Lloyd aufgestellte Formel enthält Konstanten für Bleche von ungefähr 42,5 kg minimaler Zugfestigkeit (27 t pro Quadratzoll). Erwähnt ist hierbei, daß die Konstanten für Bleche von 44,1 und 45,7 kg pro qmm (28 resp. 29 t pro Quadratzoll) Zugfestigkeit entsprechend vergrößert werden können, wobei dann also die Blechstärke entsprechend geringer ausfällt. Nach den Vorschriften des Germanischen Lloyd und der Hamburger Baupolizei muß die vom Erbauer in Rechnung gestellte Zugfestigkeit durch Festigkeitsproben nachgewiesen werden.

Der Sicherheitsgrad beträgt nach den gesetzlichen Vorschriften der Bundesstaaten für die bei Schiffskesseln fast allgemein übliche Doppellaschennietung bei bester Arbeitsausführung 4,5. Hamburg und Sachsen haben seit einiger Zeit für Doppellaschennietung bereits eine vierfache Sicherheit zugelassen. In den Vorschriften von 1906 des Germanischen Lloyd ist diese vierfache Sicherheit auch schon enthalten. Ein dahin gehender Beschluß der Bundesregierung ist bisher noch nicht veröffentlicht worden. Es finden vielmehr hierüber, wie überhaupt über eine Annahme von Bestimmungen, welche für das ganze Deutsche Reich Gültigkeit haben und im allgemeinen den bekannten Hamburger Normen (Grundsätze für die Berechnung der Materialdicken neuer Dampfkessel) und Würzburger Normen (Grundsätze für die Prüfung von Schweiß- und Flußeisen zum Bau von Dampfkesseln) ähneln, aber speziell für Schiffskessel zugeschnitten sein sollen, seit geraumer Zeit Unterhandlungen statt. Die Abfassung dieser für Schiffskessel gültigen Grundsätze soll einer deutschen Normenkommission übertragen werden, in welcher auch die Bundesregierungen vertreten sein werden.

Die zu wählenden Sicherheitsgrade sind nach dem Germanischen Lloyd, in dessen Vorschriften sie x genannt sind, folgende, wobei das in Klammern Stehende sich in den Vorschriften der Hamburger Baupolizei ebenfalls noch angegeben findet.

$\mathfrak{S} = 4{,}75$ bei überlappten (oder einseitig gelaschten), handgenieteten Nähten,

$\mathfrak{S} = 4{,}5$ bei überlappten (oder einseitig gelaschten), maschinengenieteten Nähten,

$\mathfrak{S} = 4{,}25$ bei doppeltgelaschten, handgenieteten Nähten,

$\mathfrak{S} = 4$ bei doppeltgelaschten, maschinengenieteten Nähten (wobei durchaus sorgfältige Herstellung des Kessels vorausgesetzt ist).

Bei Überlappungs- oder nur einseitig gelaschten Nietverbindungen muß also der Sicherheitsgrad der auftretenden Biegungsspannungen wegen größer sein, ferner bei Handnietung stets größer als bei Maschinennietung.

Die Formel zur Berechnung der Blechstärke, welche der Germanische Lloyd und die Hamburger Baupolizei geben, lautet

$$s = \frac{p\,D}{200} \cdot \frac{x}{K} \cdot \frac{e}{e-d} + 1 \text{ mm.}$$

Unter Vernachlässigung der hierin enthaltenen »Abrostungszugabe« von 1 mm würde also die Beanspruchung des Mantelbleches bei Doppellaschen, maschinengenieteten Nähten und bester Arbeit etwa $\frac{4000}{4}$ bis $\frac{4500}{4}$ = 1000 bis 1125 kg pro qcm betragen können.

Bureau Veritas verlangt ebenfalls eine Zugabe von 1 mm für etwaiges Abrosten und gestattet auch vierfache Sicherheit.

Bei der Formel des Englischen Lloyd, auf welche weiter unten noch eingegangen ist, kann man von einem bestimmten Sicherheitsgrad nicht sprechen, da sich hier eine konstante Zugabe von $^1/_8'' = 3{,}175$ mm findet, die für eine Abrostungszugabe zu groß ist und das Resultat daher natürlich stark beeinflußt. Bei Vernachlässigung dieser Konstante würde sich für Bleche von 42,52 kg pro qmm Festigkeit bei gleich breiten Doppellaschen eine Beanspruchung von ungefähr 1180 kg pro qcm ergeben.

Es sei nun der Zusammenhang der auf S. 74 abgeleiteten Formeln (1) und (2) mit den in den Vorschriften der Klassifikationsgesellschaften gegebenen Formeln nachgewiesen:

1. Germanischer Lloyd. Die Formel für die Blechstärke

$$s = \frac{pD}{200} \cdot \frac{x}{K} \cdot \frac{e}{e-d} + 1 \text{ mm}$$

ist, abgesehen von der eines etwaigen Abrostens wegen verlangten konstanten Zugabe von 1 mm, identisch mit der Formel (1) auf S. 74; statt $\mathfrak{S}$ und K_z ist hier x und K gesagt. Der Wert 200 statt 2 klärt sich dadurch auf, daß die Formel des Germanischen Lloyd für Millimeter aufgestellt ist, während es im allgemeinen üblich ist, solche Berechnungen in Zentimetern aufzustellen.

Für die Niete ist folgende Formel, ebenfalls für Millimeter, angegeben

$$\frac{d^2\pi}{4} = \frac{pD}{1400} \cdot \frac{e}{a};$$

e bedeutet hierin die Nietteilung und a die Anzahl der Nietquerschnitte in einer Teilung. Diese Formel gilt unter der Annahme, daß das Nietmaterial eine Festigkeit von 38 kg pro qmm besitzt.

Durch Umformung ergibt sich, daß nach der eben genannten Formel eine Scherbeanspruchung $k_s = 700$ kg pro qcm für die Niete zugelassen ist. Die Niete sind daher für $\frac{38}{7} = 5{,}43$ fache Sicherheit zu berechnen. Wird für die Niete eine höhere Festigkeit, z. B. 41 kg pro qmm bei genügender Zähigkeit durch Materialproben nachgewiesen, so kann der nach der genannten Formel berechnete Nietdurchmesser noch mit $\sqrt{\frac{38}{41}}$ multipliziert werden, d. h. einfacher ausgedrückt, es gilt für die Niete auch dann derselbe Sicherheitsgrad, sodaß also dann $\frac{4100}{5{,}43} = \sim 755$ kg pro qcm als Nietbeanspruchung zugelassen sind.

Dieselben Beanspruchungen für Bleche und Niete gestattet die Hamburger Baupolizeibehörde.

2. Englischer Lloyd. Hier lautet die Formel für Mantelbleche

$$\frac{C\,(T-2)\,B}{D} = \text{Arbeitsdruck in Pfund pro Quadratzoll.}$$

Hierin ist:

$D =$ mittlerer Kesseldurchmesser in Zoll,
$T =$ Dicke des Mantels in $^1/_{16}''$,
$C = 21$ für Nietungen mit gleich breiten Doppellaschen,
$= 20{,}25$ für Nietungen mit ungleich breiten Doppellaschen,
$= 19{,}5$ bei Überlappungsnietungen.

Diese Konstanten gelten für Bleche von 42,52 kg pro qmm Festigkeit. Für Bleche von 44,1 und 45,7 kg Festigkeit können sie entsprechend vergrößert werden.

$B =$ geringster der folgenden Prozentsätze der Festigkeit der Nietnaht:

für das Blech $B = \frac{p-d}{p} \cdot 100$,

für die Niete $B = \frac{n \cdot a}{p \cdot t} \cdot 85$ bei Stahlnieten und $\frac{n \cdot a}{p \cdot t} \cdot 70$ bei Eisennieten.

Hierin ist

$p =$ Nietteilung in Zoll,
$t =$ Blechstärke in Zoll,
$d =$ Durchmesser des Nietloches in Zoll,
$n =$ Anzahl der Niete pro Teilung,
$a =$ Querschnitt eines Nietes in Quadratzoll (bei Doppellaschen ist statt a der Wert $1{,}75\,a$ zu setzen).

Die Formel für die Blechstärke läßt sich leicht umformen und lautet dann, für deutsches Maß umgerechnet und mit deutschen Bezeichnungen versehen:

$$s_{cm} = \frac{D_{cm} \cdot p_{at}}{\varphi \cdot 2360} + 3{,}175 \text{ mm.}$$

Hierin ist dann $2360 = \frac{2\,K_z}{\mathfrak{S}}$, sodaß sich also für Bleche von 42,52 kg pro qmm Festigkeit, abgesehen von der Zugabe von $\backsim 3{,}2$ mm, eine Zugbeanspruchung von 1180 kg pro qcm ergeben würde. Dieser Wert geht bei kleinem Kesseldurchmesser und geringem Kesseldruck durch die genannte Zugabe stärker herunter als bei großem Kesseldurchmesser und hohem Dampfdruck. Von einer bestimmten zulässigen Blechbeanspruchung und einem bestimmten Sicherheitsgrad läßt sich daher bei dieser Formel nicht reden.

Ebenso läßt sich die Nietbeanspruchung nach den Vorschriften des Englischen Lloyd nicht allgemein genau feststellen. Ungefähr ist jedoch die Nietbeanspruchung bei Eisennieten das 0,7 fache und bei Stahlnieten das 0,85 fache von der wirklichen Beanspruchung des Kesselbleches, die also bei der Berücksichtigung der Zugabe von 3,2 mm beträchtlich unter 1180 kg pro qcm liegt. Bei Doppellaschen dürfen hier nicht die wirklich vorhandenen Nietquerschnitte $2\,\frac{d^2\pi}{4}$, sondern nur $1{,}75\,\frac{d^2\pi}{4}$ zur Berechnung herangezogen werden.

3. Board of Trade gibt eine große Menge von Formeln und Vorschriften für Nietungen, auf die hier einzugehen zu weit führen würde. Der Sicherheitsgrad beträgt im allgemeinen 4,5.

4. Bureau Veritas gibt genaue Formeln für

1. das Abreißen der Platten zwischen den Nieten,
2. das Abscheren der Niete,
3. das Abreißen der Platten mit gleichzeitigem Abscheren der Niete,
4. Abreißen der Laschenstücke,
5. Abreißen der Laschenstücke mit gleichzeitigem Abscheren der Niete.

Die Fälle 1 bis 4 sind auf S. 68 u. f. besprochen. Nach den dort gegebenen Regeln ist für alle diese Fälle ungefähr gleiche Sicherheit gegen Zerstörung der Nietverbindung vorhanden. Der Fall 5 wird bei den üblichen gleich breiten Laschen kaum eintreten können.

Das Bureau Veritas gestattet eine Beanspruchung des Mantelbleches von $^1/_4$ der absoluten Zugfestigkeit, verlangt dabei aber eine Zugabe für Abrosten von 1 mm. Irgend welche Bedingungen, wie z. B. Maschinennietung usw., sind an diese vierfache Sicherheit nicht geknüpft. Als Nietbeanspruchung kann $^1/_4$ der durch Versuche nachgewiesenen Scherfestigkeit des Nietmaterials gewählt werden. Ist die wirkliche Scherfestigkeit des Nietmaterials nicht bekannt, so soll $^1/_5$ der absoluten Festigkeit des Nietmaterials als zulässige Nietbeanspruchung gesetzt werden.

Wahl des Nietdurchmessers.

Da es für die Feststellung der Stärke des Mantelbleches und des Nietdurchmessers wichtig ist zu wissen, welche Nietdurchmesser bei einer bestimmten Blechstärke üblich sind, sind in Fig. 59 von 40 Kesseln die Nietdurchmesser d als Ordinaten und die Blechstärken s als Abszissen aufgetragen.

Nach den Vorschriften des Germanischen Lloyd darf der Nietdurchmesser nicht größer als $2s$ und nicht kleiner als s sein, wobei die erste Grenze für dünne Bleche und die zweite für dicke Bleche gilt. Die beiden stark ausgezogenen Linien oa und ob stellen die Gleichungen $d = 2s$ und $d = s$ dar. Zwischen diesen beiden Geraden müssen also die Punkte für die Nietdurchmesser liegen, und zwar für dünnere Bleche mehr nach der Linie $d = 2s$ und für stärkere Bleche mehr nach der Linie $d = s$

hin. Fast alle Nietdurchmesser liegen nun ferner auch zwischen den Linien AB und CD, sodaß die üblichen Nietdurchmesser in dem von

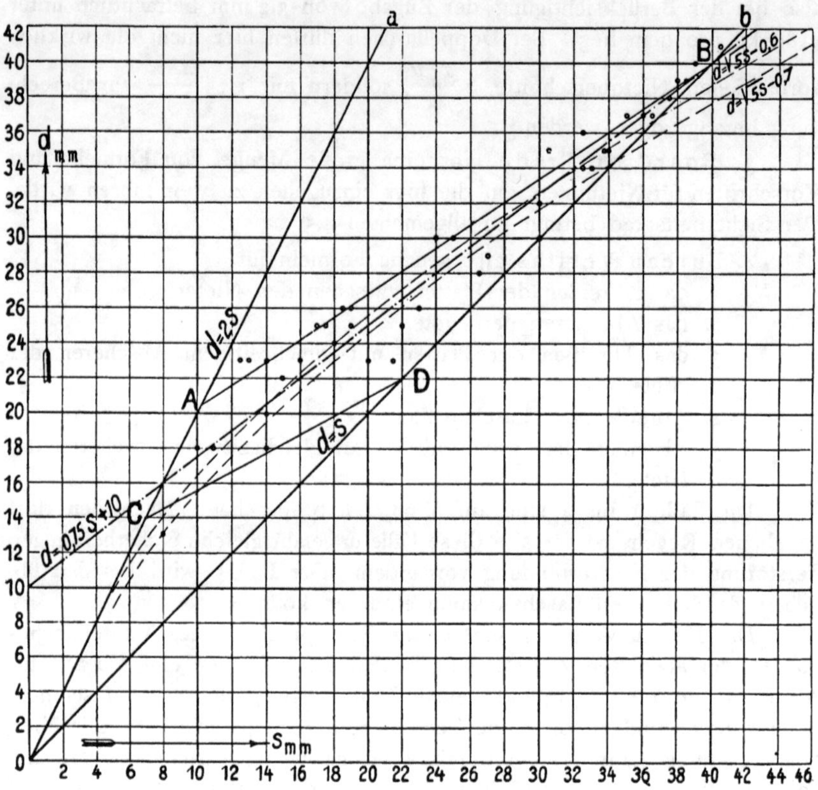

Fig. 59.

dem Linienzug $ABDC$ begrenzten Feld liegen. Die sich so ergebenden Werte sind unter Abrundung auf ganze Millimeter in folgender Tabelle zusammengestellt:

$s =$	7	8	9	10	11	12	13	14	15	16	17	18	19	20	21	22	23	24
d von	14	14	15	16	16	17	17	18	18	19	19	20	20	21	21	22	23	24
bis	—	16	18	20	21	22	23	23	24	25	25	26	27	27	28	29	29	30

$s =$	25	26	27	28	29	30	31	32	33	34	35	36	37	38	39	40	41
d von	25	26	27	28	29	30	31	32	33	34	35	36	37	38	39	40	41
bis	31	31	32	32	33	34	35	35	36	36	37	38	39	39	40	—	—

Aus dieser Tabelle können also die Nietdurchmesser, welche bei den betreffenden Blechstärken üblich sind, ohne weiteres entnommen werden.

Es liegt hier nahe, auch die Gleichungen zu untersuchen, welche Bach für Nietdurchmesser gibt. Für zweireihige Doppellaschennietung gibt er die für cm aufgestellte Formel $d = \sqrt{5s} - 0{,}6$. Die dieser Gleichung entsprechende Kurve ist, ebenso wie die Bachsche Gleichung für dreireihige Doppellaschennietung $d = \sqrt{5s} - 0{,}7$, punktiert in das Diagramm eingetragen. Es zeigt sich, daß beide Kurven bei 37 resp. 34,5 mm Blechstärke die Linie $d = s$ schneiden und somit von diesen Blechstärken ab zu kleine Nietdurchmesser ergeben, welche nach den Vorschriften des Germanischen Lloyd nicht zulässig sein würden.

Als Mittelwert der in obiger Tabelle gegebenen Nietdurchmesser kann die stark gestrichelte gerade Linie gelten. Diese ist so gelegt, daß sie bei einer runden Zahl — 10 mm — beginnt und eine Gleichung darstellt, welche für alle Fälle ein bequemes Feststellen eines mittleren üblichen Nietdurchmessers gestattet. Diese Gleichung lautet für mm

$$d = 0{,}75\, s + 10.$$

Die hiernach erhaltenen Werte, auf ganze Millimeter abgerundet, sind in der folgenden Tabelle zusammengestellt:

$s =$	7	8	9	10	11	12	13	14	15	16	17	18	19	20	21	22	23	24
$d =$	15	16	17	18	18	19	20	21	21	22	23	24	24	25	26	27	27	28
$s =$	25	26	27	28	29	30	31	32	33	34	35	36	37	38	39	40	41	
$d =$	29	30	30	31	32	33	33	34	35	36	36	37	38	39	39	40	41	

Beispiel.

Es sei

$D = 325$ cm,

$p = 13$ at Überdruck,

$K_z = 4200$ bis 4700 kg pro qcm,

$\mathfrak{S} = 4{,}5$, da 4fache Sicherheit zurzeit gesetzlich noch nicht allgemein zugelassen ist,

$k_s = 700$ kg pro qcm,

$\varphi =$ sei angenommen zu 0,91.

Dann ist nach Formel (1) auf S. 74

$$s = \frac{D p \mathfrak{S}}{2 \varphi K_z} = \frac{325 \cdot 13 \cdot 4{,}5}{2 \cdot 0{,}91 \cdot 4200} = 2{,}49 \text{ cm} = \sim 25 \text{ mm} \quad \ldots \ldots \quad (1)$$

Zu 25 mm Blechstärke gehört nach obiger Tabelle als Mittelwert ein Nietdurchmesser von 29 mm. Folglich ist nach Formel (2) auf S. 74

$$n = \frac{D p}{2(1-\varphi)\frac{\pi}{4} k_s d} = \frac{325 \cdot 13}{2 \cdot 0{,}09 \cdot 0{,}785 \cdot 700 \cdot 2{,}9} = 14{,}7 \quad \ldots \quad (2)$$

Diese Zahl müßte man, um eine praktisch ausführbare Vernietung zu erhalten, entweder auf 18 erhöhen, wobei naturgemäß die zugrunde gelegte Scherbeanspruchung von 700 kg im Verhältnis 14,7 : 18 heruntergehen würde, wenn man den Nietdurchmesser von 29 mm beibehalten würde. Oder man könnte versuchen, da die ebenfalls gut ausführbare Zahl $n = 14$ nahe bei 14,7 liegt, diese Zahl 14 zu erhalten, wobei man natürlich den Nietdurchmesser entsprechend vergrößern muß, um keine Scherbeanspruchung über 700 kg zu erhalten. Aus Gleichung (2) ergibt sich nun, wenn man d als unbekannt annimmt und $n = 14$ setzt, $d = 3{,}04$ cm; Niete mit 31 mm Durchmesser passen aber nach dem Diagramm und der Tabelle auf S. 88 noch ganz gut zu der Blechstärke von 25 mm, sodaß man in diesem Falle die einfachere und billigere Vernietung $n = 14$ mit Nieten von 31 mm Durchmesser wählen würde, falls man es nicht vorzieht, die Niete freiwillig weniger zu belasten, als gestattet ist.

Für Niete von 31 mm Durchmesser und $n = 14$ ergibt sich nun nach Formel (3) auf S. 77

$$t_{\min} = \frac{d}{1 - \varphi} = \frac{3{,}1}{0{,}09} = 34{,}4 \text{ cm}$$

und nach Formel 4 auf S. 77

$$t_{\max} = \frac{2n \dfrac{d^2 \pi}{4} k_s}{Dp} = \frac{2 \cdot 14 \cdot 7{,}55 \cdot 700}{325 \cdot 13} = 35 \text{ cm}.$$

Man kann die Teilung also beliebig zwischen 34,4 und 35 cm wählen; bei ersterem Wert würde das Blech wirklich mit $\frac{4200}{4{,}5} = 933$ kg pro qcm beansprucht werden, wenn es mit der errechneten Blechstärke von 24,9 mm, also ohne Abrundung auf 25 mm, ausgeführt werden würde; bei 35 cm Nietteilung erreicht dagegen die Scherspannung in den Nieten den Wert von 700 kg pro qcm.

Gewählt werde etwa ein Wert von 34,8 cm, da sich dann bei den Längen der einzelnen Kesselschüsse eine gute Form der ausgeschweiften Doppellaschen ergibt.

Die noch fehlenden, in Fig. 60 eingetragenen Maße ergeben sich dann folgendermaßen. Es ist $t = 348$ mm und $b = h = \frac{t}{2} = 174$ mm und $c = i = \frac{t}{4} = 87$ mm. Nun soll die Reißlinie des Bleches im Zickzack immer gleich der geraden Reißlinie sein, folglich ist $t - d = 2(a - d) + (b - d)$ und somit

$$a = \frac{t + 2d - b}{2} = \frac{348 + 2 \cdot 31 - 174}{2} = 118 \text{ mm}.$$

Da $c = \frac{t}{4} = 87$ ist, ergibt sich der Abstand f der Nietreihen I und II zu

$$\sqrt{a^2 - c^2} = \sqrt{118^2 - 87^2} = 79{,}7 = \infty\ 80 \text{ mm}.$$

Ferner soll sein $h - d = 2\,(g - d)$ folglich ist $g = \frac{h + d}{2}$ $= \frac{174 + 31}{2} = 102{,}5$ und der Abstand k der Nietreihen II und III

$$= \sqrt{g^2 - i^2} = \sqrt{102{,}5^2 - 87^2} = 54{,}2 = \infty\ 55 \text{ mm}.$$

Ebenso groß ist der Abstand der Nietreihen III und IV. Die Maße e ergeben sich wie üblich zu $1{,}5\ d = \infty\ 47$ mm.

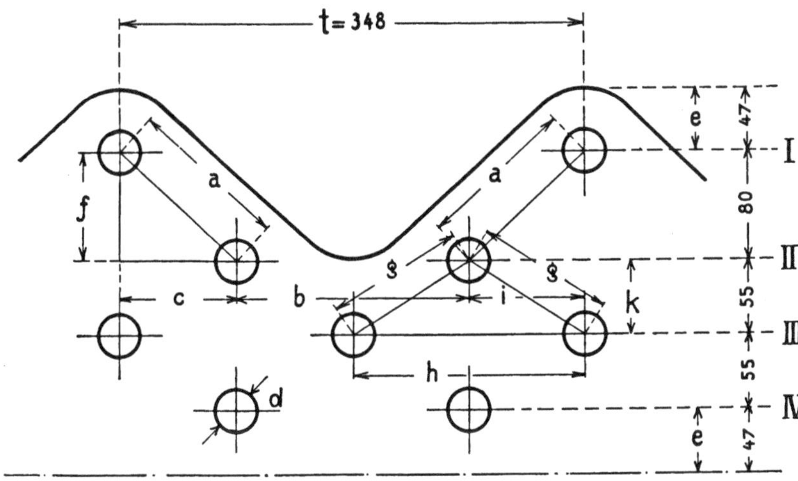

Fig. 60.

Der Sicherheit wegen sei nun eine einfache Kontrolle durchgeführt. Es läßt sich bereits voraussagen, daß sich hierbei ergeben wird, daß die Blechbeanspruchung etwas kleiner als $\frac{4200}{4{,}5}$, also als 933 kg, und die Nietbeanspruchung etwas geringer als 700 kg sein wird, da sowohl Blechstärke wie Nietdurchmesser nach oben auf volle Millimeter abgerundet sind und wir als Nietteilung einen Wert zwischen t_{max} und t_{min} gewählt haben.

1. Wirkliche Beanspruchung des Bleches.

Auf einen Blechstreifen von der Breite t entfällt eine Kraft $\frac{Dp}{2} \cdot t$ $= \frac{325 \cdot 13}{2} \cdot 34{,}8 = 73\,513$ kg. Hierfür steht in der äußersten Nietreihe ein Blechquerschnitt zur Verfügung von der Größe $(t - d)\ s = (34{,}8 - 3{,}1)$ $2{,}5 = 79{,}25$ qcm, folglich ist die Blechbeanspruchung

$$= \frac{73\,513}{79{,}25} = 928 \text{ kg pro qcm}.$$

2. Wirkliche Beanspruchung der Niete.

Die auf die Breite t entfallende Kraft von 73 515 kg müßte, wenn die Niete abgeschert werden sollten, da Doppellaschen vorhanden sind, $2 \cdot 7 = 14$ Nietquerschnitte, also einen Gesamtquerschnitt von 105,7 qcm durchscheren. Die wirkliche Scherbeanspruchung der Niete ist daher

$$\frac{73\,518}{105{,}7} = 696 \text{ kg pro qcm.}$$

In Wirklichkeit werden die Niete der äußeren Reihen etwas mehr und die Nieten der inneren Reihen etwas weniger beansprucht, da das Blech etwas elastisch ist.

An diesem Beispiel sei schließlich noch gezeigt, wie die entworfene Nietung noch genauer untersucht werden kann, und zwar für die Nietreihe II. Der für die genannte Kraft von 73 515 kg, welche auf die Teilung t entfällt, zur Verfügung stehende Blechquerschnitt ist hier nur $= (t - 2\,d)\,s = (34{,}8 - 6{,}2) \cdot 2{,}5 = 71{,}5$ qcm. Wenn das Blech hier reißen würde, müßte es aber noch die beiden halben Niete in der Nietreihe I an zwei Stellen, also im ganzen einen Nietquerschnitt von 15,1 qcm durchscheren; die Scherbeanspruchung der Niete ist nun, wie eben gezeigt, 696 kg, folglich besteht für die Nietreihe II die Gleichung $71{,}5 \cdot k_z + 15{,}1 \cdot 696 = 73\,515$, folglich ist hier $k_z = 881$ kg pro qcm.

In der Nietreihe III und IV wird das Blech auf keinen Fall reißen, da hier der Blechquerschnitt derselbe ist wie in der Nietreihe II, aber beim Reißen des Bleches noch mehr Niete als in Nietreihe II abgeschert werden müßten.

Es sei nun noch der Fall untersucht, daß die Doppellaschen reißen würden. Jede Lasche muß nach den Vorschriften des Germanischen Lloyd eine Dicke von mindestens 0,75 Mantelblechdicke, also in unserem Falle von 1,875 cm $= \sim 1{,}9$ cm, haben. Die Laschen würden am ehesten in Nietreihe IV reißen, da dann keine Niete abgeschert zu werden brauchen. Für die Teilung t steht hier ein Laschenquerschnitt von $(t - 2\,d)$ mal Gesamtlaschendicke $= (34{,}8 - 6{,}2) \cdot 2 \cdot 1{,}9 = 108{,}7$ qcm zur Verfügung; die Beanspruchung der Laschen wird also

$$= \frac{73\,515}{108{,}7} = 676 \text{ kg pro qcm}$$

sein, also wie bereits nach dem auf S. 70 Gesagten vorauszusehen war, weit unter der Blechbelastung.

Da die Entfernung der einzelnen Nietreihen voneinander so festgestellt ist, daß die Reißlängen im Zickzack nicht kleiner sind als in der geraden Linie, wird ein Reißen des Bleches oder der Doppellaschen im Zickzack nicht eintreten können. Da diese Rechnungsweise jedoch nur eine Annäherungsrechnung ist, sei hier noch nach der genaueren Methode der Kräftezerlegung die Beanspruchung in den Querschnitten (s. Fig. 60 auf S. 91) $(a - d) \cdot s$ und $(g - d) \cdot s$ untersucht. Auf die zugehörigen Blechstreifen c und i, welche die Breite $\frac{t}{4}$ haben, entfällt eine Kraft von $\frac{73\,515}{4} = 18\,380$ kg. Wird diese Kraft in eine Zugkraft und eine Scherkraft zerlegt und die daraus resultierende Beanspruchung zu einer ideellen Spannung zusammengesetzt, so ergibt sich für den Querschnitt $(a - d) \cdot s$ $\sigma_{max} = 1063$ und für den Querschnitt $(g - d) \cdot s$ $\sigma_{max} = 1207$ kg. Da diese Beanspruchungen beträchtlich über der zulässigen Blechbeanspruchung von 933 kg liegen, müßte also die Nietung so entworfen werden, daß die Reißlinie im Zickzack nicht nur gleich der Reißlinie in der geraden Linie, sondern entsprechend größer ist, was aber im allgemeinen unterlassen wird. Absolut genau ist diese Rechnung, wie bereits erwähnt, jedoch auch nicht.

Der kleinere Schuß des Kessels hat, der berechneten Blechstärke von 25 mm wegen, nur einen inneren Durchmesser von 320 cm; sämtliche Beanspruchungen werden daher in diesem Schuß im Verhältnis 320 : 325 kleiner sein als eben berechnet.

Wäre der Kessel z. B. für ein nur unter die Hamburger Gesetze fallendes Schiff bestimmt, so wird man das Mantelblech mit vierfacher Sicherheit berechnen können, müßte dann aber noch 1 mm für Abrosten zugeben. Die Blechstärke würde sich dann ergeben zu:

$$s = \frac{D p \mathfrak{S}}{2 \varphi K_z} + 0{,}1 \text{ cm} = \frac{325 \cdot 13 \cdot 4}{2 \cdot 0{,}91 \cdot 4200} + 0{,}1 = \sim 2{,}35 \text{ cm}.$$

Wie bereits erwähnt, steht zu erwarten, daß in allernächster Zeit diese vierfache Sicherheit für das ganze Deutsche Reich gestattet werden wird. Bei größeren Blechstärken tritt die hierdurch erzielte Gewichtsersparnis noch mehr hervor. Da die Blechstärke nämlich hierdurch, abgesehen von der Zugabe, im Verhältnis der Sicherheitsgrade heruntergeht, würden dann z. B. statt 39 mm einschließlich Zugabe nur $\left(39 \cdot \frac{4}{4{,}5}\right) + 1 = 35{,}7 = \sim 36$ mm auszuführen sein.

Nach den Untersuchungen von Bach*) tritt nun eine Scherbeanspruchung der Niete überhaupt nicht auf, so lange ein Gleiten der Bleche, also eine Zerstörung der ganzen Nietverbindung nicht eintritt. Selbst dann müßte man aber auch die Biegungsbeanspruchung der Niete in Rechnung ziehen. Beim Erkalten zieht sich nun der Nietschaft zusammen, preßt so die Platten scharf aufeinander und erzeugt dabei Längsspannungen im Nietschaft. Mit diesen Längsspannungen ist naturgemäß eine Querzusammenziehung vorhanden. Außerdem verringert sich der Querschnitt des Nietes auch durch das Erkalten. Infolgedessen wird der Nietschaft, selbst wenn er im heißen Zustande die Wandungen des Bleches genau berührt hätte, im kalten Zustande an diesen Wandungen nicht anliegen

*) Vgl. Bach, Maschinenelemente 1903, S. 164 u. f.

können. So lange demnach kein Gleiten der durch die Niete verbundenen Platten gegeneinander stattgefunden hat, was bei einer guten Nietverbindung ausgeschlossen sein sollte, berührt der Nietschaft die Lochwandung nicht und kann daher auch nicht auf Abscherung beansprucht werden. Bei einer größeren Anzahl von Nieten wird man auch auf ein gleichmäßiges Berühren aller Nietschafte mit den Lochwandungen nicht rechnen können; es werden also einige Niete stets besser anliegen und dementsprechend stärker beansprucht werden. Wenn ferner nicht der Widerstand der Niete gegen Gleiten die Kraft übertragen würde, so müßte, da ja das Niet das Loch nicht ganz ausfüllt, ein geringes Gleiten der Bleche aufeinander eintreten, sodaß Leckagen die Folge sein würden. Die übliche Abhilfe, das Verstemmen, treibt aber beide Platten gegeneinander und erhöht die Längsspannung im Nietschaft und somit den Widerstand gegen Gleiten.

Bach hat nun umfassende Versuche über den Gleitungswiderstand der verschiedenen Nietverbindungen ausgeführt und dabei folgendes festgestellt:

1. Temperatur des Nietes, Hand- und Maschinennietung. Die Temperatur, welche die Niete beim Beginn des Nietens haben, ist ziemlich unwichtig; wichtig ist dagegen die Temperatur des Nietes bei Beendigung der Nietung. Bei Maschinennietung ist der Gleitungswiderstand um so größer, je später der Stempel der Nietmaschine den Schließkopf verläßt; ist das Niet dabei noch zu warm, so kann sich der Nietschaft, da sich die Blechplatten ja wieder voneinander trennen wollen, zu sehr ausdehnen und der Gleitungswiderstand fällt verhältnismäßig gering aus. Verläßt der Stempel der Nietmaschine den Schließkopf zu früh, so ist der Gleitungswiderstand sogar geringer als bei der Handnietung. Das Ergebnis dieser Versuche sollte im Schiffskesselbau sorgfältig beachtet werden, besonders da mit einem längeren Verweilen des Stempels auf dem Schließkopf höchstens ein verhältnismäßig geringer Aufwand an Zeit und Arbeitslohn, dagegen nicht an Druckwasser verbunden ist; in den Werkstätten sieht man öfters noch, daß der Schließkopf noch rotglühend ist, wenn der Stempel der Nietmaschine ihn verläßt. Eine Naht mit höherem Gleitungswiderstand wird naturgemäß auch weniger leicht undicht werden und sich überhaupt leichter und schneller ausreichend verstemmen lassen.

2. Die Länge des Nietschaftes ist insofern von Bedeutung, als bei großer Länge desselben infolge der größeren Zusammenziehung ein höherer Gleitungswiderstand auftritt als bei kurzen Nieten.

3. Anzahl der Nietreihen. Bei mehrreihigen Nietungen ist der Gleitungswiderstand nicht so hoch wie bei einreihigen, da wegen der Elastizität des Bleches keine gleichmäßige Übertragung der Kraft auf alle Nietreihen stattfindet. Die äußeren Niete haben stets mehr zu übertragen als die inneren.

4. Die Doppellaschennietung hat gegenüber der Überlappungsnietung einen etwas geringeren Gleitungswiderstand, da bei ersterer die Zugkräfte in der Richtung der Bleche bleiben, während sie bei der Überlappungsnietung ein auf Klemmen wirkendes Kräftepaar bilden. Außerdem wird ein Blechende zwischen den Doppellaschen eher gleiten als das andere, da beide Blechenden im allgemeinen nicht genau gleich stark ausfallen werden.

5. Das Verstemmen erhöht den Gleitungswiderstand, und zwar besonders, wenn Blech und Nietköpfe auf beiden Seiten verstemmt werden.

Die Versuche von Bach zeigen nun, daß der Gleitungswiderstand k_n, bezogen auf 1 qcm Nietquerschnitt, bei zwei- und dreireihigen Überlappungsnietungen 550 bis 700 kg pro qcm und bei dreireihigen Doppellaschennietungen 900 bis 1100 kg pro qcm beträgt.

Für einen Kesselschuß von der Breite einer Teilung t würde dann die Gleichung lauten

$$n \frac{d^2 \pi}{4} k_n \geqq \frac{D p}{2} t$$

Es sei jedoch noch einmal bemerkt, daß k_n hier keine Spannung im Nietquerschnitt, sondern den von 1 qcm Nietquerschnitt hervorgerufenen Gleitungswiderstand bezeichnet. Die genannte Gleichung hat nun dieselbe Form wie die auf S. 74 aufgestellte Gleichung (2), bedeutet jedoch etwas ganz Anderes, da dort unter k_s die Scherspannung des Nietes verstanden war. Wenn man nun als Scherbeanspruchung 700 kg pro qcm zuläßt, wie es neuerdings im Schiffskesselbau allgemein üblich ist, so zeigt sich sofort, daß nach der Bachschen Berechnungsweise Überlappungsnähte ebenso ausgeführt werden können, denn als k_n ist nach Bach der Wert 700 kg auch zulässig. Bei der Berechnung der Niete auf Abscherung hatten wir nun bei Doppellaschen jedes Niet mit dem zweifachen Querschnitt in die Formel eingesetzt, da es zweimal durchgeschert werden muß, wenn die Verbindung nachgeben soll. Bach rechnet in seiner Formel jedoch auch bei Doppellaschen jedes Niet nur einmal, setzt jedoch dabei den Gleitungswiderstand pro qcm Niet ungefähr doppelt so hoch an als bei Überlappungsnietungen, da ja dasselbe Niet hier in zwei Ebenen, nämlich an den Innenflächen der Doppellaschen, Gleitungswiderstand erzeugt. Nach der Methode mit der Scherfestigkeit gerechnet, nimmt also bei Doppellaschen jedes Niet pro qcm seines Querschnittes $2 \cdot 700 = 1400$ kg von der zu übertragenden Kraft auf, während hier nach Bach jedes Niet pro qcm seiner Querschnittsfläche nur 900 bis 1100 kg Gleitungswiderstand hervorruft. Nach Bach müßte dann also gegenüber den üblichen Ausführungen der Nietdurchmesser oder die Anzahl der Niete pro Teilung vergrößert werden.

Eine besondere Berechnung der Mantelbleche wird noch bei Wasserrohrkesseln erforderlich, und zwar für den Teil des Mantels, der durch die Rohrlöcher geschwächt wird. Der Einfachheit wegen sei dies gleich an einem Beispiel gezeigt.

Bei dem Oberkessel eines Schulz-Kessels sei der innere Durchmesser $D = 115$ cm, der Überdruck $p = 15$ at, der äußere Rohrdurchmesser $= 3{,}6$ cm, die Rohrteilung in der Richtung der Längsachse AB (Fig. 61) des Oberkessels $t_l = 7{,}2$ cm, in der Richtung der Querachse, also auf dem Umfang des Bleches, $t_q = 8{,}2$ cm. Die Blechstärke des Mantels sei im Bereich der einmündenden Rohre zu 3 cm angenommen.

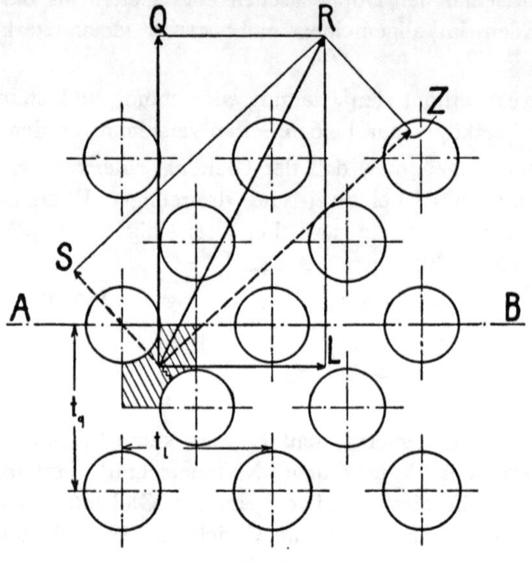

Fig. 61.

Die ungenaue Rechnung wäre dann folgende. Da der Rohrdurchmesser gleich der Hälfte der Längsteilung ist, wäre der Wert $\varphi = 0{,}5$. Nach Gleichung (1) auf S. 74 wäre dann

$$k_z = \frac{Dp}{2\varphi s} = \frac{115 \cdot 15}{2 \cdot 0{,}5 \cdot 3} = 575 \text{ kg pro qcm.}$$

Eine absolut genaue Rechnung gibt es nun nicht, da es sich um stark durchlöcherte Bleche handelt, genauer ist jedoch folgende Rechnung. Bei den üblichen Rohrteilungen ist hier meist die Beanspruchung in der Diagonale am größten. Bei dem in Fig. 61 schraffierten Feld entfällt nun auf das Blech eine Kraft senkrecht zur Längsachse des Kessels $Q = \frac{Dp}{2} \cdot \frac{t_l}{2} = \frac{115 \cdot 15}{2} \cdot \frac{7{,}2}{2} = 3105$ kg. Von der Bodenbelastung $\frac{D^2\pi}{4} \cdot p$ kommt auf das Feld, sobald man die Blechdicke des Mantels vernachlässigt, eine Kraft

$$L = \frac{\frac{D^2\pi}{4} \cdot p}{D\pi} \cdot \frac{t_q}{2} = \frac{D\,p\,t_q}{8} = \frac{115 \cdot 15 \cdot 8{,}2}{8} = 1768 \text{ kg.}$$

Q und L zusammengesetzt ergeben eine Resultante R, welche, senkrecht und parallel zu dem diagonalen Reißquerschnitt zerlegt, eine Zugkraft $Z = 3380$ kg und eine Scherkraft $S = 1170$ kg ergibt. Der genannte Querschnitt beträgt bei einer angenommenen Blechdicke von 3 cm 5,57 qcm, folglich ist die Zugspannung $\sigma = \frac{3380}{5{,}57} = 607$ kg pro qcm und die Schubspannung $\tau = \frac{1170}{5{,}57} = 210$ kg pro qcm. Beide zusammengesetzt ergeben mit $\alpha_0 = 1$ eine ideelle Spannung $\sigma_{max} = 0{,}35\,\sigma + 0{,}65\,\sqrt{\sigma^2 + 4\,\alpha_0^2\,\tau^2}$ $= 692$ kg pro qcm.

Die Kaiserliche Marine gibt nun für die Berechnung der durch Rohrlöcher geschwächten Mantelteile die Formel $s = \frac{D\,p}{640}$, wobei der Rohrdurchmesser $= 3{,}6$ cm, $t_l = 7{,}2$ und $t_q \gtreqless 8{,}2$ cm sein soll. Da dann φ wiederum $= 0{,}5$ ist, ergibt sich durch Vergleich mit der Gleichung (1) $s = \frac{D\,p}{2\,\varphi\,k_z}$, daß die Mantelbleche so berechnet werden sollen, daß die Beanspruchung, nach der Methode mit dem Wert φ gerechnet, 640 kg betragen würde. In obigem Beispiel war nun, nach dieser Methode gerechnet, die Blechbeanspruchung $= 575$ kg, genauer gerechnet ergab sie sich jedoch zu 692 kg pro qcm. Der in der Formel der Kaiserlichen Marine enthaltene Wert 640 gibt also mit $\frac{692}{575}$ multipliziert die wirkliche Blechbeanspruchung an, wenn $t_q = 8{,}2$ cm ausgeführt wird, wie es in dem Beispiel angenommen war. Diese Beanspruchung ist dann also $= 770$ kg pro qcm. Wenn $t_q > 8{,}2$ cm ausgeführt wird, geht diese Spannung noch etwas herunter.

Rundnähte. Die Vernietung der Rundnähte bietet bei Zylinderkesseln keine Schwierigkeiten. Festigkeitsrechnungen sind hier selten auszuführen, da die Böden durch Anker, Siede- und Ankerrohre usw. so unterstützt sind, daß die Nietung der Rundnaht nicht etwa den ganzen Boden am Herausfliegen zu verhindern hätte. Unter Umständen üben aber die Flammrohre durch ihre Erwärmung einen ganz beträchtlichen Druck auf die Stirnböden aus und beanspruchen so die Rundnähte stark.

Wesentlich andere Verhältnisse liegen bei Wasserrohrkesseln vor, welche meist keinerlei Anker in den Böden haben. Hier müssen die Rundnähte so gerechnet werden, daß die Niete durch den auf dem Boden lastenden Dampfdruck nicht übermäßig beansprucht werden und ebenso das Blech in der Rundnaht nicht reißen kann. Die auf den Boden wirkende Kraft $\frac{D^2\pi}{4} \cdot p$ darf also in dem durch die Nietlöcher der Rundnaht geschwächten Blechquerschnitt keine unzulässige Zugbeanspruchung und ebenso in den Nieten keine unzulässige Scherbeanspruchung hervorrufen. Hierbei ist noch zu berücksichtigen, daß die Böden meist aus »Feuerblech«, also aus einem Material hergestellt werden, welches eine geringere Festigkeit als das Mantelblech besitzt.

Bei Zylinderkesseln werden nach langjährigen Erfahrungen die Endnähte nur mit zwei Nietreihen ausgeführt. Man nimmt aus der Dicke des Mantelbleches und der Stirnwand das arithmetische Mittel und sucht nach der Tabelle auf S. 88 einen dazu gehörigen Nietdurchmesser. Die üblichen Nietteilungen usw. ergeben sich aus den Fig. 62 und 63, welche die von dem Germanischen Lloyd angegebenen Maße enthalten. Auch Bach gibt in seinem Werke über Maschinenelemente empirische Formeln für mehrreihige Überlappungsnietungen.

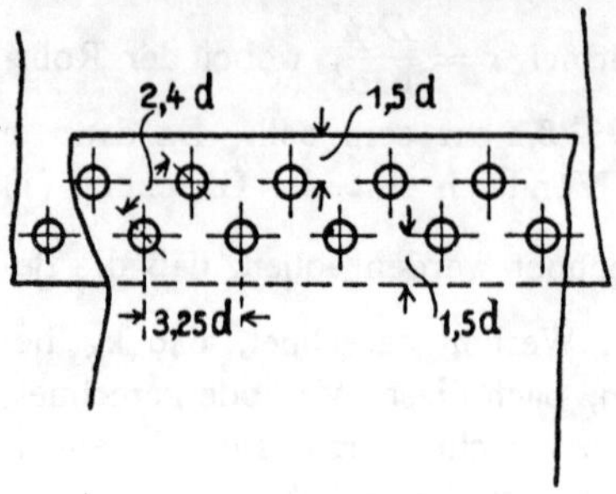

Fig. 62.

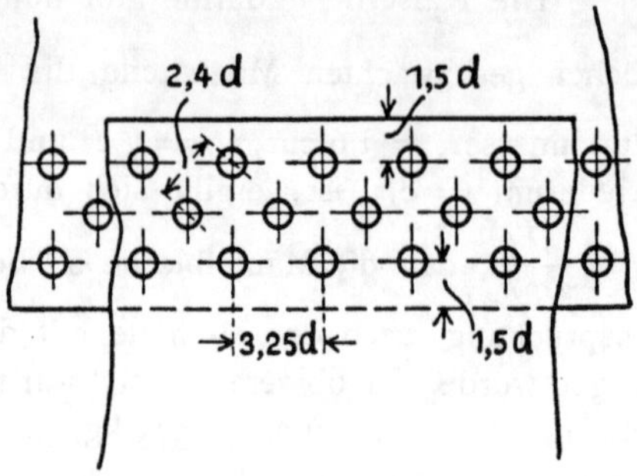

Fig. 63.

Insbesondere beim Anheizen, zumal wenn dabei unvorsichtig vorgegangen wird, müssen sich die Kessel infolge der ungleichen Wärmeausdehnung — denn das Wasser bleibt unten noch lange kalt, während es oben schon kochen kann — unregelmäßig ausdehnen, und zwar oben stets mehr als unten. Man muß sich ferner einen Kessel und besonders die verhältnismäßig langen Doppelender als einen durch sein Eigengewicht belasteten Träger vorstellen, der oft nicht allzu günstig durch wenige Kesselfundamente unterstützt ist. Aus diesen beiden Gründen wählt man die mittleren Rundnähte meist dreireihig, bei größeren Kesseln und insbesondere bei Doppelendern wird sogar das untere Drittel der mittleren Rundnähte vierreihig ausgeführt, da Leckagen häufig hier unten auftreten und gerade hier schwierig durch Nachstemmen zu beseitigen sind. Der Germanische Lloyd gibt für die Rundnähte folgende Vorschrift: Überschreitet die Plattendicke 12,5 mm, so sind die Rundnähte doppelt und bei 25 mm und darüber die mittleren Rundnähte dreifach zu nieten.

Anordnung der Laschen. Nach den Vorschriften des Germanischen Lloyd müssen die Ränder der Laschen zickzackförmig ausgeschnitten werden, wenn die Nietteilung größer ist als achtmal Laschendicke, da sich sonst die Laschen nicht genügend dicht stemmen lassen. Das Ausschweifen der Laschenränder wird meist so vorgenommen, daß nach Fig. 64 zuerst bei *a* ein Loch gebohrt wird; die Strecke *b* wird dann mit einem Meißel »gehauen« oder auch gesägt und die Abrundung *c* von Hand hergestellt. Mit Vorteil lassen sich hier Preßluftwerkzeuge zum Ausschweifen der Laschenränder verwenden.

Damit nicht zu viel Bleche an einer Stelle zusammenstoßen und das Verstemmen so zu schwierig wird, läßt man die Laschen der einzelnen Kesselschüsse nicht in eine gerade Linie fallen, sondern versetzt sie auf dem Umfang des Kessels, wie z. B. Tafel I zeigt. Als Prinzip gilt es, Laschen nie auf dem unteren Drittel des Kesselumfanges anzuordnen, da hier der Fundamente und des nahen Doppelbodens wegen ein Nachsehen und Dichtstemmen sehr schwierig ist; ferner ordnet man die Laschen möglichst so an, daß sie nicht mit den Stehbolzen kollidieren. Man wird daher bei Doppelendern die Laschen des mittleren Schusses und bei Einendern die Laschen des Schusses, der von den Stehbolzen für die Feuerkammerseitenwände durchdrungen wird, so legen, daß sie möglichst über den Stehbolzen im Dampfraum liegen (s. Tafel I), wobei jedoch auch wieder auf die Deckenträger Rücksicht zu nehmen ist. Die Laschen der anderen Schüsse kann man oberhalb oder unterhalb dieser Laschen anordnen, da hier keine Stehbolzen und Deckenträger hindernd in Frage kommen. Setzt man jeden Schuß aus zwei Blechen zusammen, so läßt es sich manchmal nicht vermeiden, daß eine Lasche mit den Stehbolzen kollidiert und so einzelne Nieten durch Stehbolzen ersetzt werden müssen, wobei dann meist die Stehbolzenteilung noch unregelmäßig gemacht werden muß und die Stehbolzen statt Muttern nur kalt vernietete Köpfe erhalten können. Neuerdings bürgert es sich aber immer mehr ein, jeden Schuß auch bei sehr großen Kesseldurchmessern nur aus einem Blech anzufertigen. Man muß dann für das Blech zwar meist einen Überpreis bezahlen, spart aber bei jedem Schuß sowohl das Gewicht wie die Kosten der zweiten Laschenverbindung, sodaß der Gesamtpreis sich im allgemeinen nicht höher, eher sogar noch etwas niedriger stellen wird als bei Anfertigung eines jeden Schusses aus zwei Blechen.

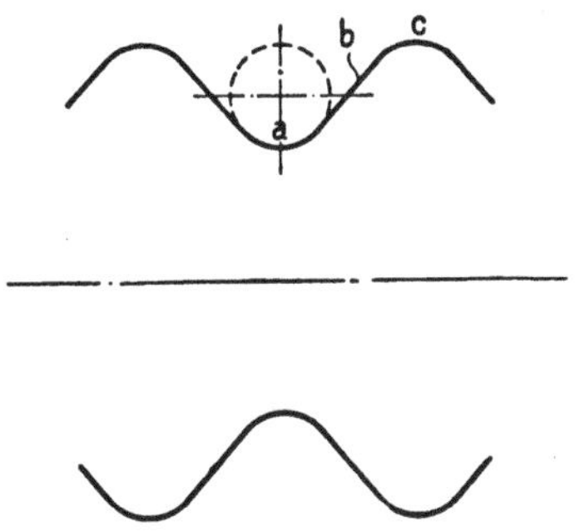

Fig. 64.

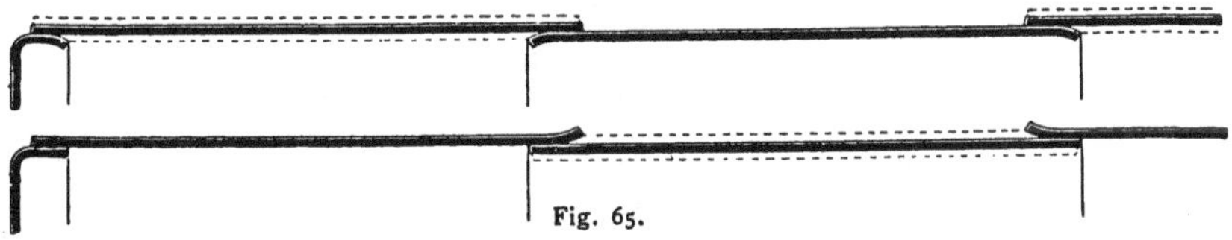
Fig. 65.

Fig. 65, in welcher die Laschen der Deutlichkeit wegen nur punktiert gezeichnet sind, zeigt, daß eine der beiden Laschen kürzer und ausgeschärft sein muß. Seltener findet man statt dessen die in Fig. 66 dargestellte Konstruktion, bei der die kürzere Lasche nicht ausgeschärft ist,

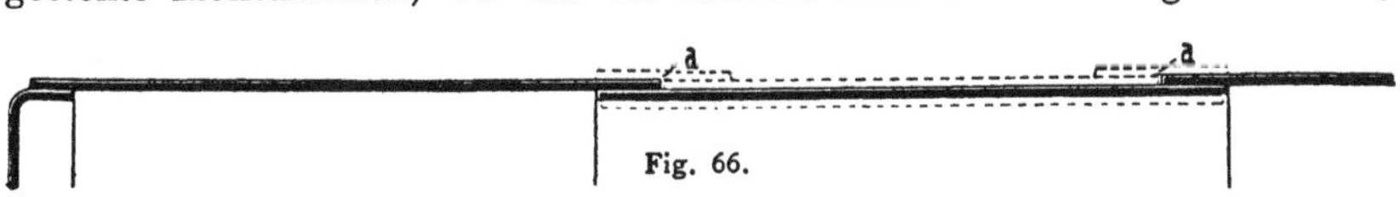

Fig. 66.

sondern stumpf gegen den anderen Schuß stößt; ein Verstemmen der Kanten *a* ist hier kaum möglich. Bei dieser Konstruktion wird dann an dieser Stelle noch eine kleine Platte aufgenietet, die ebenfalls nur punktiert gezeichnet ist.

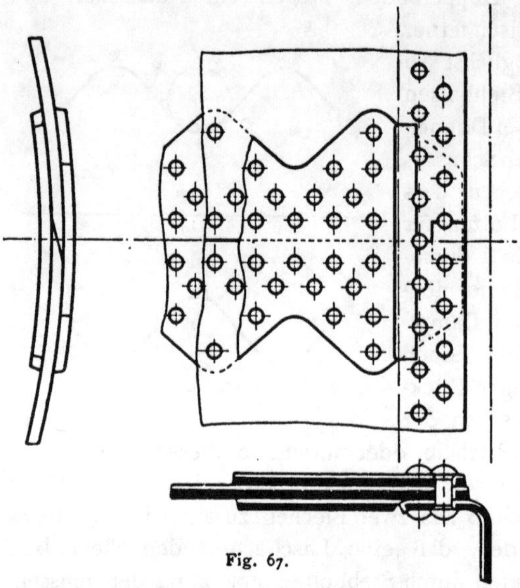

Fig. 67.

Besondere Sorgfalt erfordern die Enden der Längsnähte. Hier muß man gewisse Vorsichtsmaßregeln anwenden, um keine undichten Stellen zu erhalten. Oft, insbesondere bei den Kesseln für die Marine, findet man die in Fig. 67 dargestellte Konstruktion, welche das Ende eines Kesselschusses von innen gesehen darstellt. Der Boden ist hier der Deutlichkeit wegen teilweise weggenommen gedacht. Die Ecken des Mantels sind ausgeschärft, sodaß hierdurch eine dichte Stelle geschaffen wird. Ab und zu werden diese ausgeschärften Ecken auch noch zusammengeschweißt. Diese Konstruktion erfordert eine sehr genaue Herstellung und ist verhältnismäßig teuer. Billiger und bei guter Ausführung ebenso zuverlässig ist die in Fig. 68 dargestellte Abdichtung.

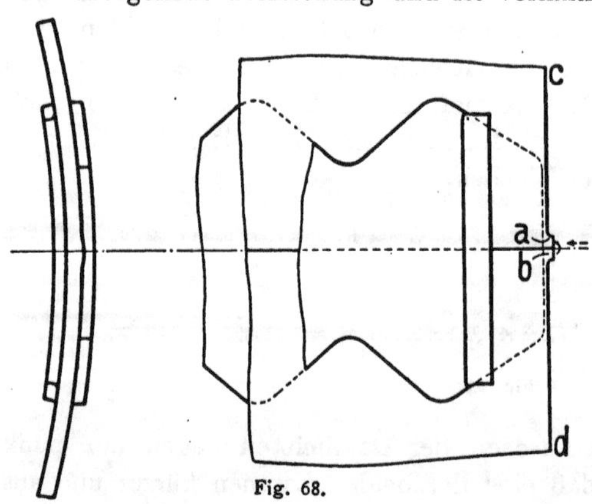

Fig. 68.

Man läßt hier beim Hobeln der Bleche, wie es auch schon in Fig. 31 auf S. 51 angedeutet ist, an jeder Ecke etwas Material stehen, stemmt dann die Ecke *a* in der Richtung des punktierten Pfeiles nieder und die Ecke *b* in der Richtung des ausgezogenen Pfeiles um die niedergestemmte Ecke *a* herum. Es entsteht so eine gerade Kante *c d*, in der das letzte Stück der Längsfuge ganz dicht gestemmt ist. Bei einer anderen, seltener ausgeführten Konstruktion wird in das letzte Stück der Längsfuge, welches entsprechend ausgefeilt ist, ein dreikantiges Stück Eisen eingeschweißt; die Laschen werden ebenfalls mit verschweißt. Fig. 69 zeigt diese Konstruktion, welche teuerer als die eben genannte, bei guter Ausführung aber vielleicht noch zuverlässiger ist.

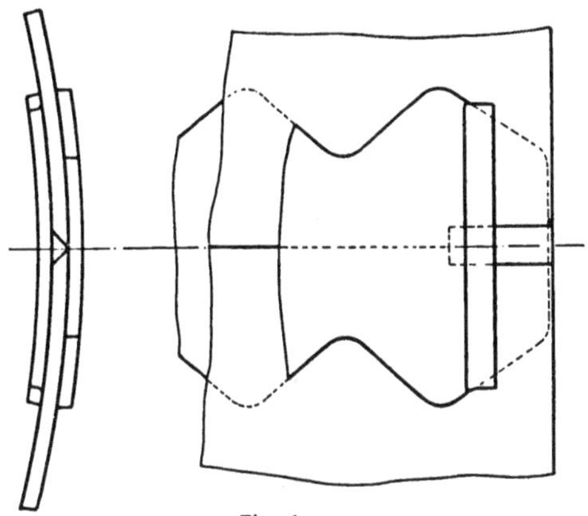

Fig. 69.

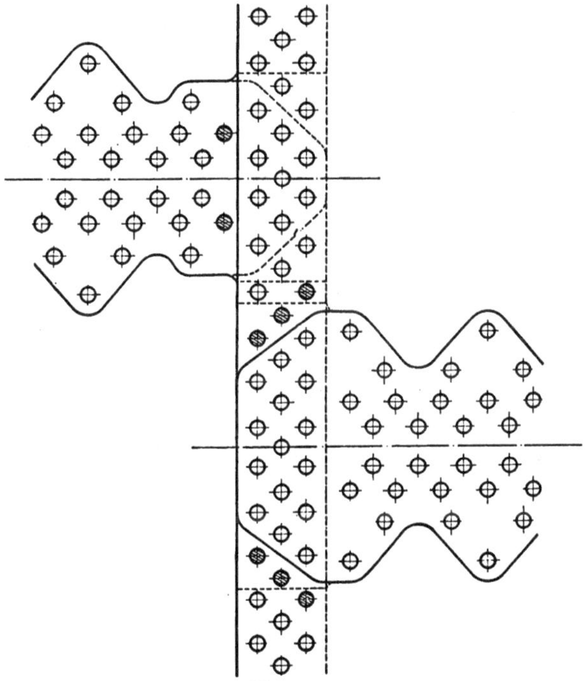

Fig. 70.

Um die Kanten des Mantelbleches oder der Laschen leichter verstemmen zu können, werden die in Fig. 70 schraffierten Nieten häufig versenkt ausgeführt.

IX. Abschnitt.

Flammrohre und Feuerkammer.

Die Länge der Flammrohre ist bei Schiffskesseln etwa 2000 bis 2400, der innere Durchmesser 700 bis 1200 mm. Bei größerem Durchmesser würde die Wandstärke, welche bei 1200 mm innerem Durchmesser und 15 at Überdruck nach den Vorschriften der Klassifikationsgesellschaften schon etwa 17 bis 18 mm beträgt, für eine gute Wärmeübertragung bei der im Flammrohr herrschenden hohen Temperatur zu groß werden. Immerhin spielt bei der Wärmeübertragung die Dicke der Flammrohre keine allzu bedeutende Rolle; wesentlich wird dagegen die Wärmeübertragung durch den geringsten öligen Überzug oder stärkere Ansätze von Kesselstein gehindert.

Die Flammrohre werden naturgemäß durch den äußeren Druck beansprucht. Es wird daher darauf zu achten sein, daß das Flammrohr möglichst rund ist, da der äußere Druck im Gegensatz zum inneren bestrebt ist, jede Abweichung von der Kreisform zu vergrößern. Bei rundgewalzten Flammrohren ist eine möglichst gute Kreisform schon durch den Herstellungsprozeß gesichert, bei geschweißten Flammrohren wird zweckmäßig die Naht, welche durch das Schweißen etwas abgeflacht ist, wieder hydraulisch oder durch Walzen auf die richtige Krümmung gebracht. Eine eigenartige Beanspruchung erfährt nun das Flammrohr durch die Verschiedenartigkeit der Temperaturen in seiner oberen und unteren Hälfte. Die obere Hälfte kommt mit der größten Temperatur, welche im Kessel herrscht, in Berührung, während die untere Hälfte, die als Aschfall dient, kaum wesentlich erwärmt wird. Ein glattes Flammrohr würde sich daher durch diese verschieden große Wärmeausdehnung derart krumm ziehen, daß seine Längsachse nach oben gewölbt ist. Beim jedesmaligen Öffnen der Feuertür kühlt sich nun die obere Hälfte des Rohres etwas ab, sodaß diese Krümmung einer dauernden Änderung unterworfen ist. Glatte Rohre bieten nun bei äußerem Druck, also gegen Einbeulen, zu wenig

Widerstand und haben auch keine Längselastizität, die nach dem eben Gesagten notwendig ist. Man findet sie daher heutzutage sehr selten und nur bei kleineren Kesseln mit geringem Druck.

Als Versteifung benutzte man früher die in Fig. 71 dargestellten Konstruktionen. Bei der Konstruktion I wurde der Versteifungswinkel direkt auf das Rohr genietet, wodurch eine Materialanhäufung gegeben war, die zu Wärmestauungen und so zu lokalen Überhitzungen Veranlassung geben konnte, außerdem lagen die Nietköpfe im Feuer und konnten leicht wegbrennen. Bei der zweiten Konstruktion war wenigstens die Materialanhäufung dadurch beseitigt, daß das **T**-Eisen nicht direkt auf das Rohr aufgenietet war. Beide Konstruktionen besaßen aber noch keinerlei Längselastizität. Die dritte Konstruktion, der sog. Bowling-Ring, besaß ebenso wie die Konstruktion IV wenigstens etwas Längselastizität, die Nietköpfe lagen aber immer noch im Feuer, was bei der Konstruktion IV denn auch vermieden ist. Die Anordnung V stellt schließlich den sog. Adamson-Ring dar; es ist dies die einzige Flammrohrversteifung, welche heutzutage bei glatten Rohren noch angewendet wird. Die Rohrenden sind hier umgebörtelt und ein Ring zwischengelegt, damit man auch von innen verstemmen kann. Die umgebörtelten Enden und der Ring bilden zusammen eine gute Versteifung; etwas Längselastizität ist durch die umgebörtelten Rohrenden auch vorhanden und die Nietköpfe sind dem Feuer entzogen. Naturgemäß läßt sich diese verhältnismäßig teuere und umständliche Versteifung aber nur in größeren Entfernungen anbringen, sie ist daher auch nicht so wirksam und gestattet vor allem auch kein Auswechseln der Flammrohre, da der Durchmesser der ganzen Konstruktion zu groß ist, um ein Herausnehmen des Flammrohres aus der Öffnung in der Kesselstirnwand zu gestatten.

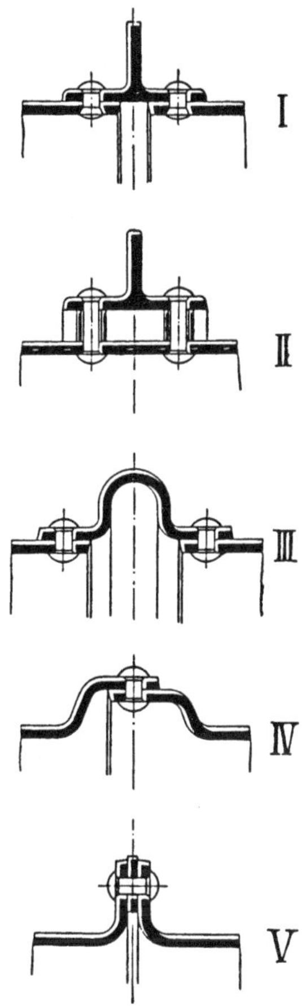

Fig. 71.

Aus den Konstruktionen III und IV sind nun die Wellrohre entstanden, welche einen bedeutenden Fortschritt darstellen, da keinerlei Nietungen notwendig sind und die Versteifungen durch das Blech selbst gebildet werden. Außerdem haben Wellrohre naturgemäß eine bedeutend größere Längselastizität als Rohre mit wenigen besonders angebrachten Versteifungen; dabei haben sie aber gegenüber einem glatten Rohr vom mittleren Durchmesser des Wellrohres noch den Vorteil, eine etwa 10%

größere Oberfläche zu besitzen, was gerade hier von Vorteil ist, da das Flammrohr einen sehr großen Teil des erzeugten Dampfes liefert.

In Fig. 72 sind die bekanntesten Wellrohrprofile maßstäblich aufgezeichnet und gleichmäßig verkleinert, sodaß ein klares Bild der Wellenlänge und Wellenhöhe der einzelnen Profile gegeben ist.

Das erste Rohr dieser Art war das von Samson Fox im Jahre 1877 erfundene »Fox-Rohr«, das aus gleich großen Wellenbergen und Wellentälern besteht. Sein Widerstand gegen Einbeulen ist sehr groß, da es in der Längsrichtung durch die zahlreichen Wellen viel Material aufweist; im Betriebe hat es sich aber nicht besonders bewährt. An den tiefsten Stellen der Täler setzen sich nämlich leicht Niederschläge ab, welche lokale Überhitzungen und Einbeulungen des Flammrohres zur Folge haben. Solche geringen Einbeulungen lassen sich zwar durch eine hydraulische Presse wieder entfernen, kommen jedoch häufig wieder, sodaß dann ein Wiederherauspressen nichts mehr nützt. Heutzutage ist daher das Fox-Rohr in Deutschland bei Schiffskesseln fast vollständig durch das seit 1890 hergestellte sog. Morison-Rohr verdrängt worden. In England wird dieses Rohr »suspension«-Rohr genannt. Der Grundgedanke dieser Konstruktion ist nämlich der, daß die langen, flacheren Wellentäler, welche nicht so widerstandsfähig sind und auch am meisten erhitzt werden, an den starreren, der Flamme nicht so direkt ausgesetzten Wellenbergen aufgehängt sind. Da die Täler gegenüber dem Fox-Rohr flacher sind, verteilen sich hier etwaige Niederschläge gleichmäßiger über eine größere Länge und sind daher bei diesem Rohr nicht so schädlich. Die Längselastizität des Morison-Rohres ist etwas geringer als die des Fox-Rohres; die Differenz zwischen dem größten äußeren und dem kleinsten inneren Durchmesser beträgt bei beiden meist 100 mm. Die üblichen Entfernungen der Wellen sind bei sämtlichen Profilen angegeben, und zwar in Millimetern und englischen Zoll, da alle diese Profile ihren Ausgangspunkt in England haben und die deutschen Firmen, welche Wellrohre herstellen, diese Maße beibehalten haben.

Die Widerstandsfähigkeit der Flammrohre läßt sich bei Versuchen nur durch Kaltwasserdruck feststellen, der so lange gesteigert wird, bis das Flammrohr sich einbeult. Bei diesen Versuchen hat sich nun das »suspension-bulb«-Rohr, welches seit einiger Zeit von der Leeds Forge Co. in Leeds hergestellt wird, dem eben genannten älteren, »suspension« [Morison-]Rohr überlegen gezeigt. Bei den jetzt immer häufiger werdenden großen Flammrohrdurchmessern, dem höheren Kesseldruck und der Verwendung von künstlichem Zug bietet dieses neue Rohr daher Vorteile; es hat in den später zu besprechenden Formeln der englischen Klassifikationsgesellschaften eine höhere Konstante als die übrigen Rohre und kann daher mit geringerer Wandstärke ausgeführt werden. Zum Teil ist diese Überlegenheit natürlich auch der größeren Differenz zwischen äußerem und innerem Durchmesser zuzuschreiben. Gegenüber dem Morison-Rohr

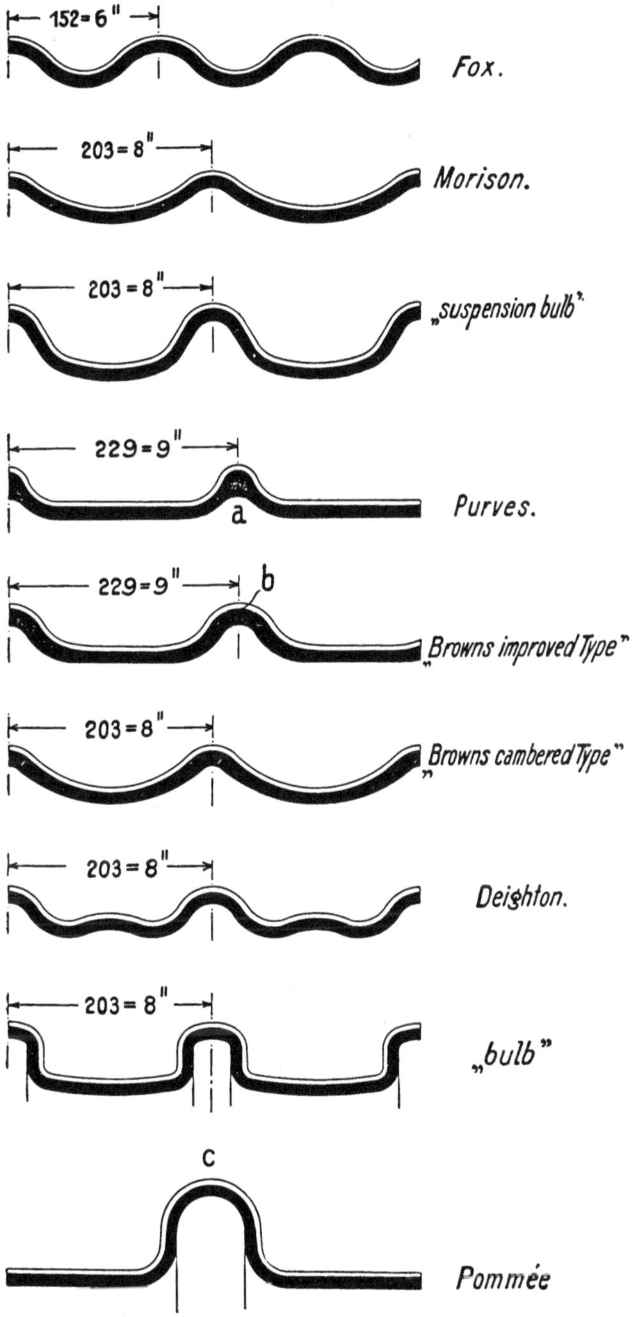
152 = 6"
Fox.
203 = 8"
Morison.
203 = 8"
„suspension bulb"
229 = 9"
a
Purves.
229 = 9"
b
„Browns improved Type"
203 = 8"
„Browns cambered Type"
203 = 8"
Deighton.
203 = 8"
„bulb"
c
Pommée

Fig. 72.

fallen die größeren Wellenberge auf. Die flachen Täler, welche im Gegensatz zum Fox-Rohr eine gleichmäßige Verteilung der Niederschläge gestatten, sind beibehalten.

Ganz verschwunden ist heutzutage das Purves-Rohr, welches aus gerippt gewalztem Blech durch Schweißen hergestellt wurde. Sein Nachteil bestand in den geraden Stücken zwischen den Rippen, welche zu wenig Längselastizität besaßen; die beim Öffnen der Feuertür usw. sich dauernd wiederholenden Zusammenziehungen und Ausdehnungen des Rohres mußten so von der Stelle *a* aufgenommen werden; die Folge waren Risse auf dem Umfang des Rohres, welche sich an dieser Stelle häufig zeigten. Eine Verbesserung dieses Typs stellt der von der Firma John Brown & Co. in Sheffield hergestellte »Browns improved Type« dar. Die Rippen sind hier durch kleinere Wellenberge ersetzt; die Stellen *b* sind $^3/_{16}''$ (= 4,76 mm) stärker als der flache Teil des Rohres. Diese Firma stellt ferner den sog. »cambered Type« her, welcher sich vom Morison-Rohr darin unterscheidet, daß die Wellenberge, ebenso wie bei dem eben genannten Rohr, eine um 4,76 mm größere Wandstärke haben als die Wellentäler. Der Grundgedanke ist hier, daß die Wellenberge ihres größeren Durchmessers wegen durch den äußeren Druck eine höhere Beanspruchung erfahren und daher eine größere Wandstärke erhalten müssen.

Als eine Abänderung des Morison-Rohres kann man auch das Deighton-Rohr betrachten, bei dem sozusagen in die Täler kleinere Wellenberge eingesetzt sind. Ferner ist noch das sog. »bulb«-Rohr zu nennen, welches ziemliche Ähnlichkeit mit dem »suspension-bulb«-Rohr besitzt, und das nicht dargestellte Holmes-Rohr, welches größere Wellenberge in etwa 500 mm Entfernung aufweist, aber kaum noch verwendet wird. Das vom Ottensener Eisenwerk hergestellte Pommée-Rohr enthält auf die ganze Flammrohrlänge nur wenige große Versteifungen. Das Pommée-Rohr wird aus einzelnen, an den Enden entsprechend aufgeweiteten Rohrenden durch Überlappungsschweißung an der mit *c* bezeichneten Stelle hergestellt; die Schweißnaht ist somit der direkten Einwirkung der Stichflamme entzogen. Seine Längselastizität ist, wie Versuche gezeigt haben, etwa dreimal so groß als beim Fox-Rohr, was sich auch sofort durch die Höhe der Versteifungen aufklärt. Gegenüber den Wellrohren hat es dagegen den Nachteil der großen zylindrischen freien Teile, da im allgemeinen nur 2 bis 3 Versteifungen auf die Flammrohrlänge entfallen; seine Wandstärke wird daher im allgemeinen auch größer gewählt werden müssen als bei einem Wellrohr. Das Farnley-Rohr, welches schraubenförmig gewundene Wellen enthielt, ist von der Bildfläche verschwunden. Sein Nachteil bestand darin, daß es sich bei Wärmeausdehnungen und zusammenziehungen um seine Längsachse verwinden mußte und dadurch die Befestigungsniete auf Abscherung beanspruchte und lockerte.

Die Herstellung der Wellrohre geschieht entweder dadurch, daß man aus einem Blech einen Zylinder biegt, die Überlappung mit der Wassergasflamme erhitzt, maschinell schweißt und das fertige, glatte Rohr im heißen Zustande auf einer Maschine zwischen profilierten Walzen in wenigen Minuten fertigwalzt. Dieses Walzen bildet eine gute Probe für die Güte der Schweißung, da eine schlechte Schweißnaht das Einwalzen der Wellen nicht aushalten würde. Bei einem anderen Herstellungsverfahren wird ein Blech in flachem Zustande zwischen Walzen mit den erforderlichen Wellen versehen, dann in einer besonderen hydraulischen Presse rundgebogen und schließlich geschweißt. Nachdem die hierdurch etwas abgeflachte Schweißstelle hydraulisch wieder auf den richtigen Radius gebracht ist, wird das ganze Rohr noch ausgeglüht. Zweckmäßig geschieht die Herstellung so, daß das Ende, welches mit der Rohrwand verbunden wird und daher geflanscht werden muß, dieses Flanschens wegen dicker gelassen wird als das übrige Rohr. Naturgemäß werden die Flammrohre so in die Kessel eingebaut, daß die Schweißnaht in den Aschfall fällt.

Je nach dem herzustellenden Profil muß der Stahl von besonderer Güte sein, insbesondere muß er eine hohe Dehnung besitzen; man verwendet etwa Stahl von 37 bis 39 kg Festigkeit und 30 bis 35 % Dehnung.

Im allgemeinen fällt die Wandstärke im Wellenberg und Wellental durch den Herstellungsprozeß etwas verschieden aus. Bei einem von Bach untersuchten Fox- und einem Morison-Rohr war die Wandstärke in den Wellentälern 0,4 bis 0,5 mm größer als in den Wellenbergen.

Im Betriebe zeigen fast alle Flammrohre eine geringe Abflachung des oberen Teiles. Es rührt dies von geringen Überhitzungen her und davon, daß die obere Seite durch die starke Erwärmung sich stark ausdehnt und beim Beschicken und Reinigen der Feuer, Abstellen des Kessels usw. wieder zusammenzieht. Geringere, sich über das ganze Rohr erstreckende Abflachungen und Beulen, etwa bis zu 20 mm Tiefe, welche durch Niederschläge und Überhitzungen entstehen, läßt man ruhig bestehen, größere werden hydraulisch beseitigt. Nach Versuchen von Knaudt*) ergab sich mit einem Morison-Rohr von 1350 mm Durchmesser und 15,5 mm Wandstärke, daß durch eine Unrundigkeit (Unterschied zwischen dem größten und kleinsten Durchmesser in einer Ebene) von 35 mm der Sicherheitskoeffizient auf 68 % und bei einer Unrundigkeit von 167 mm auf 38 % herunterging. Es zeigt sich also, daß Wellrohre verhältnismäßig große Unrundigkeiten ohne besondere Gefahr vertragen können, trotzdem wird man natürlich unzulässige Abflachungen sobald wie möglich zu beseitigen suchen.

Glücklicherweise reißen Wellrohre auch bei größerer Überhitzung, bei welcher Stahl einen bedeutenden Bruchteil seiner Festigkeit verliert, nicht, sondern beulen sich nur ein, da ja in der Längsrichtung des Flammrohres gegenüber einem glatten Rohr mit nur wenigen Versteifungen ge-

*) Zeitschrift des Vereines deutscher Ingenieure 1906, S. 1799.

nügend Material zum Nachgeben vorhanden ist. Das gerippte Purves-Rohr besaß dagegen kein Material, das nachgeben konnte, und hat sich deshalb so wenig bewährt. Im allgemeinen zeigt es sich, daß Flammrohre von großem Durchmesser eher unrund werden oder sich einbeulen. Man wird daher bei großen Flammrohrdurchmessern der Wahl des Profiles besondere Aufmerksamkeit zuzuwenden haben.

Berechnung der Flammrohre.

Für die Berechnung glatter Flammrohre gibt der Germanische Lloyd die im Prinzip von Bach aufgestellte Formel:

$$s = \frac{pd}{2400}\left(1+\sqrt{1+\frac{a}{p}\,\frac{l}{l+d}}\right)+\frac{l-d}{500},$$

worin:

s = Blechdicke in mm,
p = zulässiger Arbeitsdruck (Überdruck) in kg pro qcm,
d = innerer Durchmesser des Flammrohres in mm,
l = Länge des Flammrohres bzw. größte Entfernung der wirksamen Versteifungen voneinander in mm,
a = 100 für Rohre mit überlappter Längsnaht,
= 80 für Rohre mit gelaschter oder geschweißter Längsnaht.

Da glatte Flammrohre nur noch selten vorkommen und diese Formel auch abgeändert werden wird, sei hierauf und auf die Formeln der anderen Klassifikationsgesellschaften für glatte Rohre nicht näher eingegangen.

Die Formeln für gewellte und gerippte Rohre der Klassifikationsgesellschaften sind, für deutsches Maß umgerechnet, in der folgenden Tabelle zusammengestellt.

Es ist hierin:

s = Wandstärke in mm,
p = zulässiger Arbeitsdruck in kg pro qcm,
d = Durchmsser (siehe Bemerkung) in mm.

	Germanischer Lloyd 1906	Englischer Lloyd 1906/7	Board of Trade 1905	Bureau Veritas 1906
Fox	$s=\frac{pd}{1200}+2$ mm	$s=\frac{pd}{1416}+3{,}175$ mm	$s=\frac{pd}{984}$	$s=\frac{pd}{1390}+3$ mm
Morison	$s=\frac{pd}{1200}+2$ mm	$s=\frac{pd}{1416}+3{,}175$ mm	$s=\frac{pd}{984}$	$s=\frac{pd}{1390}+3$ mm
Deighton	$s=\frac{pd}{1200}+2$ mm	$s=\frac{pd}{1416}+3{,}175$ mm	$s=\frac{pd}{984}$	$s=\frac{pd}{1390}+3$ mm
bulb section	$s=\frac{pd}{1200}+2$ mm	—	—	$s=\frac{pd}{1390}+3$ mm
Purves	$s=\frac{pd}{1200}+2$ mm	$s=\frac{pd}{1304}+3{,}175$ mm	$s=\frac{pd}{984}$	$s=\frac{pd}{1300}+3$ mm

	Germanischer Lloyd 1906	Englischer Lloyd 1906/7	Board of Trade 1905	Bureau Veritas 1906
suspension bulb (Leeds Forge Co.)	—	$s=\frac{pd}{1416}+3{,}175\,\text{mm}$	$s=\frac{pd}{1055}$	—
Brown	$s=\frac{pd}{1200}+2\,\text{mm}$	—	$s=\frac{pd}{984}$	—
Holmes	$s=\frac{pd}{1010}+2\,\text{mm}$	$s=\frac{pd}{1063}+3{,}175\,\text{mm}$	—	—
Bemerkung. Als *d* ist zu nehmen:	Größter innerer Durchmesser.	Bei Wellrohren größter äußerer Durchmesser, bei gerippten und »suspension-bulb«-Rohren kleinster äußerer Durchmesser, beim Holmes-Rohr äußerer Durchmesser des geraden Teiles.	Bei allen Rohren äußerer Durchmesser im Tal, bei gerippten Rohren äußerer Durchmesser des glatten Teiles.	Bei Wellrohren größter äußerer Durchmesser, bei gerippten Rohren äußerer Durchmesser des glatten Teiles zwischen den Rippen, bei bulbartigen Rohren äußerer Durchmesser zwischen den bulbartigen Ringen.

Board of Trade und Bureau Veritas haben hierbei noch einige Zusatzbestimmungen über die Höhe der Wellen, die Fabrikanten der Rohre usw., worauf hier aber nicht näher eingegangen werden kann. Die Koeffizienten des Englischen Lloyd und Bureau Veritas gelten ferner nur unter der Annahme, daß das Material eine Festigkeit von 40,9 bis 47,3 kg besitzt. Für Blechmaterial von geringerer Festigkeit als 40,9 müssen die Koeffizienten entsprechend verkleinert werden. Da man zu Flammrohren meist weiches Material verwendet, wird diese Verminderung der betreffenden Koeffizienten also fast immer vorgenommen werden müssen.

Unter Berücksichtigung der verschieden großen Konstanten und Zuschläge geben die Formeln der genannten Klassifikationsgesellschaften für jede der betreffenden Flammrohrarten fast genau dieselbe Wandstärke, wie das Diagramm Fig. 73 z. B. für die Fox-, Morison-und Deighton-Rohre zeigt. Als Ordinaten sind hier die Wandstärken in Millimetern und als Abszissen die Produkte $p \cdot d$ aufgetragen. Das Produkt $p_{at} \cdot d_{cm} = 600$ entspricht einem Durchmesser von 75 cm und 8 at, das Produkt 1800 einem Durchmesser von 120 cm und 15 at Überdruck. Diese beiden Werte stellen also etwa die Grenzwerte für Flammrohre dar. Einen unmittelbaren Vergleich gestatten die dargestellten Gleichungen nicht, einmal weil nach dem in der Bemerkung zu der Tabelle Gesagten die einzusetzenden Durchmesser verschieden sind, und weil, wie eben auseinandergesetzt, die Koeffizienten des Englischen Lloyd und Bureau Veritas meist zu verringern sind. Die Verschiedenheit der einzusetzenden Durchmesser ist für das Fox- und Morisonrohr beim Englischen Lloyd und Bureau Veritas gegenüber dem Germanischen Lloyd unbedeutend, nämlich nur gleich der doppelten Wandstärke; beträchtlich ist dieser Unterschied jedoch gegenüber der Formel des Board of Trade, da hier der Durchmesser im Wellental einzusetzen ist, also ein Durchmesser, der meist ungefähr 100 mm kleiner ist als die bei den anderen Klassifikationsgesellschaften einzusetzenden größten äußeren oder inneren Durchmesser.

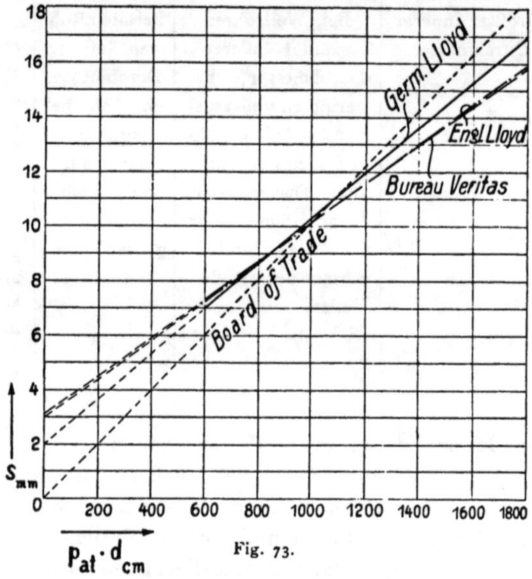

Fig. 73.

Wenn man dies berücksichtigt, fällt die Linie, welche die Formel des Board of Trade darstellt, etwas tiefer, also ziemlich mit der Formel des Germanischen Lloyd zusammen. Die Geraden, welche die Formeln des Englischen Lloyd und Bureau Veritas darstellen, kommen dagegen etwas höher zu liegen, sobald man das übliche weiche Material verwendet, sodaß also dann auch diese Geraden annähernd mit der Formel des Germanischen Lloyd zusammenfallen.

Abgesehen von der Zugabe von 2, 3 oder 3,175 mm bedeutet die Konstante 1200, 1416 usw. die doppelte zugelassene Druckbeanspruchung des Rohres, denn für einen 1 cm breiten Ring lautet die Formel:

$$p d = 2 s k_d \quad \text{folglich} \quad s = \frac{p d}{2 k_d}$$

Abgesehen von der Zugabe wird also meist eine Druckbeanspruchung von 600 bis höchstens 708 kg pro qcm zugelassen, was mit Rücksicht auf die

Schweißnaht und die zusätzlichen Spannungen, welche durch die ungleichmäßige Temperatur des Rohres hervorgerufen werden, auch nicht zu gering ist.

Ein Einbeulen der Flammrohre wird mehr von der Fließgrenze des Materials als von der absoluten Zerreißfestigkeit desselben abhängen. Bei weichem Flußeisen, wie es zu Flammrohren Verwendung findet, liegt diese Fließgrenze etwa bei 27 kg pro qmm. Es würde also hiernach ungefähr eine Sicherheit von $\frac{27}{7{,}08}$ bis $\frac{27}{6} = 3{,}8$ bis 4,5 vorhanden sein. In der Absicht, Flammrohre von geringerer Wandstärke verhältnismäßig stärker zu halten als solche von größerer Wandstärke und um einem Abrosten oder einer Ungleichheit in der Wandstärke Rechnung zu tragen, sind nun die Formeln meist so aufgestellt, daß eine konstante Zugabe von 2 bis 3 mm darin vorkommt. Durch diese Zugabe wird der eben genannte Sicherheitsgrad erhöht, dagegen wird er wieder erniedrigt durch den Einfluß, den die ungleiche Erwärmung usw. auf das Flammrohr ausübt.

In Wirklichkeit sind die Konstanten 1200, 1416 usw. aus Versuchen abgeleitet, bei denen die betreffenden Rohre so lange einem hydraulischen Druck unterworfen wurden, bis sie sich einbeulten. Setzt man in der Gleichung $s = \frac{p\,d}{2\,k_d}$ den Wert $2\,k_d = C_1$, so erhält man die Formel $s = \frac{p\,d}{C_1}$; aus solchen Versuchen läßt sich also, wenn jetzt p den Druck bedeutet, bei dem das Rohr sich einbeult, eine Konstante C_1 bestimmen. Von diesem Wert ist dann meist der vierte oder fünfte Teil genommen und als Konstante 1200, 1416 usw. in die Formel eingeführt. Wenn man nun keine konstante Zugabe von einigen Millimetern in die Formel einführen würde, so würde aber in Wirklichkeit die Sicherheit kleiner als vier- oder fünffach sein, da das Rohr im Betriebe hohen Temperaturen, Abflachungen, öligen Niederschlägen, Ansätzen von Kesselstein usw. ausgesetzt ist, deren Einfluß sich der genauen Berechnung entzieht, jedenfalls aber die Sicherheit gegen Einbeulen herabdrücken muß.

Die Verbindungen des Flammrohres mit den Stirn- und Rohrwänden. Die älteste Methode, das Flammrohr mit der Stirnwand zu verbinden, war die in Fig. 74 dargestellte. Hierbei war die Herstellung der Stirnwand einfacher, da nicht sie, sondern das Flammrohr gebörtelt wurde; der Nachteil dieser Konstruktion war jedoch, daß das Flammrohr sich nicht auswechseln ließ. Es kommen daher heutzutage nur die beiden Konstruktionen, welche Fig. 75 zeigt, in Betracht, bei denen die Stirnwand zur Befestigung des Flammrohres nach außen (linke Seite der Figur) oder nach innen (rechte Seite der Figur) umgebörtelt ist. Im allgemeinen dürfte die auf der rechten Seite der Figur gezeigte Umbörtelung der Stirnwand nach innen vorzuziehen sein, da hier im Gegensatz zu einer Umbörtelung nach außen, wie die Pfeile andeuten, zwei Stemmkanten vorhanden sind und ferner die Umbörtelung der Stirnwand intensiv vom Wasser gekühlt wird. Diese Börtelung kann hier daher nicht so heiß werden, als wenn die Stirnwand nach außen gebörtelt ist; bei letzterer Konstruktion treten deshalb an dieser Stelle auch ab und zu Nietlochrisse auf. Dafür bietet diese Konstruktion wieder den Vorteil, daß eine bestimmte Rostlänge sich dabei besser unterbringen läßt, da das Flammrohr über die Stirnwand etwas herausragt; meist ist jedoch die Länge der Siederohre und somit auch die Länge des Flammrohres bedeutend größer als die Rostlänge, so daß diesem Vorteil kein besonderer Wert beizumessen ist. Für die Wahl der einen oder anderen Konstruktion ist besonders der Umstand maßgebend, ob die Stirnwand mit ihrer Börtelung nach innen oder nach außen in den Mantel eingesetzt ist. Man findet z. B. bei einem Doppelender, wenn ein Boden mit der Börtelung nach innen und der andere »verkehrt«, also mit der Börtelung nach außen eingesetzt ist, meist beide Konstruktionen zusammen verwendet, wie es auch die Figur zeigt; es ist dann also die Börtelung für das Flammrohr stets nach der entgegengesetzten Seite ausgeführt als die Börtelung des äußeren Randes der Stirnwand, sodaß die Stirnwand am Boden des Kessels jedesmal einen Z förmigen Querschnitt hat.

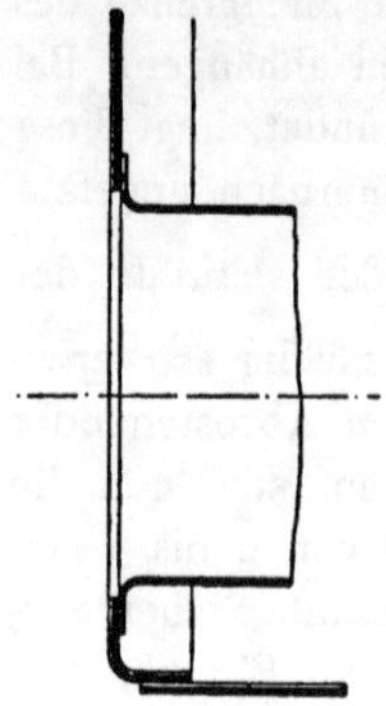

Fig. 74.

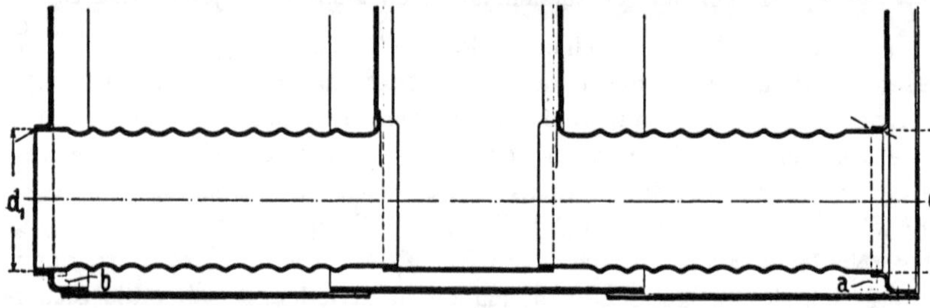

Fig. 75.

Bei *a* läßt sich so noch bequem nieten, wenn die Börtelung für die Rundnaht der Stirnwand nicht, wie punktiert angedeutet, nach innen, sondern nach außen gelegt ist. Bei *b*, wo der äußere Rand der Stirnwand nach innen gebörtelt ist, würde der Platz zum Nieten ebenfalls zu eng werden, wenn die Umbörtelung für das Flammrohr auch nach innen ginge; man börtelt daher die Stirnwand zur Befestigung des Flammrohres hier nach außen, nimmt dann also die oben angedeuteten Nachteile — Fortfall einer Stemmkante und schlechtere Kühlung durch das Wasser — in Kauf. Der Durchmesser des Loches in der Stirnwand d_1 wird, um ein bequemes Einsetzen und Auswechseln des Flammrohres zu ermöglichen, meist 10 mm größer gewählt als der größte Durchmesser des Flammrohres. Das Flammrohr selbst wird an dieser Stelle aber nur 4 bis 6 mm größer hergestellt, als sein größter Durchmesser beträgt. Beim Zusammenbauen des Kessels ist dann also zwischen dem Flammrohr und der Börtelung der Stirnwand rundherum ein Spielraum von etwa 2 bis 3 mm vorhanden. Nachdem hier einige Nietlöcher gebohrt und genügend Heftschrauben eingezogen sind, wird nun das Flammrohr, soweit es in der Börtelung liegt, stückweise mit Kohlen oder besser mit dem Naphtagebläse angewärmt und »angerichtet«, d. h. durch Hämmern zum genauen Anliegen an die Börtelung der Stirnwand gebracht. Dann erst werden die Nieten eingezogen, welche die Wirkung des Anrichtens unterstützen und eine dichte Verbindung gewährleisten.

Eine Stelle, auf die es besonders ankommt, ist nun die Verbindung des Flammrohres mit der hinteren Rohrwand. Es kommen hier die in Fig. 76 und 77 dargestellten Methoden in Betracht. Auf den ersten Blick

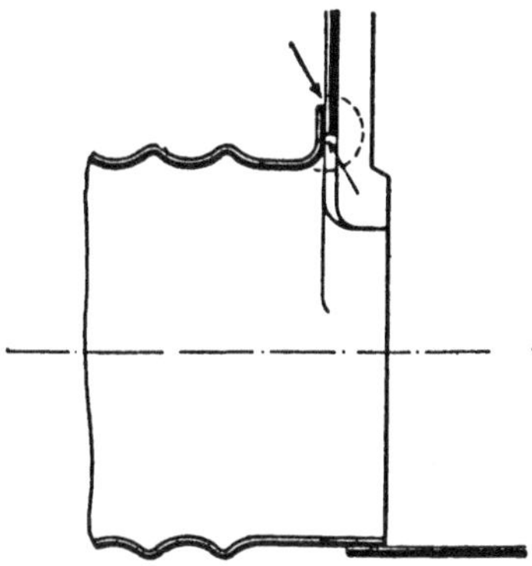

Fig. 76.

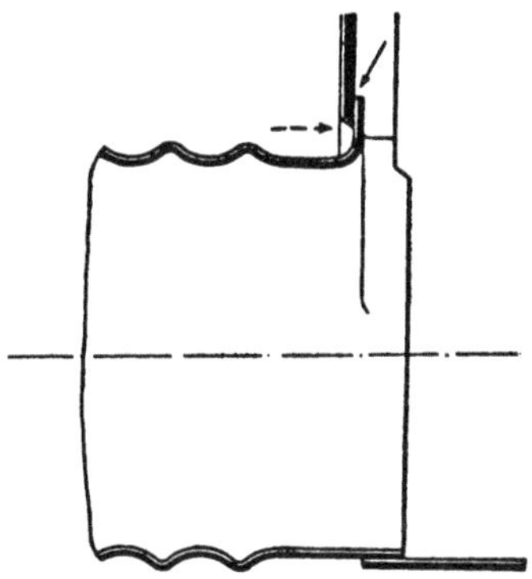

Fig. 77.

erscheint die Konstruktion nach Fig. 76 empfehlenswerter, da hierbei ein Auswechseln des Flammrohres leichter möglich ist und, wie die Pfeile andeuten, zwei Stemmkanten vorhanden sind. Diese Konstruktion wurde denn auch früher allgemein angewendet; sie hat jedoch einen schwerwiegenden Nachteil. Die Rohrwand ist nämlich bei den meisten Schiffskesseln etwa $1^1/_2$ bis 2 mal so dick wie das Flammrohr. Sie kann daher ziemlich viel Wärme aufnehmen und verlangt eine intensivere Wasserkühlung als der dünnere Flansch des Flammrohres. Bei der Konstruktion nach Fig. 76 wird nun aber das unterste Stück der Rohrwand nicht direkt gekühlt, da es nicht, wie in Fig. 77, mit dem Wasser in Berührung kommt. Es haben sich daher hier infolge Überhitzung der Rohrwand oft Nietlochrisse gezeigt. Wenn diese Konstruktion noch angewendet wird, wird die genannte Stelle wenigstens durch Schamottesteine oder einen Gußeisenkörper, wie punktiert angedeutet, vor der direkten Einwirkung der Flamme geschützt. Die Konstruktion nach Fig. 77 hat nun den Vorteil, daß die dickere Rohrwand direkt vom Wasser gekühlt wird. Oft wird als Vorteil dieser letzteren Konstruktion auch noch genannt, daß der auf der Rohrwand lastende Kesseldruck diese Verbindung aneinanderpreßt, während er sie nach der Konstruktion Fig. 76 löst. Dies dürfte jedoch nicht ganz stichhaltig sein, da außer dem Dampfdruck bei einem etwaigen Aneinanderpressen oder Lösen dieser Verbindung noch die Wärmeausdehnung des Flammrohres in Betracht kommt. Da die Wärmeausdehnung im oberen Teil des Flammrohres bedeutend größer sein wird als die Vergrößerung der Entfernung zwischen Rohrwand und Stirnwand, welche dem Dampfdruck zuzuschreiben ist, wird sie bei Fig. 76 günstig, bei Fig. 77 dagegen ungünstig auf die abzudichtende Stelle wirken.

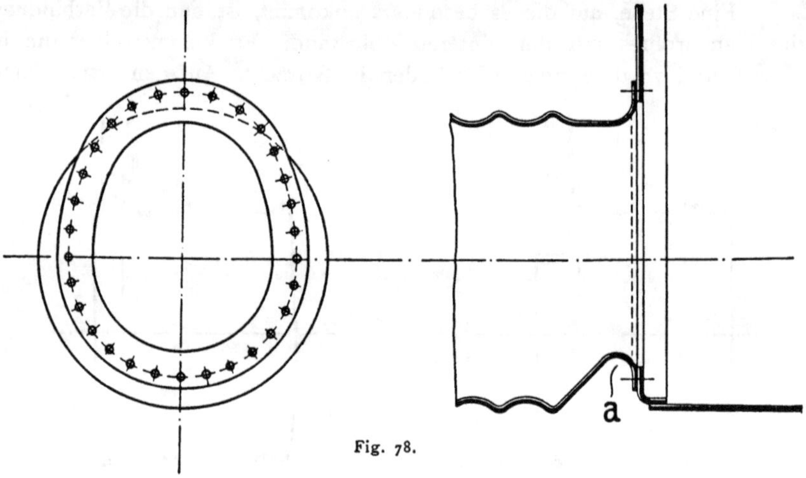

Fig. 78.

Die Schwierigkeiten des Verstemmens auf der dem Wasser zugekehrten Seite der Flammrohrverbindung nach Fig. 77 beseitigt man dadurch, daß man die Rohrwand hier, wie auch die Figur zeigt, stark abschrägt und nicht zu nahe an das Flammrohr heranführt.

Da sich bei den oben genannten Konstruktionen das Flammrohr nicht auswechseln läßt, weil es mit dem Flansch nicht durch die Öffnung in der Stirnwand hindurchgeht, war eine Zeitlang die in Fig. 78 dargestellte Flammrohrverbindung sehr beliebt, ist aber, wenigstens in Deutschland, ziemlich rasch von der Bildfläche verschwunden, während sie im Auslande noch vielfach benutzt wird. Zu dem prinzipiellen Fehler, daß auch hier die stärkere Rohrwand unten keine direkte Wasserkühlung genießt, kommt hier noch dazu, daß sich an der mit *a* bezeichneten Stelle oft Risse gezeigt haben.

Um nun auch bei der Konstruktion nach Fig. 77 ein Auswechseln der Flammrohre zu ermöglichen, wird diese Flammrohrverbindung neuerdings meist nach Fig. 79 ausgeführt. Dadurch, daß die untere Ecke des Flammrohres weggeschnitten ist und dafür die untere Rundung der Feuerkammer verbreitert ist, läßt sich das Flammrohr nach Losnietung des Bodenstückes der Feuerkammer, das dann meist als halbkreisförmige Platte ausgeführt wird, wie die Figur auch zeigt, herausnehmen bezw. ein neues

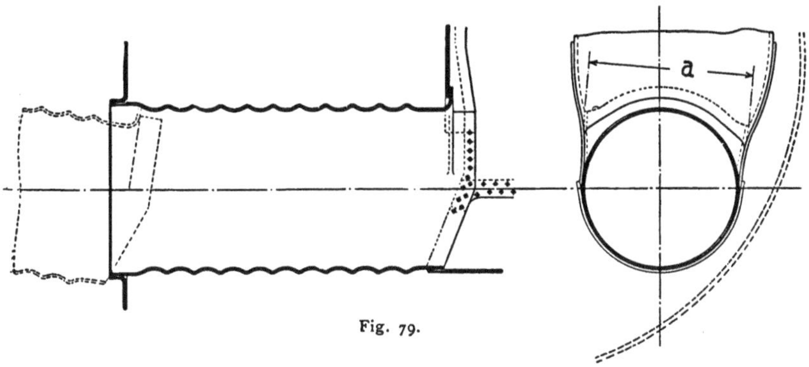

Fig. 79.

Flammrohr einsetzen. Bei dieser Konstruktion ist darauf zu achten, daß das Maß *a* etwas kleiner ist als die Öffnung in der Stirnwand. Die seitlichen Feuerbüchsen von Drei- und Vierfeuerkesseln und die beiden Feuerbüchsen bei Zweifeuerkesseln, bei denen dies nicht ohne weiteres der Fall ist, müssen daher, wie die Figur zeigt, auf beiden Seiten etwas eingezogen werden.

Sehr gut bewährt hat sich die in Fig. 80 dargestellte Schweißung des Flammrohres mit der hinteren Rohrwand, die man häufig bei Flußschiffskesseln findet. Diese Konstruktion bietet bei den räumlich meist beschränkten Flußschiffskesseln noch den Vorteil, daß man mit den untersten Siederrohren, da man ja die Breite der Nietnaht spart, näher an das Flammrohr herangehen und so ev. mit einem kleineren Kesseldurchmesser auskommen kann. Im allgemeinen ist jedoch eine nicht zu geringe Entfernung zwischen dem Flammrohr und der untersten Siederohrreihe vorzuziehen, einmal der Reinigung wegen und dann auch, weil die untersten Siederohre der nach oben schlagenden Flamme wegen doch nicht sehr wirksam sind. Früher legte man die Schweißung an die Stelle *a*,

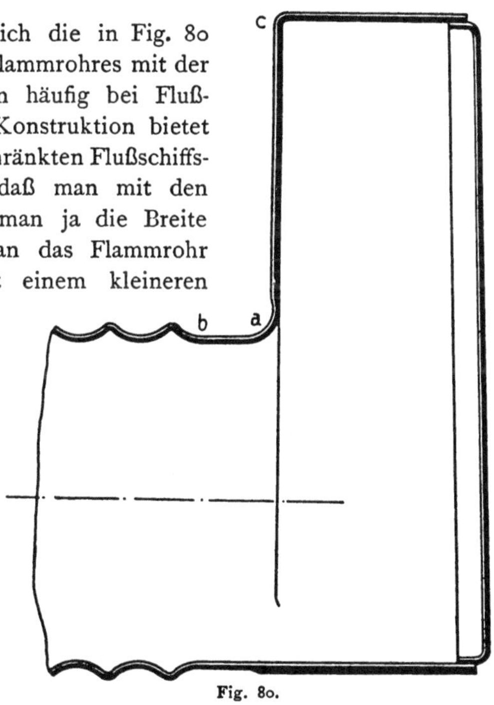

Fig. 80.

schweißte hier beide Bleche stumpf aufeinander und erhielt so eine sehr kleine Rundung, die aber für diese gefährliche Stelle eines Zylinderkessels nicht genügte. Heutzutage werden jedoch die beiden Bleche stets an der mit *b* bezeichneten Stelle überlappt geschweißt. Bei Flußschiffskesseln verschweißt man dann meist auch die Decke und die Seitenwände der Feuerkammer, wie die Figur bei *c* zeigt, mit der Rohrwand. Da dann hier die Nietnaht ebenfalls fehlt und die Rundung kleiner ausfällt, kann man dann mit den Siederohren näher an die Decke und Seitenwände der Feuerkammer herangehen und so auch wieder Raum und Gewicht sparen. An dieser Stelle genügt stumpfe Schweißung beider Bleche, wobei das eine Blech als Amboß für das andere benutzt wird.

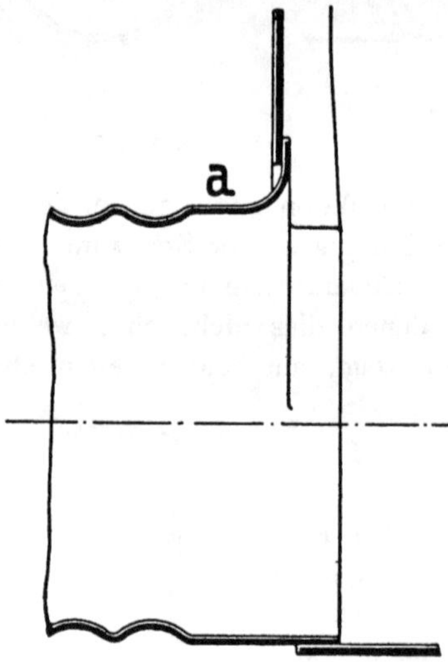

Fig. 81.

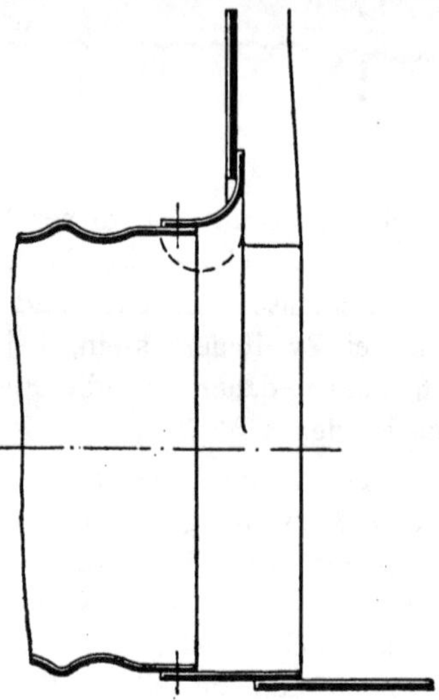

Fig. 82.

Selten wird auch noch die Hinterwand der Feuerkammer eingeschweißt, was nach der eben genannten Schweißmethode, bei der ein Vorhalten oder eine Unterlage nicht erforderlich ist, möglich ist.

Als wichtiger Unterschied ist bei den üblichen Verbindungen des Flammrohres mit der Rohrwand dann noch die Möglichkeit zu nennen, dem Flammrohr an der angeflanschten oder anzuschweißenden Stelle den äußeren Durchmesser zu geben (Fig. 81). Als Nachteil gegenüber der in den bisherigen Figuren dargestellten Methode, dem Flammrohr hier nur den inneren Durchmesser zu geben, ergibt sich ein größerer Kesseldurchmesser, da dann die Öffnung in der Feuerkammer für das Flammrohr größer ausfällt und die Entfernung zwischen der unteren Rundung der Feuerkammer und dem Kesselmantel der Reinigung und Schmutzablagerung wegen ein bestimmtes Maß nicht unterschreiten darf. Als Vorteil wird genannt, daß man, um das Flammrohr zu erneuern, nur an der mit bezeichneten Stelle durchzukreuzen braucht und hier nach Fig. 82*a* ein neues Flammrohr annieten kann. Diese Nietnaht muß dann natürlich, wie punktiert angedeutet, durch Schamottesteine oder einen gußeisernen Körper vor der direkten Einwirkung der Flamme geschützt werden. Da jedoch die in Fig. 79 dargestellte Konstruktion ein Auswechseln des Flammrohres auch ermöglicht, dürfte es der Raum- und Gewichtsersparnis wegen vorzuziehen sein, das Flammrohr nur mit dem inneren Durchmesser in die hintere Rohrwand einmünden zu lassen.

Eine der Fig. 82 ähnliche Konstruktion, welche in Fig. 83 dargestellt ist, findet sich ab und zu bei Neukonstruktionen, dürfte jedoch nicht zu empfehlen sein. Sie gestattet zwar ohne weiteres ein Auswechseln des Flammrohres, die Nietnaht liegt jedoch direkt im Feuer, was bei der in Fig. 82 dargestellten Reparatur zwar nicht zu umgehen ist, bei Neukonstruktionen jedoch vermieden werden sollte.

Die Vernietung des Flammrohres mit der Rohrwand ist einreihig, nur der untere Teil des Flammrohres, der mit der unteren Rundung der Feuerkammerseitenwand vernietet wird, erhält, wie Fig. 79 auch zeigt, zweckmäßig zweireihige Nietung.

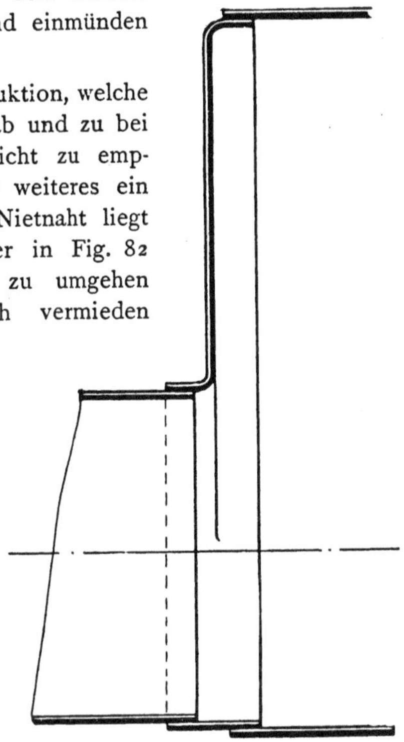

Fig. 83.

Die im Feuer liegenden Nietköpfe der Flammrohrverbindungen erhalten fast immer, ebenso wie die anderen Niete in der Feuerkammer, versenkte Köpfe, einmal um bei der hier herrschenden Temperatur weniger Material anzuhäufen und dann auch, weil versenkte Niete erfahrungsgemäß besser dichthalten. Manchmal wird auch noch bei der Verbindung des Flammrohres mit der Rohrwand der im Wasser liegende Nietkopf versenkt ausgeführt.

Die Decke der Feuerkammer bildet man häufig aus einem besonderen Blech, da sie leicht ausglühen kann und dann bequemer zu erneuern ist. Die untere Rundung der Feuerkammer wird meist durch aufgenietete Winkeleisen versteift. Diese werden durch Bleche (s. Fig. 5 auf S. 4 und Tafel I, Schnitt *e—f*) mit dem Kesselmantel verbunden, da das Flammrohr und die Feuerkammer einen beträchtlichen Auftrieb haben und daher beim Auffüllen des Kessels eine andere Lage einnehmen und so Leckagen verursachen könnten.

Die Weite der Feuerkammer wird zweckmäßig nicht zu gering ausgeführt, da die unverbrannten Gase hier noch Gelegenheit zum Verbrennen finden sollen. Als Mittelwert von 30 Ausführungen ergab sich durch graphisches Auftragen für Einender folgende Beziehung

$$w = \frac{d}{1,6} + 8 \text{ cm},$$

worin w = Weite der Feuerkammer in cm und d = innerer Durchmesser des Flammrohres in cm.

Bei Doppelendern, welche ja nur für größere, also annähernd auch gleich große Flammrohre ausgeführt werden, schwankt die Weite der Feuerkammer zwischen 1200 und 1400 mm, wobei die kleineren Werte etwa für Flammrohrdurchmesser von 1000 mm, die größeren für Flammrohrdurchmesser von 1200 mm gelten.

X. Abschnitt.

Stehbolzen, Anker, Deckenträger, flache Wandungen.

Um flache Wandungen zu versteifen, verbindet man einzelne Punkte derselben durch Bolzen mit anderen Kesselwandungen. Liegen diese miteinander verbundenen Wandungen nahe beieinander, so wählt man die Entfernung der einzelnen Unterstützungspunkte etwa gleich 140 bis 200 mm und erhält so dünne Bolzen, welche Stehbolzen genannt werden. Bei weiter voneinander entfernten Kesselwandungen macht man die Seitenlänge der Unterstützungsfelder im allgemeinen gleich 350 bis 400 mm und erhält so stärkere Bolzen, welche dann Anker genannt werden.

Stehbolzen.

Man unterscheidet Stehbolzen mit kalt vernieteten Köpfen (Fig. 84) und Stehbolzen mit Muttern (Fig. 85). In beiden Fällen werden die Stehbolzen mit feinem Gewinde in die betreffenden Wände eingeschraubt. Üblich ist eine Gangzahl von 8 bis 12 auf 1″ englisch und eine Differenz zwischen dem inneren und äußeren Gewindedurchmesser von 3 bis 4 mm.

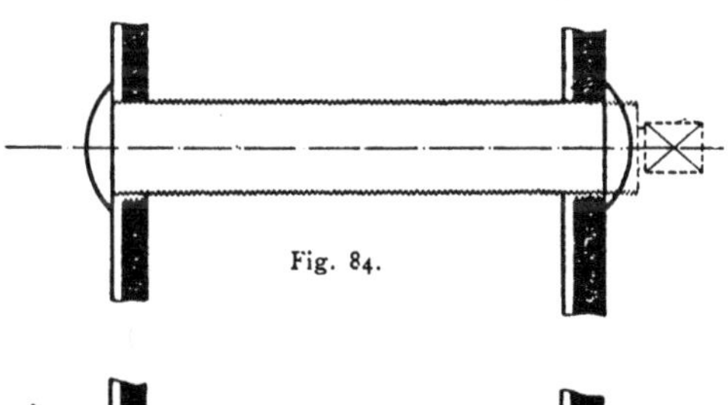

Fig. 84.

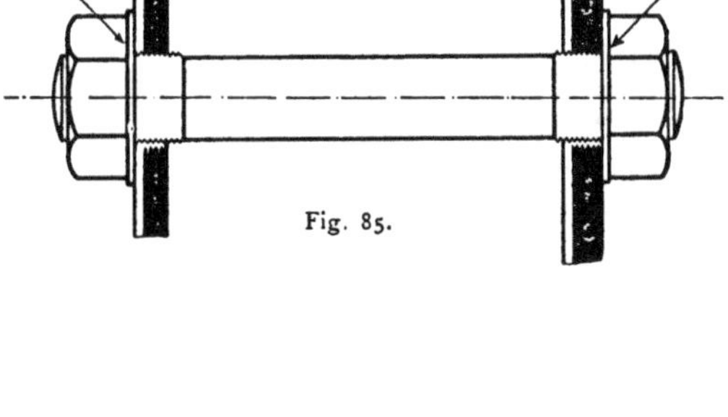

Fig. 85.

Da Stehbolzen mit Muttern die Wände besser stützen und nicht so leicht ein Ausreißen der Stehbolzen gestatten wie vernietete Köpfe, so können bei Verwendung von Muttern die betreffenden Bleche etwas dünner gewählt werden.

Muttern werden daher stets bei höherem Dampfdruck verwendet; vernietete Köpfe findet man heutzutage fast nur bei Flußschiffskesseln, welche ja meist niedrigen Dampfdruck haben. Aber auch dann wird z. B. auf der Kesselrückwand die äußerste Stehbolzenreihe mit Muttern versehen, wie Fig. 86 andeutet, in welcher diese Stehbolzen schwarz angelegt sind.

Im allgemeinen wird der freiliegende Teil der Stehbolzen, um Gewicht zu sparen und ein leichteres Einschrauben zu ermöglichen, auf den Kerndurchmesser abgedreht (s. Fig. 85). Des besseren Dichthaltens wegen

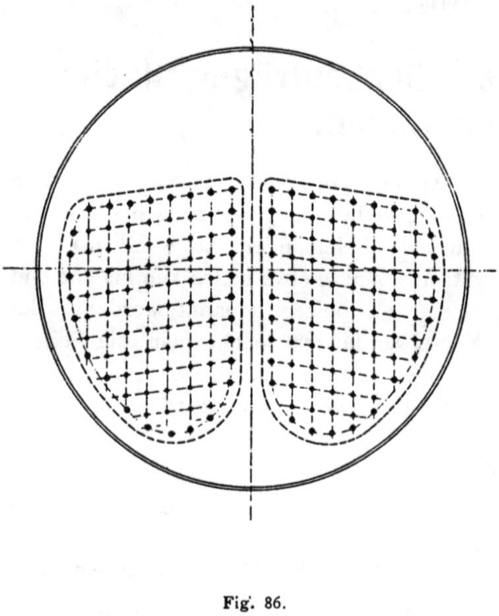

Fig. 86.

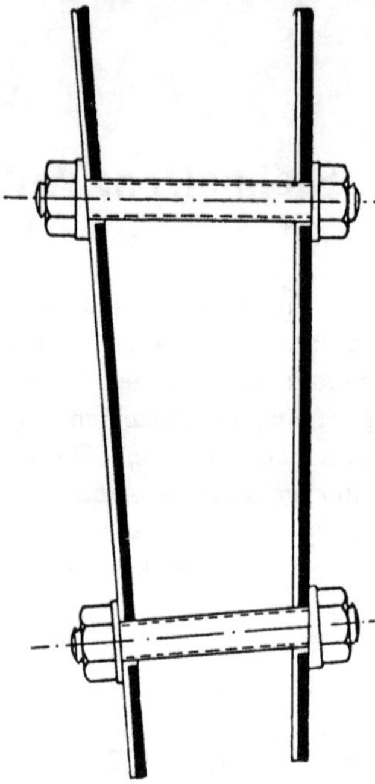

Fig. 87.

werden Stehbolzen stets an den in derselben Figur mit einem Pfeil bezeichneten Stellen rundherum verstemmt, ehe die Unterlegscheiben und Muttern angebracht werden. Meist erhalten die Muttern noch Unterlegscheiben. Sobald beide Wände nicht parallel stehen, wie z. B. auf der Hinterseite der Einender, muß so wie so auf der Seite, auf der die Stehbolzen mit der Wand keinen rechten Winkel bilden, eine verschieden starke Unterlegscheibe verwendet werden. Auf der anderen Seite wird für gewöhnlich auch eine Unterlegscheibe vorgesehen, die aber bei guter Arbeitsausführung entbehrlich ist. Meistens wird die im oberen Teil der Fig. 87 dargestellte Anordnung ausgeführt; die Schräge der Feuerkammerwand ist hier absichtlich übertrieben dargestellt. Gegenüber Stehbolzen mit vernieteten Köpfen haben Stehbolzen mit Muttern nun an sich schon den Nachteil, daß in der Feuerkammer sehr viel Wärme von der Mutter aufgenommen und nicht schnell genug durch den Stehbolzen und das anliegende Stückchen der Feuerkammerwand in das umgebende Wasser abgeleitet werden kann, daß also die Muttern leicht überhitzt werden und wegbrennen. Beim Vorhandensein einer Unterlegscheibe in der Feuerkammer wird nun die Wärmeübertragung noch mehr erschwert und die Materialanhäufung vergrößert. Die verschieden starke Unterlegscheibe verfehlt ferner ihren Zweck und wirkt sogar schädlich, sobald beim Aufschrauben oder Nachziehen der Muttern nicht streng darauf geachtet wird, daß der stärkere Teil der Unterlegscheibe genau unten liegt. In der Feuerkammer selbst ist eine dahingehende Kontrolle aus naheliegenden Gründen sehr erschwert. Es wäre daher zweckmäßiger, die Stehbolzen, wie es auch oft in England geschieht, nicht unter einem rechten Winkel zur Stirnwand des Kessels, sondern zur hinteren Feuerkammerwand einzusetzen, wie es in dem unteren Teil der Fig. 87 dargestellt ist. Das Bohren der Löcher ist dann allerdings etwas schwieriger, man kann dann aber die verschieden starke Unterlegscheibe außen anbringen, wo sie leichter zu revidieren ist, und hat dann, da innen in der Feuerkammer keinerlei Unterlegscheiben notwendig sind, eine bessere Wärmeübertragung, sodaß ein Wegbrennen der Muttern nicht so leicht eintritt.

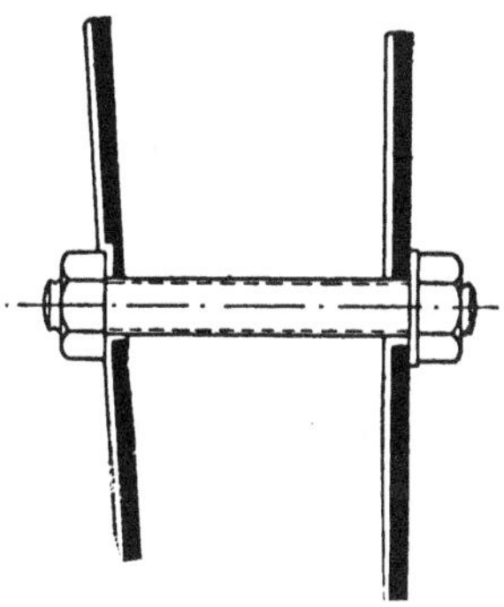

Fig. 88.

Ein Anfräsen des Bleches (Fig. 88), das bei einer geringen Schräge der Feuerkammerwand manchmal ausgeführt wird und Unterlegscheiben überflüssig macht, ist nur zulässig, wenn die hierdurch geschwächte Wand entsprechend stärker ausgeführt wird. Empfehlenswert ist es jedoch auch dann nicht, da die durch die Stehbolzen versteiften Wände gerade an den Stellen, an denen die Stehbolzen sitzen, am meisten beansprucht werden.

Das Bohren der Löcher für die Stehbolzen und das Einschneiden des Gewindes in die Wände darf erst kurz vor dem Einschrauben der Stehbolzen geschehen, da die Löcher sonst doch nicht genau passen. Absolut genau wird das Gewinde in beiden Platten überhaupt nie passen können, da beim Gewindeschneiden und beim Einsetzen der Stehbolzen ein Verziehen der Wände, wenn auch in ganz geringem Maße, unvermeidlich ist. Hat man das Gewinde sehr fein gewählt, so ist die Gefahr des »Überschraubens« des Gewindes um so größer.

Zum Einschrauben der Stehbolzen dient oft das in Fig. 84 auf S. 119 punktierte Stück des Stehbolzens, das mit einem Vierkant versehen ist und nach dem Einschrauben durch einen Schlag mit einem Hammer entfernt wird. Da hierbei jeder Stehbolzen länger ausgeführt werden und ein Vierkant erhalten muß, ist das in Fig. 89 dargestellte Hilfswerkzeug sehr zweckmäßig, mit dem jeder Stehbolzen eingeschraubt werden kann, ohne daß seine Länge größer gewählt und ein Vierkant angefeilt zu werden braucht.

Die Muttern sollten nicht viel stärker gewählt werden als die Blechstärke der betreffenden Wände, da man sonst durch zu starkes Anziehen der Muttern die Gewindegänge aus dem Blech herausreißen kann. In der Marine werden diese Muttern der Gewichtsersparnis wegen besonders

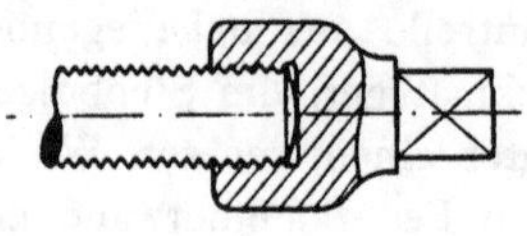

Fig. 89.

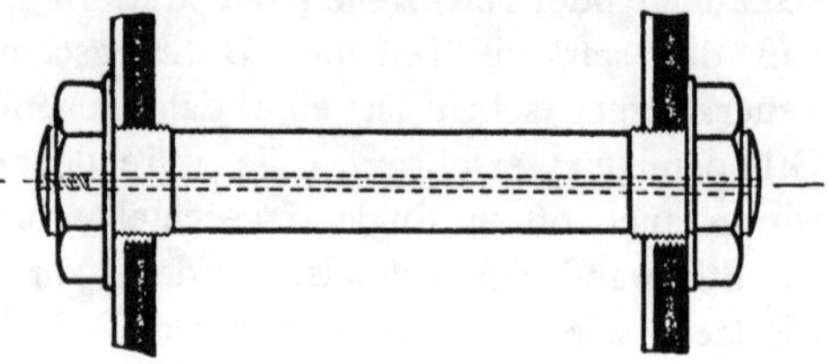

Fig. 90.

niedrig gehalten werden, wie der Stehbolzen Fig. 90 zeigt. Bei den in der Marine verwendeten Stehbolzen wird, wie hier ebenfalls sichtbar, der Stehbolzen der ganzen Länge nach durchbohrt und auf der Feuerkammerseite durch einen kurzen Pflock, welcher schraffiert gezeichnet ist, wieder geschlossen. Man kann dann einen Bruch des Stehbolzens an dem durch die Bohrung heraustretenden Wasser sofort erkennen.

Das Bestreben, Muttern in der Feuerkammer möglichst zu vermeiden, erkennt man deutlich bei der fast allgemein üblichen Ausführung der Stehbolzen, welche zu den Deckenträgern gehören. Hier wird nämlich unten keine Mutter, sondern ein gedrehter Kopf ausgeführt, wie Fig. 99 zeigt. Das Dichtstemmen der Stehbolzen erfolgt dann vor dem Aufsetzen der Deckenträger rundherum an den mit einem Pfeil bezeichneten Stellen. Diese Konstruktion, welche ebenso wie Muttern eine bessere Unterstützung des Bleches bietet, dabei aber größere Materialanhäufungen vermeidet, läßt sich jedoch nur bei Deckenträgern anwenden; bei Stehbolzen, welche zwei parallele oder annähernd parallele Wände verbinden, würde nämlich ein Verstemmen der Bolzen auf beiden Seiten des Bleches nicht möglich sein; die gedrehten Köpfe allein halten aber erfahrungsgemäß bei einem Verstemmen auf nur einer Seite des Bleches nicht dicht.

Die Berechnung der Stehbolzen und Anker geschieht natürlich einfach auf Zug. Die zulässigen Beanspruchungen sind unter der Voraussetzung, daß die Stehbolzen und Anker aus Stahl bestehen und nicht geschweißt sind, nach den Vorschriften des

Germanischen Lloyd	600 kg pro qcm,	
Engl. Lloyd bei einem kleinsten Durchm. unter $1^1/_2''$	562 » » »	
» » » » » » über $1^1/_2''$	633 » » »	
Board of Trade	633 » » »	

und nach Bureau Veritas $\frac{1}{5{,}89}$ der Zugfestigkeit des Materials, wobei jedoch zu dem so errechneten Durchmesser eine Zugabe von 3 mm zu machen ist.

Zweckmäßig wählt man für Stehbolzen eine geringere Beanspruchung als für Anker, da ein Abrosten von z. B. 1 mm rundherum die dünneren Stehbolzen in ihrem Querschnitt mehr schwächt als die dickeren Anker; außerdem werden Stehbolzen infolge der verschiedenen Temperaturen der beiden durch sie verbundenen Wände häufig stark auf Biegung beansprucht.

Anker.

Die Anker werden fast immer mit Muttern versehen, und zwar auch auf der inneren Seite, um ein besseres Dichthalten zu erzielen. Bei der Marine bleiben die inneren Muttern jedoch der Gewichtsersparnis wegen im allgemeinen fort. Bei geringerem Dampfdruck findet man manchmal geschmiedete oder aus Stahlguß hergestellte Scheiben (Fig. 91), in welchen die Anker kalt vernietet sind.

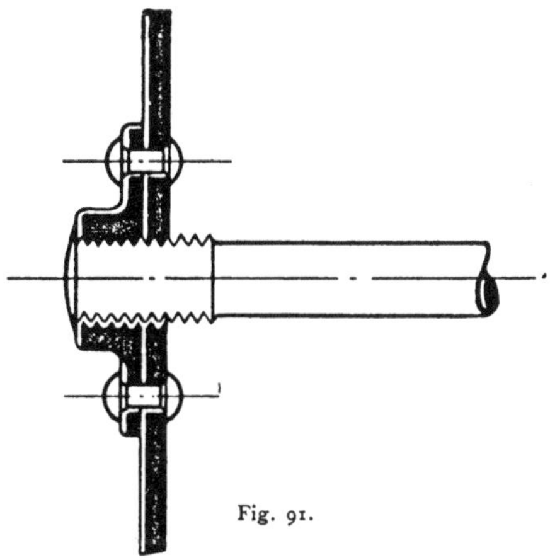

Fig. 91.

Des besseren Dichthaltens wegen werden die Anker meist in die Wände und aufgenieteten Scheiben eingeschraubt (Fig. 92) und können dann auch niedrigere Muttern erhalten; selten findet man Anker, welche nicht eingeschraubt sind (Fig. 93). Ebenso wie bei den Stehbolzen wird fast immer feines Gewinde verwendet. Naturgemäß bietet das Gewinde-

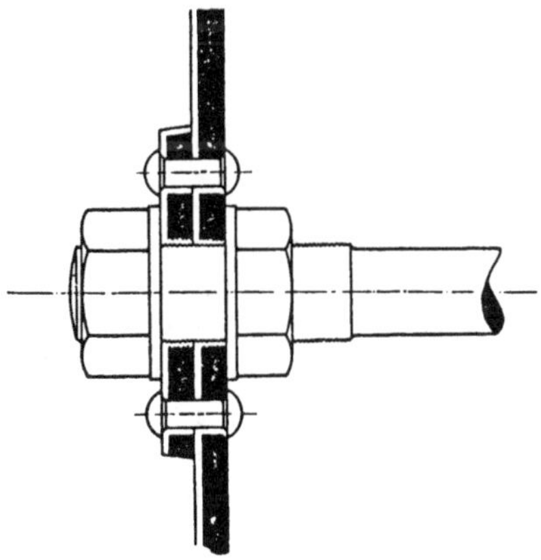

Fig. 92.

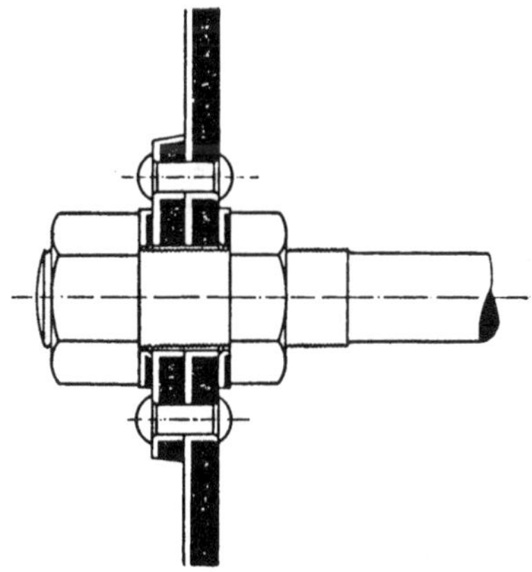

Fig. 93.

schneiden und Einschrauben der langen Anker in die bei Doppelendern z. B. oft 6 m voneinander entfernten Stirnwände Schwierigkeiten. Zum Einschneiden des Gewindes in die Kesselstirnwände werden daher Schneideisen benutzt, welche eine Bohrung haben und auf einer Stange in einem der Entfernung der Stirnwände entsprechenden Abstand befestigt werden können. Daß die Gewindegänge für beide Stirnwände zusammenpassen, wird dabei in einfacher Weise dadurch erreicht, daß man einen fertigen Anker so neben die auf die Stange gezogenen, aber darauf noch nicht befestigten Schneideisen legt, daß die Gewindegänge der Schneideisen in die Vertiefungen des Gewindes des Ankers passen; dann erst werden die Schneideisen auf der Stange befestigt. Da nun das Einschrauben der langen Anker unbequem wäre, wenn man erst ein Ende in die eine Stirnwand einschrauben müßte, wobei der lange Anker sich außerhalb des Kessels befindet, und dann das andere Ende in die andere Stirnwand, werden meist beide Ankerenden mit Gewinde von verschiedenem Durchmesser versehen, sodaß sich der Anker sofort mit dem dünneren Gewinde durch das Loch in der Stirnwand, in welche das größere Gewinde geschnitten ist, hindurchstecken läßt und dann beide Gewinde zu gleicher Zeit eingeschraubt werden können. Bei den Zylinderkesseln der Kriegsmarine wurden die Anker der Gewichtsersparnis wegen

Fig. 94.

meist auf den Kerndurchmesser abgedreht, wobei dann beide Enden verschieden starkes Gewinde erhielten. In der Handelsmarine, wo ein Abdrehen nicht stattfindet, wird das Gewinde auf der einen Seite in den vollen Anker, auf der anderen Seite dagegen in eine Aufstauchung eingeschnitten (Fig. 94). Dieses Aufstauchen der Anker darf nicht von Hand, sondern nur hydraulisch geschehen; auch dann müssen die Anker nach dem Stauchen noch ausgeglüht werden, weil sonst das aufgestauchte Ende in seinen Gewindegängen nicht die erforderliche Sicherheit bieten würde. Besser, aber bedeutend teurer, ist ein Ausschmieden oder Abdrehen der Anker von dem Durchmesser d auf den geringeren Durchmesser d_1. Eingeschraubte Anker werden ebenso wie die Stehbolzen bei ihrem Austritt aus der Wand rundherum verstemmt und bieten so eine viel größere Gewähr für Dichthalten als nicht eingeschraubte. Das Einschrauben der Anker geschieht durch Vierkante, welche an denselben angefeilt sind und später entfernt werden, oder mit dem in Fig. 89 auf S. 122 dargestellten Werkzeug. Unter die Muttern wird meist noch eine dünne Unterlegscheibe gelegt, welche bei guter Arbeit jedoch entbehrlich ist, hier aber, da es sich an dieser Stelle nicht um Wärmeübertragung handelt, auch nicht schädlich wirken kann.

In Werkstätten, in welchen Druckluft zur Verfügung steht, geschieht das Gewindeschneiden und Einschrauben der Stehbolzen und Anker mit der pneumatischen Maschine, welche zum Löcherbohren dient. Eckanker, welche nach einem Teil des Mantels gehen (Fig. 95), sollten möglichst vermieden werden. Besonders häufig findet man sie bei amerikanischen Kesseln.

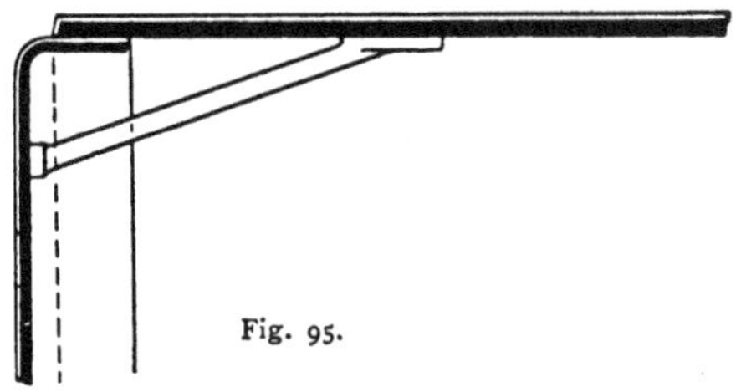

Fig. 95.

Ist es notwendig, zwischen den Rohrbündeln oder an anderen Stellen, an welchen die Anker bei einer Besichtigung und Reinigung des Kessels im Wege sein würden, Anker anzuordnen, so verwendet man dazu aus-

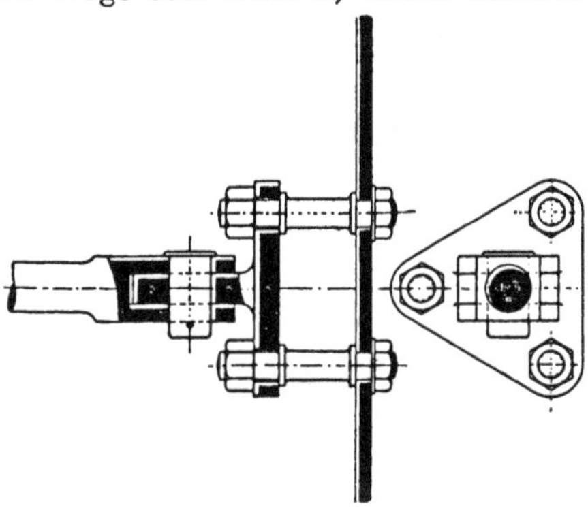

Fig. 96.

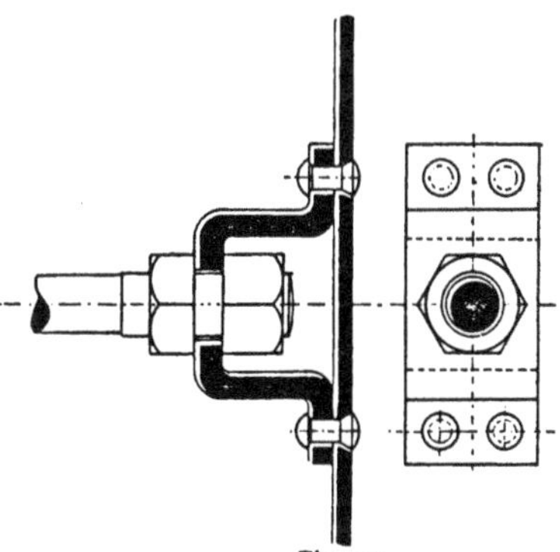

Fig. 97.

schäkelbare Anker, wie sie z. B. auf Tafel I zwischen den Rohrbündeln erkennbar sind. Sie erhalten dann teilweise auch rechteckigen Querschnitt. Wenn ein Anker nicht von einer Stirnwand zur anderen reicht, sondern in der Rohrwand der Feuerkammer endet, wie es öfters vorkommt, muß hier eine Materialanhäufung vermieden werden, welche zu lokalen Überhitzungen führen könnte. Man verwendet dann z. B. die in Fig. 96 und 97 dargestellten Konstruktionen.

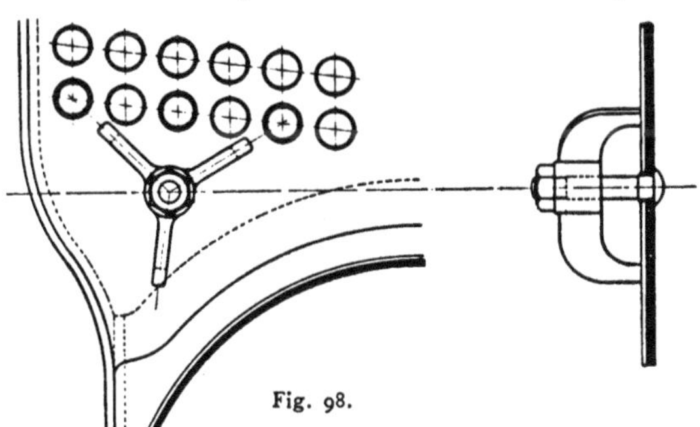

Fig. 98.

Zur Versteifung der von den Rohren nicht ausgefüllten Teile der Rohrwand oberhalb des Flammrohres benutzt man öfters dreibeinige Anker, welche so gesetzt werden, daß sie den Dampfdruck auf Ankerrohre und das Flammrohr übertragen (Fig. 98).

Deckenträger.

Das Nächstliegende wäre, die Decke der Feuerkammer ebenso zu unterstützen wie die Seitenwände und bei Einendern auch die Rückwand der Feuerkammer, d. h. die Stehbolzen bis zur nächstgelegenen Wand des Kessels, also in diesem Falle bis zum Mantel, durchzuführen und hier irgendwie, z. B. an zwei aufgenieteten Winkeleisen, zu befestigen, wie es Fig. 13 auf S. 17 zeigt. Diese Konstruktion ist früher auch vielfach ausgeführt worden, findet sich jetzt aber nur noch selten. Da nämlich in der Feuerkammer die Wände stärker erhitzt werden und sich somit auch mehr ausdehnen als der Kesselmantel, und die Feuerkammer an ihrem Boden mit dem Kesselmantel durch ein Blech verbunden ist, welches den Auftrieb des Flammrohres und der Feuerkammer aufnehmen soll, so folgt daraus, daß diese verlängerten Stehbolzen im Betriebe »schlaff« werden, also entlastet werden müssen. Da sich also die Rohrwand samt der Feuerkammerdecke nach oben mehr ausdehnt als der Kesselmantel, werden diese langen Stehbolzen entlastet und kommen erst wieder zum Tragen, wenn sich die Feuerkammerdecke durchgebogen hat.

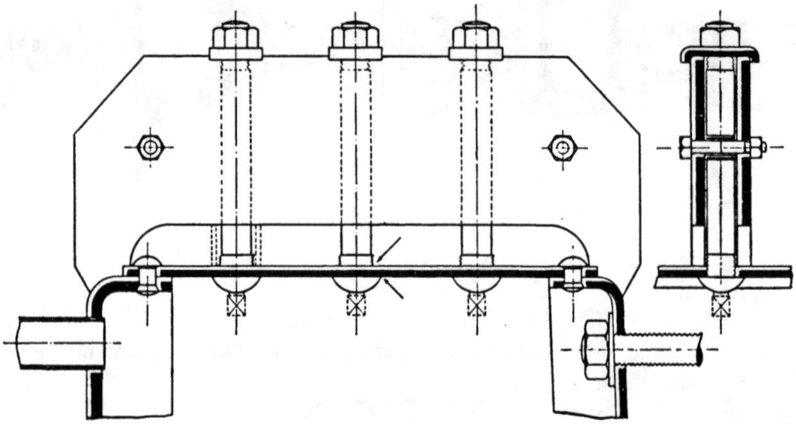

Fig. 99.

Man findet daher heutzutage fast nur noch die in Fig. 99 dargestellte Konstruktion, bei welcher der auf der Feuerkammerdecke ruhende Dampfdruck durch die Stehbolzen und Deckenträger auf die Rohrwände übertragen wird. Daß letztere hierbei, wie am Schluß dieses Abschnittes auseinandergesetzt ist, stärker ausgeführt werden müssen als bei Stehbolzen, welche mit dem Mantel verbunden sind, hat nicht viel zu bedeuten, denn anderenfalls ergibt sich bei einer Berechnung der Rohrwand nur nach der Entfernung der Ankerrohre im allgemeinen eine so geringe Wandstärke, daß die Rohrwand des Aufwalzens der Rohre wegen doch stärker ausgeführt werden muß.

Eine andere Deckenträgerkonstruktion, welche seltener ausgeführt wird, ist in Fig. 100 dargestellt. Aus dem oben genannten Grunde — größere Ausdehnung der Rohrwand als des Mantelbleches — ist diese Konstruktion nicht empfehlenswert.

Meist bestehen die Deckenträger, wie Fig. 99 auch zeigt, aus zwei Blechen, welche durch einige Schrauben oder Nieten mit übergezogenen Distanzstücken zusammengehalten werden und zwischen sich die Stehbolzen aufnehmen. Die Entfernung von Unterkante Deckenträger bis Oberkante Feuerkammerdecke soll nach den Vorschriften des Germanischen Lloyd ca. 40 mm betragen, damit sich hier nicht so leicht Schmutz oder Kesselstein ansetzen kann. Früher wurden hier meist, wie in Fig. 99 links punktiert angedeutet, kurze Gasrohrstücke eingesetzt, um beim Anziehen der Stehbolzenmuttern eine Durchbiegung der Feuerkammerdecke zu verhindern. Da jedoch die Stehbolzen erfahrungsgemäß unter diesen Gasrohrstücken stark abrosten, werden diese Rohrstücke neuerdings weggelassen.

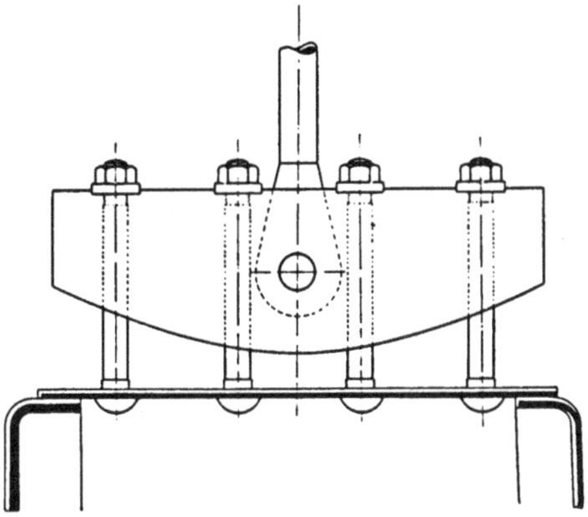

Fig. 100.

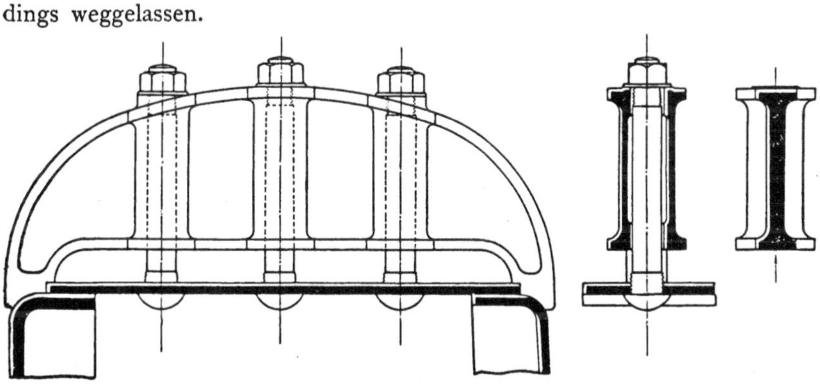

Fig. 101.

Selten findet man Deckenträger, welche aus Stahlguß hergestellt sind; man gießt sie dann natürlich in Doppel-T-Form (Fig. 101). Ab- und zu verwendet man auch im Gesenk geschmiedete oder gepreßte Träger (Fig. 102), was sich aber nur bei größerer Anzahl derselben lohnen wird.

Die Enden der Deckenträger werden meist in warmem Zustande auf die Feuerkammerdecke aufgepaßt, ehe die Feuerkammern in die Kessel eingesetzt werden. Um die Nietnaht nicht zu sehr auf Druck zu beanspruchen, sondern die Kräfte möglichst direkt in die Rohrwände zu leiten, würde die Formgebung des Deckenträgerendes nach Fig. 103 am zweckmäßigsten sein. Da der Deckenträger hierbei jedoch auf der Krümmung

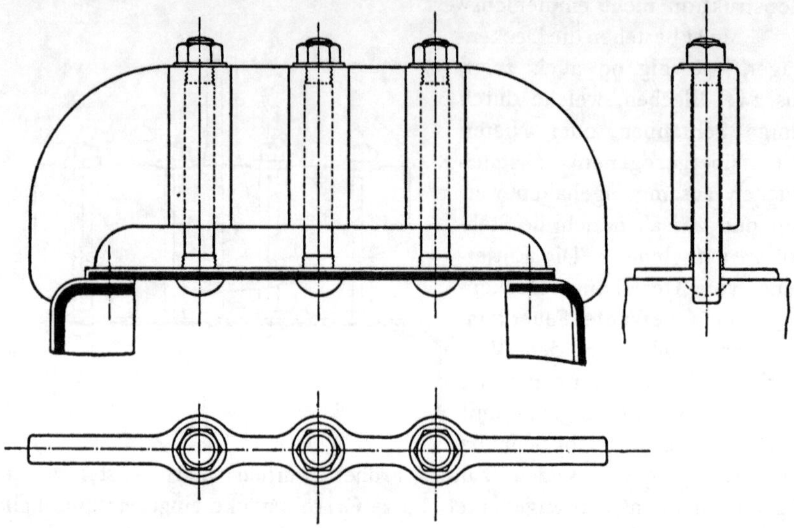

Fig. 102.

der Rohrwand wenig Auflagefläche findet, läßt man den Träger meist noch etwas auf der Feuerkammerdecke selbst aufruhen, wie Fig. 104 zeigt. Auf keinen Fall sollte man jedoch hierbei, wie punktiert angedeutet, den Deckenträger weiter als bis zur äußersten Kante der Nietköpfe gehen lassen, da die Nietnaht nicht geeignet ist, Kräfte in senkrechter Richtung ohne Leckwerden usw. zu übertragen.

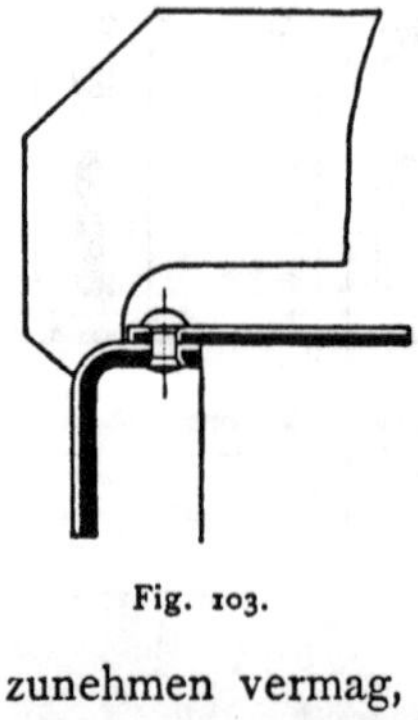

Fig. 103.

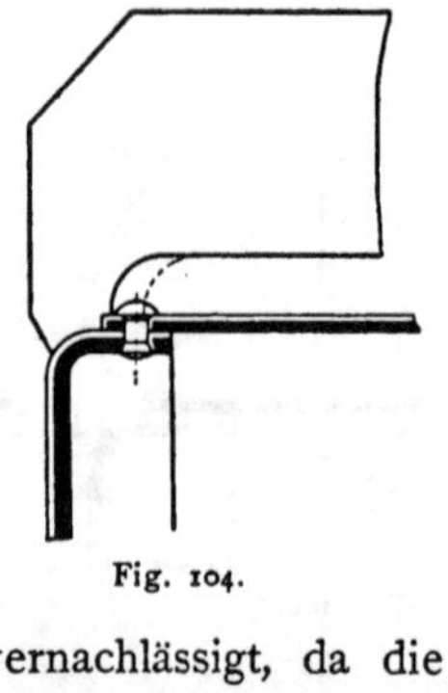

Fig. 104.

Bei der Berechnung der Deckenträger wird meist der Umstand, daß die Feuerkammerdecke selbst einen Teil des auf ihr lastenden Dampfdruckes aufzunehmen vermag, vernachlässigt, da die Berechnung dann zu schwierig wird. Man rechnet daher so, als ob die Deckenträger den ganzen Dampfdruck aufzunehmen hätten.

Der Germanische Lloyd gibt für den Fall, daß die Deckenträger gleichmäßig über die ganze Länge l der Feuerkammer verteilt sind (Fig. 105), die Formel

$$b = \frac{p \cdot c \cdot e \cdot l}{K \cdot h^2}, \quad \ldots\ldots\ldots \quad (1)$$

worin:

p = zulässiger Arbeitsdruck (Überdruck) in kg pro qcm,
c = Entfernung der Träger voneinander in cm,
e = Entfernung der Stehbolzen voneinander im Träger in cm,
l = innere Weite der Feuerkammer, in der Längsrichtung der Träger gemessen, in cm,
h = Höhe des Trägers in cm,
b = Dicke des Trägers in mm,
K = 48 bei einem Stehbolzen in jedem Träger,
= 36 » zwei » » » »
= 24 » drei » » » »
= 20 » vier » » » »
= 16 » fünf » » » »
= 14 » sechs » » » »

In dem Wert K ist nun eine Biegungsbeanspruchung der Deckenträger von 720 kg enthalten, wie für einen Deckenträger mit drei Stehbolzen gezeigt werden möge. Drückt man nämlich der Einheitlichkeit wegen auch die Dicke des Trägers b in cm aus, so lautet der Wert K für drei Stehbolzen 240 statt 24, und die Gleichung (1) läßt sich umformen in

$$b h^2 = \frac{p \cdot c \cdot e \cdot l}{240} \quad . \quad . \quad . \quad . \quad . \quad . \quad . \quad . \quad (2)$$

Nach Fig. 105 kommt nun auf jeden Stehbolzen ein Feld von der Größe $c \cdot e$. Da $e = \frac{1}{4} l$ ist, wird die Zugkraft in jedem Bolzen $= \frac{p \cdot c \cdot l}{4}$

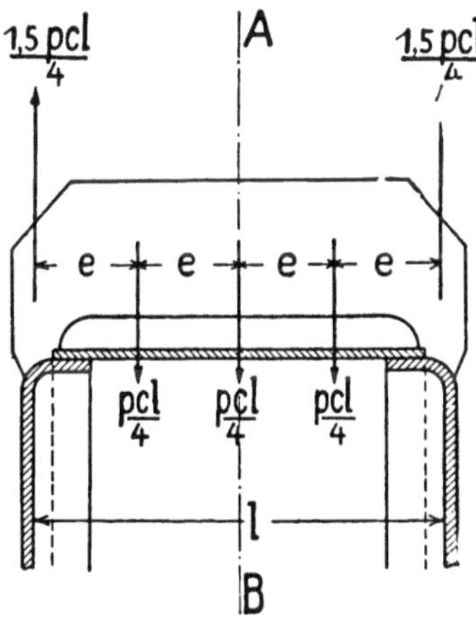

Fig. 105.

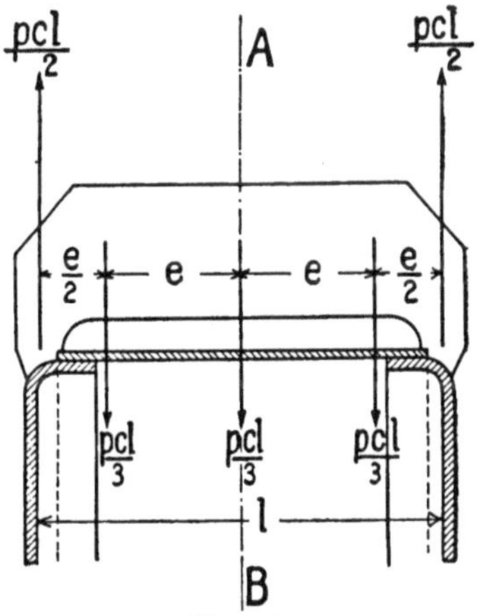

Fig. 106.

und jeder der beiden Auflagerdrucke $= \frac{1{,}5\, p \cdot c \cdot l}{4}$. Dann ist das Biegungsmoment für den Querschnitt $AB = \frac{1{,}5\, p \cdot c \cdot l}{4} 2e - \frac{p \cdot c \cdot l}{4} e = \frac{b h^2}{6} k_b$;

hieraus folgt

$$b h^2 = \frac{3 p \cdot c \cdot e \cdot l}{k_b}.$$

Mit Gleichung (2) ergibt sich nun $\frac{p \cdot c \cdot e \cdot l}{240} = \frac{3 p \cdot c \cdot e \cdot l}{k_b}$, folglich ist $k_b = 720$ kg pro qcm. Da diese Deckenträger oft verhältnismäßig roh ausgeführt, also z. B. aus Blechen hergestellt werden, welche einfach mit der Blechschere zugeschnitten sind, erscheint diese Beanspruchung nicht zu niedrig.

Setzt man die Stehbolzen, wie es häufig geschieht, so, daß die Entfernungen der äußersten Bolzen bis zum Rande der Feuerkammer kleiner sind als e, etwa $= \frac{e}{2}$ (Fig. 106), so ist das Maß e gegenüber der Fig. 105 bei derselben Weite l der Feuerkammer gewachsen, und es ergibt sich nach Formel (1), die man dann ebenfalls benutzen muß, da keine andere gegeben ist, ein stärkerer Deckenträger. In diesem Falle ist jedoch das Biegungsmoment, wie eine einfache Rechnung ergibt, kleiner geworden, sodaß die Biegungsbeanspruchung des Deckenträgers, z. B. in dem Falle der Fig. 106, nur 600 kg pro qcm beträgt.

Der Englische Lloyd und das Bureau Veritas haben von der Gleichung (1) etwas abweichende Formeln, sodaß ein allgemeiner Vergleich dieser Formeln untereinander nicht möglich ist.

Flache Wandungen.

Für die Berechnung flacher, durch Anker oder Stehbolzen unterstützter Wände gibt der Germanische Lloyd die Formel

$$s = c \sqrt{p\,(a^2 + b^2)} \quad . \; . \; . \; . \; . \; . \; . \; . \quad (1)$$

worin:

p = zulässiger Arbeitsdruck (Überdruck) in kg pro qcm,

a = Abstand der Anker oder Stehbolzen innerhalb einer Reihe voneinander in mm,

b = Abstand der Anker- oder Stehbolzenreihen voneinander in mm,

c = 0,017, wenn die Bleche von den Heizgasen und vom Wasser berührt werden und die Stehbolzen eingeschraubt und an den Enden mit Nietköpfen versehen sind,

= 0,0155, wenn die Bleche von den Heizgasen und vom Wasser berührt werden und die Stehbolzen eingeschraubt und an den Enden mit Muttern oder gedrehten Köpfen versehen sind,

= 0,015, wenn die Bleche nicht von den Heizgasen berührt werden und die Stehbolzen eingeschraubt und an den Enden mit Nietköpfen versehen sind,

$= 0{,}0135$, wenn die Bleche nicht von den Heizgasen berührt werden und die Stehbolzen eingeschraubt und an den Enden mit Muttern versehen sind,

$= 0{,}013$, wenn die Bleche nicht von den Heizgasen berührt werden, der Durchmesser der Unterlegscheiben $^2/_5$ der Ankerentfernung und die Dicke der Scheiben $^2/_3$ der Blechdicke ist,

$= 0{,}012$, wenn die Bleche nicht von den Heizgasen berührt werden, der Durchmesser der Unterlegscheiben $^3/_5$ der Ankerentfernung und die Dicke der Scheiben $^5/_6$ der Blechdicke ist,

$= 0{,}011$, wenn die Bleche nicht von den Heizgasen berührt werden, der Durchmesser der Unterlegscheiben $^4/_5$ der Ankerentfernung und die Dicke der Scheiben gleich der Blechdicke ist.

Für $a = b$, also für quadratische Felder, deren Seitenlänge dann $= l$ gesetzt werden soll, geht die Formel über in

$$s = c\sqrt{p\,2\,l^2} = c_1\,l\sqrt{p} \quad . \quad . \quad . \quad . \quad . \quad . \quad . \quad (2)$$

worin also $c_1 = c\sqrt{2} = 1{,}41\,c$ ist. Diese Formel $s =$ Konstante mal $l\sqrt{p}$ findet sich auch in den älteren Vorschriften des Germanischen Lloyd, wobei dann die Konstanten fast genau dem 1,41 fachen der oben angegebenen Konstanten, welche in die Formel $s = c\sqrt{p\,(a^2 + b^2)}$ einzusetzen sind, entsprechen.

Bei rechteckigen Feldern fällt nach obiger Formel die Wandstärke etwas größer aus als bei quadratischen Feldern von derselben Fläche, wie sich ohne weiteres aus der Gleichung (1) ableiten läßt.

Wie sich aus der obigen Zusammenstellung der Konstanten ergibt, haben diese einen größeren Wert, wodurch dann auch in demselben Verhältnis die Blechstärke größer ausfällt,

1. wenn die Bleche von den Heizgasen berührt werden, um so einem etwaigen Abbrand Rechnung zu tragen; es fällt daher z. B. die Rückwand der Feuerkammer stärker aus als die durch dieselben Stehbolzen hiermit verankerte hintere Stirnwand eines Einenders.

2. Wenn die Stehbolzen nur Nietköpfe und keine Muttern haben, weil dann die Unterstützung der Wand durch die Stehbolzen keine so günstige ist. Bei Stehbolzen mit vernieteten Köpfen nähert sich nämlich sozusagen der Belastungsfall mehr dem eines freiaufliegenden, gleichmäßig belasteten Stabes als bei Stehbolzen mit Muttern. Bei einem solchen freiaufliegenden Stabe ist aber das größte auftretende Biegungsmoment bekanntlich $= \frac{p\,l^2}{8}$, bei dem reinen Fall des gleichmäßig belasteten, an den Enden fest eingespannten Stabes dagegen nur $= \frac{p\,l^2}{12}$.

3. Wenn keine festaufgenieteten Unterlegscheiben vorhanden sind, da die Biegungsbeanspruchung dann größer ausfallen muß als beim Vorhandensein einer solchen Scheibe. Je größer und stärker die aufgenieteten

Unterlegscheiben sind, desto kleiner ist die Konstante und somit auch die Blechstärke.

Die Ableitung der Formel (1) ist folgende. Für einen gleichmäßig belasteten, an den Enden eingespannten Träger ist das größte Biegungsmoment $M_b =$ Belastung $\cdot \frac{l}{12}$; für einen 1 cm breiten Streifen, der aus einem quadratischen Felde von der Seitenlänge l herausgeschnitten wird, ist daher $M_b = \frac{p\,l^2}{12}$, worin p den Dampfdruck pro qcm bezeichnet. Nennt man die Blechdicke s, so ist das Widerstandsmoment $= \frac{b\,s^2}{6}$ und, da $b = 1$ gesetzt war, $= \frac{s^2}{6}$; mithin ist $\frac{p\,l^2}{12} = \frac{s^2}{6} k_b$, folglich ist $s = \sqrt{\frac{p\,l^2}{2\,k_b}}$ oder, wenn $\sqrt{\frac{1}{2\,k_b}} = c_1$ gesetzt wird, $s = c_1 \sqrt{p\,l^2}$. Statt l^2 ist dann, um auch rechteckige Felder in der Formel zu berücksichtigen, $(a^2 + b^2)$ gesetzt und die Konstante c_1 in $c = \frac{c_1}{\sqrt{2}}$ abgeändert, wodurch sich die Formel (1) ergibt. Da nun $c_1 = \sqrt{\frac{1}{2\,k_b}}$ und $c = \frac{c_1}{\sqrt{2}}$ war, ist $c = \frac{1}{2\sqrt{k_b}}$, woraus folgt $k_b = \frac{1}{4\,c^2}$. Da die Konstanten dieselben bleiben, wenn in den Formeln des Germanischen Lloyd die Werte durchweg in cm statt mm eingesetzt werden, wäre hiernach die Beanspruchung

für Bleche, von den Heizgasen und vom Wasser berührt, Stehbolzen eingeschraubt und vernietet = 865 kg pro qcm,

für Bleche, von den Heizgasen und vom Wasser berührt, Stehbolzen eingeschraubt und mit Muttern oder gedrehten Köpfen versehen = 1040 kg pro qcm,

für Bleche, von den Heizgasen nicht berührt, Stehbolzen eingeschraubt und vernietet = 1110 kg pro qcm,

schließlich für Bleche, von den Heizgasen nicht berührt, Stehbolzen eingeschraubt und mit Muttern versehen = 1371 kg pro qcm.

Diese Rechnungsmethode ist jedoch sehr ungenau; die wirklich auftretenden Beanspruchungen liegen weit unter diesen Werten. Eine genauere, auf Grund von Versuchen von Bach aufgestellte Rechnungsmethode ist weiter unten besprochen und hiernach die wirklichen Beanspruchungen errechnet.

Der Englische Lloyd gibt die Formel

$$\frac{C \cdot T^2}{P^2} = \text{Arbeitsdruck in Pfund pro Quadratzoll,}$$

worin bedeutet

T = Dicke der Platte in $^1/_{16}''$,

P^2 = Quadrat der Seitenlänge des Feldes in Zoll resp. bei rechteckigen Feldern das arithmetische Mittel aus den Quadraten beider Seitenlängen,

C = 90 bis 175, je nach der Dicke der Platte, der Anordnung von Nietköpfen oder Muttern bei Stehbolzen und der Verwendung von verschieden großen und starken Unterlegscheiben bei Ankern.

Für deutsches Maß umgerechnet und mit den für die Formeln (1) und (2) gewählten, in Deutschland üblichen Bezeichnungen versehen, lautet diese Formel $s = c_2 \cdot l \sqrt{p}$. Ein genauer Vergleich der englischen Konstanten c_2 mit den deutschen Konstanten c läßt sich hier nicht geben, da der Englische Lloyd die Konstanten auch noch je nach der Plattendicke etwas verschieden wählt und die Maße für die aufgenieteten Unterlegscheiben andere sind als bei den deutschen Konstanten. Die Abstufung der Konstanten, je nachdem die Stehbolzen Nietköpfe oder Muttern haben und nach der Größe und Stärke der Unterlegscheiben ist ähnlich wie beim Germanischen Lloyd. Ob die englische oder deutsche Formel einen größeren Wert für die Blechstärke liefert, hängt also vom Spezialfalle ab.

Ähnlich ist es mit der Formel des Board of Trade

$$\frac{C \cdot (T+1)^2}{S-6} = \text{Arbeitsdruck in Pfund pro Quadratzoll,}$$

welche sich annähernd auch auf die Form der Gleichung (2) umrechnen läßt, deren Konstanten aber ebenfalls keinen direkten Vergleich mit den deutschen Konstanten gestatten.

Die Formel des Bureau Veritas

$$\delta = 1{,}5 + \sqrt{(a^2 + b^2)\frac{P \cdot K}{T}}$$

lautet umgerechnet $s = 1{,}5 \text{ mm} + c_3\, l \sqrt{p}$.

Da hier die Konstanten auch noch gemäß der Festigkeit des für die flachen Wände benutzten Blechmaterials schwanken, ist ein Vergleich dieser Konstanten mit den deutschen ebenfalls nicht möglich.

Im allgemeinen haben also die Formeln der verschiedenen Klassifikationsgesellschaften, abgesehen von Zugaben usw., die Form s = Konstante mal $l \sqrt{p}$.

Es sei nun wenigstens für die Konstanten des Germanischen Lloyd an einigen Fällen durch eine genauere Rechnung gezeigt, welche Blechbeanspruchung hierbei zu erwarten ist. Nach Bach*) gelten folgende Gleichungen:

*) Zeitschrift des Vereines deutscher Ingenieure 1894, S. 341.

1. Für eingeschraubte Stehbolzen mit vernieteten Köpfen (Fig. 107 I)

$$p = 3{,}6\left(1 - 0{,}7\,\frac{d}{l}\right)\left(\frac{s}{l}\right)^2 k_b \quad \ldots\ldots \quad (3)$$

2. Für Anker nach Fig. 107, II

$$p = 3{,}6\,\frac{1 - 0{,}7\,\dfrac{d}{l}}{1 - 1{,}8\,\dfrac{d}{l}}\left(\frac{s}{l}\right)^2 k_b \quad \ldots\ldots \quad (4)$$

3. Für Anker mit aufgenieteten Unterlegscheiben von einer Dicke 0,75 s bis s (Fig. 107, III)

$$p = \frac{4}{1 - 0{,}9\,\dfrac{d_n}{l}}\left(\frac{s}{l}\right)^2 k_b \quad \ldots\ldots \quad (5)$$

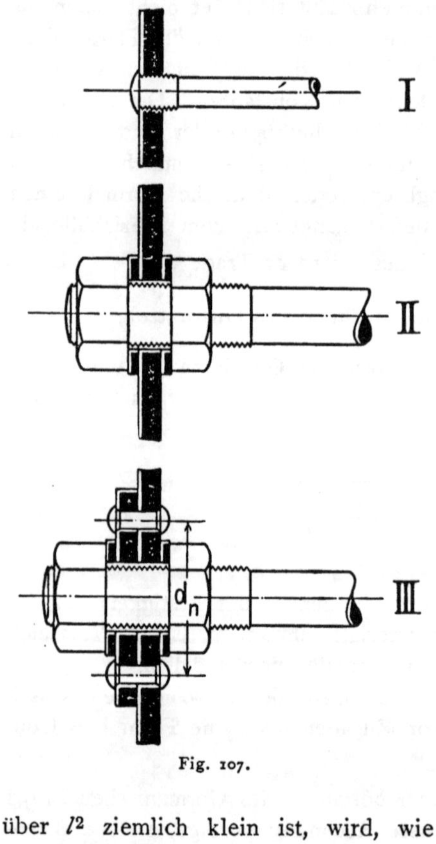

Fig. 107.

worin:

p = größter Betriebsdruck,
l = Abstand der Stehbolzen oder Anker voneinander, d. h. die Teilung in cm,
s = Blechstärke in cm,
k_b = Biegungsbeanspruchung in kg pro qcm,
d_n = Nietlochdurchmesser der Verstärkungsplatte.

Für Abrosten, Abbrennen usw. ist ev. noch eine konstante Zugabe zu der mit obigen Formeln errechneten Wandstärke zu machen.

Die Ableitung dieser Formeln sei wenigstens für Gleichung (3) gegeben. Nach Fig. 108 gehört zu dem Anker M das Feld $ABCD$; der Druck auf dieses Feld ist eigentlich nur =

$$\left(l^2 - \frac{d^2\,\pi}{4}\right) p;$$

da jedoch die Fläche $\frac{d^2\,\pi}{4}$ gegenüber l^2 ziemlich klein ist, wird, wie üblich, als gedrückte Fläche die Größe l^2 gewählt.

Für die Bruchlinie nach der Diagonalen, z. B. AC, ist dann das Biegungsmoment $= \left(\frac{l^2}{2}\,p\right) g$, worin g den Abstand des Schwerpunktes des halben Feldes von der Diagonalen darstellt. Da $g = {}^1/_3$ der halben Diagonale, also $= \frac{1}{3} \frac{l\sqrt{2}}{2}$ ist, ergibt sich für das Moment der Wert

$$M_b = \frac{\sqrt{2}}{12} l^3 p$$

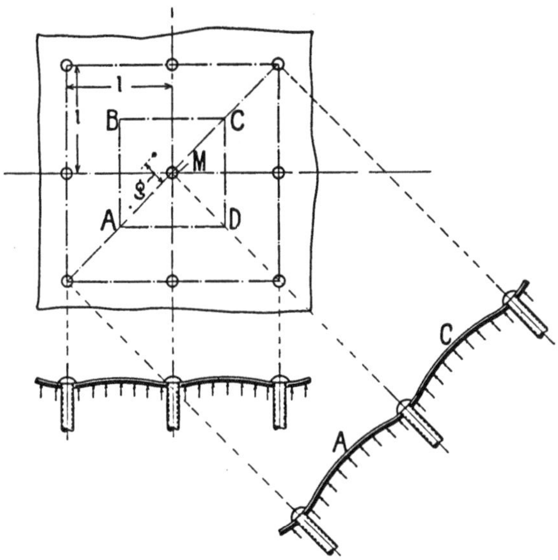

Fig. 108.

Da nun das halbe Feld ABC nicht frei aufliegt, sondern mit dem übrigen Blech zusammenhängt, fällt das Moment für den in Betracht gezogenen Bruchquerschnitt bedeutend geringer aus, es muß daher noch mit einer Zahl $\mu < 1$ multipliziert werden.

Dieser Wert μ ergab sich nach umfassenden Versuchen mit flachen verankerten Wandungen, welche auf der Kaiserlichen Werft zu Danzig in den Jahren 1884 bis 1892 ausgeführt sind, zu 0,556 für Versteifungen nach Fig. 107, I und II und zu 0,5 für Anker mit aufgenieteten Unterlegscheiben (Fig. 107, III), sodaß also das Biegungsmoment in Wirklichkeit nur etwa halb so groß ausfällt, als eben für freiaufliegendes Blech berechnet ist.

Mit $\mu = 0{,}556$ ergibt sich dann für Stehbolzen mit vernieteten Köpfen

$$\frac{0{,}556\,\sqrt{2}}{12} l^3 p = \frac{(l\sqrt{2} - d)\, s^2}{6} k_b\,,$$

folglich ist

$$p = 3{,}6 \left(1 - 0{,}7 \frac{d}{l}\right) \left(\frac{s}{l}\right)^2 k_b$$

Sobald Muttern und ev. noch vernietete Scheiben vorhanden sind, erreicht nun auch das Moment der halben Ankerkraft $\frac{l^2 p}{2}$, welches nach Maßgabe der Auflagefläche der Mutter dem Biegungsmoment, bezogen auf den Bruchquerschnitt, entgegenarbeitet, eine Größe, welche nicht vernachlässigt werden darf. Nimmt man an, daß diese Kraft im Schwerpunkt des halben Kreises vom Durchmesser $2d$ angreift, so erhält man analog die Gleichung (4). Ähnlich läßt sich die Gleichung (5) mit $\mu = 0{,}5$ ableiten, wenn dabei in entsprechender Weise das Vorhandensein der Unterlegscheiben berücksichtigt wird.

Es sei noch darauf hingewiesen, daß die Blechstellen am stärksten beansprucht sind, in denen die Anker oder Stehbolzen sitzen, da wir das Blech als eingespannt und gleichmäßig belastet betrachten müssen und hierbei die größten Beanspruchungen in den Einspannungsstellen und nicht in den Stellen größter Durchbiegung auftreten.

Die genannten Versuche der Danziger Werft zeigten, daß bei zähem Fluß- oder Schweißeisen eine merkbare bleibende Durchbiegung bei etwa $k_b = 1800$ kg pro qcm und ein deutliches Wachsen dieser Durchbiegungen bei etwa $k_b = 2400$ kg pro qcm eintrat. Wie zu erwarten war, ergab sich bei den Zerreißproben mit dem überanstrengten Material eine größere Zugfestigkeit und kleinere Dehnung, als sie das Material vor dem Versuch hatte, z. B. rund 43 kg Festigkeit und 18 % Dehnung gegenüber 35 kg Festigkeit und 21 % Dehnung.

Bach sieht für vorzügliches Material und unter der Voraussetzung, daß, wenn nötig, eine Zugabe für Abrosten usw. gemacht wird, eine Biegungsspannung von 600 bis 800 kg als zulässig an.

Es sei nun untersucht, welche Biegungsbeanspruchungen nach den Bachschen Formeln in den Konstanten des Germanischen Lloyd enthalten sind.

Nach Gleichung (3) ist

$$s^2 = \frac{p\, l^2}{3{,}6 \left(1 - 0{,}7 \frac{d}{l}\right) k_b}$$

Setzen wir hierin

$$c_1 = \sqrt{\frac{1}{3{,}6 \left(1 - 0{,}7 \frac{d}{l}\right) k_b}} \quad \ldots \ldots \ldots (6)$$

so erhalten wir die Formel $s = c_1\, l \sqrt{p}$.

Sobald also das Verhältnis $\frac{d}{l}$ festgestellt ist, läßt sich aus den Konstanten sofort ausrechnen, welche Biegungsbeanspruchung zugrunde gelegt ist. Das Verhältnis $\frac{d}{l}$ ist nun unter sonst gleichbleibenden Umständen für alle Werte von l konstant, denn mit wachsendem l wächst der aufzunehmende Druck mit dem Quadrat von l, ebenso wächst aber auch die Tragfläche des Stehbolzens oder Ankers bei wachsendem d mit dem Quadrat des Durchmessers. Nach dem Germanischen Lloyd ist die zulässige Zugbeanspruchung von stählernen Stehbolzen und Ankern = 600 kg pro qcm, liegt also auch fest. Der Wert $\frac{d}{l}$ wird daher nur mit dem Kesseldruck schwanken und ferner dadurch etwas beeinflußt werden, daß man nicht den errechneten Kerndurchmesser, sondern den mittleren Gewindedurchmesser in die Gleichung (6) einsetzen muß, wenn der Anker eingeschraubt ist und sogar den äußeren Gewindedurchmesser, wenn er nicht eingeschraubt ist, was aber selten vorkommt.

Mit 600 kg Zugbeanspruchung und einer Differenz des äußeren und inneren Gewindedurchmessers von im Mittel 4 mm ergibt sich nun der Wert $\frac{d}{l}$ für 12 at zu 0,17 und für 15 at zu 0,19. Durch die Form des Klammerwertes unter der Wurzel in Gleichung (6), in welchem $\frac{d}{l}$ vorkommt, wird die Verschiedenheit der Werte $\frac{d}{l}$ fast ganz bedeutungslos, so daß wir mit ausreichender Genauigkeit für Drucke von 12 bis 15 at erhalten

$$k_b = \frac{1}{3{,}15\, c_1^2} \quad \ldots\ldots\ldots\ldots \quad (7)$$

Die Gleichung (3) resp. (6), aus der diese Gleichung (7) abgeleitet ist, galt nun für Stehbolzen mit vernieteten Köpfen. Die Konstanten c für die Formel des Germanischen Llyod $s = c\sqrt{p\,(a^2 + b^2)}$ sind hierfür = 0,017, wenn die Bleche von den Heizgasen und vom Wasser berührt sind, und 0,015, wenn die Bleche nicht von den Heizgasen berührt sind.

Um c_1 zu erhalten, sind diese Werte, wie auf S. 131 auseinandergesetzt, mit $\sqrt{2}$ zu multiplizieren; wir erhalten also für dem Feuer ausgesetzte Bleche $c_1 = 0{,}024$ und für Bleche, welche nicht dem Feuer ausgesetzt sind, $c_1 = 0{,}0212$. Damit wird nach Gleichung (7) k_b für von den Heizgasen berührte Bleche = 551 kg und für nicht von den Heizgasen berührte Bleche = 706 kg pro qcm. Bei den ersteren Blechen fällt die Biegungsbeanspruchung naturgemäß bedeutend geringer aus, da in der Blechstärke hier auch die Zugabe für Abbrennen enthalten ist.

Diese beiden Beanspruchungen sind also in den Konstanten des Germanischen Lloyd für Stehbolzen mit Nietköpfen enthalten, sofern die Stehbolzen mit 600 kg pro qcm berechnet sind.

Für Stehbolzen mit Muttern wird man die Formel (4) auf S. 134 benutzen können. Bei dieser ist allerdings angenommen, daß auf beiden Seiten Muttern vorhanden sind, während die Stehbolzen bei Schiffskesseln nur Muttern auf einer Seite erhalten, dafür ist aber der Stehbolzen eingeschraubt, was bei der Formel gemäß Fig. 107 II nicht angenommen ist.

Eine entsprechende Umrechnung liefert hier folgende Beziehung zwischen c_1 und k_b

$$c_1 = \sqrt{\frac{\left(1-1{,}8\frac{d}{l}\right)}{3{,}6\left(1-0{,}7\frac{d}{l}\right)k_b}}$$

Der Unterschied zwischen $\frac{d}{l} = 0{,}17$ und $0{,}19$ verwischt sich auch hier wieder ganz durch die Form der Klammergröße unter der Wurzel, sodaß wir mit ausreichender Genauigkeit erhalten

$$k_b = \frac{1}{4{,}66\ c_1^2} \quad \ldots\ldots\ldots \quad (8)$$

Für Stehbolzen mit Muttern gelten die Konstanten c des Germanischen Lloyd 0,0155, wenn die Bleche von den Heizgasen und vom Wasser berührt werden und 0,0135, wenn sie nicht von den Heizgasen berührt werden. Die Werte c_1 sind wieder 1,41 mal so groß, also = 0,0218 resp. = 0,019, folglich ist die Biegungsbeanspruchung $k_b = 451$ kg pro qcm für Bleche, welche den Heizgasen ausgesetzt sind und = 595 kg für nicht dem Feuer ausgesetzte Bleche; wegen der Zugabe für das Abbrennen ist auch hier wieder die Beanspruchung der den Heizgasen ausgesetzten Bleche geringer.

Es zeigt sich also, daß die den Heizgasen ausgesetzten Bleche, welche nach den Konstanten des Germanischen Lloyd berechnet sind, jedesmal um rund 100 kg weniger beansprucht sind, wenn sie durch Stehbolzen mit Muttern unterstützt sind, als wenn sie von Stehbolzen mit Nietköpfen getragen werden. Dabei ist noch zu berücksichtigen, daß das Blech bei vernieteten Stehbolzen durch das kalt vorzunehmende Vernieten der Stehbolzenköpfe in der Nähe derselben, also in den am meisten beanspruchten Stellen, auch schon gelitten haben wird. In Anbetracht des Umstandes, daß die Beanspruchungen für Stehbolzen mit vernieteten Köpfen nicht zu hoch erscheinen, daß also dieselbe Beanspruchung von 551 resp. 706 kg auch für Bleche, welche durch Stehbolzen mit Muttern unterstützt sind, zugelassen werden kann, könnten die Konstanten für die letzteren Bleche etwas verringert werden.

Eine Feststellung der Beanspruchung der flachen Wände, welche durch Anker und aufgenietete Unterlegscheiben unterstützt sind, sei nur für den am meisten üblichen Fall, daß die aufgenieteten Verstärkungsscheiben einen Durchmesser von $^3/_5$ der Ankerentfernung haben, gegeben. Es ist dann als Mittelwert von 14 Ausführungen $d_n = 0{,}735\ d$, womit sich aus Formel (5) folgende Beziehung ableiten läßt:

$$c_1 = \sqrt{\frac{0{,}151}{k_b}}$$

Dieser Wert ist wieder gleich dem 1,41fachen der Konstante 0,012, welche für nicht von den Heizgasen berührte Bleche gilt, wenn der Durchmesser der Unterlegscheiben $^3/_5$ der Ankerentfernung und die Dicke der Scheibe $^5/_6$ der Blechstärke ist. Hieraus folgt $k_b = 523$ kg, also wiederum ein verhältnismäßig geringer Wert.

Erwähnt sei noch, daß Bach neuerdings*) noch eine andere Theorie veröffentlicht hat, nach welcher sich ebene Wandungen berechnen lassen. Die im Jahre 1894 von Bach veröffentlichte Theorie erschien jedoch für den vorliegenden Fall zweckmäßiger, da sich die darin vorkommenden Werte auf eine große Anzahl von Versuchen mit Stehbolzen und Ankern stützen, was bei der neuen Theorie nicht der Fall ist.

Berechnung der Rohrwände. Gleichung (1) auf S. 130 gilt nach den Vorschriften des Germanischen Lloyd mit einer Konstante von 0,014 auch für Rohrwände, welche im Bereich der Siederohrbündel durch Ankerrohre unterstützt sind. Unter a und b sind dann analog die Entfernungen der Ankerrohre voneinander zu verstehen. Die sich dann ergebende Wandstärke muß jedoch häufig vergrößert werden, um ein gutes Aufwalzen der Rohre zu ermöglichen; besonders wenn man, um viel Heizfläche unterzubringen oder einen kleinen Kesseldurchmesser zu erhalten, die Rohrteilung verhältnismäßig klein gewählt hat, wodurch also die Stegstärke zwischen den Rohren ziemlich gering ausfallen würde, wird man dafür sorgen müssen, durch eine entsprechend größere Dicke der Rohrwand für das Aufwalzen der Rohre genügend Blechmaterial zu bieten, damit das Blech nicht unzulässig deformiert wird und die Einwalzungsstellen hinreichend dicht werden. Bei der in der Feuerkammer gelegenen Rohrwand wird man andererseits aber auch wieder darauf zu achten haben, daß diese Wand nicht unnötig stark wird, da hier der höheren Temperatur wegen jede Wärmestauung, wie sie eine zu dicke Rohrwand mit sich bringen würde, vermieden werden muß. Die in der Rauchkammer gelegene Rohrwand kann dagegen unbedenklich dicker gewählt werden.

Wenn der Druck, welcher auf der Feuerkammerdecke lastet, nicht durch Anker, verlängerte Stehbolzen od. dgl. vom Kesselmantel aufgenommen wird, sondern, wie üblich, durch Deckenträger auf die Rohrwände übertragen wird, muß die in der Feuerkammer gelegene Rohrwand nach den Vorschriften des Germanischen Lloyd außer nach obiger Formel (1) noch nach der Formel

$$s = \frac{p \cdot w \cdot b}{1900\,(b-d)} \quad \ldots\ldots\ldots \quad (9)$$

berechnet werden, wobei dann der größere Wert, der sich aus beiden Formeln ergibt, zu wählen ist.

In dieser Formel ist

s = Dicke der Rohrwand in mm,

p = zulässiger Arbeitsdruck (Überdruck) in kg pro qcm,

*) Zeitschrift des Vereines deutscher Ingenieure 1906 S. 1940.

w = Weite der Feuerkammer in mm,

b = Entfernung der Rohre voneinander, von Mitte zu Mitte gemessen, in mm,

d = innerer Durchmesser der glatten, dünnwandigen Siederohre in mm.

Die Ableitung dieser Formel ist die folgende, wobei wir vorläufig unter d den äußeren Durchmesser der Rohre verstehen wollen. Auf einem Streifen von der Breite b der Feuerkammerdecke, welche in Fig. 109 perspektivisch dargestellt ist, lastet der Druck $w \cdot b \cdot p$; davon entfällt auf jede der beiden Rohrwände $\frac{w \cdot b \cdot p}{2}$. Zur Aufnahme dieses Druckes steht in der Rohrwand nur der Steg vom Querschnitt $(b-d)\,s$ zur Verfügung; die Formel $s = \frac{p \cdot w \cdot b}{1900\,(b-d)}$ besagt daher nichts weiter, als daß die Druckbeanspruchung in den Stegen der Rohrwand nicht mehr als 950 kg pro qcm betragen darf. Da nun aber das Rohr selbst, besonders wenn es ein Ankerrohr ist, auch etwas von dem Gesamtdruck tragen wird, so ist, um diesen Einfluß des Rohres zu berücksichtigen, in der Formel nicht der äußere Durchmesser, wie eben angenommen, sondern der innere Rohrdurchmesser einzusetzen. Die genannte Formel ist aufgestellt worden, nachdem sich mehrfach herausgestellt hatte, daß tatsächlich die oberen Reihen der Rohrlöcher in der Feuerkammerrohrwand durch den auf ihr lastenden Druck oval geworden waren.

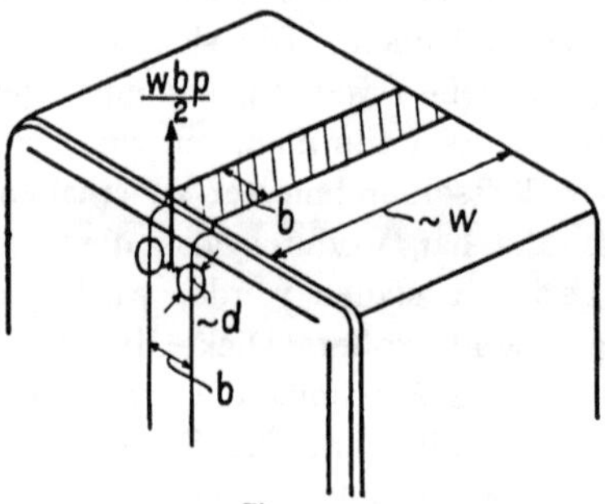

Fig. 109.

In der Stirnwand muß zwischen den begrenzenden Rohrreihen der einzelnen Siederohrbündeln meist eine größere Wandstärke gewählt werden als in den Siederohrbündeln selbst. Hier lautet die Formel des Germanischen Lloyd wieder

$$s = c_1 \cdot l \cdot \sqrt{p} \quad . \; . \; . \; . \; . \; . \; . \; . \; . \quad (10)$$

worin:

l = horizontaler Abstand der begrenzenden Rohrreihen voneinander, gemessen von Mittelpunkt zu Mittelpunkt, in mm,

c_1 = 0,022, wenn in den begrenzenden Rohrreihen jedes dritte Rohr ein Ankerrohr ist,

= 0,020, wenn in den begrenzenden Rohrreihen jedes zweite Rohr ein Ankerrohr ist,

= 0,019, wenn in den begrenzenden Rohrreihen jedes Rohr ein Ankerrohr ist.

Man kann nun entweder, da sich hiernach fast immer eine größere Wandstärke ergibt als nach Gleichung (1) auf S. 130 mit einer Konstanten von 0,014, nach welcher die Rohrwand im Bereich der Siederohrbündel selbst zu rechnen ist, diese größere Wandstärke für die ganze Rohrwand beibehalten, mit anderen Worten also dann das ganze Blech so stark ausführen, wie es die Formel (10) für die Stellen zwischen den Rohrbündeln ergibt, oder man kann eine Platte von der geringeren Wandstärke, wie sie für den Bereich der Siederohrbündel genügt, ausführen und zwischen den Rohrbündeln Bleche aufnieten, sodaß die Rohrwand mit diesen Verstärkungsplatten zusammen den Anforderungen der Formel (10) genügt. Hierbei ist naturgemäß die Dicke der Verstärkungsplatten nicht nur so groß zu wählen, daß die Summe beider Platten gleich der verlangten Blechdicke ist, sondern bedeutend stärker und zwar meist auch schon wegen des Zusammennietens mit der Rohrwand.

Wenn flache Wände, welche auf der einen Seite von den Heizgasen und auf der anderen vom Dampf umspült werden, wie es also bei dem oberen Teile der Stirnwand der Fall ist, nicht durch Flammbleche geschützt werden, ist des Abbrennens wegen eine um 10 % größere Wandstärke zu wählen, als die Formeln des Germanischen Lloyd ergeben. Dieser Schutz durch Flammbleche ist jedoch sehr empfehlenswert, einmal, um wie gesagt eine dünnere Ankerwand zu erhalten und dann auch, um die Ankermuttern usw. nicht der noch ziemlich hohen Temperatur der Heizgase und dem Ansetzen von Ruß auszusetzen.

Die Formeln der anderen Klassifikationsgesellschaften für die Berechnung der Rohrwände innerhalb und außerhalb des Bereiches der Siederohrbündel und bei Deckenträgern, welche den auf der Feuerkammerdecke lastenden Druck auf die Rohrwände übertragen, sind ähnlich; es sei hier nur erwähnt, daß die umgerechneten Formeln des Englischen Lloyd für die Rohrwände zwischen den Siederohrbündeln fast genau dieselben Konstanten haben, nämlich 0,0142 statt 0,014 bei der deutschen Formel, und daß die Druckbeanspruchung der Stege zwischen den Rohren, ebenfalls für den äußeren Siederohrdurchmesser gerechnet, bei der Formel des Englischen Lloyd ungefähr 985 kg statt 950 kg beträgt, daß also hiernach die Rohrwände etwas dünner ausfallen. Board of Trade gestattet dagegen, ebenso gerechnet, nur eine Druckbeanspruchung von 773 kg, verlangt also ganz erheblich stärkere Rohrwände. Bureau Veritas gibt für die Berechnung der Rohrwände überhaupt keine Formel.

XI. Abschnitt.

Siede- und Ankerrohre.

Als Siederohre werden überlappt geschweißte oder gezogene eiserne Rohre verwendet. Früher benutzte man auch Messingrohre, welche etwa doppelt so lange hielten wie eiserne und als Altmessing noch Wert hatten; sie gaben aber besonders bei künstlichem Zug viel leichter zu Leckagen Veranlassung, was sich ohne weiteres durch den gegenüber Eisen doppelt so großen Ausdehnungskoeffizienten des Messings erklärt.

Die üblichen äußeren Rohrdurchmesser sind bei Zylinderkesseln

$$63{,}5 \text{ mm} = \sim 2^1/_2''$$
$$70 \text{ mm} = \sim 2^3/_4''$$
$$76 \text{ mm} = \sim 3''$$
$$83 \text{ mm} = \sim 3^1/_4''.$$

Ab und zu findet man bei natürlichem Zug auch Rohre von 89 mm = $3^1/_2''$ Durchmesser. Bei Beibootskesseln usw. werden auch noch dünnere Rohre als 63,5 mm verwendet. Je kleiner man den Rohrdurchmesser wählt, desto größer wird für einen bestimmten Raum, in welchen die Rohre hingebaut werden sollen, die Heizfläche, desto geringer aber auch der Zugquerschnitt in den Rohren.

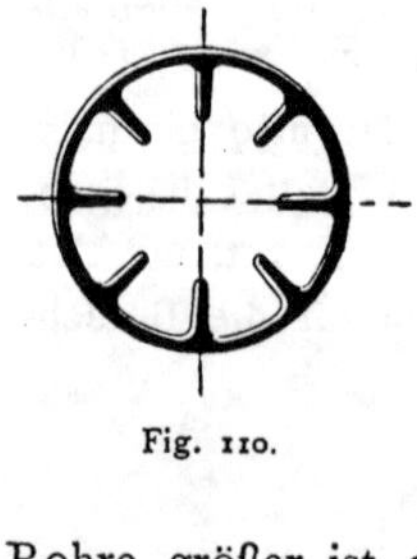

Fig. 110.

Ab und zu, besonders in Frankreich, findet man auch Serverohre (Fig. 110), welche eine bedeutend größere Heizfläche bieten. An den Enden der Rohre werden die Rippen weggefräst, um ein Einwalzen zu ermöglichen. Wenn nun auch das Gewicht dieser Rohre größer ist als das der gewöhnlichen Rohre, so ist doch eine gewisse Gewichtsersparnis vorhanden, da der Kesseldurchmesser bei Serverohren kleiner gewählt werden kann, weil die Heizfläche in einem kleineren Raum untergebracht ist. Der Hauptgrund gegen die Verwendung dieser Rohre ist ihre schwierige Reinigung durch Rohrbürsten usw.; mit einem

Dampfstrahl lassen sie sich eher reinigen. Man findet sie bei Zylinderkesseln sehr selten, häufiger noch in den untersten Rohrreihen bei einigen weitrohrigen Wasserrohrkesseln, da diese untersten Rohre sich hier leicht

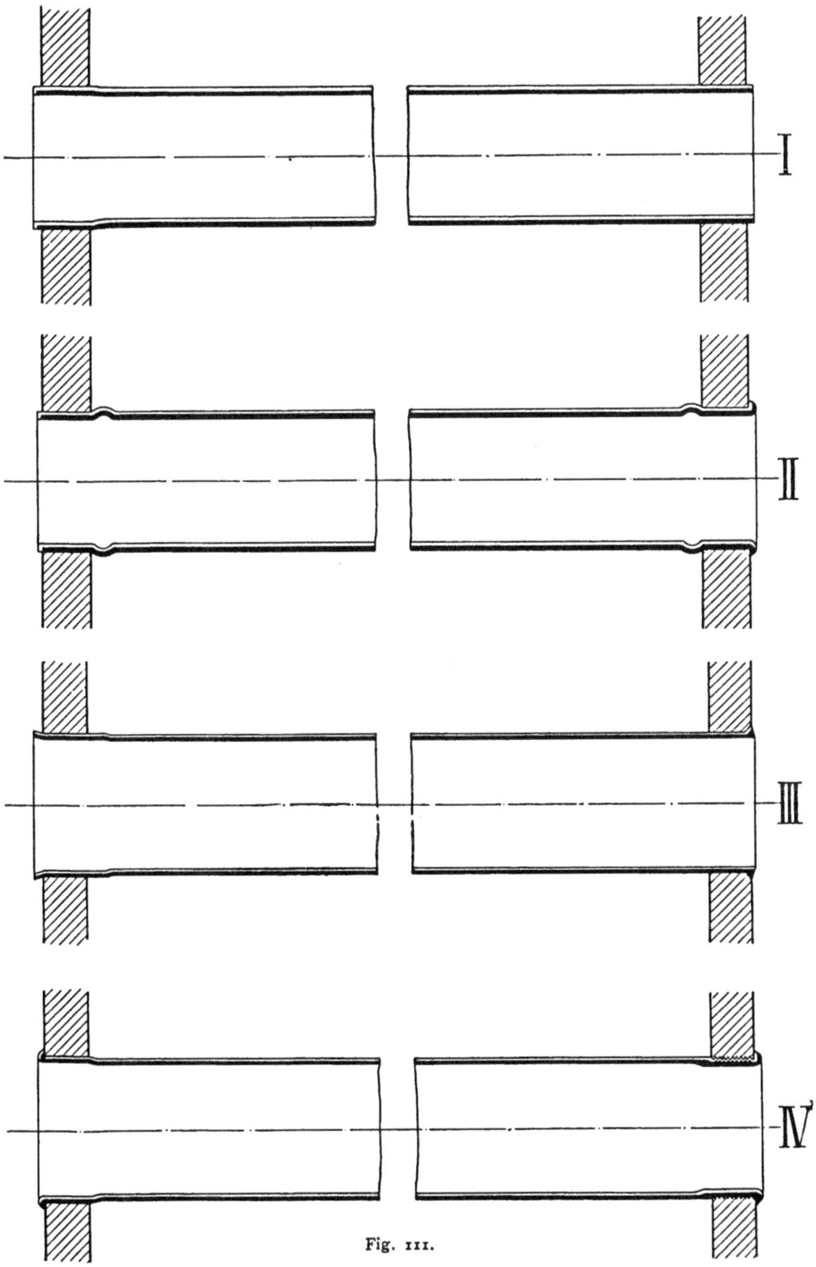

Fig. 111.

krummziehen und die erwähnten Rippen diesem Krummziehen entgegenarbeiten. Die Herstellung der Serverohre geschieht aus mit Rippen versehenen Blechstreifen, welche gerollt und über einen Dorn geschweißt werden; neuerdings werden diese Rohre auch nahtlos hergestellt.

Wie die Tabellen auf S. 34 bis 37 zeigen, verwendet man für natürlichen Zug meistens Rohre von 76 oder 83 mm Durchmesser, für künstlichen Zug dagegen meist Rohre von 70 mm äußerem Durchmesser, weil es hierbei vor allem auf eine größere Heizfläche ankommt und der geringere Zugquerschnitt des künstlichen Zuges wegen ausreichend ist. Die Wandstärke der Siederohre beträgt bei den genannten Rohrdurchmessern mit Rücksicht auf das Abrosten usw. meist 3,5 bis 4 mm, in der Kriegsmarine der Gewichtsersparnis wegen aber nur 3 oder 3,25 mm.

Die Siede- und Ankerrohre werden stets in beiden Rohrwänden aufgewalzt. Die Rohrenden läßt man bei natürlichem Zug an jeder Seite etwa 3 mm überstehen. Um die Rohre bequem einsetzen und zu einer gründlichen Reinigung von Kesselstein oder zum Auswechseln leichter herausziehen zu können, werden die Löcher für die Siederohre in beiden Rohrwänden meist um 2 mm verschieden groß gemacht (Fig. 111, I), z. B. erhält die in der Rauchkammer gelegene Rohrwand ein Loch von 72 und die in der Feuerkammer gelegene Rohrwand ein Loch von 70 mm für ein Rohr von 70 mm Durchmesser. Bei 2 mm Differenz in den Lochdurchmessern kann sich nun rund um das Rohr eine 1 mm starke Kesselsteinschicht ansetzen, ohne daß das Herausnehmen des Rohres Schwierigkeiten bietet. Seltener findet man einen Unterschied in den Lochdurchmessern von nur 1 mm oder 3 und 4 mm.

Fig. 112.

Ein Herausnehmen der Rohre geschieht in der in Fig. 112 dargestellten Weise. In der Feuerkammer wird über das Rohr eine Scheibe gelegt, deren Durchmesser höchstens gleich dem äußeren Durchmesser des Rohres sein darf. Diese Scheibe wird dann durch eine Zugstange mit einem auf der Rauchkammerseite aufgesetzten Bügel oder gewölbten Teller verbunden, sodaß durch Anziehen der Mutter das Rohr nach vorn gezogen wird. Meist müssen dabei aber auf der Feuerkammerseite Schläge auf die Scheibe ausgeübt werden, um das Rohr zu lockern. Nach Reinigung von Kesselstein und darauffolgendem Ausglühen können dieselben Rohre wieder verwendet werden.

Eine solche Wiederverwendung bietet nun, wenigstens für denselben Kessel, Schwierigkeiten oder ist ganz ausgeschlossen, sobald ein oder beide Rohrenden »über einen Dorn gestemmt« sind, wie es fast immer bei künstlichem Zug der Fall ist. Man stemmt dann nämlich, um ein Wegbrennen des überstehenden Rohrendes zu verhüten und auch weniger Gelegenheit zum Ansetzen von Flugasche usw. zu geben, das Rohr über einen Dorn ringsherum nieder, wie es Fig. 112, II am rechten Ende des Rohres zeigt, und zwar bei künstlichem Zug am besten auf beiden Seiten, mindestens jedoch auf der Seite der Feuerkammer. Das Rohr II in Fig. 111 zeigt gleichzeitig auch eine eigenartige Aufwalzung an den Innenseiten der Rohrwände, welche sich bei den von dem Ottensener Eisenwerk hergestellten Schiffskesseln findet. Da sich nämlich die Rohre im Betriebe stärker ausdehnen als die entsprechenden äußeren Kesselteile und sich beim Reinigen der Feuer, Aufwerfen von Kohlen usw wieder etwas zusammenziehen, sollen diese Ausdehnungen resp. Zusammenziehungen von den Aufweitungen des Rohres aufgenommen werden. Außerdem können diese Aufweitungen bei einer Ausdehnung des Rohres ventilartig dichtend wirken.

Fig. 111, III zeigt, wie das niedergestemmte Ende des Siederohres eines Kriegsschiffskessels teilweise in einer konischen Vertiefung der Rohrwand Platz findet. Diese zwar etwas teuere Ausführung dürfte bei künstlichem Zug besonders zweckmäßig sein, da den heißen Gasen nicht so viel vorstehendes Material geboten wird.

In der Kaiserlichen Marine erhielten die Siederohre bisher meist auf der Feuerkammerseite (Fig. 111, IV) auch noch Gewinde, was zwar für ein Dichthalten bei künstlichem Zug förderlich ist, aber bedeutende Kosten verursacht. In der englischen Marine waren Hülsen aus schmiedbarem Guß (Fig. 113), »ferrules« genannt, üblich, welche die Rohrenden vor der Stichflamme schützten. Sie waren schwach konisch und hielten so im Rohr fest, wenn sie durch Schläge leicht eingetrieben wurden.

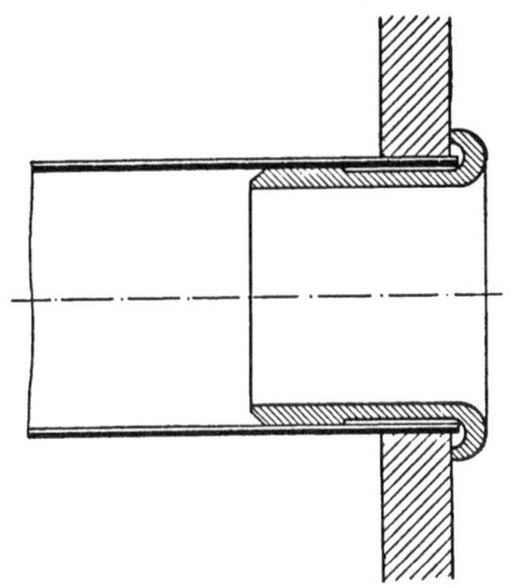

Fig. 113.

Die Rohrteilung wird meist so gewählt, daß die Stegstärke zwischen den Rohren auf der Feuerkammerseite, bei der das Rohrloch genau gleich dem äußeren Durchmesser des Rohres ist, etwa 24 bis 37 mm beträgt, wobei sich die kleineren Stegbreiten bei größeren Rohren finden und umgekehrt. Auf der Rauchkammerseite beträgt die Stegstärke dann des aufgeweiteten Rohrendes wegen meist 2 mm weniger. Die üblichen Rohrteilungen sind, je nachdem man den Kessel dem Volumen nach mehr oder weniger reichlich bemißt, nach den Tabellen auf S. 34 bis 37

für Rohre von 70 mm Durchmesser . . . . 100 bis 107 mm,
» » » 76 mm » gleichfalls 100 » 107 mm,
» » » 83 mm » . . . . . 108 » 114 mm.

Meist werden die Rohre im Kessel nicht ganz wagerecht, sondern nach der Rauchkammer zu ein wenig ansteigend angeordnet, um den Heizgasen das Entweichen zu erleichtern und zwar pro Meter Rohrlänge etwa 2 mm.

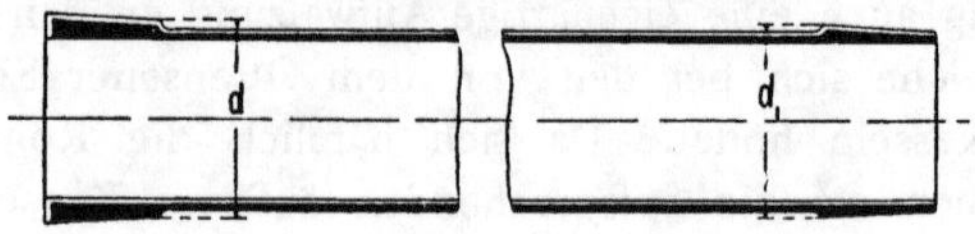

Fig. 114.

Der Vollständigkeit wegen seien noch die sog. Pauckschen Rohre erwähnt (Fig. 114). Es sind dies Rohre, welche in den Rohrwänden nicht aufgewalzt, sondern durch Schläge eingetrieben werden, und durch die konischen Verdickungen in der Rohrwand abgedichtet worden. Bei Verwendung dieser Rohre kommt man mit einem kleineren Kesseldurchmesser aus, denn diese Rohre lassen sich in Wellenlinien anordnen (Fig. 115), da zum Reinigen der Rohre einfach eine Anzahl Rohre herausgezogen wird. Ebenso können die Spielräume zwischen den Feuerkammern geringer gewählt werden, da zur Besichtigung und Reinigung der Rohrbündel ebenfalls Rohre herausgeschlagen werden können. Ihr Nachteil besteht jedoch darin, daß der Dampfdruck, welcher auf den Kreisring $\left(\frac{d^2\pi}{4} - \frac{d_1^2\pi}{4}\right)$ wirkt und bei den üblichen Ausführungen und Dampfdrucken etwa 40 kg beträgt, bestrebt ist, die Rohre zu lockern oder herauszuschleudern. Diese Rohre müssen daher durch Blechstücke od. dgl., welche auf der Rauchkammerrohrwand befestigt sind, gesichert werden. Aus diesen Gründen, und da leicht Unglücksfälle durch Herausschleudern der Rohre entstehen können, finden diese Rohre nur noch selten Verwendung.

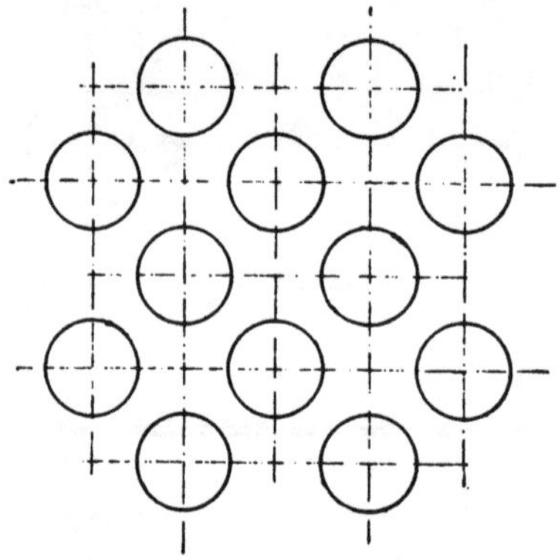
Fig. 115.

Durch Aufreißen der Schweißnaht oder Abrosten leckgewordene Siederohre können im Betriebe durch Rohrstopfer

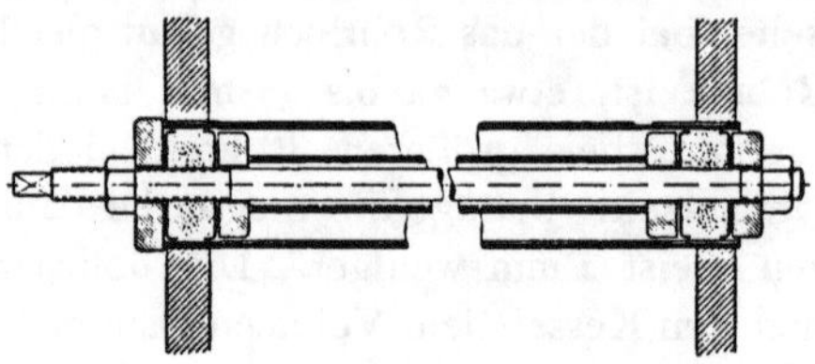
Fig. 116.

abgedichtet werden. Fig. 116 zeigt einen solchen Patentrohrstopfer, welcher von der Rauchkammerseite aus eingeschoben und betätigt werden kann. Durch Anziehen der Mutter werden hierbei die Kupfermanschetten und die Asbest- oder Gummiplatten auseinandergepreßt, sodaß eine ausreichende Abdichtung des Rohres stattfindet.

Ankerrohre.

Im Gegensatz zu Lokomotiven und Lokomobilen, bei denen die Rohrwände nur durch die aufgewalzten Siederohre versteift werden, ist es bei Schiffskesseln üblich, einen Teil der Siederohre als Ankerrohre

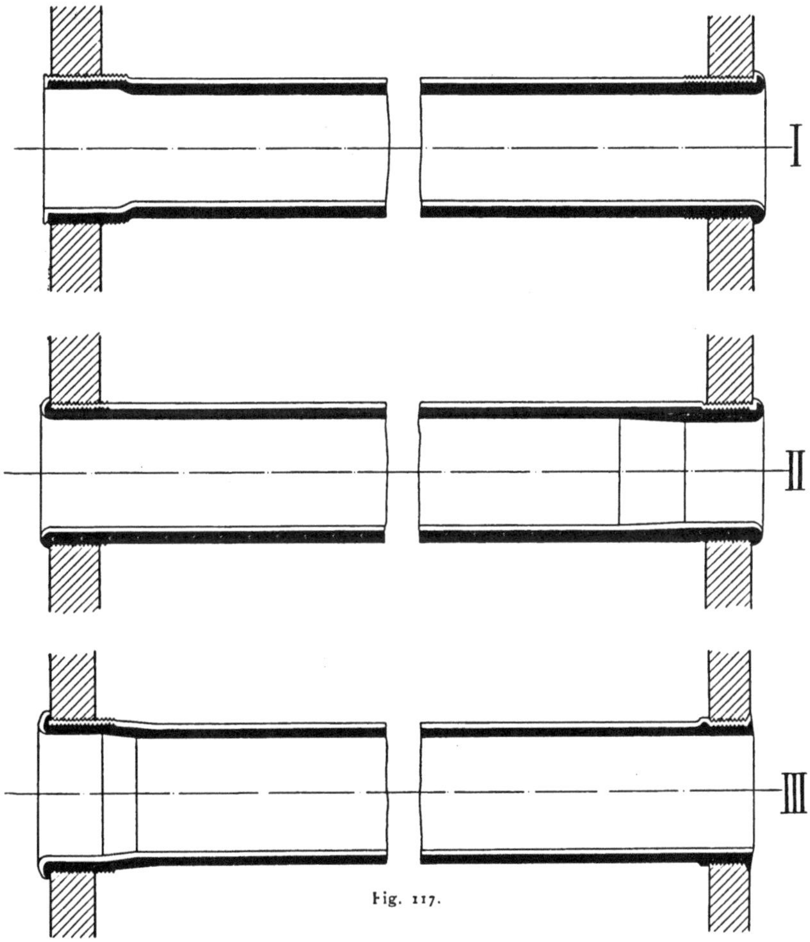

Fig. 117.

auszubilden, welche denselben äußeren Durchmesser, aber eine größere Wandstärke — meist 7 bis 10 mm — haben und in beide Rohrwände eingeschraubt werden. Ankerrohre werden im allgemeinen auch bei natürlichem Zug auf beiden Seiten oder wenigstens auf der Feuerkammerseite über einen Dorn gestemmt (Fig. 117, I), da sie sonst ihrer größeren Wandstärke und somit größeren Wärmeanhäufung wegen leicht wegbrennen. Von der Verwendung von flachen Muttern an den äußeren Enden der Ankerrohre ist man ganz abgekommen, da diese eine zu große Materialanhäufung bildeten. Das Gewinde hat wieder, wie bei den Ankern, auf beiden Seiten verschiedene Durchmesser; die Differenz des äußeren und inneren Gewindedurchmessers beträgt meist 3 mm.

Die Ankerrohre I und II in Fig. 117 stellen die in der Handelsmarine üblichen Ausführungen dar. Das Rohr III ist ein Ankerrohr eines Kriegsschiffskessels; der besseren Dichtung wegen ist hier noch ein Bund an der vom Wasser berührten Seite der Feuerkammerrohrwand vorhanden. Das Rohr ist in der Feuerkammer wieder in eine konische Vertiefung der Rohrwand hineingestemmt.

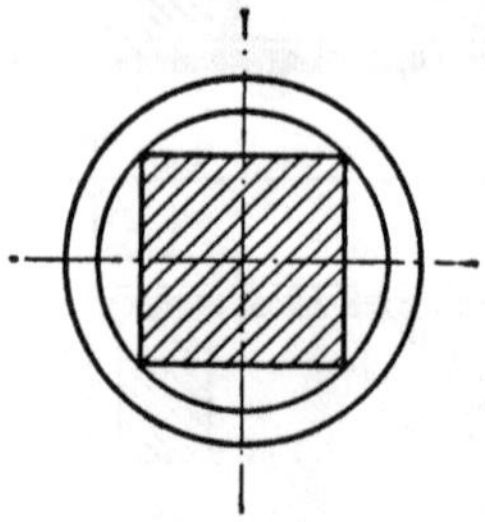

Fig. 118.

Das Einschneiden des Gewindes in die Rohrlöcher geschieht auf dieselbe Weise wie bei den Ankern. Das Einschrauben der Ankerrohre erfolgt mittels eines vierkantigen, etwas konischen Dornes (Fig. 118), der das Rohr nur wenig beschädigt. Ankerrohre werden ebenso wie die Siederohre stets in beiden Rohrwänden aufgewalzt.

In den äußeren Reihen der einzelnen Rohrbündel ist im allgemeinen jedes Rohr oder wenigstens jedes zweite Rohr ein Ankerrohr. Für die Stellen zwischen den Rohrbündeln richtet sich ja die Wandstärke des Bleches hiernach (vgl. S. 140). In den Rohrbündeln selbst wird meist nur jedes zweite oder dritte Rohr als Ankerrohr ausgebildet und danach, wie auf S. 139 ausgeführt, die Rohrwand im Bereich der Rohrbündel berechnet. Man ist somit bei der Bemessung der Wandstärke der Rohrwand unabhängig von der Arbeitsausführung des Aufwalzens der Siederohre, da die Ankerrohre allein, selbst wenn die Siederohre gar nicht halten, sondern auf Zug nachgeben sollten, die Rohrwände zusammenhalten würden. Es würden dann bei den üblichen Rohrteilungen, Kesseldrucken und Wandstärken der Ankerrohre, Zugspannungen von etwa 200 bis 500 kg pro qcm in den Ankerrohren entstehen, je nachdem in den Rohrbündeln jedes zweite oder nur jedes dritte Rohr ein Ankerrohr ist.

In den Vorschriften des Englischen Lloyd und des Board of Trade findet sich die Vorschrift, daß die Ankerrohre höchstens mit 527 kg pro qcm (7500 lbs pro Quadratzoll) beansprucht werden dürfen, wobei vorausgesetzt ist, daß ihre Wandstärke größer als $^1/_4''$ (6,35 mm) ist.

XII. Abschnitt.

Allgemeines über Wasserrohrkessel.

In den Kriegsmarinen aller Länder macht sich dauernd das Bestreben geltend, die Armierung und Panzerung zu verstärken und bei allen Schiffsgattungen, besonders aber bei den Torpedobooten, die Geschwindigkeit zu erhöhen. Es muß daher an der Maschinen- und Kesselanlage so viel wie möglich Gewicht gespart werden. Bezüglich der Höhe der Dampfspannung, Beanspruchung des Materials, Erhöhung der Kolbengeschwindigkeit usw. ist man nun schon an einer Grenze angelangt, welche sich nicht gut überschreiten läßt. Bei den Kesselanlagen, welche etwa bis Mitte der neunziger Jahre ausschließlich aus Zylinder- und Lokomotivkesseln bestanden, war dagegen die Möglichkeit vorhanden, durch Verwendung von Wasserrohrkesseln eine bedeutende Gewichtsersparnis zu schaffen. Es wurden daher etwa um diese Zeit in den meisten Kriegsmarinen die verschiedensten Wasserrohrkesseltypen an Bord ausprobiert. Die mit den erprobten Kesselarten gemachten Erfahrungen sind nun in den einzelnen Marinen ganz verschieden ausgefallen. Eine gewisse Einheitlichkeit in den verwendeten Kesseltypen ist heutzutage eigentlich nur bei der deutschen und amerikanischen Marine erreicht. Erstere hat sich nach genauerer Erprobung, insbesondere des Schulz- und des Dürr-Kessels, für einen engrohrigen Wasserrohrkessel mit krummen Rohren entschieden, welcher sich vom Schulz-Kessel nur wenig unterscheidet; die amerikanische Marine dagegen hat gerade ein entgegengesetztes System, nämlich einen weitrohrigen Kessel mit geraden Rohren, den Babcock- und Wilcox-Kessel, seit geraumer Zeit für alle Schiffe mit Ausnahme der Torpedoboote angenommen. In der französischen Marine herrscht der Belleville- und der Niclausse-Kessel vor, in der russischen Marine ebenfalls der Belleville-Kessel. England war mit der Einführung des Belleville-Kessels schnell vorgegangen, ist jetzt jedoch von diesem System abgegangen und nun eigentlich erst beim Erproben der verschiedenen Wasserrohrkessel begriffen, wobei es sich bei größeren Schiffen für den Babcock- und Wilcox-

Kessel zu entscheiden scheint. Mit Ausnahme der Torpedoboote, welche bei allen Marinen Kessel mit engen krummen Rohren haben, sind also die für Kriegsschiffe gewählten Systeme in den einzelnen Ländern ganz verschieden, teilweise sogar direkt entgegengesetzt, wie z. B. bei der deutschen und amerikanischen Marine. Der Grund hierfür liegt einmal darin, daß jedes Land möglichst einen nationalen Typ wählen und daher auch nur einen im Inland konstruierten und erbauten Kessel einer wirklich eingehenden Erprobung unterziehen wird. Von dieser eingehenden Erprobung und der Vertrautheit der Heizer mit dem betreffenden System hängt aber der Erfolg und die Bewährung eines Wasserrohrkessels zum großen Teil ab. Auch unsere engrohrigen Wasserrohrkessel würden wohl nicht zu so zufriedenstellenden Resultaten geführt haben, wenn sich nicht durch die jahrelange eingehende Erprobung auf einer größeren Anzahl von Schiffen zahlreiche Verbesserungen als notwendig herausgestellt hätten, deren Ausführung schließlich zu einem guten Resultat geführt hat. Man kann eben nicht erwarten, daß sich Kessel, welche nur auf einigen Schiffen erprobt sind, gut bewähren werden, da die Behandlung, Reinigung usw. jedes einzelnen Kesselsystems eine jahrelange Erfahrung und Vertrautheit der leitenden Ingenieure, Heizer usw. erfordert. Außerdem sind auch die Konstruktionen einzelner Kesseltypen, wie z. B. des Belleville- und Niclausse-Kessels, seit ihrer Erprobung in der deutschen Marine teilweise so verbessert worden, daß heute die damals auftretenden Mängel kaum noch oder wenigstens nicht mehr in demselben Maße vorkommen würden. Daß sich fast jede Marine für ein anderes System zu entscheiden scheint oder schon entschieden hat, rührt also daher, daß man einen nationalen Typ bevorzugen wird und eigentlich mit jedem richtig konstruierten und behandelten Wasserrohrkessel das gleiche Resultat erzielen kann. Es führen eben viele Wege nach Rom. Das Gleiche gilt auch von der Ökonomie der einzelnen Kessel. In Zeitschriften usw. finden sich häufig spaltenlange Verdampfungsversuche, Betriebsergebnisse usw. der einzelnen Kesselarten. Irgend ein größerer Wert ist diesen Versuchen meist nicht beizumessen, wenigstens gestatten sie keinen richtigen Vergleich der einzelnen Kesselarten untereinander. Im großen und ganzen wird es sich dabei natürlich um Paradeversuche handeln, bei denen die günstigsten Verhältnisse durch allerbeste Kohle, sehr geübte Heizer, tadellos reinen Zustand der Kessel usw. geschaffen sind. Es wird dies besonders bei Landversuchen der Fall sein, welche also schon aus diesem Grunde ausscheiden. Bei den Kohlenverbräuchen pro PS_i an Bord der Schiffe ist nun hierin ohne weiteres die Ökonomie der Maschinen, der Einfluß einer längeren oder kürzeren Dampfleitung usw. mit enthalten, ferner spielt auch hier die Qualität der Kohle und vor allem die Geübtheit der Heizer und der Zustand der Kessel eine bedeutende Rolle. Daß ungeübte oder nicht so leistungsfähige Heizer etwa bis zu 25 % mehr Kohlen pro kg verdampftes Wasser verbrauchen können als gute Heizer, ist durch Versuchsfahrten genügend nachgewiesen; ebenso, daß der Zustand der Kessel den Kohlenverbrauch pro PS_i sehr beeinflußt. Im Betriebe, besonders bei lang andauernden Fahrten, erhöhen sich daher die Kohlenverbräuche ganz bedeutend gegenüber den auf der Probefahrt erreichten Werten. So haben z. B. auf der Fahrt eines deutschen Geschwaders nach Lissabon*) die Zylinder-, Thornycroft- und Dürr-Kessel auf 7 Panzerschiffen bei einer Geschwindigkeit von 12,5 Seemeilen 24 bis 33 % und bei 9 Seemeilen Fahrt sogar 54 bis 79 % Kohlen pro PS_i mehr verbraucht als auf der Abnahmeprobefahrt.

Schließlich spielt auch der Forcierungsgrad der Kessel für den Kohlenverbrauch eine große Rolle. Mit wachsender Forcierung nimmt das durch 1 kg Kohle verdampfte Wasserquantum stetig ab.

Verfolgt man die geschichtliche Entwickelung der verschiedensten Wasserrohrkessel, so zeigt sich bei fast allen das Bestreben:

1. eine möglichst gute Wasserzirkulation zu schaffen, damit einmal die Verdampfungsfähigkeit eine gute wird und dann auch das Absetzen von Niederschlägen, welche die Wärmeübertragung und so die Ausnutzung der Heizgase verringern, nicht so leicht möglich wird.

2. Durch Abdeckbleche oder wandbildende Rohrreihen eine gute Führung der Heizgase und somit eine möglichst große Ausnutzung derselben zu schaffen. Die Heizgase werden meist so geführt, daß sie auch mit allen Teilen der Rohrbündel in Berührung kommen und ferner einen möglichst langen Weg durch die Rohrbündel machen müssen.

3. Den Verbrennungsraum zu vergrößern oder eine besondere Verbrennungskammer zu schaffen, um die Gase hier möglichst gut zu verbrennen.

Durch diese Bestrebungen haben auch diejenigen Kesselarten, welche zuerst keinen günstigen Nutzeffekt aufwiesen, die anderen Kessel eingeholt, sodaß man sagen kann, daß die Nutzeffekte aller gut konstruierten und richtig beanspruchten Kessel ungefähr gleich groß sind. Es ist ja auch nicht einzusehen, weshalb die einzelnen Kessel ganz verschiedene Nutzeffekte haben sollen, wenn man mit den eben genannten Mitteln dafür sorgt, daß die Verbrennung der Kohle und der entstehenden Heizgase eine möglichst vollständige und die Wärmeübertragung an das Wasser eine gute wird. Natürlich ist hierbei auch ein möglichst reiner Zustand der Kessel vorausgesetzt, der sich jedoch, je nach der gewählten Kesselart und der Behandlungs- und Forcierungsweise, im Betriebe schneller oder langsamer verschlechtern wird. Die Zeitabstände, in welchen eine oberflächliche oder gründliche Reinigung erforderlich sein wird, sind daher bei den einzelnen Kesselarten ganz verschiedene. Die Reinheit der Rohre hat überhaupt einen oft unterschätzten Einfluß auf die Ökonomie der Kessel. Es wäre interessant, diesen Einfluß z. B. während einer

*) Marinerundschau 1901, S. 551.

längeren Indiensthaltung eines Schiffes zwischen zwei größeren Reinigungen durch Versuche festzustellen.

Aus dem eben genannten Grunde läßt sich also, was die Ökonomie der Kessel anbetrifft, kaum von einem guten oder schlechten Kesselsystem sprechen.

Wesentliche Unterschiede in den Preisen der einzelnen Wasserrohrkesselarten bestehen auch nicht. Je nach dem gewählten Forcierungsgrad, der Konjunktur, den Lohnverhältnissen usw. beträgt der Preis der Wasserrohrkessel mit grober Armatur pro PS_i etwa 30 bis 40 M, der gesamten Kesselanlage etwa das Doppelte. Die Reinigungs- und vor allem die Unterhaltungskosten sind aber bei den einzelnen Kesselarten ganz verschieden, sodaß die Höhe des Anschaffungspreises auch gar nicht allein maßgebend wäre. Schließlich würde sich auch keine Marine und keine Reederei durch einen billigeren Anschaffungspreis bestimmen lassen, einen Kessel einem anderen brauchbareren aber teureren vorzuziehen.

Eine wesentliche Rolle spielt dagegen, besonders für die Kriegsmarine, das Gewicht der einzelnen Kesselarten, das natürlich mit der Forcierbarkeit der einzelnen Typen eng zusammenhängt.

Die Besprechung der Wasserrohrkessel wird nach dem Genannten also im allgemeinen auf eine Beschreibung der Hauptmerkmale sowie der Vor- und Nachteile der einzelnen Kesseltypen zusammenschrumpfen. Auf die Gewichtsangaben usw. und einen Vergleich der einzelnen Kessel, soweit er sich überhaupt aufstellen läßt, soll jedoch erst nach der Beschreibung der einzelnen Kessel eingegangen werden, da sich hierdurch Wiederholungen vermeiden lassen. Vorher seien jedoch noch kurz die Vor- und Nachteile der Wasserrohrkessel gegenüber den Zylinder- und Lokomotivkesseln besprochen.

Als Vorteile sind zu nennen:

1. Geringes Gewicht, die Möglichkeit höhere Dampfspannungen zu halten und geringere Gefahr bei Explosionen. Bei Zylinderkesseln ist der Erhöhung des Dampfdruckes über etwa 15 at eine Grenze dadurch geboten, daß vor allem die Mäntel, dann aber auch die Flammrohre und die flachen Wände zu stark ausfallen. Einmal wird hierdurch das Gewicht der Kessel stark gesteigert und dann verlangen die flachen Wände auch eine stärkere Verankerung, wodurch die notwendige Elastizität des Kessels bei den ungleichen Erwärmungen der einzelnen Kesselteile zu sehr verringert wird. Bei den Wasserrohrkesseln stehen nun im allgemeinen dünne Rohre und nur kleine zylindrische Gefäße unter Druck, bei welchen also eine Erhöhung des Dampfdruckes auch nur eine geringe Gewichtsvermehrung zur Folge hat. Flache Wände und infolgedessen Anker und Stehbolzen sind bei den meisten Wasserrohrkesseln ganz vermieden oder wenigstens auf ein Minimum beschränkt. Ferner wird das Gesamtgewicht der Wasserrohrkessel gegenüber den

Zylinderkesseln auch dadurch verringert, daß bei ersteren der Wasserinhalt pro PS_i etwa nur $^1/_4$ bis $^1/_5$ von dem Wasserinhalt der Zylinderkessel beträgt.

Aus diesem geringeren Wasserinhalt ergibt sich bei Wasserrohrkesseln ohne weiteres auch eine verminderte Gefahr bei Explosionen, Schußverletzungen usw. Auch ein Wassermangel, der bei Zylinderkesseln ein Ausreißen der Stehbolzen in der Feuerkammerdecke und somit eine Zerstörung dieser Wand zur Folge hat, wird bei Wasserrohrkesseln, nachdem auch hier Erfahrungen gesammelt sind und z. B. die Rohrbefestigung dementsprechend verbessert ist, nicht so leicht schädliche Folgen haben. Auch das ausströmende Dampfquantum wird bei Wasserrohrkesseln in jedem Falle geringer sein als bei Zylinderkesseln.

2. Besseres Anpassen an die Anforderungen der Kriegsmarine wie z. B. schnelles Dampfaufmachen, Wechsel der Gangart der Maschinen, Forcierbarkeit.

Wie schon unter 1. erwähnt, sind die dicken und stark verankerten Wände der Zylinder- und Lokomotivkessel ungeeignet für eine ungleichmäßige Erwärmung der einzelnen Kesselteile, welche aber bei einer Forcierung und bei schnellem Dampfaufmachen unvermeidlich ist. Für das Anheizen der Zylinderkessel rechnet man in der Handelsmarine etwa 12 Stunden oder noch mehr. In der Kriegsmarine hat man diese Zeit im Notfalle schon auf 3 Stunden, sonst auf etwa 8 Stunden abgekürzt. Noch weiter läßt sich die hierzu notwendige Zeit herunterbringen, wenn man, ähnlich wie bei den Dampfspritzen der Feuerwehr, das Kesselwasser durch aufgebänkte Feuer, Hydrokineter usw. stets warm hält. Hiermit ist jedoch, z. B. bei Blockaden, ein beträchtlicher Kohlenverbrauch verbunden. Wasserrohrkessel gestatten nun schon ohne jede Gefahr von Leckagen usw. mit kaltem Wasser ein Dampfaufmachen in etwa $^1/_2$ Stunde, sind also schneller betriebsbereit als die Kolbenmaschinen, Dampfturbinen und Dampfleitungen, welche ja einer längeren allmählichen Erwärmung bedürfen. Aus denselben Gründen, welche ein schnelles Dampfaufmachen gestatten, — Möglichkeit einer ungehinderten Ausdehnung der einzelnen Kesselteile und geringer Wasserinhalt — ist nun auch bei Wasserrohrkesseln ein Wechsel in der Gangart der Maschinen schnell und leicht erreichbar. Zylinderkessel mit ihrem großen Wasser- und Dampfraum und ihren verankerten, wenig nachgiebigen Wänden bedürfen hierzu einer viel längeren Zeit.

Besonders die Wasserrohrkessel, bei welchen eine freie Ausdehnung der Rohre möglich ist, d. h. also solche mit krummen oder auch mit weiten, am hinteren Ende aber frei gelagerten Rohren, gestatten eine sehr hohe Forcierung. Aber auch die anderen Wasserrohrkessel ermöglichen es immer noch pro qm Rost gegenüber den Zylinderkesseln etwa die $1^1/_2$ fache Anzahl von PS_i zu erzeugen.

Bei den heute üblichen Forcierungsgraden ergibt sich, daß auf größeren Kriegsschiffen pro qm Rost etwa erzeugt werden bei

Zylinderkesseln . . . . . . 130 PS_i
weitrohrigen Wasserrohrkesseln 160 »
engrohrigen » 200 »

Auf Torpedobooten finden sich noch beträchtlich höhere Ziffern, nämlich etwa bis zu 400 PS_i pro qm Rost.

Die Forcierbarkeit aller Wasserrohrkessel wird auch durch den Umstand wesentlich erleichtert, daß die Rohrbefestigungen im Gegensatz zu den Zylinder- und Lokomotivkesseln nicht direkt dem Feuer ausgesetzt sind und daher auch nicht so leicht zu Leckagen Veranlassung geben.

3. Als wesentlicher Vorteil sei schließlich noch genannt, daß Reparaturen, welche ein Aufreißen des Panzerdecks und Herausnehmen der Kessel erfordern, bei Wasserrohrkesseln kaum vorkommen können. Bei Zylinderkesseln wird dieses Herausnehmen notwendig, sobald die Feuerkammerdecke oder ein Flammrohr ersetzt werden muß. Einzelne oder alle Rohre lassen sich bei Wasserrohrkesseln ebenso leicht auswechseln wie bei Zylinderkesseln; beim Dürr-, Niclausse- und Reed-Kessel braucht man unter Umständen nur wenige Minuten zum Einsetzen eines neuen Rohres. Während des Betriebes selbst ist dagegen ein Ausschalten eines Rohres nicht so leicht möglich, wie es bei Zylinderkesseln durch Rohrstopfer geschehen kann, da ein Wasserrohrkessel wenigstens bis zu dem betreffenden Rohre entleert werden muß, um das beschädigte Rohr auswechseln oder einen Pfropfen hineinschlagen zu können.

Den eben genannten Vorteilen stehen aber auch große Nachteile gegenüber, welche aber durch entsprechende Konstruktion und Verwendung destillierten Wassers, sowie sorgfältige Behandlung und Reinigung der Kessel zum größten Teile aufgehoben werden können. Als solche Nachteile seien genannt:

1. Schwierige Speisung. Wenn man bedenkt, daß der Wasserinhalt der meisten Wasserrohrkessel pro PS_i nur etwa 3 bis 5 kg, also nur etwa 40 bis 70% des pro Stunde und PS_i erforderlichen Wasserquantums beträgt, so ergibt sich sofort, daß der Kessel bei einer unterbrochenen Speisung etwa in 1/2 bis 3/4 Stunden leer sein würde. Dieser Fall wird nun kaum eintreten, es läßt sich jedoch daraus leicht ersehen, wie schnell unzulässige Schwankungen im Wasserstand bei einer Änderung der Gangart der Maschinen, beim Beschicken und Reinigen der Feuer usw. auftreten können, kurz, daß es kaum möglich sein wird, die Kessel von Hand zu speisen. Fast alle Wasserrohrkessel werden daher mit automatischen Speisewasserreglern versehen, bei welchen ein Schwimmer entweder im Oberkessel selbst oder in einem außen am Kessel angebrachten und mit demselben in Verbindung stehenden Gefäß, je nach dem geringeren oder höheren Wasserstand, ein entlastetes Ventil in der Speiseleitung

öffnet oder schließt. Diese Speisewasserregler erschweren jedoch im allgemeinen die Revision und Zugänglichkeit der Kessel, wenigstens wenn sie im Oberkessel angebracht sind, und sind verhältnismäßig komplizierte Apparate, welche leicht versagen können. Man wird daher auch bei Benutzung dieser Speisewasserregler der Speisung der Kessel dauernde Aufmerksamkeit widmen müssen.

2. Ein anderer Nachteil der Wasserrohrkessel, welcher nur durch eine größere Anstrengung der Heizer ausgeglichen werden kann, ist die schwierige Behandlung der Feuer. Bei dem geringen Wasserinhalt der Wasserrohrkessel ist ein Aufwerfen und Abbrennenlassen von Kohlen in größeren Zwischenräumen, wie es z. B. in der Handelsmarine üblich ist, nicht möglich, es dürfen vielmehr in kurzen Zwischenräumen jedesmal nur einige Schaufeln voll Kohlen, in der deutschen Marine pro qm Rost jedesmal nur 8 kg, aufgeworfen werden, sodaß die Temperatur des Verbrennungsraumes möglichst geringen Schwankungen unterworfen ist und der Zustand der im Verbrennungsraum befindlichen Kohlen praktisch in jedem Augenblick derselbe ist. Da die einzelnen Beschickungen bei allen Forcierungsgraden annähernd gleich groß bleiben sollen, müssen nun die Zeitabstände zwischen den Beschickungen je nach der Forcierung verschieden sein; bei Volldampffahrt gehen diese Zeitabstände bis auf 3 Minuten herunter. Da immer nur die Hälfte der Feuertüren geöffnet sein soll, ertönt dann alle $1^1/_2$ Minuten eine entsprechend eingestellte Heizklingel, um die Heizer auf die notwendige Beschickung der Feuer aufmerksam zu machen. Es ist klar, daß diese Art des Heizens eine große Anstrengung für das Personal bedeutet.

3. Als wichtiger Nachteil ist schließlich noch die Empfindlichkeit gegen unreines Speisewasser zu nennen. Die Notwendigkeit der Verwendung von destilliertem Wasser bei Wasserrohrkesseln wurde bald erkannt; eine Verunreinigung dieses Wassers tritt jedoch leicht durch das in den Maschinen verwendete Öl oder undichte Kondensatoren ein. In der deutschen Marine wird das Speisewasser daher zweimal, einmal in der Saugeleitung und dann noch einmal in der Druckleitung der Speisepumpen, durch Filter gereinigt, ehe es in die Kessel gelangt. Ferner wird durch häufiges Entnehmen von Proben der Salzgehalt des Kesselwassers festgestellt. Die Ablagerung von Schmutz, Niederschlägen, öligen Schichten usw. wird nun durch eine gute Wasserzirkulation und Anordnung von Schlammsäcken verringert; bei schlechterer Wasserzirkulation, wie sie im allgemeinen stets in bestimmten Rohren und bei geringerer Kesselbeanspruchung auftreten wird, liegt aber die Gefahr vor, daß sich solche Niederschläge in den teilweise recht engen Rohren absetzen. Die Folge ist dann eine Verstopfung und ein Ausglühen und Aufreißen dieser Rohre.

Als Vor- und Nachteile der weitrohrigen gegenüber den engrohrigen Wasserrohrkesseln ergibt sich bei den weitrohrigen Wasserrohrkesseln, welche fast stets gerade Rohre haben, die

Möglichkeit, die Rohre leichter revidieren und reinigen zu können. Dabei ist allerdings eine größere Anzahl von Verschlüssen zu lösen und wieder einzusetzen, während bei den engrohrigen Wasserrohrkesseln nach Öffnung einiger Mannlöcher das Kesselinnere frei liegt. In den annähernd horizontal liegenden Rohren der weitrohrigen Wasserrohrkessel werden sich, besonders bei geringerer Kesselbeanspruchung, also schlechterer Zirkulation, und bei Nichtbenutzung der Kessel eher Niederschläge absetzen können als in den mehr vertikal stehenden Rohren der engrohrigen Wasserrohrkessel. Bei verunreinigtem Speisewasser ist eine Entleerung eines engrohrigen Wasserrohrkessels leicht möglich, bei weitrohrigen muß dagegen meist an jedem Rohr ein Verschluß gelöst werden. Die krummen Rohre der engrohrigen Wasserrohrkessel lassen sich nicht durchleuchten und auch nur schwerer durch Drahtseile od. dgl., an welchen Bürsten befestigt sind, reinigen. Es hat sich jedoch gezeigt, daß die erforderliche Betriebssicherheit bei diesen Kesseln vorhanden ist, wenn die in die Ober- und Unterkessel hineinragenden Rohrenden besichtigt werden und einzelne Rohre herausgeschnitten und auf Anfressungen untersucht werden.

Daß sich Wasserrohrkessel mit engen krummen Rohren stärker forcieren lassen als weitrohrige, geht schon daraus hervor, daß auf Torpedobooten nur engrohrige Wasserrohrkessel Verwendung finden. Hierbei ist natürlich auch das geringere Gewicht dieser Wasserrohrkessel maßgebend. Eine wesentliche Raumersparnis ist mit engrohrigen Wasserrohrkesseln im allgemeinen jedoch nicht verbunden. Während nämlich bei den engrohrigen Wasserrohrkesseln stets mehrere Unterkessel vorhanden sind, welche die an Bord besonders kostbare Grundfläche zu ungusten der Rostfläche in Anspruch nehmen, kann bei den weitrohrigen Wasserrohrkesseln fast die ganze vom Kessel eingenommene Grundfläche durch Roste ausgefüllt werden. Es zeigt sich denn auch, daß man z. B. für Dürr-Kessel trotz ihrer geringeren Beanspruchung pro qm Rost keine größeren Kesselräume braucht als für Schulz-Kessel.

Es sei nun eine Beschreibung der einzelnen Kesselarten gegeben. Wenn in einer Figur die Wasserzirkulation und der Weg der Heizgase eingetragen ist, so ist erstere stets durch punktierte, der Weg der Heizgase dagegen durch ausgezogene Pfeile angedeutet.

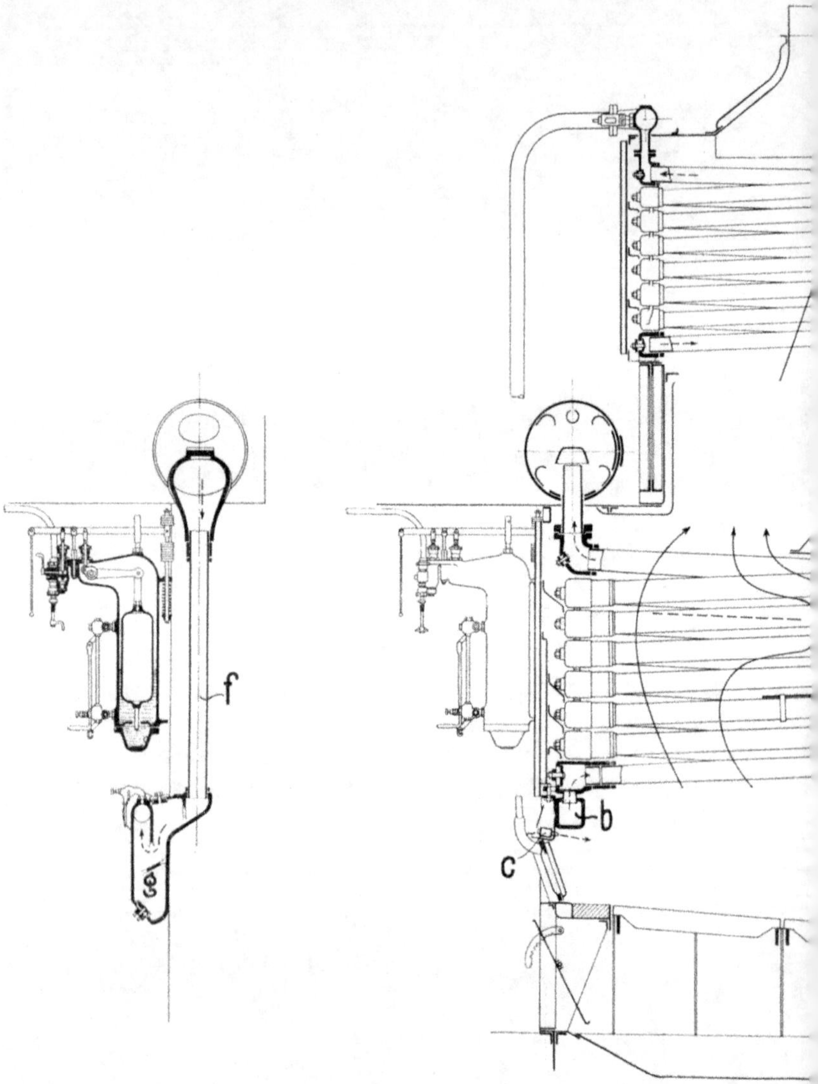
f
b
c

Tafel III.

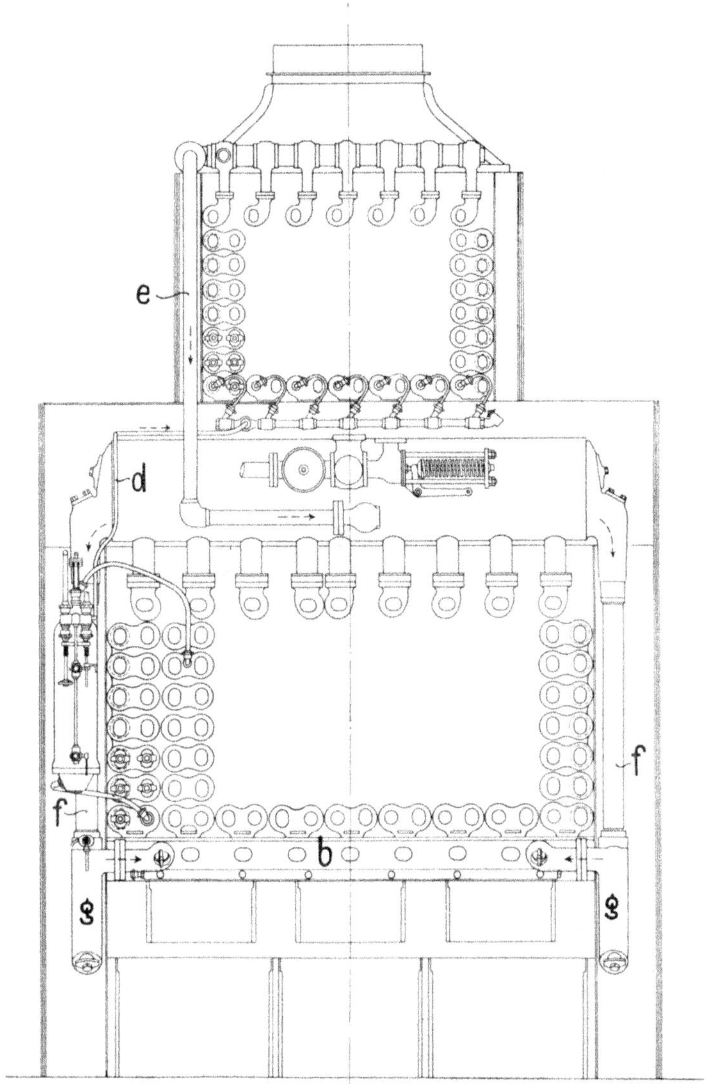

XIII. Abschnitt.

Die weitrohrigen Wasserrohrkessel.

Zuerst soll von den weitrohrigen Wasserrohrkesseln der Belleville-Kessel (Fig. 119 und Tafel III) behandelt werden, da er sich von den anderen weitrohrigen Kesseln wesentlich unterscheidet.

Belleville-Kessel.

Die erste Konstruktion des Belleville-Kessels stammt bereits aus dem Jahre 1856; etwa seit 1878 hat der Belleville-Kessel infolge der mit ihm gemachten Erfahrungen und Verbesserungen bereits die Gestalt des Rohrsystems usw., die er heute noch hat. Die »Ekonomiser«, d. h. die Aufbauten über den eigentlichen Kesseln, welche zur Vorwärmung des Speisewassers dienen, sind jedoch erst seit dem Jahre 1896 dazugekommen.

Der eigentliche Kessel ist aus einer Anzahl von »Elementen«, z. B. 9 auf Tafel III, zusammengesetzt, welche wiederum aus Rohren bestehen, die im Zickzack hin- und hergehen. Vorn und hinten sind je zwei nebeneinanderliegende Rohre durch Rohrköpfe verbunden, wie Fig. 120 zeigt, welche das unterste Rohr aus Tafel III in größerem Maßstabe darstellt. Von zwei nebeneinanderliegenden Rohren ist nur eins so lang, daß es direkt in beide Rohrköpfe eingeschraubt werden kann, das zweite ist etwas kürzer (s. Fig. 120), sodaß noch ein kurzes Rohrstück und eine über dieses Rohrstück geschraubte Muffe notwendig ist, um die erforderliche Verbindung zwischen den beiden Rohrköpfen herzustellen. Diese Teilung jedes zweiten Rohres in ein längeres und ein ganz kurzes Stück und die Verwendung einer Verbindungsmuffe hat den Zweck, jedes beliebige Rohr leichter auswechseln zu können, da es dann nur nötig ist, zwei solcher Verbindungsmuffen durchzukreuzen; ein Herausschrauben ist nicht möglich, da diese Muffen bald festbrennen. Zur Erleichterung des Zusammensetzens wird bei den Muffen, Rohren usw. in geeigneter Weise Rechts- und Linksgewinde verwandt. Bei zwei ineinander zu schraubenden Teilen erhalten die Gewinde stets eine ganz geringe Differenz in der

Ganghöhe, wodurch eine gute Abdichtung der Verschraubung erreicht wird; vor dem Aufschrauben werden die Gewindegänge noch mit einem besonderen Kitt eingerieben. Außerdem hat jede Verschraubungsstelle

Fig. 119.

noch eine kurze Muffe *a* (s. Fig. 120), welche als Gegenmutter wirkt und ebenfalls dichtet. Die Enden der Rohre werden hydraulisch aufgestaucht, um sie durch das eingeschnittene Gewinde nicht zu schwächen.

Jedes Element wird nun mit seinem untersten Rohrkopf durch Schrauben an einem viereckigen Wasserkasten *b* befestigt (Fig. 120 und Tafel III). Ein in den Wasserkasten eingeschraubtes Verbindungsstück wird hierbei mit seinem oberen konischen Ende, über welches zur besseren Abdichtung noch eine Nickelmanschette gelegt wird, in den Rohrkopf fest eingepreßt. Diese Verbindung ist aber noch etwas nachgiebig, sodaß die beiden untersten Rohre bei ihrer Erwärmung kleine Bewegungen ausführen können. Der oberste Rohrkopf jedes Elementes führt nun in einen Dampfsammler, welcher meist nur einen Durchmesser von etwa 500 mm hat. In diesem Dampfsammler ist ein System von Prallplatten angebracht, um den Dampf zu trocknen. Die Heizgase gehen, wie die ausgezogenen Pfeile andeuten, um Prallbleche herum. Bei den älteren Ausführungen, etwa bis 1896, war nun der obere Teil des Kessels, »Ekonomiser« oder

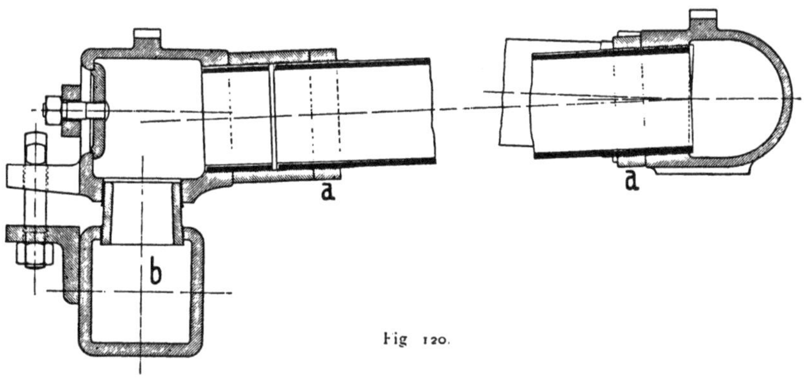

Fig. 120.

»Ekonomiseur« genannt, welcher sozusagen einen Belleville-Kessel in verkleinertem Maßstabe darstellt und weiter unten beschrieben werden soll, nicht vorhanden. Jedes Element des eigentlichen Kessels bestand damals nicht aus 14 Rohren, wie bei dem auf Tafel III dargestellten Kessel, sondern aus 20 Rohren von je 2000 bis 2250 mm Länge, gemessen von Mitte bis Mitte Rohrkopf. Der in dem untersten Rohr entstehende Dampf mußte also einen Weg von 40 bis 45 m Länge zurücklegen, und zwar zum großen Teil durch nicht zirkulierendes Wasser, ehe er in den Dampfsammler gelangte. Dieser Weg war durch den häufigen ziemlich scharfen Richtungswechsel in der Rohrschlange noch erschwert. Da der Raum über dem Rost ziemlich niedrig war und die Heizgase daher hier nicht ordentlich verbrennen konnten, entstanden starke Absonderungen von Rauch und Ruß und oft auch Flammenbildungen im Rauchfang oder Schornstein. Die Kessel ließen sich auch, da der Dampf einen so langen Weg zurückzulegen hatte, nicht stark forcieren; man kam über eine Verbrennung von 110 kg Kohle pro qm Rost und Stunde nicht hinaus und die Ökonomie des Kessels war keine günstige. Man versuchte nun durch Preßluft von $1/2$ bis 1 at Überdruck, welche aus Stutzen *c* in den Verbrennungsraum geblasen wurde, eine bessere Verbrennung zu erzielen und erreichte damit auch eine Verbrennung von etwa 140 kg pro qm Rost und Stunde. Die Heizfläche betrug etwa das 30 bis 33 fache der Rostfläche. Im Jahre 1896 wurden nun Versuche mit den sog. Ekonomisern abgeschlossen. Es wurden hierbei die dampferzeugenden Elemente mit etwa nur je 14 Rohren versehen und über diesen ein Speisewasservorwärmer aufgebaut, welcher, ähnlich wie der eigentliche Kessel, aus einer Anzahl von Elementen aber mit Rohren von nur 70 mm Durchmesser besteht. Zwischen Ekonomiser und Kessel wurde so eine zweite größere Verbrennungskammer geschaffen, in welche gleichfalls Verbrennungsluft eingeblasen werden kann und so eine vollständige Verbrennung der Gase ermöglicht. Die Gesamtheizfläche des Kessels blieb dieselbe, nämlich rund das 32 fache der Rostfläche, wurde jedoch so verteilt, daß ein Drittel davon in dem Ekonomiser und zwei Drittel in den eigentlichen dampferzeugenden Elementen untergebracht wurden. Da in diesen Elementen die Rohranzahl vermindert war, hatte der in den untersten Reihen erzeugte Dampf jetzt nur noch einen Weg von etwa 30 m zurückzulegen, wobei auch die Zahl der Richtungswechsel entsprechend verringert war. Der Dampf war daher trockener, und der Kessel ließ sich mehr forcieren; es konnten jetzt bis zu 160 kg Kohle pro qm Rost und Stunde verbrannt werden. Auch der Nutzeffekt des Kessels war bedeutend gestiegen. Nachteilig ist jedoch bei der Verwendung von Ekonomisern die größere Höhe und höhere Schwerpunktslage des Kessels.

Die äußeren Rohrdurchmesser betragen bei den eigentlichen Kesselrohren 115 mm bei Kriegsschiffskesseln und 125 mm bei Handelsschiffskesseln. Die Wandstärke ist bei den unteren Rohren 6,5 mm, bei den übrigen 4 bis 4,5 mm. Die Ekonomiser haben Rohre von 70 mm Durchmesser und 3 mm Wandstärke. In den Rohrköpfen sind jedem Rohr gegenüber ovale Handlöcher mit Verschlußdeckeln angebracht.

Der Weg des Speisewassers ist folgender. Durch das Rohr *d* und seine Verzweigungen tritt das Speisewasser unten in die Elemente des Ekonomisers ein, läuft dann hier gleichgerichtet mit den Heizgasen nach oben und gelangt stark vorgewärmt durch das Rohr *e* in den Oberkessel. Hier stößt es gegen Prallplatten, sammelt sich auf dem Boden des Dampfsammlers und fließt nach rechts und links in den Fallrohren *f*, welche in die aus Stahlguß hergestellten Böden des Dampfsammlers eingeschraubt sind, herunter. Am unteren Ende dieser Fallrohre sind Schlammsammler *g* angebracht, welche die Verunreinigungen des Speisewassers aufnehmen sollen. Das Speisewasser verteilt sich dann in dem Sammelkasten *b* und strömt der Verdampfung des in den Rohren enthaltenen Wassers entsprechend in diesen Rohren in die Höhe. Der Wasserstand liegt bei nicht geheiztem Kessel etwa auf $^2/_3$ der Höhe der dampferzeugenden Elemente. Außen am Kessel ist ein Speisewasserregler angeordnet, welcher ein Ventil in der Speiseleitung *d* beeinflußt. Die Rohrköpfe der Elemente sind lose aufeinander gelegt, sodaß sich jedes Rohr seiner Erwärmung entsprechend ausdehnen kann. Die Wirkungsweise der Ekonomiser geht am besten aus den nachstehenden Verdampfungsversuchen, welche von Belleville ausgeführt sind, hervor.

Kohle verbrannt pro qm Rost und Stunde	Temperatur der Heizgase		Erwärmung des Speisewassers im Ekonomiser	Dampf erzeugt durch 1 kg Kohle
	vor dem Ekonomiser	hinter dem Ekonomiser		
kg	Grad C	Grad C	Grad C	kg
69,7	317	185	72,7	10,23
86,9	369	206	73,3	9,74
98,7	374	221	74,4	9,46
118,3	392	268	82,9	9,33
142,0	534	333	108,7	9,18
173,4	663	379	118,5	8,82

Bei starker Forcierung kann also, wie aus der Erwärmung des Speisewassers hervorgeht, unter Umständen auch in dem Ekonomiser Dampf erzeugt werden. Aus diesem Grunde wird das Rohr *e*, welches das Speisewasser aus diesem in den Oberkessel führt, mit einem etwa sechsmal so großen Querschnitt ausgeführt als das Rohr *d*, durch welches das kalte Speisewasser in den Ekonomiser eintritt.

Als zugehörig zum Belleville-Kessel sei noch außer dem weiter unten erwähnten Reduzierventil ein Luftkompressor genannt, welcher Druckluft über den Rost und in die obere Verbrennungskammer preßt, und eine eigenartige Speisepumpe, deren Zudampfleitung vom Speisewasserregler beeinflußt wird.

Als Vorteil des Belleville-Kessels wird genannt, daß er sich im Kesselraum selbst zusammenbauen läßt, daß er also stückweise durch kleine Öffnungen im Panzerdeck eingebracht werden kann, und daß die Auswechselung der Rohre einfach und schnell vor sich geht. Belleville legt auch einen besonderen Wert auf einen geringen Wasser- und Dampfinhalt seines Kessels, um etwaige Explosionen möglichst unschädlich zu machen. Der Wasserinhalt ist denn auch beim Belleville-Kessel auffallend gering; pro PS_i beträgt er etwa nur 3 kg gegenüber 4 bis 6 kg bei den anderen Wasserrohrkesseln.

Von einer eigentlichen Zirkulation des Kesselinhaltes kann man im Gegensatz zu allen anderen Wasserrohrkesseln beim Belleville-Kessel kaum sprechen. Der Dampf muß sich vielmehr seinen Weg durch das Wasser bahnen, wobei er zwar stets Wasser in den Dampfsammler mitreißen wird, das dann durch die Fallrohre wieder in den unteren Speisekasten gelangt, aber ein direkter Wasserumlauf ist nicht vorhanden, er würde auch durch den häufigen scharfen Richtungswechsel sehr erschwert werden. Da nun der Dampf trotz der Prallplatten ziemlich viel Wasser mit sich führt, wird der Belleville-Kessel, um trockenen Dampf zu erhalten und auch um bei dem geringen Wasserinhalt einen gleichmäßigen Druck an der Maschine zu haben, meist mit einer Spannung betrieben, welche den in der Maschine verwendeten Dampfdruck um etwa 5 at übersteigt. Die Speiseleitungen und Pumpen fallen dementsprechend auch stärker und schwerer aus. Um diesen Druck auf die Betriebsspannung der Maschine herunterzubringen, wird ein besonderes, von Belleville konstruiertes Reduzierventil verwendet. Da der Dampf bei Anwendung eines Reduzierventils ohne Arbeitsleistung expandiert, wird er dabei etwas überhitzt und verdampft so das noch in ihm enthaltene Wasser.

Weil die zickzackförmig gewundenen Rohre den Austritt des Dampfes aus den dampferzeugenden Elementen ziemlich erschweren, kann sich nun Dampf leicht an irgend einer Stelle ansammeln, wobei dann hier nicht genügend Wasser vorhanden ist, um das Rohr entsprechend zu kühlen. Auch Verstopfungen und somit Überhitzungen der Rohre haben sich der fehlenden Zirkulation wegen bei Kondensatorundichtigkeiten öfters gezeigt. Belleville setzt deshalb in einzelne Reihen der vorderen Rohrköpfe Schmelzpfropfen ein, welche bei etwa 300^0 schmelzen und so durch den austretenden Dampf das Personal aufmerksam machen.

Der Belleville-Kessel findet sich hauptsächlich in der französischen, russischen und englischen Marine. England hatte im Jahre 1899 zur Untersuchung der Wasserrohrkesselfrage ein besonderes Kesselkomitee eingesetzt, das sich in seinem ersten, vorläufig abgegebenen Gutachten gegen den Belleville-Kessel aussprach. In dem endgültigen, im Jahre 1904 abgegebenen Gutachten wurde der Belleville-Kessel zwar wieder für tauglich erklärt, jedoch Erprobungen mit anderen Kesselarten empfohlen. In letzter Zeit ist der Belleville-Kessel in der englischen Marine bei Neubauten nicht mehr zur Verwendung gekommen. Die französische, russische und italienische Marine haben dagegen in den letzten Jahren noch Belleville-Kessel für Neubauten bestellt; die Beanspruchung pro qm Rost beträgt bei diesen letzten Kesselausführungen ungefähr 130 bis 150 PS_i. Die Gewichte dieses und der übrigen Kessel werden beim Vergleich der einzelnen Wasserrohrkessel im XV. Abschnitt zusammen angegeben werden. Im ganzen liefern Belleville-Kessel zurzeit an Bord für etwa ebensoviel PS_i Dampf als alle anderen Wasserrohrkessel zusammen. Diese große Verwendung erklärt sich dadurch, daß der Belleville-Kessel zu der Zeit, als die Wasserrohrkesselfrage dringend wurde, der einzige Kessel war, der sowohl an Land wie auch schon an Bord genügend erprobt und verbessert war, um ihn ohne größere Versuche, Umänderungen usw. verwenden zu können.

Babcock- und Wilcox-Kessel.

Der Babcock- und Wilcox-Kessel stammt aus dem Jahre 1868. Als Schiffskessel wurde er jedoch erst im Jahre 1889 auf einigen kleineren

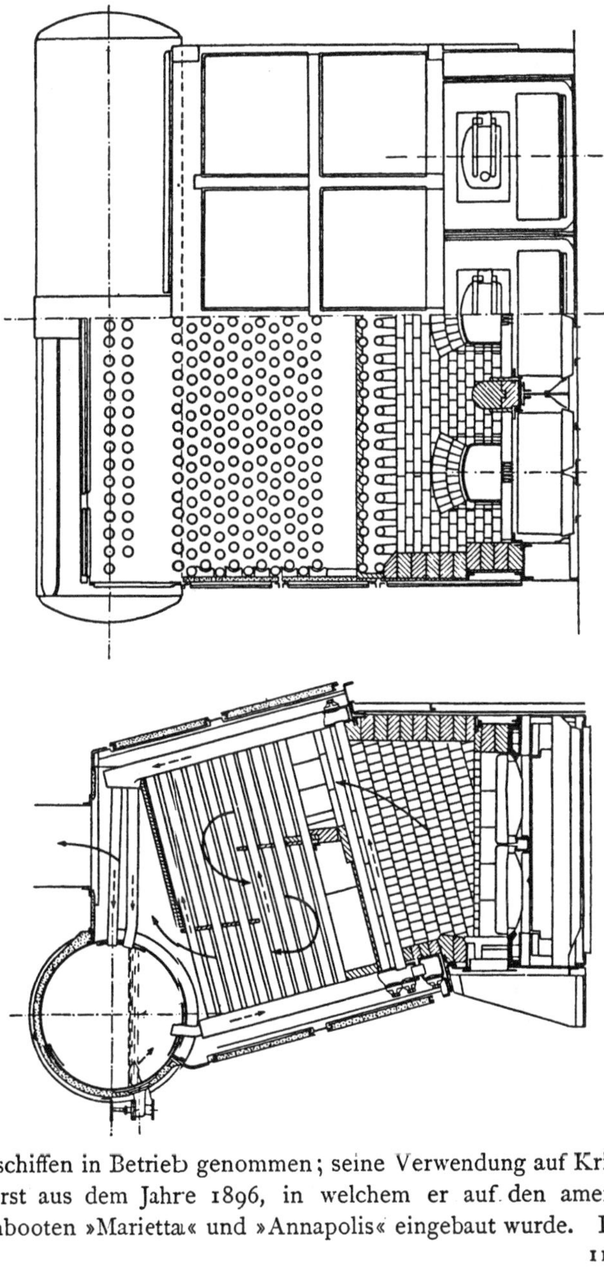

Fig. 121.

Handelsschiffen in Betrieb genommen; seine Verwendung auf Kriegsschiffen datiert erst aus dem Jahre 1896, in welchem er auf den amerikanischen Kanonenbooten »Marietta« und »Annapolis« eingebaut wurde. Der wesent-

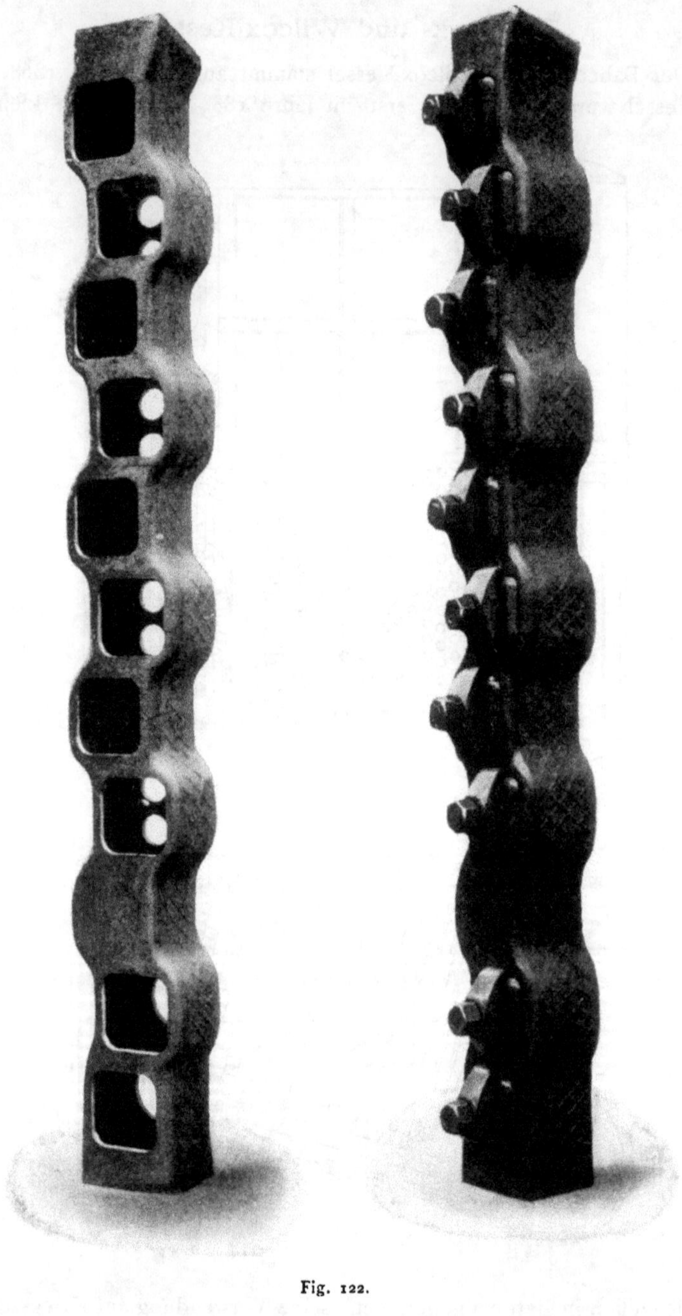

Fig. 122.

liche Unterschied dieses älteren »Mariettatyps« gegenüber der jetzigen Ausführung besteht darin, daß der Oberkessel sich nicht auf der Feuertürseite, sondern auf der Hinterseite des Kessels befindet, wodurch die Armatur usw. nicht bequem zugänglich ist. Fig. 121 zeigt die jetzige Ausführung eines Babcock- und Wilcox-Kessels für Handelsschiffe. An den

Fig. 123.

Oberkessel schließen sich mittels eingewalzter Rohrstücke eine Anzahl Wasserkammern mit wellenförmigen Seitenwänden (Fig. 122) an. Unten münden diese Wasserkammern gleichfalls mit eingewalzten Rohrstücken in einen viereckigen Wasserkasten. Ebensolche Wasserkammern befinden sich auch auf der Rückseite des Kessels. In die einander zugekehrten Seiten der Wasserkammern sind nun Rohre eingewalzt, und zwar bei dem in Fig. 121 dargestellten Kessel im Zickzack übereinander je ein Rohr von $3^1/_4'' = 82{,}6$ mm Durchmesser. Handelt es sich darum, wie auf Kriegsschiffen, eine größere Heizfläche in einem gegebenen Raum unterzubringen, so werden, wie aus Fig. 122 ersichtlich, in den Wasserkammern in den unteren zwei Reihen Rohre von $4'' = 101{,}6$ mm Durchmesser verwendet; die nächste Rohrreihe wird ausgelassen, um einen Verbrennungsraum zu erhalten. Die darüber liegenden Teile der Wasserkammern erhalten dann in jeder wellenförmigen Ausbauchung der Wasserkammer je vier Rohre von $1^7/_8'' = 47{,}6$ mm Durchmesser. Zu vier solcher Rohre gehört dann immer ein gemeinsamer Verschlußdeckel, während bei den größeren Rohren jedes Rohr einen besonderen Verschlußdeckel in der gegenüberliegenden Wand der Wasserkammer hat. Einen solchen für ein englisches Kriegsschiff bestimmten Kessel zeigt Fig. 123; die Seitenwand und die Türen an der Stirnwand sind hier weggenommen. Die obere der beiden Reihen mit 4zölligen Rohren ist mit Abdeckblechen belegt; darüber ist der durch die weggelassene Rohrreihe hergestellte kleinere Verbrennungsraum deutlich sichtbar. Diese Kessel haben sich auch bei reiner Ölfeuerung oder gemischter Feuerung mit Öl und Kohle gut bewährt.

Die beim Babcock- und Wilcox-Kessel auftretende Wasserzirkulation ist in Fig. 121 durch punktierte Pfeile angedeutet. Beim Anheizen wird sich das in den Rohren befindliche Wasser ausdehnen, also spezifisch leichter werden und daher in den Rohren und den hinteren Wasserkammern aufsteigen. Sobald nun in den Rohren Dampfblasen gebildet werden, welche dann in den hinteren Wasserkammern emporsteigen, entsteht durch die verschiedene Dichtigkeit des Inhalts der vorderen Wasserkammern einerseits und der Rohre und hinteren Kammern andererseits eine lebhafte Zirkulation, an welcher das Speisewasser, welches in den Oberkessel eingeführt wird und dann in den vorderen Wasserkammern herunterfällt, teilnimmt. Die gute Zirkulation in diesen Kesseln erzeugt eine ziemlich gleichmäßige Temperatur aller Kesselteile, sodaß der meist als Nachteil dieses Kessels genannte Umstand, daß sich nicht jedes Rohr frei ausdehnen kann, da eine größere Anzahl in zwei gegenüberliegenden Wasserkammern eingewalzt ist, nicht so sehr von Belang ist. Durch Abdeckbleche werden die Gase gezwungen, einen längeren Weg zu nehmen und möglichst alle Rohrteile zu bestreichen. Bei den englischen Babcock- und Wilcox-Kesseln sind seitliche Fallrohre (s. Fig. 123) angebracht, an welche sich, ähnlich wie beim Belleville-Kessel, Schlammsammler anschließen. Die amerikanischen Kessel haben eine andere Eigentümlichkeit. Bei diesen ist nämlich jedes Mauerwerk seitlich vom Rost vermieden; statt dessen sind vierkantige schmiedeeiserne Kasten von etwa 150 mm Seitenhöhe angeordnet, welche parallel zu den Rohren liegen und den in ihnen erzeugten Dampf in untere Verlängerungen der an den Seiten gelegenen Wasserkammern schicken.

Die Wandstärke der 4zölligen Rohre beträgt etwa 5 mm, die der $1^7/_8''$ Rohre etwa 4 mm. Die Wandstärke der aus Stahl gepreßten Wasserkammern ist ungefähr 13 mm. Durch diese schmalen Wasserkammern sind Stehbolzen, welche sonst bei größeren flachen Wasserkammern notwendig wären, vermieden.

Als Vorteil dieses Kessels sei vor allem das Fehlen von Verschraubungen, konischen Dichtungsflächen usw. genannt. Alle dampferzeugenden Rohre sowie die kurzen Rohrstücke, welche die Wasserkammern mit dem Oberkessel und den unteren Sammelkasten verbinden, sind eingewalzt und lassen sich so leicht abdichten. Die Nachbestellung neuer Rohre ist einfach, da nur gerade Rohre, ohne jedes Gewinde, ohne Verdickungen usw., bestellt zu werden brauchen; ebenso gibt es auch nur eine Sorte von Reserverohren. Die Verwendung einzelner Wasserkammern statt je einer großen Wasserkammer auf der Vorder- und Rückseite des Kessels gestattet bei Temperaturunterschieden eine gewisse Beweglichkeit der einzelnen Kesselteile. Jedes Rohr kann sich allerdings, wie schon erwähnt, nicht unabhängig von anderen ausdehnen. Indessen ist dieser Nachteil bisher nicht sehr zutage getreten. Darauf deutet wenigstens der Umstand hin, daß dieser Kessel in der amerikanischen Marine auf großen Schiffen ausschließlich verwendet wird und daß die englische Marine ihn neuerdings auch vielfach benutzt. In der amerikanischen Marine ist er zurzeit auf 44 Schiffen für im ganzen 405000 PS_i, in der englischen Marine auf 20 Schiffen für 235000 PS_i und auf Handelsschiffen für 225000 PS_i ausgeführt. Ein geringer Nachteil besteht darin, daß diese Kessel auch von der Rückseite zugänglich sein müssen; die schräge Form der Rückwand erleichtert jedoch die Zugänglichkeit, sodaß kein unnötiger Raum verloren geht. Auch Dürr-Kessel, Niclausse-Kessel usw. sind meist, schon der Bekleidung wegen, von der Rückseite zugänglich, wenn hier auch keine Notwendigkeit dafür vorliegt wie beim Babcock- und Wilcox-Kessel. Im allgemeinen läßt sich der Babcock- und Wilcox-Kessel ziemlich billig herstellen, da nur einfache gerade Rohre Verwendung finden, welche lediglich aufgewalzt werden, und die Wasserkammern sich als Massenfabrikate herstellen lassen. Erwähnenswert ist noch, daß sich dieser Kessel im Gegensatz zum Dürr- und Niclausse-Kessel leicht entwässern läßt. Der Wert $\frac{\text{Heizfläche}}{\text{Rostfläche}}$ beträgt bei neueren Ausführungen etwa 43 und die Beanspruchung pro qm Rost 160 bis 170 PS_i.

Lagraffel-d'Allest-Kessel.

Im ganzen Aufbau ist der Lagraffel-d'Allest-Kessel (Fig. 124) dem Babcock- und Wilcox-Kessel ähnlich. Hier münden die Rohre jedoch nicht in schmale Wasserkammern, sondern es ist vorn und hinten nur je eine große flache Wasserkammer vorhanden, deren Wände daher durch Stehbolzen, welche der Übersichtlichkeit wegen nicht eingezeichnet sind, versteift werden müssen. Jedem Rohr gegenüber ist in der äußeren Wand der Wasserkammer ein Handloch vorgesehen. Es sind zwei Oberkessel vorhanden, welche annähernd parallel zu den Rohren liegen. Im Vergleich zum Babcock- und Wilcox-Kessel ist hier eine noch geringere Beweglichkeit der einzelnen Rohre vorhanden, da ebenso wie bei diesem Kessel die Rohre an beiden Enden befestigt sind, hier aber noch große flache Wasserkammern Verwendung finden. Eine starke Forcierung dieser Kessel wird also nicht möglich sein. Die Wasserzirkulation in den Rohren,

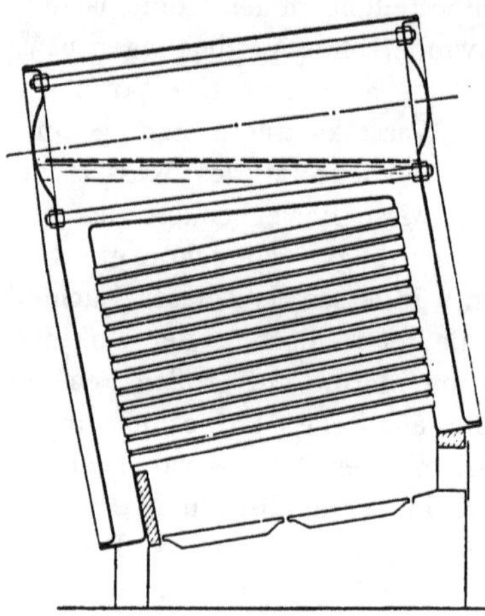

Fig. 124.

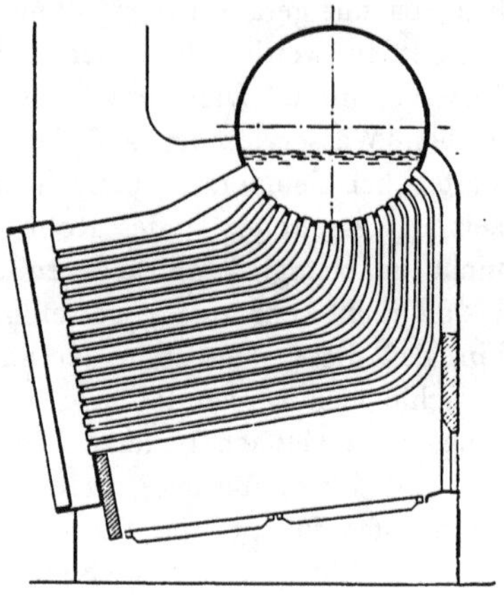

Fig. 125.

welche die gleiche ist wie beim Babcock- und Wilcox-Kessel, muß aufhören, sobald bei unachtsamer Bedienung der niedrigste Wasserstand so weit gesunken ist, daß kein Wasser im Oberkessel mehr enthalten ist. Da hierdurch auf einem französischen Panzerschiff auch ein Unfall eingetreten ist und dieser Kessel überhaupt nicht empfehlenswert erscheint, ist er neuerdings an Bord nicht mehr verwendet worden. Er findet sich jedoch noch auf etwa 20 älteren französischen Kriegsschiffen.

Ein verbessertes Modell dieses Kessels stellt Fig. 125 dar. Die hintere Wasserkammer ist hier geblieben, die vordere jedoch dadurch weggefallen, daß ein quer zu den Rohren liegender Oberkessel vorgesehen ist, in welchen die Rohre einmünden. Die obersten dicken Rohre dienen zum Rücklauf des Wassers vom Oberkessel in die Wasserkammer.

Dürr-Kessel.

Dem Dürr-Kessel liegt ebenso wie dem Niclausse-Kessel das Prinzip der sog. Field-Rohre zugrunde. Field-Kessel (Fig. 126) fanden früher als Hilfskessel an Bord Verwendung. Durch ein eingehängtes gußeisernes

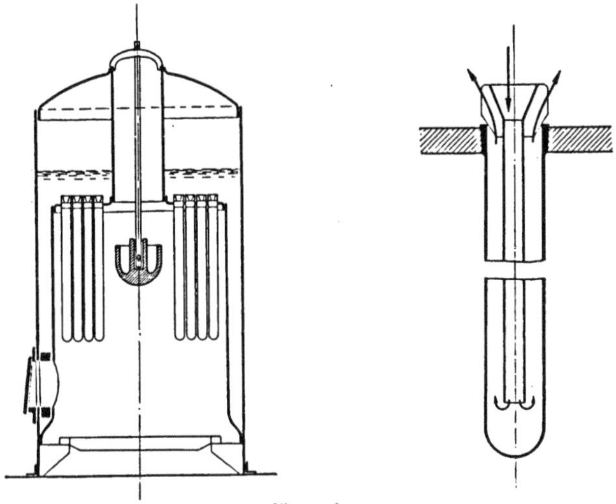

Fig. 126.

Formstück wurden die Gase gezwungen, an den Rohren entlang in den Schornstein zu gehen. In jedem Rohr war ein Einhängerohr befestigt. An den Innenwänden der größeren Rohre verdampfte nun das Wasser rasch, während durch das Einsteckrohr frisches Wasser aus dem Oberkessel in diese größeren Rohre nachströmen konnte. Hinderlich war hierbei jedoch, daß die Dampfblasen außen um den Trichter des Einhängerohres herum in einem Kreisring aufstiegen und so das Nachströmen des Wassers in den Trichter und das Einhängerohr teilweise störten. Beim Dürr-Kessel ist nun von dem Prinzip der Einhängerohre in verbesserter Weise dadurch Gebrauch gemacht, daß die Rohre schräg gelagert sind, wie Fig. 127 schematisch andeutet, und in die Wasserkammer eine Zwischenwand eingebaut ist. Der an den Innenwänden der größeren Rohre gebildete Dampf wird nun in der rechten Hälfte der

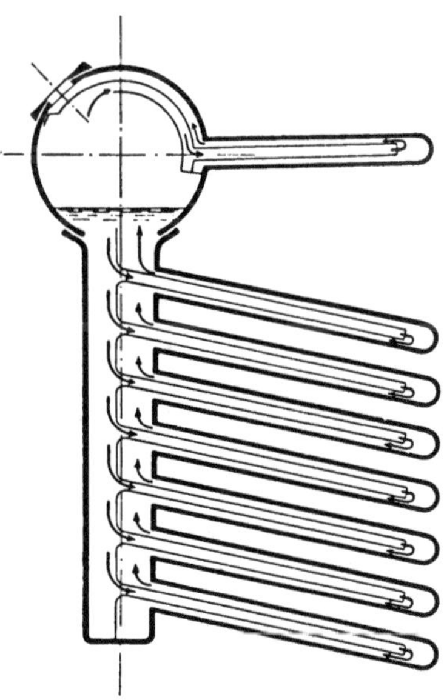

Fig. 127.

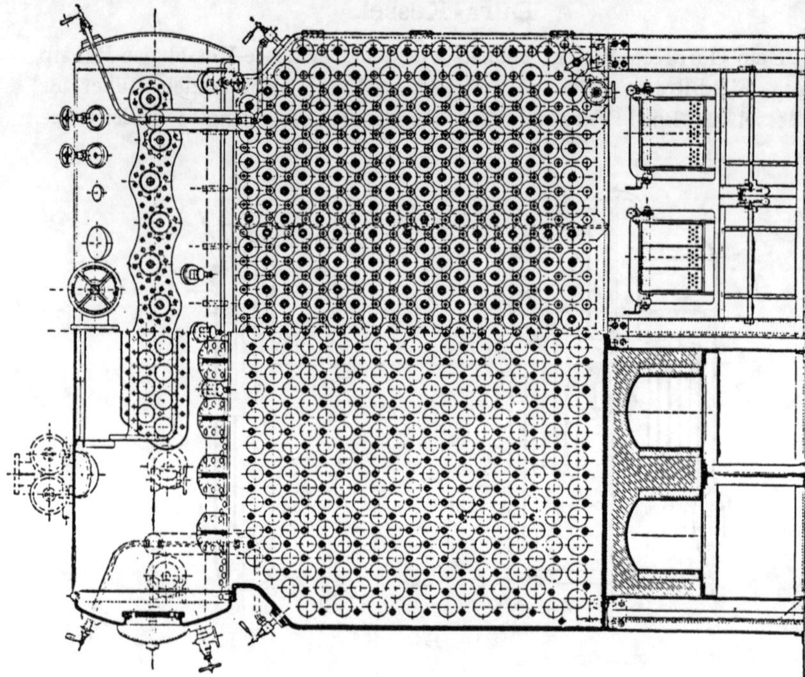

Fig. 129.

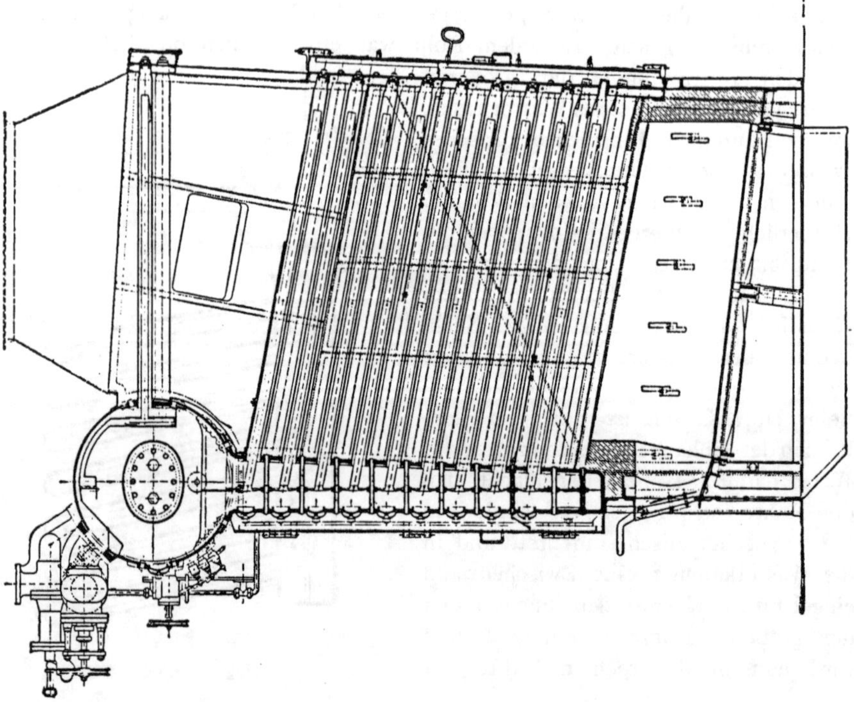

Fig. 128.

Wasserkammer aufsteigen; das noch nicht verdampfte Wasser steigt ebenfalls hier auf, fließt über die Oberkante der Zwischenwand und fällt zusammen mit dem frisch eingespeisten Wasser in der linken Hälfte der Wasserkammer herunter und kann von hier aus in die Einsteckrohre nachströmen. Eine

Fig. 130.

Störung der Wasserzirkulation ist also durch die Zwischenwand vermieden. Fig. 128 bis 130 zeigen die Ausführung des Dürr-Kessels, Fig. 131 einen Teil der Wasserkammer und einige Rohre im Detail. Es ist nur eine große Wasserkammer aus Siemens-Martin-Flußeisen vorhanden, welche vollständig geschweißt ist. Die großen flachen Wände müssen durch Stehbolzen ver-

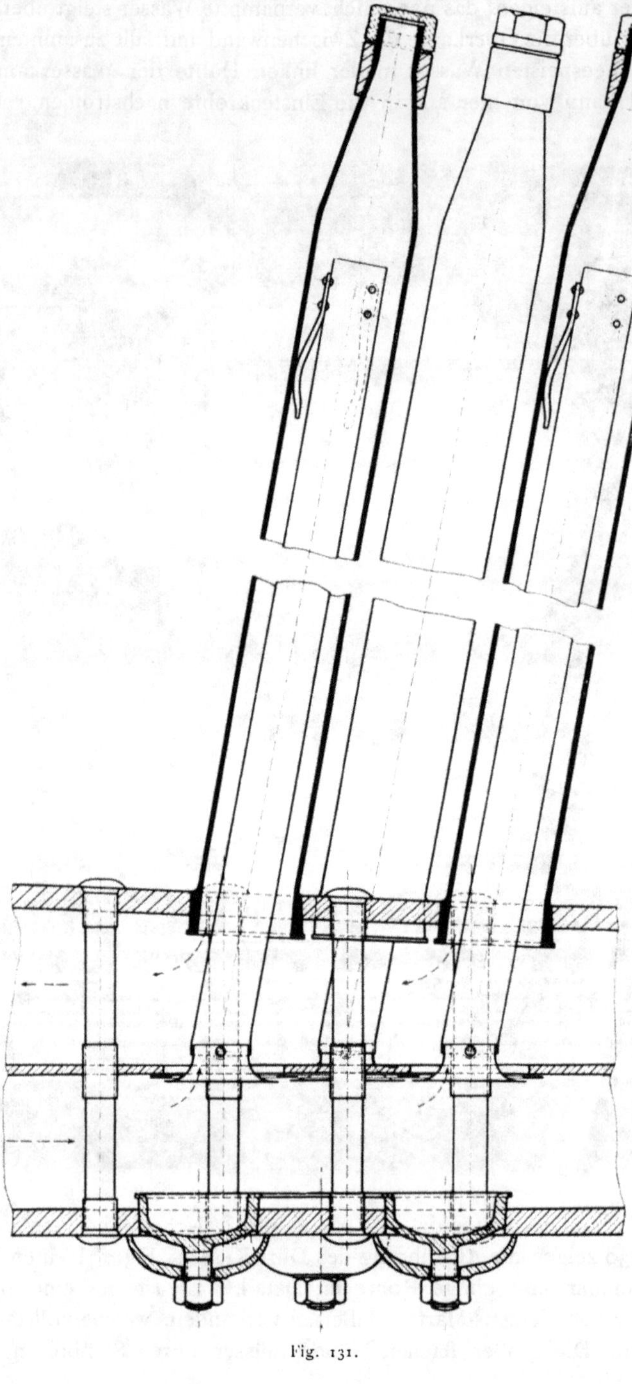

Fig. 131.

steift werden. Die in die Hinterwand mit einem Konus eingesetzten großen Wasserrohre werden durch die Reibung und den Dampfdruck in dieser Wand festgehalten. Die Herstellung dieser Rohre, deren Konusachse nicht mit der Rohrachse zusammenfällt, erfolgt auf Spezialdrehbänken. Die Abdichtung der Konusse in der Rohrwand ist eine rein metallische ohne jede Packung od. dgl. Die dünnen Einhängerohre sind mit ihrer trichterförmigen Erweiterung durch zweiteilige Sprengringe in der Zwischenwand befestigt; am hinteren Ende tragen sie drei Federn, durch welche sie in den größeren Rohren zentriert werden. Jedem Rohr gegenüber ist in der vorderen Wasserkammerwand ein Verschlußdeckel angeordnet, der durch einen Teller und eine Mutter festgehalten und durch den Dampfdruck abgedichtet wird. Das Entfernen und Einsetzen dieser Deckel ist ziemlich mühsam. Jedes Rohr trägt am hinteren Ende eine Mutter aus geschmiedeter Bronze, welche zur Reinigung der Rohre, zum Entleeren des Kessels usw. gelöst wird. In der Nähe der Stelle, an welcher die Wasserkammer in den Oberkessel mündet, müssen starke Anker (s. Fig. 128 und 129) vorhanden sein, da der Oberkessel hier dieser Einmündung wegen seiner ganzen Länge nach aufgeschnitten ist. Der erzeugte Dampf geht oben im Kessel in einen zwischen zwei Blechen befindlichen Zwischenraum (vgl. auch Fig. 127) und von dort in die Einsteckrohre einer Anzah Überhitzerrohre. Dann geht er an den Innenwänden dieser Rohre entlang in eine Kammer, welche vom Mantelblech des Oberkessels und einem der eben genannten Bleche gebildet wird; von dort kann der nun etwas überhitzte und auf jeden Fall von mitgerissenem Wasser befreite Damp in das Absperrventil gelangen. Auch bei diesem Kessel werden die Gase durch Abdeckbleche gezwungen, in einer Schlangenlinie durch die Rohrbündel zu gehen. Die an den Seiten des Kessels befindlichen zwei Reihen Wasserrohre werden nach ihrem Austritt aus der Wasserkammer so in eine Reihe übereinander abgebogen, daß sie eine Wasserwand bilden, sodaß an diesen Stellen Mauerwerk entbehrlich und eine größere Wärmeausstrahlung in den Heizraum vermieden wird. In Fig. 130 ist eine solche Wand deutlich sichtbar. Diese seitlichen Rohre sowie die Rohre in den beiden untersten Reihen haben 90 mm, die anderen Rohre nur 83 mm äußeren Durchmesser. Einige Stehbolzen sind durchbohrt, damit man mit Dampf oder Preßluft die Rohre von Flugasche und Ruß reinigen kann. Hinten sind die Rohre in einer Gitterwand gelagert, sodaß sich jedes Rohr beliebig ausdehnen kann.

Bei der Ausführung des Dürr-Kessels als Flußschiffskessel liegt der Oberkessel nicht senkrecht zu dem Rohrbündel, sondern ungefähr parallel dazu. Diese Anordnung bietet den Vorteil, daß sich Schmutz und Schlamm in der am tiefsten gelegenen Ecke des Oberkessels sammelt, von wo er leicht durch Ausblasen entfernt werden kann. Bei den Kriegsschiffskesseln gelangen Verunreinigungen in die Wasserkammer und verschmutzen so die Rohre leichter. Eine Reinigung des Kessels ist der vielen Verschlußdeckel wegen ziemlich umständlich; für gewöhnlich ist es jedoch nur erforderlich, die untersten Rohre zu reinigen, in welchen sich erfahrungsgemäß die Verunreinigungen zuerst absetzen. Die Neigung der Rohre gegen die Horizontale beträgt etwa 10°. Nach angestellten Versuchen ist die Zirkulation im Kessel noch ausreichend, wenn die Rohre nur 1° gegen die Wagerechte geneigt sind, sodaß also ein Schlingern und Stampfen des Schiffes keinen wesentlichen Einfluß auf den Wasserumlauf haben wird. Bei Kriegsschiffen muß bei der Aufstellung der Kessel darauf geachtet werden, daß die Rohre längsschiffs liegen; würden sie querschiffs liegen, so könnte beim Vollaufen einzelner Abteilungen, z. B. infolge von Torpedotreffern, eine Schlagseite des Schiffes eintreten, welche größer als 9° ist und somit nach dem eben Gesagten die Wasserzirkulation behindern würde. Die großen flachen Wasserkammern mit ihren Stehbolzen und Verschlußdeckeln haben sich im Betriebe nicht als unvorteilhaft erwiesen. Die Raumausnutzung des Dürr-Kessels ist eine sehr günstige, da seine Seitenwände z. B. im Gegensatz zum Babcock- und Wilcox-Kessel fast senkrecht in die Höhe gehen. Kesselanlagen mit Dürr-Kesseln finden sich in der deutschen Marine auf drei älteren Panzerschiffen und sieben großen Kreuzern; in England sind diese Kessel auf drei Panzerkreuzern verwendet. Von Handelsschiffen sind verschiedene Rheindampfer und eine Anzahl kleinerer Schiffe mit diesen Kesseln ausgerüstet. Die Dürr-Kessel haben sich an Bord im großen und ganzen gut bewährt; daß sie bei Neubauten in der deutschen Marine nicht mehr verwendet werden, sondern den Schulz-Kesseln weichen mußten, hängt hauptsächlich damit zusammen, daß sie sich nicht so stark forcieren ließen wie diese engrohrigen Wasserrohrkessel. Bei den letzten Ausführungen der Dürr-Kessel wurden pro qm Rost jedoch auch bis zu 175 PS_i geleistet. Der Wert $\frac{\text{Heizfläche}}{\text{Rostfläche}}$ beträgt meist 41 bis 45.

Niclausse-Kessel.

In dem ganzen Aufbau und der Art des Wasserumlaufes dem Dürr-Kessel ähnlich ist der Niclausse-Kessel (Fig. 132). Bei diesem Kessel werden jedoch statt einer großen flachen Wasserkammer, ähnlich wie beim Babcock- und Wilcox-Kessel, schmale Wasserkammern verwendet; auch die Konstruktion der Rohre und Einsteckrohre ist eine etwas andere. Bei den älteren Niclausse-Kesseln hatten die aus Temperguß hergestellten Kammern wellenförmige Seitenwände; die Zwischenwand war ebenfalls eingegossen. Es war jedoch nur eine in den Ardennen gelegene Gießerei im stande, diese Wasserkammern herzustellen. Um jedoch auch in anderen Ländern die Niclausse-Kessel einführen zu können, und da man mit Recht dem Temperguß nicht allzuviel Vertrauen schenkte, werden neuerdings die Wasserkammern (Fig. 133) aus Flußeisen gepreßt. Die Zwischenwände, welche gleichfalls aus Blech gepreßt sind, werden mit einigen Nieten in den Wasserkammern befestigt; der Boden wird ebenfalls eingenietet. An das obere runde Ende wird ein starkes Blechstück geschraubt, welches mittels zweier Schrauben die Verbindung der Wasserkammer mit dem Oberkessel herstellt. Hierdurch wird das obere Ende der Wasserkammer, welches konisch abgedreht ist, in einen entsprechend geformten Teil des

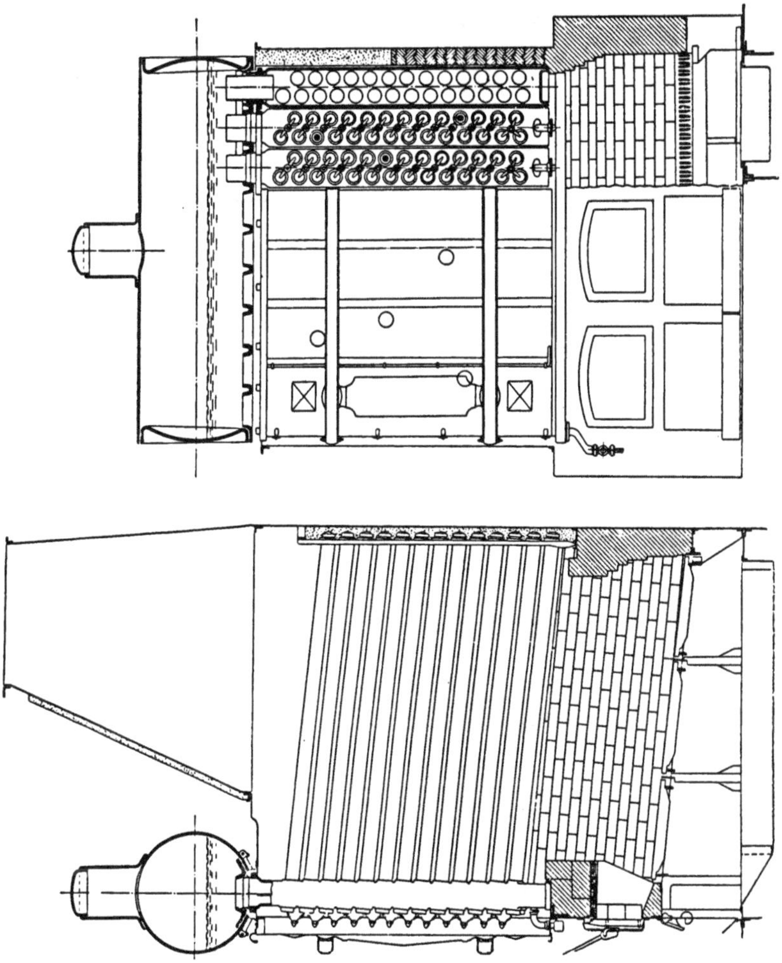

Fig. 132.

Oberkesselmantelbleches hineingepreßt. Fig. 134 stellt den Werdegang einer solchen Wasserkammer dar. Bei dem dargestellten französischen Modell sind die Seitenwände gerade; die Stirling-Co. in Chicago, welche das Ausführungsrecht dieser Kessel für Amerika besitzt, hat dagegen bei den gepreßten Wasserkammern die wellenförmigen Seitenwände beibehalten.

Fig. 135 zeigt das letzte französische Rohrmodell; die Ausführung der Stirling-Co. ist davon nur unwesentlich verschieden. Das äußere

Rohr, welches schwarz angelegt ist, reichte bei früheren Ausführungen, ähnlich wie beim Dürr-Kessel, nur bis zur hinteren Wand der Wasserkammer und wurde dann vorn mit einem Gußstück aus Temperguß verbunden, welches seitlich einige Öffnungen hatte und daher Laterne genannt wurde. Seit dem Jahre 1900 verwendet Niclausse jedoch diese Laternen, welche öfters durchgebrochen sind, nicht mehr, sondern führt das Rohr so lang aus, daß es sich mit einem Konus in der vorderen Wand abdichten läßt. In den vorderen Teil des Rohres werden Öffnungen für die Wasserzirkulation eingeschnitten, sodaß seitlich nur zwei Stege übrigbleiben, welche das Rohr halten, die Wasserzirkulation aber nur wenig beeinträchtigen. Die Abdichtung des Rohres in der hinteren Wand der Wasserkammer erfolgt ebenfalls durch einen Konus an dem hier im warmen Zustande aufgeweiteten Teil des Rohres. Zum Einsetzen und Herausnehmen der Rohre sind Spezialwerkzeuge konstruiert, welche jede Beschädigung des Rohres verhindern. In den äußeren Rohren sind nun Einsteckrohre befestigt, welche am hinteren Ende durch kleine Blechstücke zentriert werden und am vorderen Ende mit einem aus drei Teilen bestehenden Kopfstück versehen sind. Der letzte Teil dieses Kopfstückes, welcher zum Einschrauben ein Sechskant besitzt, wird mit Gewinde, welches schwach konisch ist und so besser abdichtet, in den mit Innengewinde versehenen Konus des äußeren Rohres eingeschraubt. Als hinterer Verschluß des äußeren Rohres dient eine Kapselmutter, welche ebenfalls mit schwach konischem Gewinde aufgeschraubt ist. Zum Aufschrauben der Muttern dürfen daher nur besondere Schlüssel verwendet werden, welche keinen allzu großen Kraftaufwand gestatten, da sonst die Muttern des konischen Gewindes wegen aufreißen können. Da der Durchmesser des Loches in der vorderen Wand der Wasserkammer etwa 2 mm größer sein

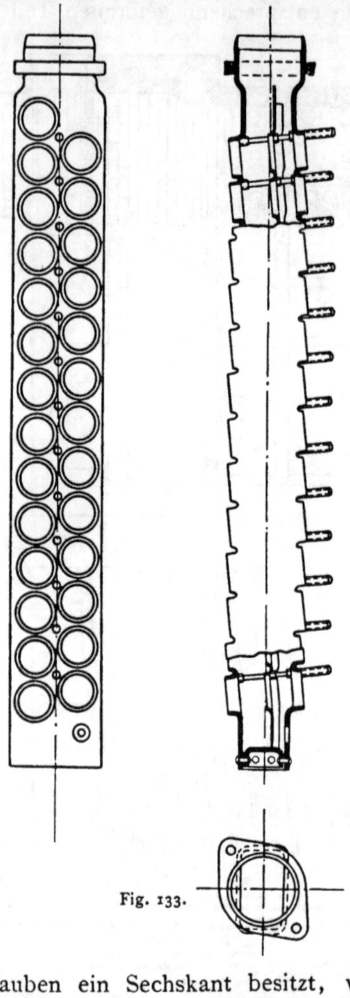

Fig. 133.

muß als in der Hinterwand, um das Rohr bequem einsetzen und herausnehmen zu können, ist der Dampfdruck, welcher auf die durch die Differenz beider Löcher dargestellte Kreisringfläche wirkt, bestrebt, das Rohr aus den Wänden herauszuziehen; dementgegen wirkt allerdings die

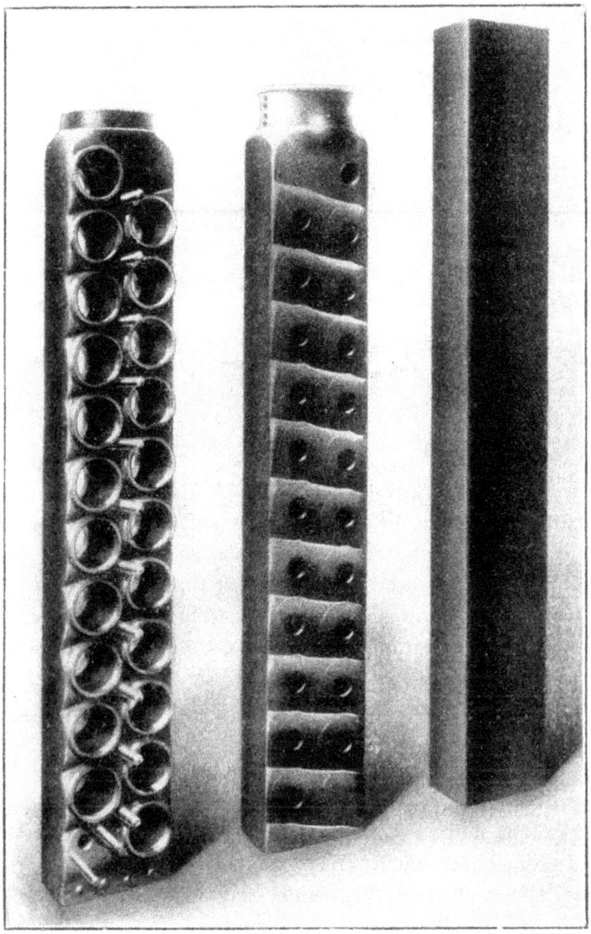

Fig. 134.

Reibung in den beiden konischen Dichtungsflächen. Der Sicherheit wegen sind aber an der vorderen Rohrwand noch Büge vorhanden, welche gleichzeitig zwei Rohre am Herausschleudern verhindern. Der äußere Rohrdurchmesser beträgt bei neueren Ausführungen 84 mm. Ein Kesselsystem, bei welchem die oberen Rohre einen geringeren Durchmesser hatten, ist von der französischen Marine bald verlassen worden, um nur ein Rohrmodell zu haben.

Früher mußten zur Reinigung der Rohre von Flugasche und Ruß die vorderen Türen des Kessels geöffnet und ein schmaler Dampfstrahl durch die Zwischenräume zwischen den einzelnen Wasserkammern gejagt werden. Neuerdings werden jedoch einige Rohre am Kessel (in Fig. 132 durch schwarze Punkte angedeutet) weggelassen und statt dessen nur

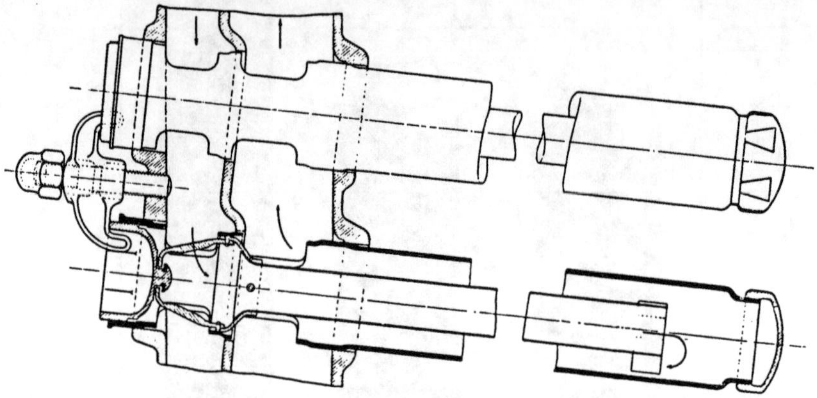

Fig. 135.
(Das untere Einsteckrohr ist um 90° gedreht gezeichnet.)

kurze Rohrstücke in die Wasserkammern eingesetzt. Diese Rohrstücke sind hinten offen und gestatten so ein etwa 25 mm starkes Rohr, durch welches Dampf geblasen werden kann, einzuführen. Dieses Rohr wird langsam bis zur Rückwand des Kessels geführt und wieder vorgezogen, wobei der austretende Dampfstrahl die Rohre außen vollständig reinigt. Trotzdem bei dieser Konstruktion einige dampferzeugende Rohre weggelassen sind, ist der Kessel dank dieser intensiven Reinigungsmethode noch etwas leistungsfähiger geworden. Die Zwischenwände zwischen den Wasserkammern können nun auch mit einem nichtleitenden Material abgedichtet werden, und die großen Türen vorn am Kessel brauchen während des Betriebes nicht mehr geöffnet zu werden, da sich vor jeder Reinigungsöffnung in diesen Türen kleine Klappen befinden.

Mit dem Dürr-Kessel verglichen zeigt der Niclausse-Kessel keine Vorteile. Die großen flachen Wasserkammern des Dürr-Kessels, welche allerdings einer Versteifung durch Stehbolzen bedürfen, dafür aber leichter ausfallen als die kleinen Wasserkammern des Niclausse-Kessels, können sich ohne Nachteile etwas verziehen oder werfen, da die Rohre nur in der hinteren Wasserkammerwand abgedichtet sind; beim Niclausse-Kessel, bei welchem die Rohre jedoch gleichzeitig in der vorderen und hinteren Wand abgedichtet sind, ist das Vorhandensein von kleinen schmalen Wasserkammern schon eine Notwendigkeit. Die Wasserzirkulation wird beim Niclausse-Kessel durch die allerdings senkrecht stehenden Stege der Rohre und Einsteckrohre doch etwas behindert sein. Beim Einsetzen der

Rohre hat man darauf zu achten, daß diese Stege auch senkrecht zu liegen kommen, da sie sonst die Wasserzirkulation stark behindern. Um sich von der richtigen Lage der Stege leicht überzeugen zu können, befindet sich an jedem Rohrkopf eine Marke, welche bei richtiger Lage des Rohres nach oben gerichtet sein muß. Die äußeren Rohre und die Einsteckrohre sind etwas leichter herauszunehmen als beim Dürr-Kessel, auch besondere Verschlußdeckel in der vorderen Wasserkammerwand sind hier nicht notwendig. Die Neigung der Rohre gegen die Horizontale beträgt beim Niclausse-Kessel etwa 6°. Nach Versuchen von Watt ist jedoch bei dieser geringeren Neigung die Wasserzirkulation fast genau dieselbe wie bei der größeren Neigung von 10°, welche Dürr den Rohren gibt.

Der Niclausse-Kessel ist in fast allen Marinen vertreten, am meisten naturgemäß in der französischen, in welcher er auf 34 Schiffen eingebaut ist, dann auch mehrfach in der englischen und amerikanischen Marine. Im ganzen liefert er an Bord von Kriegsschiffen Dampf für 1 000 000 PS_i, auf Handelsschiffen für etwa 100 000 PS_i.

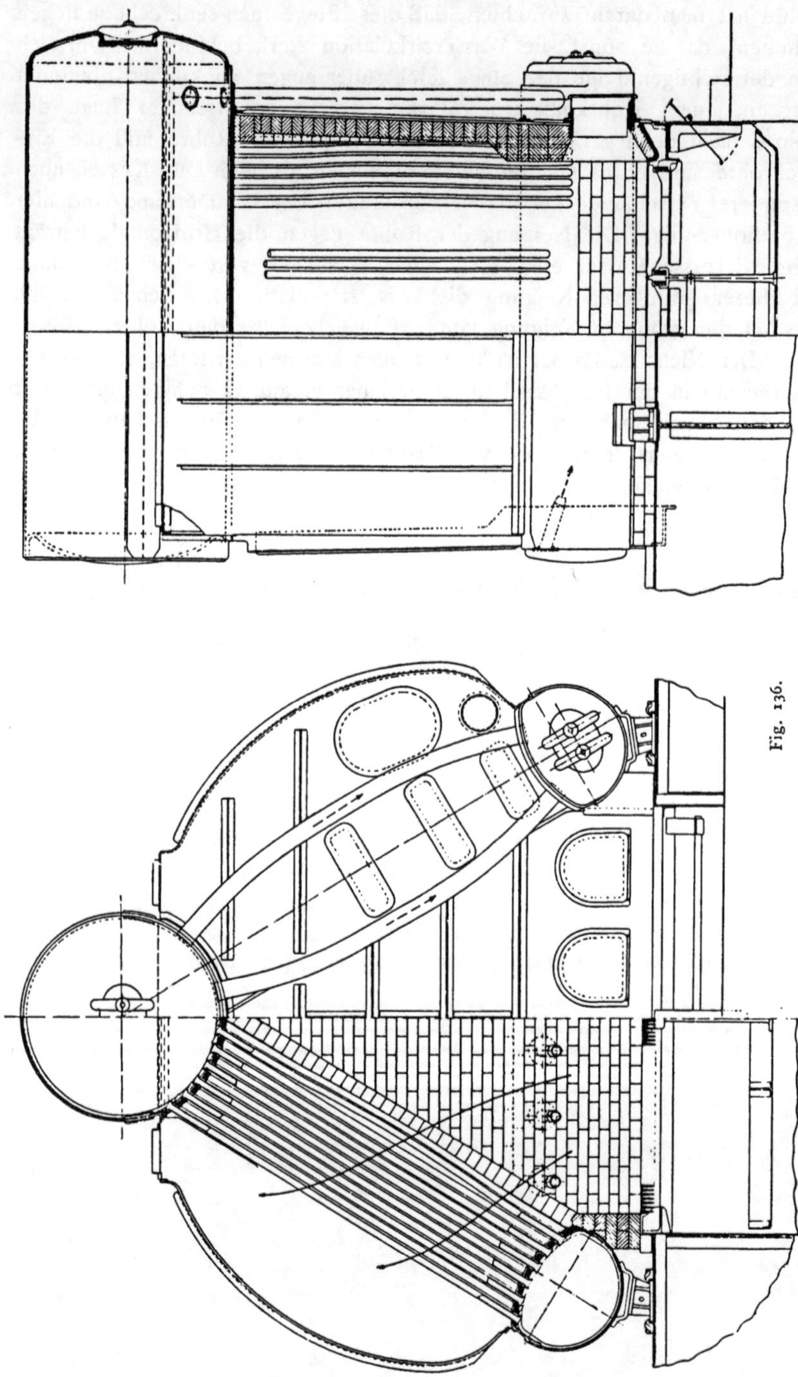

Fig. 136.

XIV. Abschnitt.

Die engrohrigen Wasserrohrkessel.

Yarrow-Kessel.

Unter den engrohrigen Wasserrohrkesseln sei zuerst der einzige Kessel dieser Art genannt, welcher gerade Rohre hat, nämlich der Yarrow-Kessel. In Fig. 136 ist ein Kessel dieser Art, wie er für Linienschiffe und Kreuzer ausgeführt wird, dargestellt. Fig. 137 zeigt einen Yarrow-Kessel für ein Torpedoboot und Fig. 138 eine Kesselgruppe mit Rauchfang für ein Linienschiff.

Im allgemeinen besteht der Yarrow-Kessel aus geraden Rohren, welche in den Ober- und Unterkesseln eingewalzt und zur Sicherung gegen Herausreißen kugelförmig aufgeweitet sind. Neuerdings werden jedoch die beiden innersten, dem Feuer zugekehrten Rohrreihen etwas gekrümmt ausgeführt, wie Fig. 136 zeigt. Es ist dies auch erklärlich, da diese Rohre direkt der Stichflamme ausgesetzt sind. Außerdem werden etwa in halber Höhe der Rohrbündel Distanzstücke aus Blech eingesetzt, welche ein Krummziehen der geraden Rohre verhindern sollen. In Fig. 138 sind diese Distanzstücke bei dem ganz links stehenden Kessel, welcher noch keine Bekleidung hat, erkennbar. Die Einführung dieser Distanzstücke und die Krümmung der innersten Rohrreihen ist ein Beweis, daß man im Betriebe den zu erwartenden Nachteil der geraden Rohre, daß sich nämlich nicht jedes Rohr entsprechend der ihm zugeführten Wärmemenge frei ausdehnen kann, auch empfunden hat. Trotzdem muß sich der Yarrow-Kessel an Bord gut bewährt haben, denn abgesehen von seiner Verwendung auf größeren Schiffen schreibt die englische Marine gerade für Torpedoboote, deren Kessel ja besonders stark forciert werden müssen, die Verwendung entweder von Yarrow-Kesseln, bei denen mindestens zwei dem Feuer zunächst gelegene Rohrreihen etwas gekrümmt sind, oder von White-Forster-Kesseln vor. Irgendwelche dichten Rohrwände sind beim Yarrow-Kessel nicht vorhanden; die Gase gehen daher nur einmal durch die Rohrbündel hindurch. Trotzdem ist der Nutzeffekt des Yarrow-Kessels ein guter, da der Verbrennungsraum bei diesem Kessel eine Höhe hat wie kaum bei einem anderen Wasserrohrkessel.

Der Wasserumlauf geschieht bei Yarrow-Kesseln dadurch, daß die dem Feuer zunächst gelegenen Rohrreihen mehr erwärmt werden als die

Fig. 137.

anderen, sodaß das Wasser und der Dampf in diesen Rohren aufsteigen werden. Die vom Feuer entfernt gelegenen Rohrreihen werden besonders beim Anheizen kälter sein, sodaß in ihnen das Wasser vom Oberkessel in die Unterkessel und von dort in die anderen Rohre nachströmen kann. Wenn auch im Betriebe infolge des Einflusses der Wasserzirkulation und eines gewissen Wärmeausgleiches in dem ganzen Kessel der Unterschied in der Erwärmung der einzelnen Rohrreihen nicht mehr so groß sein wird, so kann sich doch der einmal in diesem Sinne eingeleitete Wasserumlauf nicht ändern. Yarrow verwendet bei seinen Kesseln im allgemeinen keine Fallrohre, d. h. weite Rohre, welche außerhalb der Bekleidung liegen und

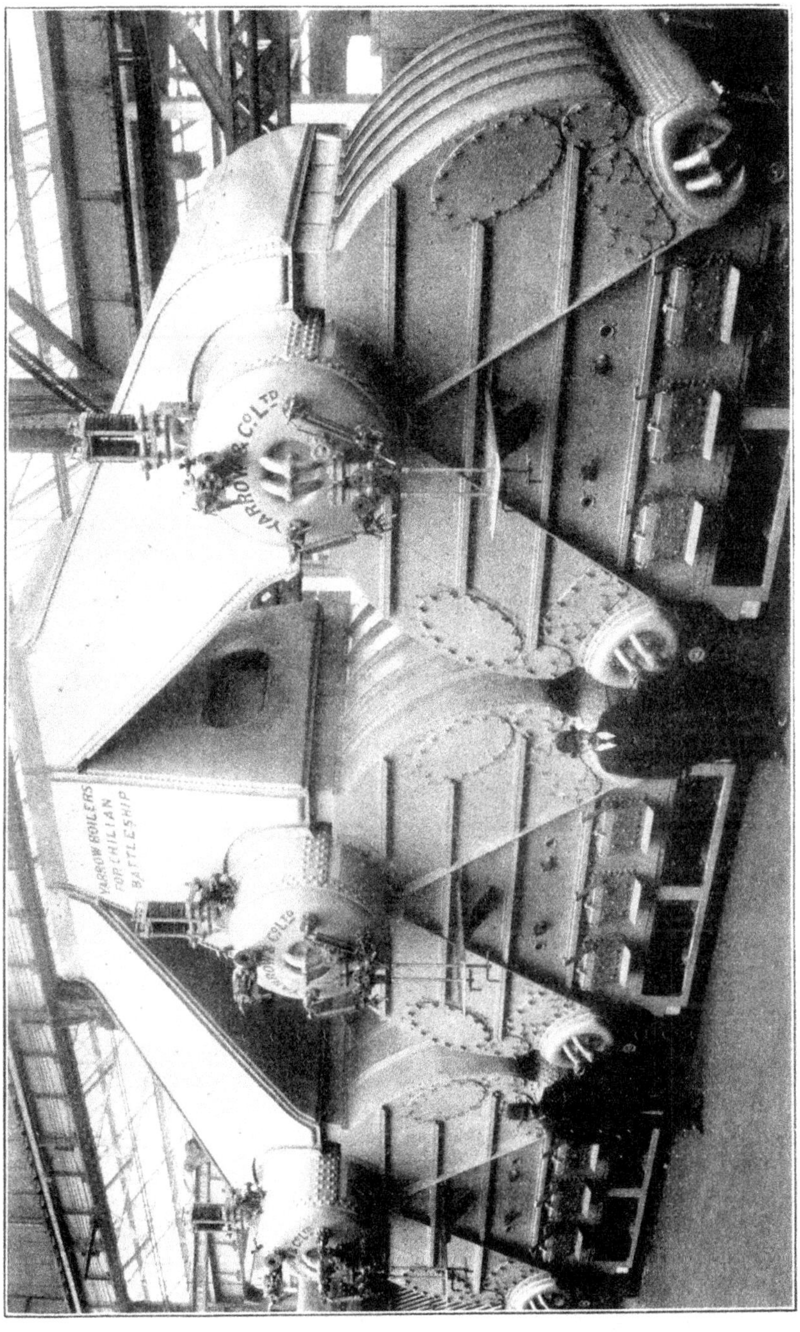

Fig. 138.

daher ein Fallen des Wassers vom Oberkessel nach den Unterkesseln gestatten, und hält diese auch für überflüssig; bei Kesseln für die englische Marine ist jedoch die Verwendung von äußeren Fallrohren vorgeschrieben. Wie Fig. 136 zeigt, sind in der Hinterwand des Kessels Düsen angeordnet, durch welche frische Luft in den Verbrennungsraum geblasen wird.

Bei den älteren Yarrow-Kesseln wurden die beiden Bleche, aus welchen die Unterkessel bestehen, mit Flanschen versehen und rundherum durch Schraubenbolzen miteinander verbunden. Da die Abdichtung dieser Fugen ziemlich schwierig war, werden neuerdings die Unterkessel so groß ausgeführt, daß man hineinkriechen kann; beide Bleche werden daher jetzt zusammengenietet. Bei Torpedobooten geht man aber auch dann mit den Maßen für die Unterkessel so weit hinunter, daß die Vorderböden derselben, wie Fig. 137 zeigt, aufgeschraubt werden müssen, da sich Mannlöcher in ihnen nicht mehr anbringen lassen würden. Der Rohrdurchmesser ist beim Yarrow-Kessel je nach dem Schiffstyp verschieden; er schwankt zwischen 1" und $1\,^3/_4$" (25,4 bis 44,5 mm). Die Wandstärke beträgt z. B. bei den Rohren von 44,5 mm Durchmesser 4 mm, bei den beiden dem Feuer am nächsten liegenden Rohrreihen jedoch 4,75 mm. Die Löcher im Unterkessel sind etwas größer als im Oberkessel, damit man die Rohre leichter einsetzen kann. Der Wert $\frac{\text{Heizfläche}}{\text{Rostfläche}}$ beträgt 40 bis 60, liegt jedoch meist nach der oberen Grenze hin. Yarrow rechnet bei Torpedobooten 0,186 qm, bei Kreuzern und Linienschiffen 0,255 bis 0,28 qm Heizfläche pro PS_i. Die entsprechenden Werte für die engrohrigen Kessel der deutschen Marine sind, gleichfalls auf die Konstruktionsleistung bezogen, im Mittel 0,17 und 0,25. Yarrow wählt also die Heizfläche etwa bei derselben Rostfläche gegenüber krummrohrigen Kesseln reichlicher und vermeidet auch hierdurch die mit geraden Rohren verbundenen Nachteile, da auf jeden Quadratmeter Heizfläche bei seinem Kessel weniger Kalorien entfallen als bei ähnlichen krummrohrigen Kesseln.

Der Vorteil des Yarrow-Kessels besteht in seiner einfachen, billigen Herstellung; auch die Anzahl der Reserverohre ist gegenüber anderen Kesseln sehr gering, da es nur nötig ist, eine Anzahl der längsten vorkommenden Rohre mitzuführen. Der Yarrow-Kessel findet sich auf im ganzen 44 Linienschiffen und Kreuzern der englischen, österreichischen, holländischen und schwedischen Marine für im ganzen 500000 PS_i. Außerdem ist er auf einer größeren Anzahl von Torpedobooten und flachgehenden Schiffen eingebaut.

White-Forster-Kessel.

Einigermaßen dem Yarrow-Kessel ähnlich ist der White-Forster-Kessel (Fig. 139). Die Rohre sind hier alle nach einem Kreisbogen gekrümmt und so angeordnet, daß sich jedes Rohr durch Hineinziehen in den Oberkessel und Entfernung durch das Mannloch herausnehmen und auf demselben Wege erneuern läßt, ohne irgendein anderes Rohr oder einen Teil der Bekleidung entfernen zu müssen. Gibt man diesem Kesseltyp eine größere Heizfläche, indem man mehr Rohrreihen anordnet oder

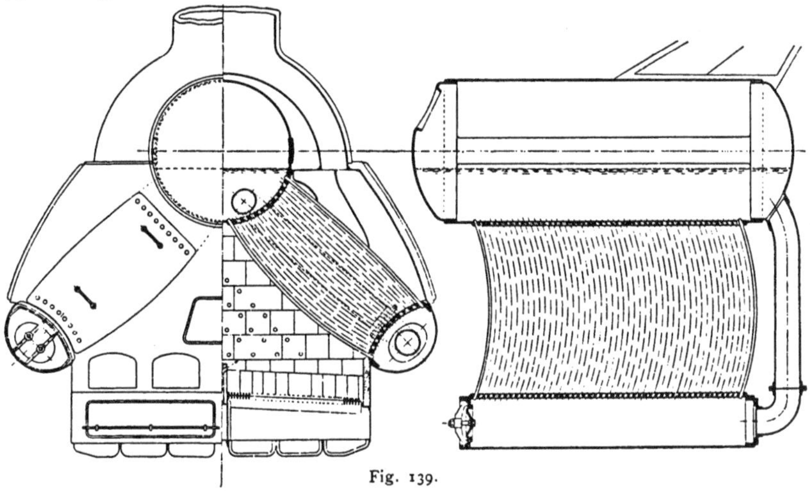

Fig. 139.

die Rohrlänge vergrößert, so hat dies auch eine Vergrößerung des Oberkessels zur Folge. Die Erfinder sehen hierin einen Vorteil, da sie hierdurch nicht verleitet werden können, bei einer bestimmten Heizfläche den Wasser- und Dampfraum zu klein zu wählen.

Der White-Forster-Kessel findet sich bereits in verschiedenen Marinen, besonders jedoch aut englischen Torpedobootszerstörern, auf welchen er, wie bereits erwähnt, neben dem Yarrow-Kessel allein zugelassen ist. Bisher ist er für etwa 150 000 PS_i ausgeführt worden.

Blechynden-Kessel.

Einen anderen Weg, jedes Rohr leicht auswechseln zu können, hat Blechynden beschritten, indem er die Rohre (Fig. 140) so krümmt, daß sie alle nach einer Anzahl von Verschlüssen gerichtet sind, welche in zwei Längsreihen am Oberkessel angeordnet sind. Im Vergleich zum White-Forster-Kessel sind die Rohre weniger gekrümmt.

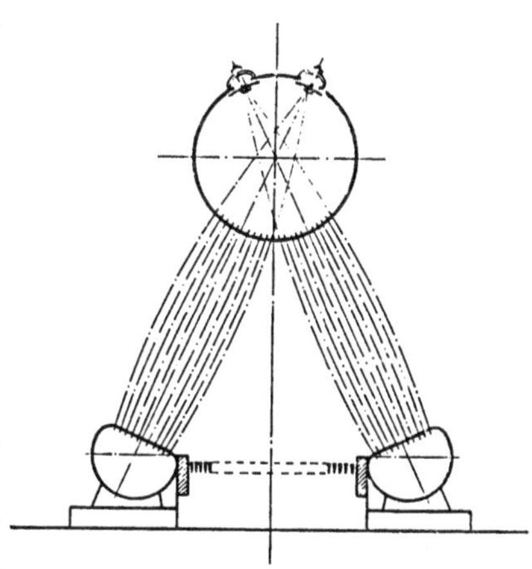

Fig. 140.

Der Blechynden-Kessel ist auf einigen englischen und italienischen Kriegsschiffen in Gebrauch.

Schulz-Thornycroft-Kessel.

Da sich in der deutschen Kriegsmarine die endgültige Annahme eines dem Schulz-Kessel ganz ähnlichen Kesseltyps für alle Neubauten auf dem Wege vollzog, daß nach Erprobung aller wichtigeren Wasserrohrkesseltypen, besonders aber des Thornycroft-, Schulz- und Dürr-Kessels, der Schulz-Kessel den Sieg davontrug, sei an dieser Stelle etwas über die Verwendung der einzelnen Wasserrohrkesselarten in der deutschen Marine eingeschaltet.

Anfangs der neunziger Jahre stellte sich in der deutschen Marine die Notwendigkeit heraus, die Kessel insbesondere der schnellen Schiffe und Fahrzeuge durch Wasserrohrkessel zu ersetzen. Auf den Torpedobooten beherrschte zu dieser Zeit der Lokomotivkessel, auf den großen Schiffen der Zylinderkessel mit rückkehrender Flamme das Feld.

Der erste Auftrag auf Schulz-Kessel wurde der Maschinenbau-Aktiengesellschaft Germania zu Kiel im Jahre 1894 zuteil, da die Lokomotivkessel auf dem Torpedoboot »S 42«, das hiermit bisher 1425 PS_i erreicht hatte, durch leichtere und noch leistungsfähigere Wasserrohrkessel ersetzt werden sollten. Die beiden neu eingebauten Schulz-Kessel, welche nur zwei Unterkessel und somit nur je ein Feuer besaßen, lieferten bei weniger Gewicht zeitweise Dampf für 1800 PS_i.

In demselben Jahre wurden nach den guten Resultaten, welche die Thornycroft-Kessel auf englischen Torpedobooten und Avisos gehabt hatten, zwei Zweifeuerkessel nach dem neueren Thornycroft-Patent aus dem Jahre 1890 (Daringtyp) für das Torpedoboot »S 74« (2500 PS_i) und acht Einfeuerkessel nach dem älteren Patent aus dem Jahre 1885 (Speedytyp) für das Panzerschiff »Ägir« (5000 PS_i) bestellt. Je nach dem zur Verfügung stehenden Raum und der Lage der Rauchfänge paßt der eine oder der andere Typ besser.

Etwa um dieselbe Zeit wurden ferner in das Divisionsboot »D 3« zwei Normand-Kessel und in das Torpedoboot »S 32« zwei Yarrow-Kessel eingebaut; die Versuche mit diesen Kesseln waren nicht so zufriedenstellend, sodaß keine weiteren Kessel dieser Art in der deutschen Marine erprobt worden sind.

Nach der Verwendung der älteren und neueren Thornycroft-Kesselkonstruktion auf dem Aviso »Speedy« und dem Torpedoboot »Daring« haben diese beiden Typen die Namen Speedytyp und Daringtyp erhalten. Der ältere Speedytyp, wie er auf S. M. S. »Ägir« zur Verwendung gekommen ist, ist in Fig. 141 wiedergegeben. Es sind nur zwei Unterkessel vorhanden, welche durch stark gekrümmte Rohre, die sämtlich über Wasser münden, mit dem Oberkessel verbunden sind. Die Wasserzirkulation muß daher durch besondere äußere Fallrohre, welche sich an der Hinterseite des Kessels befinden, erfolgen. Die Flamme streicht nur einmal durch die Rohrbündel. In den gekrümmten Wasserrohren entsteht eine starke

Dampfentwickelung, welche eine Wasserzirkulation von den Unterkesseln nach dem Oberkessel hervorruft; das in den Oberkessel eingespeiste Wasser tritt dann durch die äußeren Fallrohre, welche der Einwirkung der

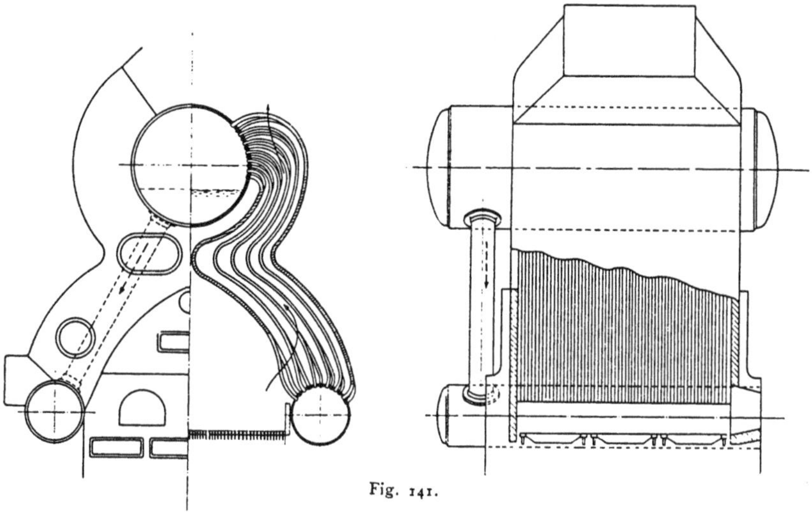

Fig. 141.

Flamme entzogen sind, in die Unterkessel. Durch Ineinanderbiegen von Rohren zweier benachbarter Rohrreihen sind dichte Wände gebildet, welche hier und in den folgenden Figuren durch Schraffur angedeutet sind.

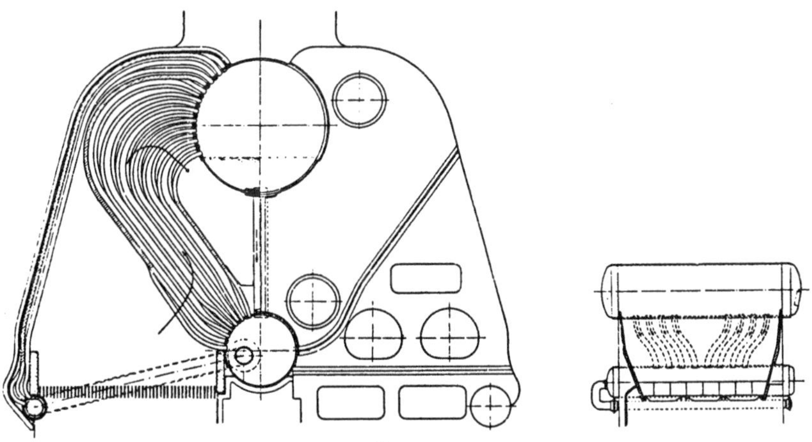

Fig. 142.

Den neueren Daringtyp, wie er auf »S 74« zur Verwendung gekommen ist, zeigt Fig. 142. Hier ist nur ein befahrbarer Unterkessel vorhanden; an den Außenseiten der beiden Feuerungen liegt je ein dünnes Hilfswassergefäß, in welches nur drei Reihen Rohre münden. Die Flamme schlägt auch hier nur einmal durch das Rohrbündel. Die Rauchgase ziehen im Gegensatz zum Speedytyp nicht über dem Oberkessel, sondern unter demselben durch einen an der Hinterseite des Kessels befindlichen Rauchfang ab. Da auch hier alle Rohre über Wasser münden, sind bei diesem Kesseltyp eine Anzahl weiter S-förmig gekrümmter Rohre in der Mittelebene des Kessels angeordnet, welche durch die ihnen zugekehrten dichten Rohrwände vor der direkten Einwirkung der Flamme geschützt sind. Durch diese Rohre kann daher das Wasser aus dem Oberkessel in den mittleren Unterkessel und von dort durch die etwas geneigten Verbindungsrohre in die seitlichen Hilfswassergefäße gelangen.

Auffallend ist bei beiden Typen die Überhöhung der Rohre, welche auch den Hauptgrund gegen eine weitere Verwendung der Thornycroft-Kessel bildet. Für schnelle Dienstbereitschaft kommt nämlich nur die nasse Konservierung der Kessel in Betracht, bei welcher die Kessel ganz mit Wasser gefüllt werden und jede Spur von Luft sich entfernen lassen muß, um ein inneres Rosten zu verhüten. In den oberen Bogen der Wasserrohre bleibt nun beim Vollaufenlassen beider Typen der Thornycroft-Kessel stets Luft zurück, wodurch die Rohre abrosten, sodaß sie verhältnismäßig oft erneuert werden müssen. Ein weiterer Nachteil war, daß diese Rohre oben nur Dampf führen können und daher leichter verbrennen; insbesondere bei geringer Forcierung, bei der die Wasserzirkulation naturgemäß nicht so heftig ist, und vielleicht nicht allzu hoch gehaltenem Wasserstand wurde der Dampf bei diesen Kesseln so stark überhitzt, daß Zinkschutzplatten im Innern des Oberkessels geschmolzen sind. Der Dampf muß also eine Temperatur von etwa 400° C gehabt haben. Dementsprechend ist auch die Kühlung der Rohre nicht ausreichend und die kurze Lebensdauer derselben leicht erklärlich. Bei dieser Überhitzung bildet sich in den Rohren innen auch Glühspan, der bei Gelegenheit abspringt und nun die Rohre verstopft, wodurch eine Unterbrechung der Zirkulation in diesen Rohren und ein Glühendwerden und Verbrennen derselben herbeigeführt wird.

Da alle Rohre beim Thornycroft-Kessel über Wasser münden, läßt sich diese Überhöhung nicht vermeiden. Beim Schulz-Kessel dagegen, bei dem nach der Patentschrift Nr. 87431 die Rohre teils über, teils unter Wasser münden, kann die Einmündung derselben in den Oberkessel bis etwa zur Mitte des Oberkessels heruntergerückt werden, sodaß eine Überhitzung der Rohre ausgeschlossen ist und bei nasser Konservierung alle Luft aus den Rohren austreten kann, wodurch eine längere Lebensdauer der Rohre gesichert ist. In der deutschen Marine erreichte die Verwendung von Thornycroft-Kesseln im Jahre 1898 ihren Höhepunkt, nahm jedoch von diesem Zeitpunkt an schnell ab, während der Schulz-Kessel sich seit seiner Einführung einer stetig steigenden Verwendung erfreute und jetzt in etwas abgeänderter Form bei allen Neubauten der deutschen Marine zur Verwendung kommt.

Neben der geringen Lebensdauer der Rohre des Thornycroft-Kessels zeigte sich bei diesem Kesseltyp noch ein bedeutender Übelstand. Wie oben bereits erwähnt, gehen nämlich die Heizgase bei diesem Kessel nur einmal durch die Rohrbündel, haben also im Gegensatz zum Schulz-Kessel, bei dem sie in der Regel dreimal die Länge des Rohrbündels zurücklegen müssen, nur einen kurzen Weg. Als Folge davon schlug die Flamme besonders bei den hoher Forcierung unterworfenen Torpedobooten*) aus dem Schornstein und machte daher die Boote bei Nacht weithin sichtbar. Mit diesem kurzen Weg der Heizgase beim Thornycroft-Kessel war naturgemäß auch eine schlechtere Ausnutzung der Heizgase verbunden; so verbrauchten z. B. die Thornycroft-Kessel bei einer Geschwindigkeit von 12 Seemeilen auf dem Torpedoboot »S 83« 1 kg und auf dem Divisions-

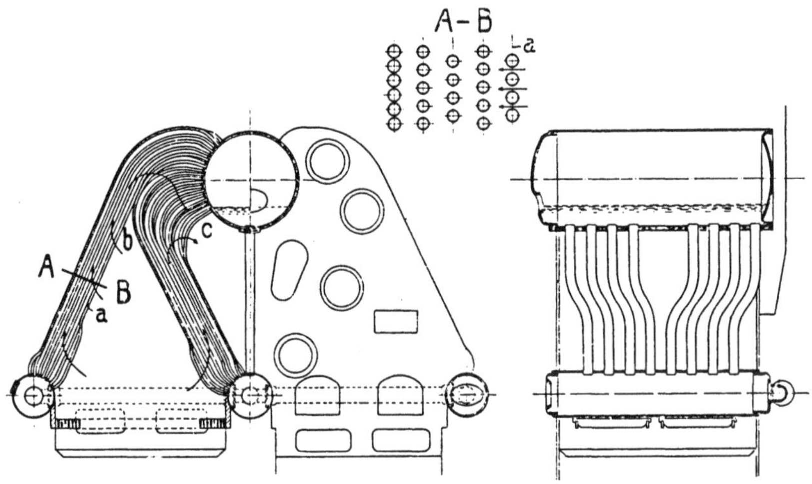

Fig. 143.

boot »D 10« 1,2 kg Kohlen pro PS_i, während die Schulz-Kessel auf dem Torpedoboot »G 88« hierbei nur 0,72 kg Kohlen verbrauchten. Die Schornsteintemperatur betrug bei dem letztgenannten Boot während der forcierten Fahrt im Mittel nur 420° C gegen 700° C bei den Thornycroft-Kesseln auf »S 83« und »D 10«.

Ein anderer Nachteil des Daringtyps war auch die schwierige und schlecht revidierbare Befestigung der Wasserrohre in den kleinen seitlichen Hilfswassergefäßen. Bei den folgenden Ausführungen der Thornycroft-Kessel wurden denn auch diese seitlichen Hilfswassergefäße zu befahrbaren Unterkesseln vergrößert, und zu jeder dichten Rohrwand an den Seiten, zu der bisher höchstens noch eine Rohrreihe gekommen war, nun noch mehrere Rohrreihen hinzugefügt. Es entstand so der z. B. für S. M. Linienschiff

*) Marine-Rundschau 1901, S. 538.

»Kaiser Barbarossa« und eine Reihe von Torpedobooten ausgeführte Typ, den Fig. 143 wiedergibt. Im Gegensatz zum Schulz-Kessel ist hier aber die Rohrreihe *a* nicht dicht, wie aus dem Schnitt *A—B* ersichtlich, sodaß die heißen Gase, wie die Pfeile zeigen, durch diese Rohrreihe gehen und teilweise auf dem kurzen Wege *b—c* in den Rauchfang gehen können, ohne vollständig ausgenutzt zu werden.

In den Jahren nach 1895 wurden nun auch die weitrohrigen Wasserrohrkessel einer eingehenden Erprobung unterzogen. Die großen Kreuzer »Hertha« und »Hansa« erhielten Belleville-Kessel, der große Kreuzer »Freya« und der kleine Kreuzer »Gazelle« Niclausse-Kessel, eine Reihe großer Kreuzer und einige kleinere Panzerschiffe Dürr-Kessel.

Von diesen Kesselarten stand der Dürr-Kessel eine Zeitlang mit dem Schulz-Kessel in Konkurrenz, welche jedoch zugunsten des Schulz-Kessels ausschlug, da dieser Kessel mehr forcierbar und auch leichter ist.

Auf den Linienschiffen wurden zuerst engrohrige Wasserrohrkessel nur für ein Drittel oder die Hälfte der Maschinenleistung eingebaut, während für den fehlenden Teil der Leistung Zylinderkessel dienten. Dieses gemischte Kesselsystem ist inzwischen in Deutschland aufgegeben worden. Der Grundgedanke war hierbei, bei lecken Kondensatoren, für Marschgeschwindigkeit und für den Hafenbetrieb die leichter zu behandelnden und, wie man glaubte, etwas ökonomischeren Zylinderkessel zu benutzen und nur für höhere Forcierungsgrade die Wasserrohrkessel hinzuzunehmen. Da sich die Schulz-Kessel jedoch gut bewährt haben und die Forderung an Gewichtsersparnis immer dringender wurde, hat man die Zylinderkessel in der deutschen Marine jetzt ganz fallen gelassen. In der englischen Marine ist dieses gemischte Kesselsystem neuerdings aber wieder verwendet worden.

Im Jahre 1899 wurde von der Besitzerin der Schulz-Patente, der Firma Friedrich Krupp zu Essen, und der Firma John J. Thornycroft in Chiswick-London ein Krupp-Thornycroft-Syndikat gebildet, welches den Zweck hatte, die Patente beider Firmen gemeinsam auszunutzen. Danach sollen die von diesen Firmen hergestellten Wasserrohrkessel in Deutschland den Namen »Schulz-Thornycroft-Kessel« und in England den Namen »Thornycroft-Schulz-Kessel« führen.

Seit Abschließung dieses Vertrages ist Thornycroft dazu übergegangen, seine Kesselkonstruktion im großen und ganzen der von Schulz angegebenen anzupassen und im besonderen fast alle Rohre unter Wasser einmünden zu lassen.

Der Wichtigkeit und großen Verbreitung des Schulz-Kessels entsprechend sei nun zur genauen Beschreibung dieses Kesselsystems übergegangen.

Durch allmähliche Verbesserung des Schulz-Kessels ist in der deutschen Marine ein besonderer Typ entstanden, bei welchem insbesondere alle Rohre unter Wasser münden, während in der Patentschrift von »zum Teil in

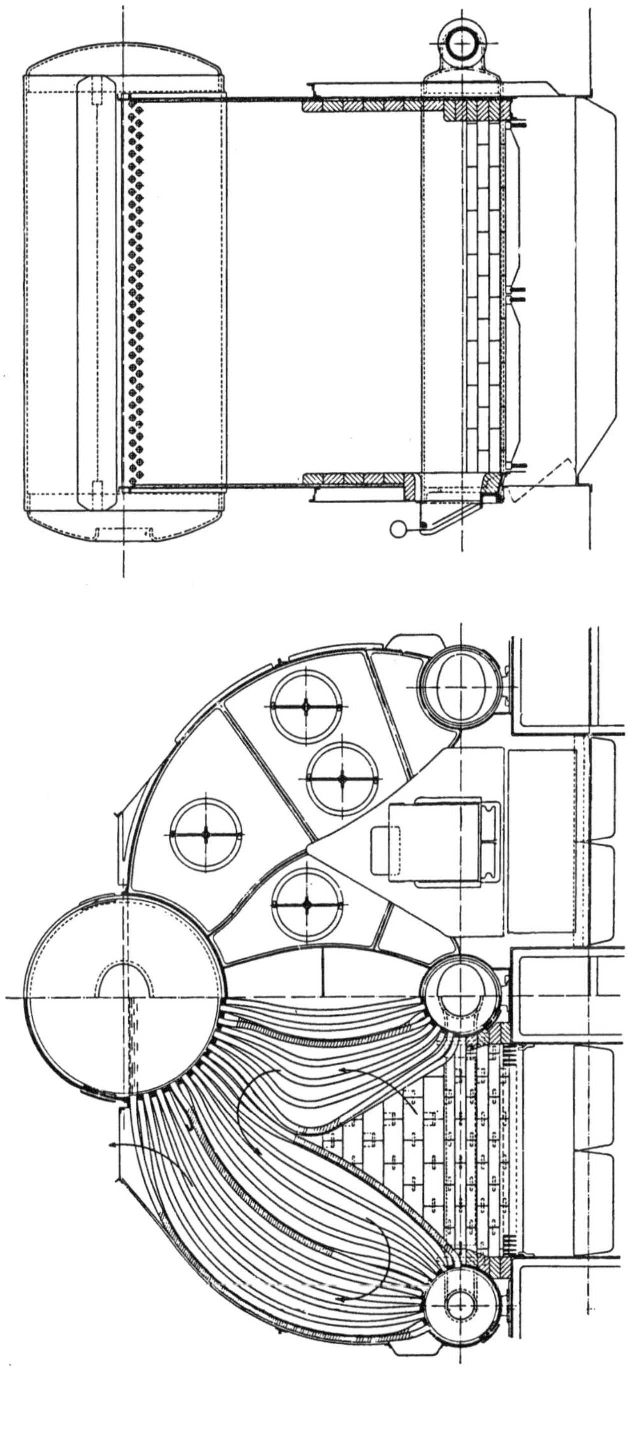

Fig. 144.

den Wasserraum, zum Teil in den Dampfraum mündenden Rohren« gesprochen ist. Im folgenden soll jedoch der Kürze und Einfachheit halber auch dieser Typ Schulz-Kessel genannt werden. Die Notwendigkeit, auch die wenigen Rohre, welche früher über Wasser mündeten, unter dem Wasserspiegel einlaufen zu lassen, hat sich aber herausgestellt, um die Lebensdauer dieser Rohre zu vergrößern.

Fig. 144 zeigt die neueste Ausführung eines solchen Kessels; Fig. 145 stellt einige Schulz-Kessel in verschiedenen Baustadien dar. Das Hauptmerkmal des Schulz-Kessels besteht in einer eigenartigen Anordnung von dichten Rohrwänden, durch welche den Heizgasen ein bestimmter mehrfach gewundener Weg vorgeschrieben ist. Hierdurch ist eine gute Ausnutzung der Heizgase gesichert; ein anderer Vorteil des mehrfachen Richtungswechsels der Heizgase ist der, daß sich die Flugasche im Kessel selbst absetzt und somit das Deck nicht so sehr beschmutzt.

Im allgemeinen wird der Schulz-Kessel mit einem Oberkessel, dessen Durchmesser meist zwischen 1100 und 1400 mm schwankt, und drei Unterkesseln, welche der Befahrbarkeit wegen auch bei kleineren Ausführungen nicht unter 400 mm Durchmesser gewählt werden, ausgeführt; es sind dann also zwei getrennte Feuerungen vorhanden. Wenn es die Platzverhältnisse bedingen, z. B. beim Ersatz von Kesselanlagen auf älteren Schiffen, auf Beibooten usw., sind auch verschiedentlich Schulz-Kessel mit nur einem Feuer und dementsprechend nur zwei Unterkesseln ausgeführt worden. Fig. 146 zeigt einen solchen Kessel und zwar den des 16 m langen Dampfbeibootes »A« der deutschen Marine. Die Gase gehen hier ebenfalls dreimal durch die Rohre. Der Oberkessel ist seitlich angeordnet, trotzdem liegt aber der Gesamtschwerpunkt des Kessels in der durch die beiden Unterkessel gegebenen Symmetrieebene. Die Wasserzirkulation erfolgt so, daß das Wasser durch die kälteren Rohre des linken Rohrbündels nach dem linken Unterkessel und von dort durch das horizontale Verbindungsrohr beider Unterkessel nach dem rechten Unterkessel und Rohrbündel geht.

Zum Einwalzen der Rohre und wegen der durch die Rohrlöcher geschwächten Festigkeit des Bleches muß das Mantelblech des Oberkessels in seinem unteren Teil bedeutend stärker ausgeführt werden, als es oben und in der Nietnaht nötig wäre. Kommt es auf Gewichtsersparnis nicht besonders an, so wird nur ein Blech verwendet, das dann also im oberen Teil unnötig stark ist. Meist wird jedoch oben ein dünneres Blech benutzt und mit dem unteren stärkeren Blech durch Doppellaschen verbunden. Die Berechnung des unteren Bleches mit den Rohrlöchern und dementsprechend auch der Bleche der Unterkessel ist bereits auf S. 96 genauer besprochen. Die Unterkessel, bei denen sich eine Herstellung aus zwei Blechen nicht lohnt, erhielten früher Doppellaschen zur Verbindung der Längsnaht, ab und zu wurden sie auch geschweißt. Neuerdings werden hierzu oft gezogene Rohre verwendet.

Fig. 145.

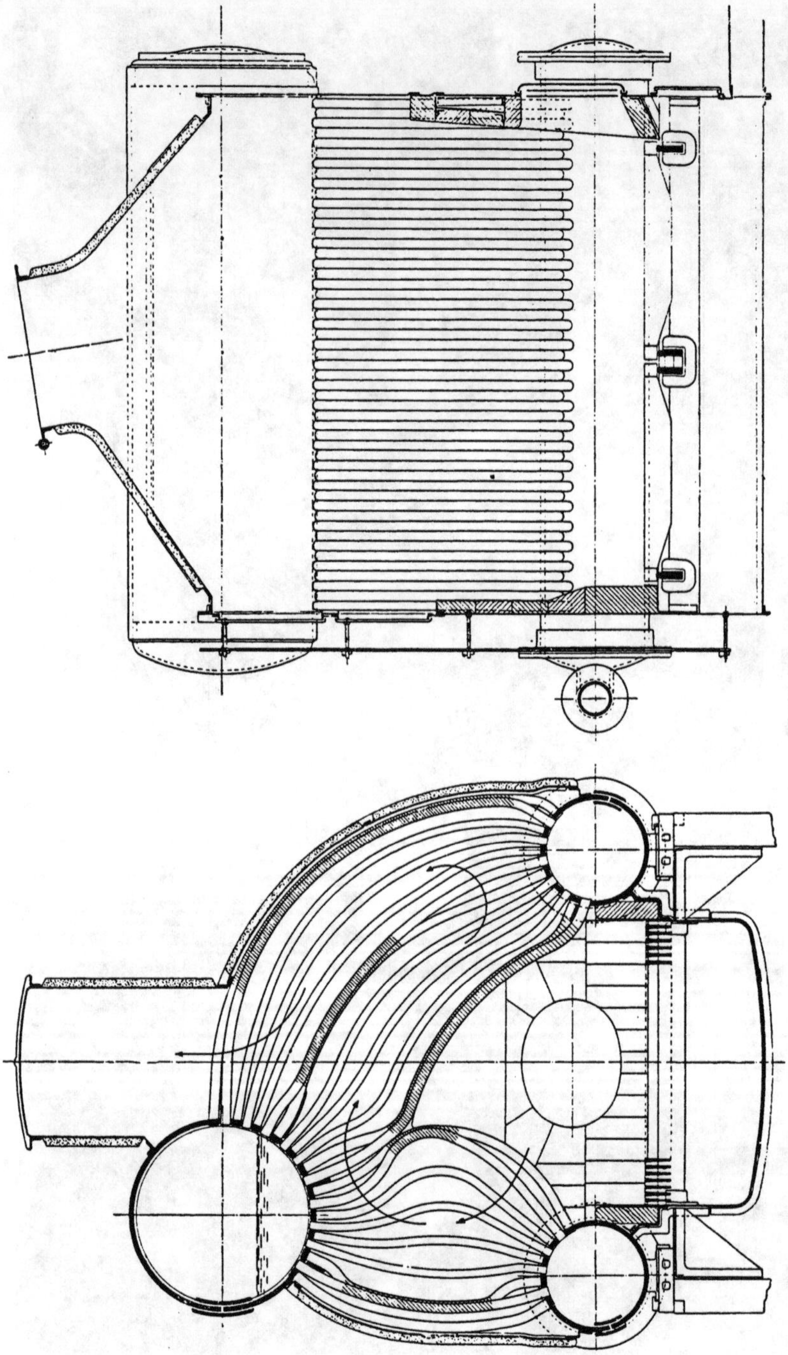

Fig. 146.

An den beiden Rundnähten wird die untere Hälfte des Oberkesselbleches dünner gehobelt, wie aus Fig. 144 ersichtlich, da sonst die Nietung der Rundnaht Schwierigkeiten bietet. Das Dünnerhobeln desselben Bleches an den Längsnähten (s. Fig. 144 links oben) muß selbstverständlich vor dem Rundbiegen oder Walzen des Bleches vorgenommen werden, da sich sonst das Blech beim Rundbiegen leicht an der Stelle, an der der dünnere Teil beginnt, spaltet. Die Doppellaschen der Längsnähte werden beim Oberkessel durch Flammbleche geschützt und beim Unterkessel so gelegt, daß sie nicht mit der Stichflamme in Berührung kommen; die Rundnähte liegen außerhalb der Bekleidung. Eine Berührung der Heizgase mit irgend einer Nietverbindung ist somit vermieden.

Die Böden der Ober- und Unterkessel werden aus Siemens-Martin-Flußeisen gepreßt; nur die Böden an der hinteren Seite der Unterkessel werden aus Stahlguß hergestellt, da an ihnen die weiten Verbindungsrohre der Unterkessel befestigt werden.

Ober- und Unterkessel werden nun durch krumme Rohre von 36 mm äußerem Durchmesser miteinander verbunden. Die Rohrteilung in der Längsrichtung des Kessels beträgt meist 72 mm, sodaß man durch Ineinanderbiegen zweier Rohrreihen, wie Fig. 147 andeutet, eine dichte Wand bilden kann. Es sind hier die Rohre der Reihe II nach links in die Zwischenräume der Reihe I hineingebogen. Dieses Zusammenbiegen findet nun meist nicht auf der ganzen Länge der Rohre statt, sondern nur aut einem Teil derselben; es werden so nur bestimmte Öffnungen für die Heizgase frei gelassen, sodaß die Gase einen längeren Weg durch die Rohre beschreiben müssen, ehe sie in den Rauchfang entweichen können. Die dichten Wände sind in allen Figuren durch Schraffur kenntlich gemacht. Bei den üblichen Ausführungen des Schulz-Kessels (Fig. 144 auf S. 191) müssen die Gase, wie die Pfeile zeigen, dreimal die Länge des Rohrbündels zurücklegen, wobei sie Gelegenheit haben, ihre Wärme zum größten Teil an die Rohre abzugeben.

Als Rohre werden gezogene Rohre von 3 mm Wandstärke aus Siemens-Martin-Flußeisen verwendet. Nur die beiden dem Feuer zunächst liegenden Rohrreihen jedes Bündels erhalten 3,5 mm Wandstärke. Das Biegen der Rohre geschieht, wie Fig. 148 schematisch andeutet, auf einer Art Richtplatte, auf der sich Segmente mit entsprechenden Krümmungen beliebig befestigen lassen. Durch Bewegung des Hebels, welcher eine Rolle trägt, wird das Rohr in das halbkreisförmig ausgearbeitete Segment hineingepreßt und erhält hierbei die gewünschte Krümmung. Bei der Herstellung der Schulz-Kessel werden überhaupt eine Anzahl besonderer Vorrichtungen benutzt, z. B. auch zum Einwalzen der Rohre in die Unterkessel, auf welche hier einzugehen jedoch zu weit führen würde. Außen werden die Rohre verzinkt; es geschieht dies aber nicht, um sie vor dem Rosten zu schützen, denn das Zink verschwindet im Betriebe bald, sondern um etwaige kleine Längsrisse leichter zu entdecken, da sich diese nach dem

Verzinken durch schwarze Striche genau markieren. Die beiden Enden, welche in die Ober- und Unterkessel eingesetzt und aufgewalzt werden, werden überhaupt nicht verzinkt, sondern vor dem Einsetzen blank geschmirgelt. Beim Verzinken muß darauf geachtet werden, daß kein Zink

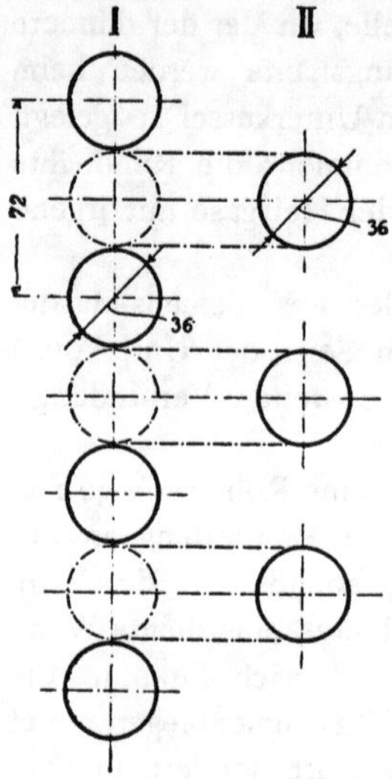

Fig. 147.

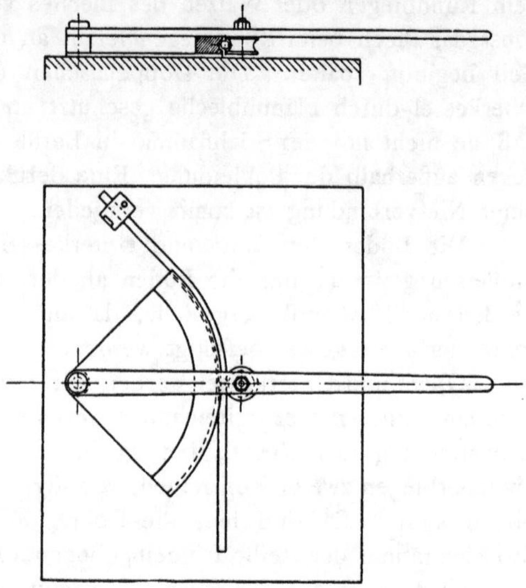

Fig. 148.

in das Innere der Rohre gelangt. Dieses Zink zersetzt sich nämlich bald und bildet dann giftige Gase, welche bei Reparaturen der Kessel den Leuten, welche die Kessel befahren, gefährlich werden können. Es muß deshalb bekanntlich jeder Kessel, ehe jemand bei einer Reparatur hineinkriecht, nach dem Entfernen der Mannlochdeckel eine Zeitlang gelüftet

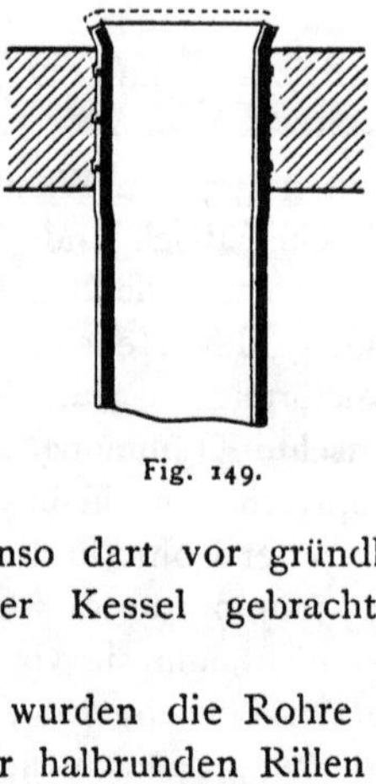

Fig. 149.

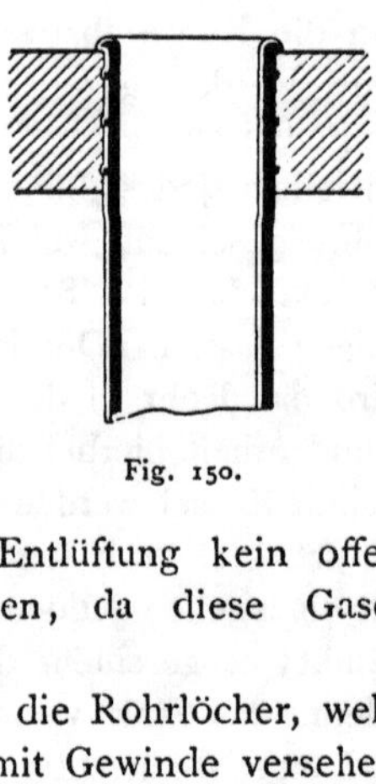

Fig. 150.

werden; ebenso darf vor gründlicher Entlüftung kein offenes Licht in die Nähe der Kessel gebracht werden, da diese Gase explosibler Natur sind.

Früher wurden die Rohre nur in die Rohrlöcher, welche mit vierkantigen oder halbrunden Rillen oder mit Gewinde versehen waren, eingewalzt. Sobald nun aber einmal ein Teil des Mantelbleches durch Wassermangel oder Niederschläge glühend wird, ziehen sich die Rohrlöcher entsprechend den verschiedenen Spannungen, welche in Richtung der Kesselachse ja nur halb so groß sind als senkrecht dazu, oval, sodaß die betreffenden Rohre dann durch den Dampfdruck herausgerissen werden können. Tatsächlich ist dieser Fall auch einmal vorgekommen. Seit Jahren werden daher die Rohre nach dem Aufwalzen entweder nach Fig. 149 konisch aufgeweitet oder nach Fig. 150 gebörtelt. Diese beiden Figuren stellen die von der Marine gestatteten Rohrbefestigungen dar; bei Versuchen sind Rohre, die so eingewalzt und befestigt waren, in dem Teil, welcher außerhalb der Rohre liegt, durchgerissen, die in der Rohrwand befestigten Stellen haben dagegen nicht nachgegeben. Meist wird die in Fig. 149 dargestellte Rohrbefestigung gewählt, da das konische Aufweiten des Rohrendes billiger und einfacher herzustellen ist als die Rohrbefestigung nach Fig. 150. Nach der Vorschrift der Marine sollen die in die Ober- und Unterkessel hineinragenden Rohrenden im allgemeinen 5 mm über die Rohrwand überstehen und am ganzen Umfang derart konisch aufgeweitet sein, daß der größte äußere Durchmesser des Konus mindestens 4 mm größer ist als der Durchmesser des Loches in der Kesselwand, der aber mit dem äußeren Rohrdurchmesser nicht identisch, sondern des Aufwalzens wegen etwas größer ist. Wenn die Rohrenden mehr als 5 mm überstehen, so ist die Aufweitung, wie punktiert angedeutet, dementsprechend zu vergrößern. Bei der Rohrbefestigung nach Fig. 150 muß der äußere Durchmesser der Börtelung ebenfalls mindestens 4 mm größer sein als der Durchmesser des Rohrloches. Ein einfaches Niederstemmen des Rohrendes um einen Dorn ist nicht zulässig, es muß vielmehr der überstehende Teil zuerst um den Rand des Rohrloches herumgezogen und dann mit einem Stemmer weitergebörtelt werden. Bei beiden Befestigungsarten ist die obere Kante des Rohrloches stark zu brechen und von der unteren Kante der Grat zu entfernen, damit eine Beschädigung des Rohres beim Aufwalzen oder Aufweiten vermieden wird. Außerdem sind die Rohre in den Ober- und Unterkesseln noch dadurch zu befestigen, daß in die Wände der Rohrlöcher bei einer Dicke des Mantelbleches von 20 mm und darüber drei, bei einer Dicke unter 20 mm zwei flache, etwa 1,5 bis 2 mm breite und höchstens 0,5 mm tiefe, über die Blechdicke gleichmäßig verteilte Rillen eingeschnitten werden, in welche das Rohrmaterial beim Aufwalzen hineingepreßt wird. Statt der Rillen ist auch flaches Gewinde zulässig, welches aber seltener verwendet wird. Das Aufwalzen geschieht mit den bereits auf S. 64 erwähnten Rohraufwalzern, das konische Aufweiten auf verschiedene Weise, z. B. dadurch, daß mit einem Preßlufthammer ein konischer Dorn in das Rohr hineingetrieben wird.

Vor der ersten Inbetriebnahme des Kessels und ev. nach größeren Reparaturen oder Reinigungen müssen alle Rohre »durchgekugelt« werden, d. h. es wird der Reihe nach durch jedes Rohr eine Metallkugel vom

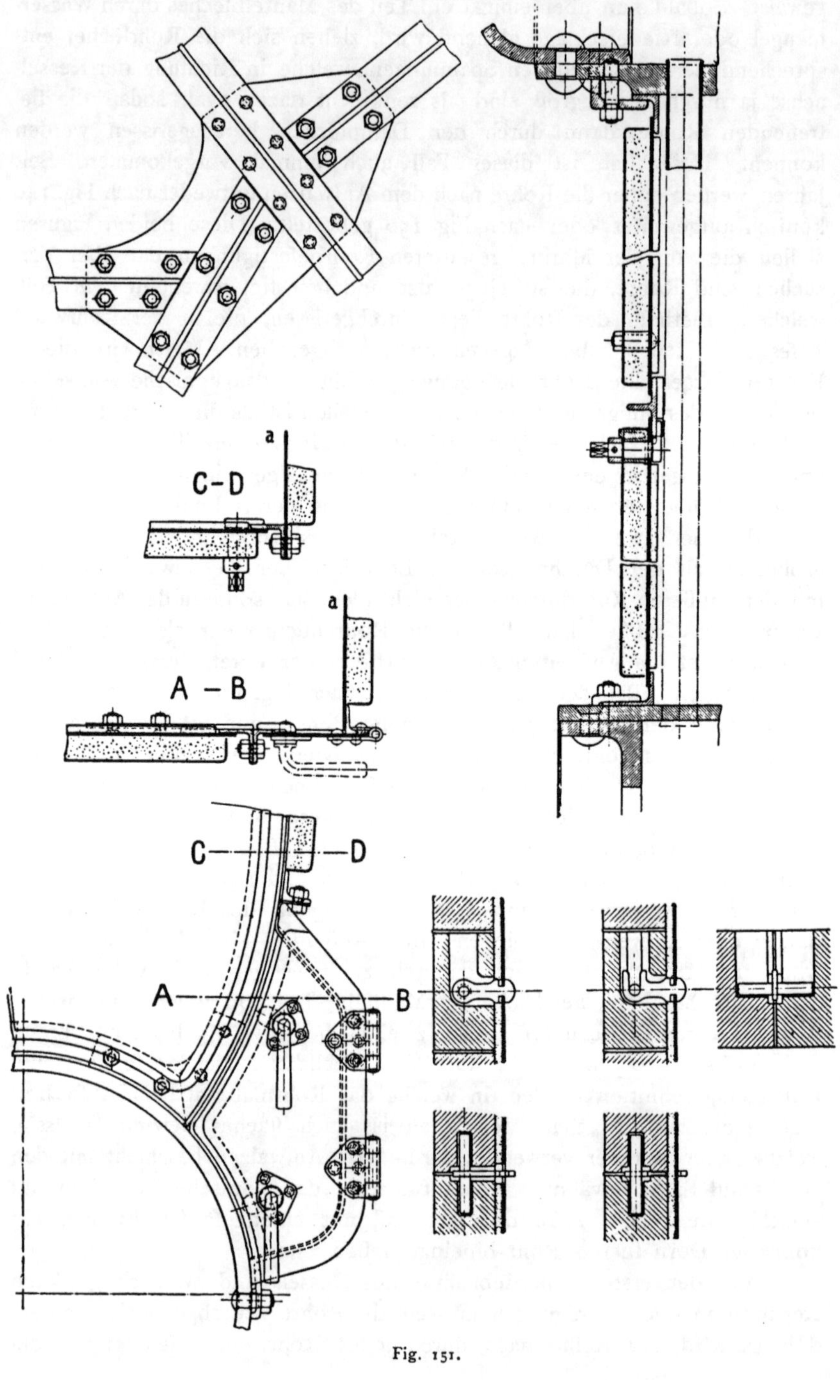

Fig. 151.

Oberkessel in den Unterkessel fallen gelassen, um festzustellen, ob auch kein Rohr durch einen Meißel, Metallspähne, Twist od. dgl. verstopft ist.

In Fig. 144 auf S. 191 ist am Oberkessel zwischen zwei Rohrreihen noch ein schwarz ausgezogenes Abdeckblech ersichtlich. An dieser Stelle lassen nämlich die wandbildenden Rohre Lücken frei, durch welche ein Teil der Heizgase auf kürzerem Wege in den Rauchfang entweichen und auch das Mantelblech des Oberkessels angreifen könnte. Man ordnet daher hier und an anderen ähnlichen Stellen Abdeckbleche an, welche mit Asbest umkleidet sind.

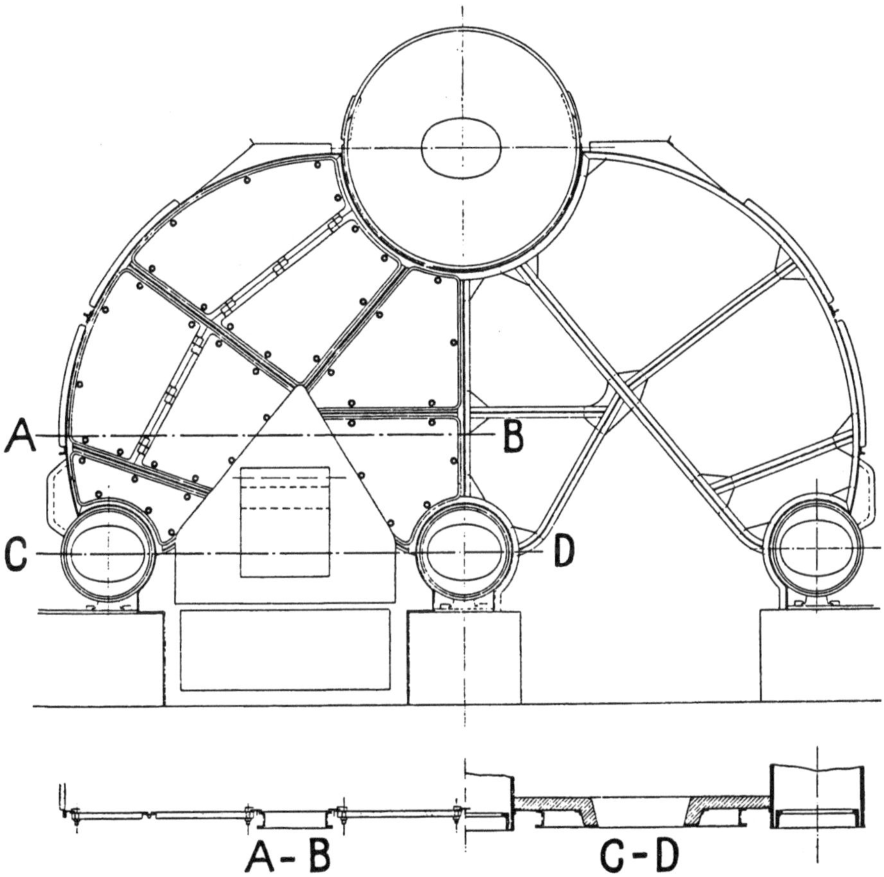

Fig. 152.

Die außen an den seitlichen Unterkesseln angeordneten trapezförmigen Taschen (s. Fig. 144), welche sich ähnlich auch beim Normand-Kessel finden, haben sich als notwendig erwiesen, damit sich hier die Flugasche absetzen kann. Diese Taschen sind jetzt vorn an der Stirnwand des Kessels mit einer Klappe (s. Fig. 151 links unten) versehen, durch welche die Flugasche ab und zu entfernt werden kann. Früher waren an Stelle dieser Klappen längs der Unterkessel Reinigungsklappen vorhanden, welche indessen nicht so bequem zugänglich waren. Fig. 151 zeigt über der Ansicht der Klappe einen Schnitt *A—B* durch dieselbe und gleichzeitig durch einen Teil der vorderen und seitlichen Bekleidung des Kessels. Die Anordnung der Bekleidung geht ferner aus Fig. 152 hervor. An der Vorder- und Rückwand des Kessels wird meist ein Gerüst aus ⊥-Eisen aufgebaut, an welchem mit Vorreibern eine Anzahl passend zugeschnittener und gut isolierter Blechplatten befestigt wird. Früher legte man die Rippen des ⊥-Eisens im allgemeinen nach innen, wobei sie, um Platz zu sparen, zwischen zwei Rohre gelegt wurden. Es mußten dann diese ⊥-Eisen der Krümmung der betreffenden Rohre folgen. Neuerdings legt man jedoch die Rippen meist nach außen, wobei dann diese ⊥-Eisen gerade sein können und, wenn nötig, mit kurzen Knicken abgebogen werden. Dadurch lassen sich auch die Blechplatten, welche die Bekleidung bilden, leichter und billiger herstellen. Fig. 151 zeigt links oben die Verbindung der einzelnen an einem Knotenpunkt zusammenstoßenden ⊥-Eisen durch ein Blechstück und rechts einen Längsschnitt durch die Kesselstirnwand. Auf die Bekleidungsbleche, welche innen mit einer Asbestplatte versehen sind, werden außen zur besseren Isolierung und zur Bildung einer Luftschicht noch dünnere Bleche mit umgebogenen Rändern aufgesetzt. Der Raum zwischen diesen und den eigentlichen Bekleidungsblechen wird meist mit Kieselgur oder Asbestwolle ausgefüllt. In den größeren Stücken der Bekleidungsbleche werden, wie Fig. 144 auf S. 191 zeigt, noch kleinere Reinigungsöffnungen angebracht, oder es werden diese großen Stücke nach Fig. 152 zweiteilig mit Scharnieren ausgeführt, sodaß sich nach Belieben die eine oder die andere Hälfte lösen läßt und, wenn nötig, auch das ganze Bekleidungsstück losgenommen werden kann.

Die Anordnung der seitlichen Bekleidung geht aus den Schnitten *A—B* und *C—D* in Fig. 151 hervor, in welchen diese seitlichen Bleche mit *a* bezeichnet sind.

In den Stirnwänden des Kessels sind, wie Fig. 144 auf S. 191 rechts im Schnitt zeigt, Luftkasten vorhanden, durch welche die Druckluft aus dem Heizraum durch Löcher in der Aufmauerung in den Verbrennungsraum treten kann. Durch diese Luftkasten wird auch die Wärmeausstrahlung nach dem Heizraum verringert. Zu der genannten Aufmauerung dienen Schamottesteine vom Normalformat 6,5 · 12 · 25 cm. Die Fugen dürfen nicht größer als 3 mm sein, da sonst erfahrungsgemäß das Mauerwerk durch die Hitze zu sehr leidet. In England wird bei ähnlichen Kesseln die in Fig. 153 dargestellte Befestigung der Steine verwendet, welche gegenüber der deutschen Methode, die in Fig. 151 rechts unten dargestellt ist, wesentlich einfacher erscheint. Der Nachteil der englischen Methode ist jedoch der, daß die Muttern an der Rückwand des Kessels zugänglich sein müssen und leicht festbrennen. Bei der deutschen Methode wird der flache Teil der sog. Drehdübel vom Feuerraum aus in horizontale Löcher der Asbestschicht und der Bekleidungsbleche gesteckt und um 90° gedreht, wodurch der Dübel gesichert ist. Dann werden die Steine seitlich an den Dübel geschoben, sodaß das im Dübel sitzende Rundeisenstück das entsprechende Loch des Steines ausfüllt und ihn so am Herabfallen hindert. In jeder Reihe läßt sich nun der zuletzt einzusetzende Stein nicht seitlich heranschieben, sondern muß von vorn eingebracht werden. Diese Schlußsteine sind in Fig. 144 auf S. 191 durch Linien, welche von den Enden der Rundeisenstücke in die Höhe gehen, erkenntlich und in Fig. 151 rechts unten genauer dargestellt. Bei den Dübeln für diese Steine ist das Rundeisenstück lose und kann, nachdem der Schlußstein von vorn in die freigelassene Lücke hineingeschoben ist, von oben in eine Aussparung des Schlußsteines und des daneben liegenden Steines hineingeworfen werden, wobei er gleichzeitig in die vordere Öffnung des Dübels zu liegen kommt.

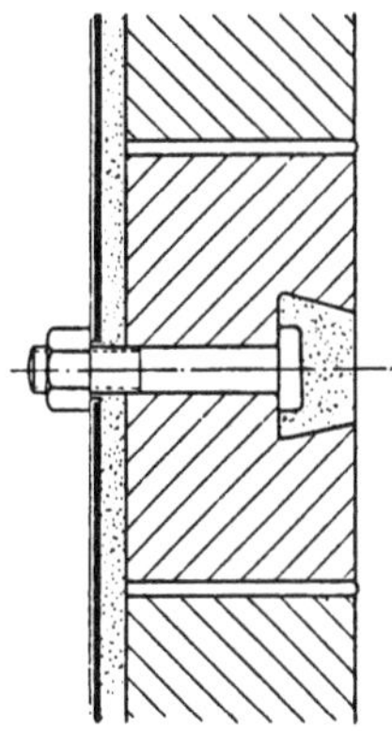

Fig. 153.

Im Anfange hatten die Schulz-Kessel ähnlich wie der Thornycroft-Kessel, Fig. 142 auf S. 187, zwischen den der Mittelebene des Kessels zunächst liegenden dichten Rohrwänden zwei Rohrreihen von etwa 70 mm Durchmesser, welche neben den äußeren vom Oberkessel nach den Unterkesseln gehenden Fallrohren zur Zirkulation des Wassers dienen sollten, da sie ebenso wie diese der Einwirkung des Feuers entzogen waren. Diese Rohre wurden bei späteren Ausführungen, wie Fig. 144 auf S. 191 zeigt, durch vier Reihen Rohre von 36 mm Durchmesser ersetzt, sodaß die Rohre des Kessels jetzt alle gleichen Durchmesser hatten und die Mitnahme resp. Beschaffung von Ersatzrohren vereinfacht war. Außerdem ist auch die Einwalzung der kleineren Rohre in die Ober- und Unterkessel sicherer und leichter herzustellen.

Versuche haben nun gezeigt, daß man die beiden eben genannten dichten Rohrwände gar nicht erst zu bilden braucht, sondern die inneren vier Rohrreihen auch der Einwirkung des Feuers preisgeben kann. Bei zwei Kesseln für S. M. Linienschiff »Kaiser Wilhelm II« wurden nämlich zuerst die äußeren Fallrohre und während des Versuches auch die inneren Rohrreihen zwischen den beiden dichten Wänden erst auf $^1/_3$, dann auf $^2/_3$ und schließlich gänzlich verschlossen, sodaß die Wasserzirkulation nur durch die anderen dem Feuer direkt ausgesetzten Rohre des Mittelbündels nach dem mittleren Unterkessel und von dort durch die horizontalen Verbindungsrohre nach den Seitenkesseln erfolgen konnte. Die Verdampfungsfähigkeit und Wasserzirkulation blieb hierbei trotz ungewöhnlich starker Forcierung — 248 kg Kohle pro qm Rost — die gleiche.

Auf den Kesseln für die Torpedoboote »G 108—113« sind denn auch sämtliche Rohre des Mittelbündels dem Feuer ausgesetzt. Äußere Fallrohre führen hier vom Oberkessel nur nach den Seitenkesseln, sodaß der mittlere Unterkessel allein auf die Zirkulation durch die sämtlich dem Feuer ausgesetzten Rohre des Mittelbündels angewiesen ist. Auch diese Kessel haben trotz der bei Torpedobooten üblichen hohen Forcierung tadellos gearbeitet. Die Heizfläche dieser Kessel ist somit ohne Mehrbeanspruchung an Raum, Gewicht und Kosten gewachsen, ohne daß die Verdampfungsfähigkeit und die Wasserzirkulation gelitten hat. Eine Bestätigung hierüber gibt ein Versuch mit einem Betriebskessel der Germaniawerft, bei dem an den verschiedensten Stellen die Temperaturen gemessen sind. In Fig. 154 sind die Mittelwerte der an den einzelnen Stellen mehr-

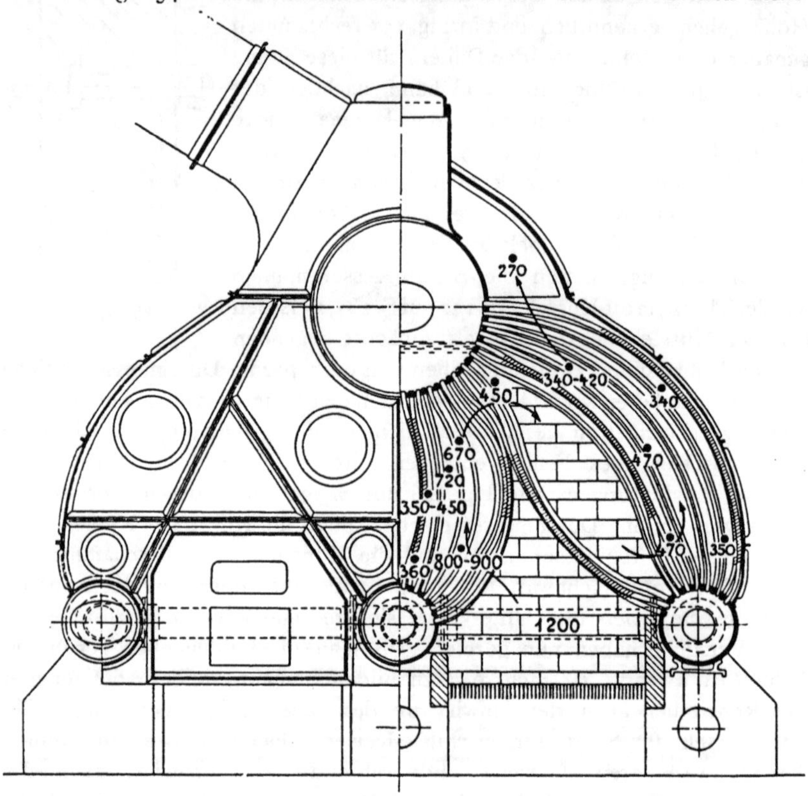

Fig. 154.

fach gemessenen Temperaturen eingetragen, und zwar sind die auf der linken Kesselseite gemessenen Temperaturen, da der Kessel symmetrisch ist, ebenfalls in die rechte Seite eingetragen, um ein noch klareres Bild der Temperaturverteilung zu geben. Während die Stichflamme etwa 1200° C Temperatur hat, fällt es auf, daß bereits bei der fünften Rohrreihe diese Temperatur nur 800 bis 900° beträgt und bei der achten Rohrreihe also ungefähr in der Mitte des Kessels überhaupt nur noch eine Temperatur von 350 bis

450° vorhanden ist. Es geht daraus hervor, daß das mittlere Bündel an der Dampfentwickelung sehr stark beteiligt sein muß und ferner daß die in der Mitte des Kessels gelegenen Rohre, die hier also in keiner Weise durch dichte Rohrreihen vor der Einwirkung der Flamme geschützt sind, kalt genug sind, um einen Umlauf des Wassers vom Oberkessel nach dem mittleren Unterkessel zu gestatten. Äußere Fallrohre sind bei diesem Betriebskessel nicht vorhanden, sodaß überhaupt nur diese in der Mitte des Kessels gelegenen Rohre den Wasserumlauf vom Oberkessel nach dem mittleren Unterkessel vermitteln können. Von diesem geht dann das Wasser durch die weiten, wagerechten Verbindungsrohre, welche an der Hinterseite des Kessels liegen, nach den seitlichen Unterkesseln. Der Verlauf dieser Wasserzirkulation, wie er sich bei allen Schulz-Kesseln einstellt, ist in Fig. 155 mit punktierten Pfeilen eingezeichnet.

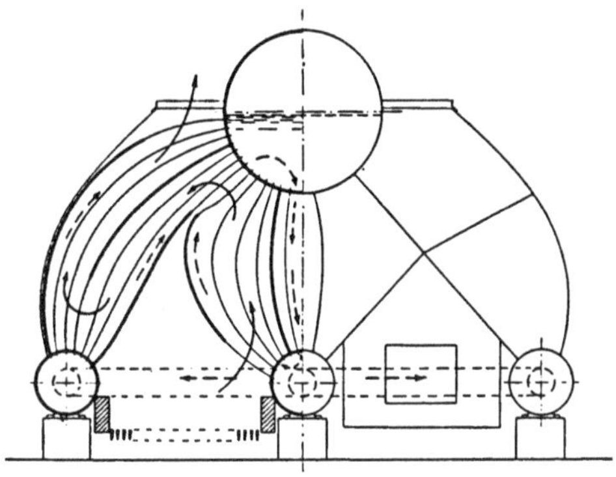

Fig. 155.

An dem genannten Betriebskessel sind auch Versuche über die Größe der Bewegungen des Wasserspiegels gemacht worden. In einige Rohre der beiden dem Feuer zuerst ausgesetzten Rohrreihen wurden Rohrstücke eingesetzt, der Mannlochdeckel des Oberkessels mit einer Glasplatte versehen und der Oberkessel innen elektrisch beleuchtet. Bei einer Kohlenverbrennung von 160 kg Kohle pro qm Rost zeigte sich das in Fig. 156 dargestellte Bild. Bei einer Kohlenverbrennung von 80 kg pro qm Rost hatten die Wasserstrahlen nur die punktiert eingetragene Höhe. Es zeigt sich also, daß selbst bei forciertem Betriebe beim Schulz-Kessel von einem starken Aufwallen des Kesselwassers nicht die Rede sein kann.

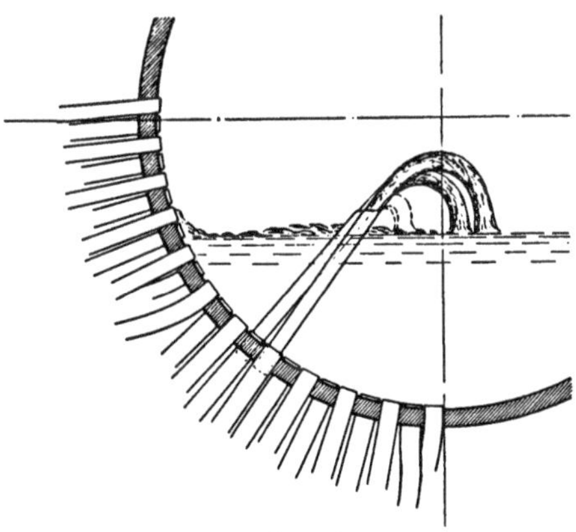

Fig. 156.

Stellt man zwei Schulz-Kessel mit den Rückwänden dicht aneinander (s. Fig. 21 auf Tafel II), so werden der Platzersparnis wegen die horizontalen Verbindungsrohre des einen Kessels etwas nach oben und die des anderen

Kessels nach unten gerückt. Damit man nun für die Konservierung jegliche Luft aus dem Kessel entfernen kann, müssen dann die höher gelegenen Verbindungsrohre, wie auch angedeutet, mit einem nach dem Oberkessel gehenden Entlüftungsrohr versehen werden.

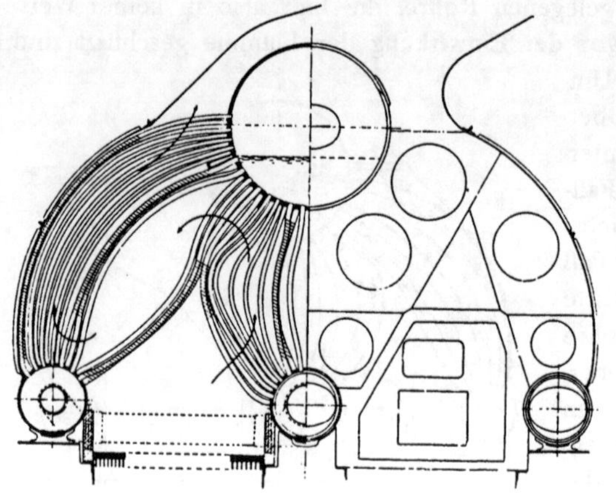

Fig. 157.

Eine Anzahl Kessel ist auch nach Fig. 157 mit einer besonderen Verbrennungskammer zwischen den Rohren ausgeführt, in welche frische Luft eingeführt werden und so die noch unverbrannten Gase zur Entzündung und vollständigen Verbrennung bringen kann. Der Wasserspiegel war bei diesen Kesseln auch etwas ruhiger, da die Verbrennungskammer als Wärmespeicher wirkt, besondere Vorteile haben sich jedoch nicht gezeigt. Im allgemeinen

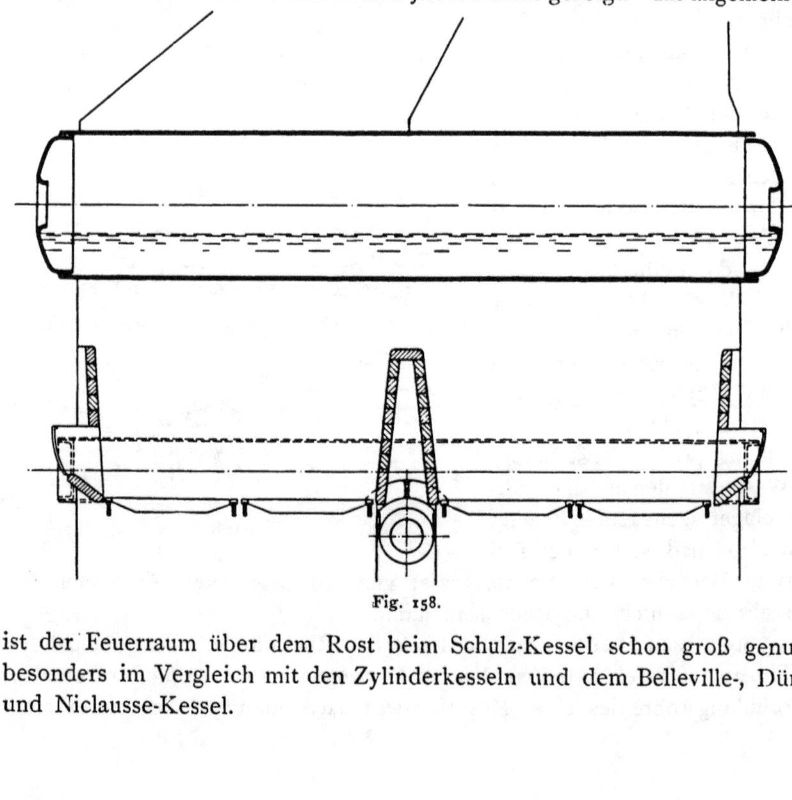

Fig. 158.

ist der Feuerraum über dem Rost beim Schulz-Kessel schon groß genug, besonders im Vergleich mit den Zylinderkesseln und dem Belleville-, Dürr- und Niclausse-Kessel.

Der Vollständigkeit wegen sei erwähnt, daß der Schulz-Kessel auch verschiedentlich, z. B. auf S. M. S. S. »Kaiser Wilhelm II.«, »Kaiser Karl der Große« und »Nymphe« und dem russischen Kreuzer »Askold«, wie Fig. 158 zeigt, als Doppelender ausgeführt worden ist. Man spart hierbei naturgemäß etwas an Gewicht, hat aber dafür recht große Kesseleinheiten und muß daher, falls an einem solchen Doppelender irgend etwas passieren sollte, z. B. ein Rohrbruch od. dgl., einen zu großen Teil der Kesselanlage ausschalten. In neuerer Zeit hat man daher Schulz-Kessel als Doppelender nicht mehr ausgeführt.

Was die Ökonomie des Schulz-Kessels anbetrifft, so ergaben Verdampfungsversuche mit den Zylinderkesseln und den Schulz-Kesseln für S. M. S. »Kaiser Wilhelm II.«, daß in ersteren bei einer Verbrennung von 118 kg Kohle pro qm Rost im Mittel 7,59 kg Dampf pro kg Kohle, bei den Schulz-Kesseln dagegen bei einer Verbrennung von durchschnittlich 193 kg Kohle pro qm Rost 7,95 kg Dampf pro kg Kohle geliefert wurden. Die Kohle enthielt hierbei 10 bis 13 % Asche, was aber nicht in Rechnung gestellt ist; anderenfalls würden die Verbrennungsziffern in beiden Fällen noch günstiger sein. Die Schornsteintemperaturen waren bei beiden Kesselarten ziemlich gleich, nämlich 250 bis 340° C. Schulz-Kessel sind also mindestens ebenso ökonomisch, ev. sogar noch ökonomischer als Zylinderkessel.

Nachstehende Tabelle zeigt die Mittelwerte von zwei sechsstündigen Verdampfungsversuchen mit einem Linienschiffs- und einem Torpedobootskessel.

Schulz-Kessel für ein	Dampfüberdruck	mm Wassersäule Luftüberdruck unter dem Rost	kg Kohlen verbrannt pro		Temperatur der Schorngase	Verdampftes Speisewasser reduziert auf Wasser von 0° und Dampf von 100°		Rückstände der Kohle
	at		qm *R*	qm *H*		pro kg Kohle	pro Stunde und qm *H*	%
Linienschiff	14	15,6	202,6	4	269°	8,83	35,3	7,06
Torpedoboot	16	40,5	297	5,74	359°	8,05	46,2	7,6

Es zeigt sich also beim Schulz-Kessel selbst bei hoher Forcierung eine gute Ausnutzung der Kohle, da die Verdampfungsziffer groß und die Schornsteintemperatur im Vergleich zu anderen Kesselarten gering ist. Der Luftüberdruck muß der zunehmenden Verschlackung des Rostes wegen wie stets allmählich etwas gesteigert werden, bei dem eben genannten Verdampfungsversuche mit einem Torpedobootskessel z. B. innerhalb der

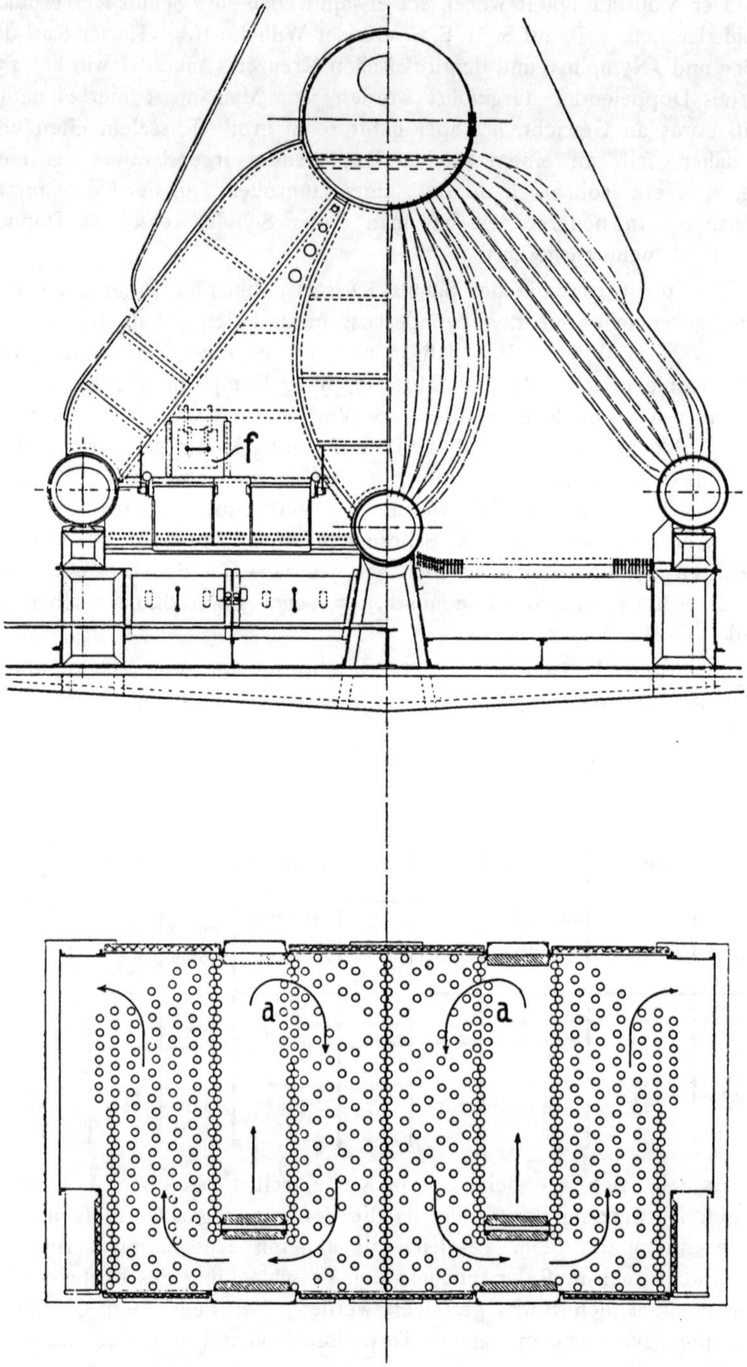

Fig. 159.

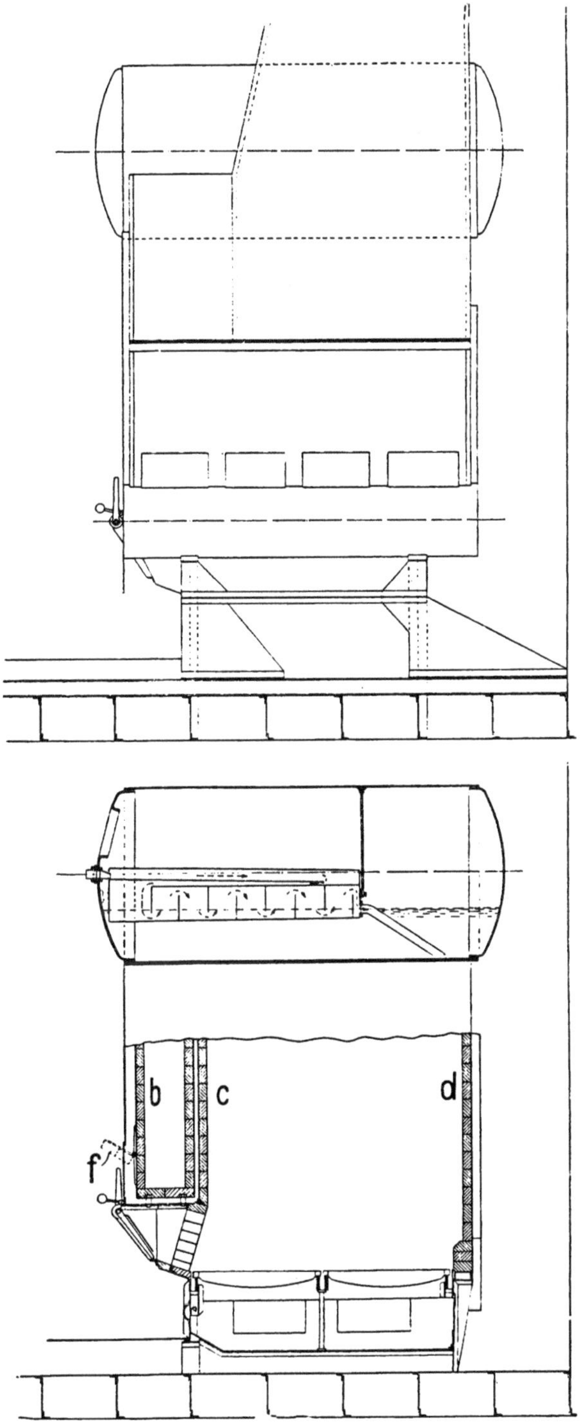

Fig. 160.

sechs Stunden von 19 auf 56 mm; im Mittel betrug er während dieser Zeit, wie angegeben, 40,5 mm.

Um den Schulz-Kessel auch auf Handelsschiffen, bei denen es auf Gewichtsersparnis ankommt, z. B. auf Raddampfern, einzuführen, hat Schulz in neuerer Zeit einen Kessel mit Rohren von 52 mm äußerem Durchmesser konstruiert. Einmal ist hierbei die Reinigung der Rohre leichter und nicht so oft nötig als bei Rohren von 36 mm Durchmesser, und dann ist auch der Wasserinhalt des Kessels ein größerer, sodaß der Kessel gegen unregelmäßige Speisung nicht so empfindlich ist. Ein Speisewasserregler ist trotzdem vorgesehen.

Diese Kessel sind bisher auf zwei Raddampfern zur Verwendung gekommen. Fig. 159 und 160 stellen einen solchen Kessel dar. Entsprechend den neuesten Patenten Nr. 144743 und 160568 ist hier auch eine horizontale Heisgasführung in Anwendung gekommen. Hierbei läßt sich nämlich eine größere Höhe des Feuerraumes erzielen, wodurch die Entfaltung der Flamme und Verbrennung der Heizgase gefördert wird. Bei dem in Fig. 144 auf S. 191 dargestellten Schulz-Kessel, wie er bisher ausschließlich ausgeführt wurde, ist nämlich die Höhe des Feuerraumes dadurch beschränkt, daß sich das mittlere und jedes seitliche Rohrbündel über der Mitte jeder Feuerung eine Strecke berühren müssen, damit die Heizgase von dem mittleren in die seitlichen Rohrbündel übertreten können. Diese Berührungsstelle fällt nun bei den Ausführungen mit horizontaler Heizgasführung fort. Wichtig ist ferner bei dieser neuen Konstruktion, daß die Heizgase nicht sofort nach ihrer Entstehung aus dem Feuerraum in das mittlere Rohrbündel auf der ganzen Kessellänge eintreten können, wie es bei den bisherigen Schulz-Kesseln der Fall ist, sondern hier bleibt den Heizgasen zum Austritt nur eine Öffnung bei *a* (s. Fig. 159) in der Nähe der Rückwand des Kessels, durch welche sie ihren Weg in das Rohrbündel nehmen können. Die vorn in der Nähe der Feuertür gebildeten Heizgase müssen daher die ganze Rostlänge im Feuerraum entlang ziehen und finden hierbei Zeit zum Verbrennen; ebenso haben die auf Mitte der Rostlänge gebildeten Heizgase noch einen Weg von der anderen Hälfte der Rostlänge im Feuerraum zurückzulegen. Der Weg, den die Heizgase in den Rohrbündeln selbst zurückzulegen haben, beträgt auch noch ca. zweimal Rostlänge. Die durch die innere feuerfeste Wand gebildete Verbrennungskammer wirkt wiederum günstig für eine vollkommene Verbrennung der Heizgase, da ihr durch Düsen in der Wand *b* (s. Fig. 160) frische Luft zugeführt wird. In den Aufmauerungen *c* und *d* sind ebenfalls Luftdüsen vorhanden; diese Aufmauerungen werden durch die Verbrennungsluft gekühlt, wobei letztere gleichzeitig vorgewärmt wird. Die Klappe *f* dient zur Entfernung von Flugasche aus der Verbrennungskammer.

Durch die horizontale Heisgasführung ergibt sich auch, daß die Rohre weniger gekrümmt sind und sich so leichter reinigen lassen.

Fig. 160 zeigt gleichzeitig den Speisewasserreiniger von Schulz. In den Oberkessel ist hier ein Kasten eingebaut, der seines ovalen Querschnittes wegen durch das Mannloch entfernt werden kann. Das Speisewasser muß nun, wie die punktierten Pfeile andeuten, im Zickzack über eine Reihe von Wänden fließen und hat so Gelegenheit, die bei seiner Erwärmung sich ausscheidenden Bestandteile in dem Kasten abzulagern, ehe es aus dem unten an dem Kasten befestigten Rohr austreten und sich mit dem Wasser des Kessels mischen kann.

Du Temple-, Du Temple-Normand-, Du Temple-Guyot- und Normand-Kessel.

Zwischen dem Du Temple-Guyot- und dem Normand-Kessel bestehen keine wesentlichen Unterschiede; das Vorbild beider ist der bereits im Jahre 1878 für einige französische Torpedoboote ausgeführte Du Temple-Kessel (Fig. 161). Die Rohre waren hier mehrfach scharf gekrümmt; die Wasserzirkulation erfolgte durch große Fallrohre an der Stirnwand des Kessels. Statt der Unterkessel waren viereckige gußeiserne Kasten vorhanden. Da der Verbrennungsraum sehr niedrig war, hatten diese Kessel keinen günstigen Nutzeffekt; verschiedentlich haben sich ferner auch die dünnen Rohre, welche nur einen inneren Durchmesser von 13 mm und 2 mm Wandstärke hatten, verstopft und sind durchgebrannt. Normand änderte nun diesen Kessel, indem er zylindrische Unterkessel einführte und den Rohren eine geringere Krümmung und weniger Richtungswechsel gab. Es entstand so der Du Temple-Normand-Kessel (Fig. 162). Die Heizgasführung war hier noch immer vertikal, dichte Rohrwände waren nicht vorhanden und der Schornstein befand sich in der Mitte der Längsrichtung des Kessels. Etwa im Jahre 1890 wurde nun ziemlich gleichzeitig von Guyot und Normand der Du Temple-Kessel weiter verbessert und zwar besonders durch Einführung einer horizontalen

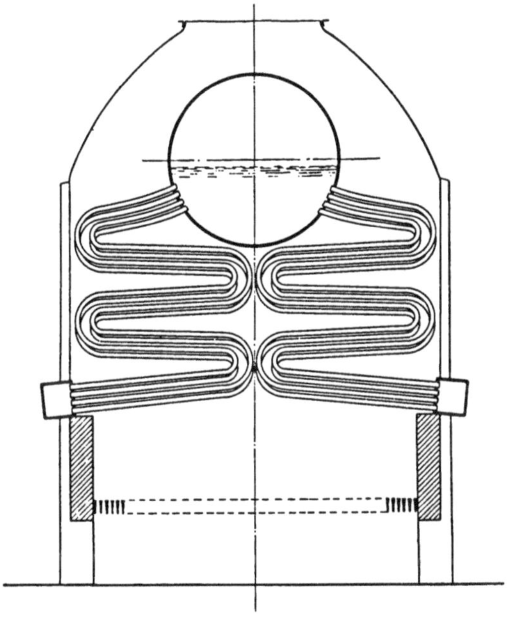

Fig. 161.

Heizgasführung, welche durch dichte Rohrwände erzielt wird und als äußeres Merkmal zur Folge hat, daß der Schornstein an der Vorder- oder Hinterseite des Kessels angebracht werden muß. Außerdem wurden größere Rohrdurchmesser gewählt und statt der beim Du Temple-Kessel üblichen Befestigung der Rohre in den Rohrwänden mit Muttern die Rohre einfach eingewalzt. Der Du Temple-Guyot-Kessel unterscheidet sich nun vom Normand-Kessel nur dadurch, daß die dichten Rohrwände durch die in Fig. 163 im Schnitt dargestellten Rohre gebildet werden. Die einzelnen Rohre der dichten Wände können sich hierbei unter dem Einfluß der Wärme in gewissen Grenzen beliebig verziehen, ohne die Rohrwand undicht zu machen und so den Heizgasen einen unerwünschten Ausweg zu bieten.

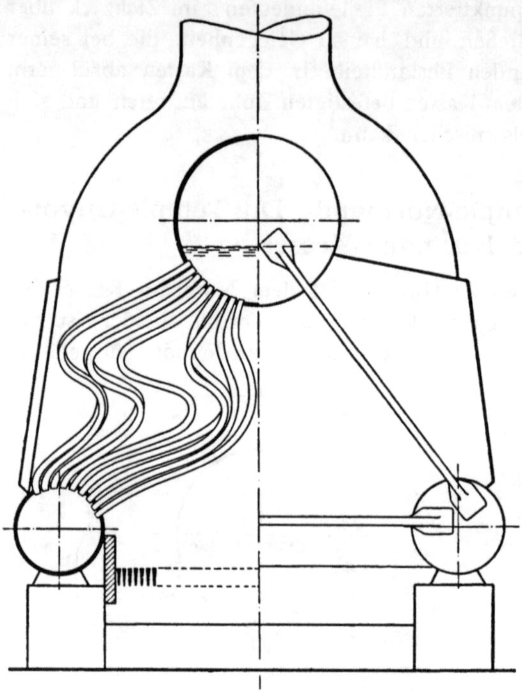

Fig. 162.

Im folgenden soll dieser Kesseltyp der Einfachheit wegen nur Normand-Kessel genannt werden, da er außerhalb Frankreichs bisher unter diesem Namen am meisten bekannt ist.

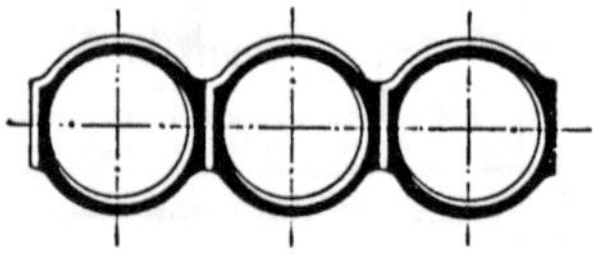

Fig. 163.

Normand unterscheidet Kessel »mit rückkehrender« und »mit direkter Flamme«; ein wesentlicher Unterschied ist zwischen beiden Arten nicht vorhanden. Fig. 164 zeigt einen solchen Kessel mit rückkehrender Flamme. Die Flamme geht hierbei von der auf der linken Seite des Kessels angedeuteten Feuertür über den Rost, kehrt hinten um, bewegt sich dann durch eine offene Stelle in der dem Feuer zugekehrten Rohrwand wieder nach der Feuertür zu und geht schließlich durch eine Öffnung in der äußeren dichten Rohrwand in den Rauchfang. Der Schornstein sitzt bei dieser rückkehrenden Flamme auf der Feuertürseite. Bei der Ausführung mit direkter Flamme tritt die Flamme links in das Rohrbündel ein und verläßt es auf der rechten Seite, sodaß dann der Schornstein an der

Hinterseite des Kessels angebracht wird. Damit nun die Heizgase bei dem dargestellten Kessel auch den linken Teil der Rohrbündel in der Nähe der Feuertür durchstreichen, wird, wie im Längsschnitt und Grundriß

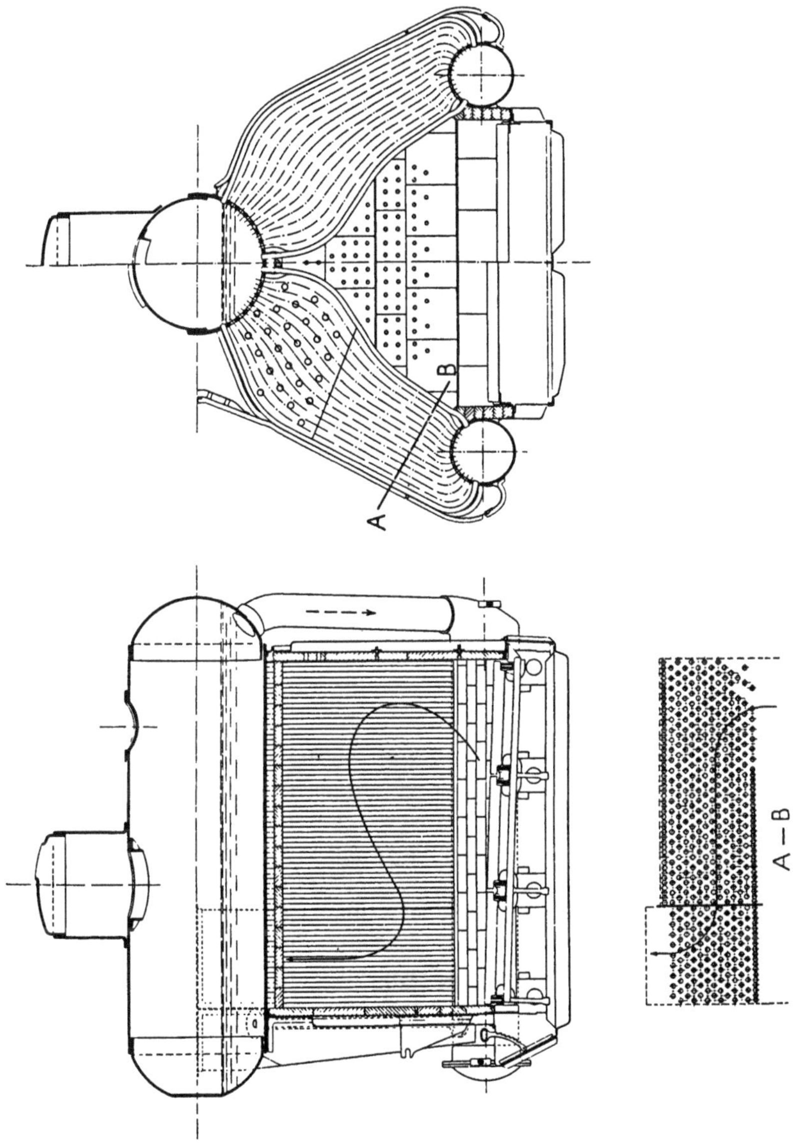

Fig. 164.

durch eine schwarze Linie angedeutet, eine mit einigen Löchern versehene Blechplatte zwischen den Rohren angeordnet. Hierdurch werden die Gase gezwungen, wie der ausgezogene Pfeil im Aufriß des Kessels zeigt, möglichst gleichmäßig durch alle Teile der Rohrbündel zu gehen.

Die Rohre münden fast alle unter Wasser; außen sind große Fallrohre vorhanden. Auf der Seite, auf welcher die Fallrohre nicht liegen, sind zur Unterstützung des Oberkessels zwei starke durchbohrte Anker vorgesehen, durch welche auch etwas Wasser aus dem Oberkessel in die Unterkessel gelangen kann. Der äußere Rohrdurchmesser beträgt beim Normand-Kessel je nach der Verwendungsart des Kessels 31, 36, 40 oder 48 mm, die Wandstärke 3 bis 4 mm. Rohre von 40 und 48 mm Durchmesser finden sich nur auf größeren Schiffen. Die Reinigung der Rohre von Ruß und Flugasche erfolgt entweder durch Dampfdüsen, welche an der dem Rauchfang gegenüberliegenden Stirnwand angebracht sind, oder durch einen an den Dampfraum angeschlossenen Spiralschlauch, welcher zwischen die einzelnen Rohrreihen geführt werden kann. Ein großer Teil der Flugasche sammelt sich ferner in den seitlich von den Unterkesseln über die ganze Kessellänge gehenden Taschen, welche ähnlich wie beim Schulz-Kessel angeordnet sind. Die Entfernung der Asche aus diesen Taschen erfolgt durch Kratzeisen, welche am Kopf eine Art Schraubengewinde haben; sie werden damit in die Flugasche »eingeschraubt« und dann herausgezogen. Mit dem Namen »Normand-Sigaudy-Kessel« bezeichnet man die als Doppelender ausgeführten Normand-Kessel (Fig. 165). Es werden hier die Oberkessel und ebenso die Unterkessel miteinander verschraubt. Durch Vereinfachung der Speiseleitung, Fortfall eines Speisewasserreglers usw. ist so eine geringe Gewichtsersparnis vorhanden, die jedoch mit dem Nachteil einer zu großen Kesseleinheit, welche bei Betriebsstörungen ausgeschaltet werden muß, zu teuer erkauft erscheint.

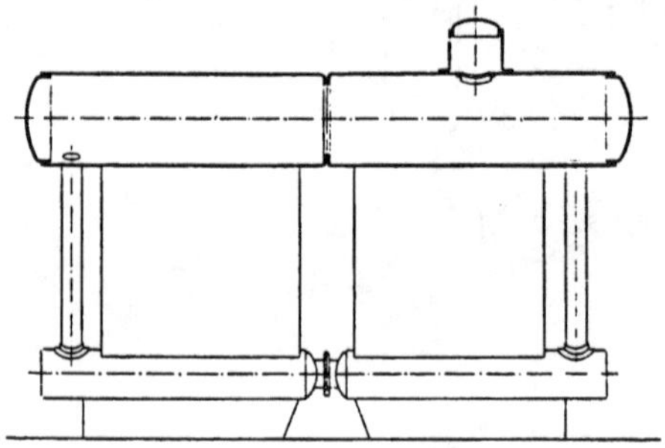

Fig. 165.

Die Vorteile des Normand-Kessels sind dieselben wie die des Schulz-Kessels, ziemlich hoher Verbrennungsraum, langer Weg und daher gute Ausnutzung der Heizgase, hohe Forcierbarkeit und Unempfindlichkeit des Kessels bei Fahrtänderungen, plötzlichem Stoppen usw. Diese Kessel werden daher auf französischen Torpedobooten fast ausschließlich verwendet; Normand wählt hier die Rostlänge und -breite auffallend groß und ermöglicht es so, daß die letzten französischen Torpedoboote für 7200 PS_i mit nur zwei Kesseln von je 7,07 qm Rost auskommen; auf den qm Rost entfallen somit bei höchster Forcierung ungefähr 510 PS_i. Das Gewicht beider Kessel einschließlich Wasser beträgt 45,4 t, also pro PS_i nur 6,3 kg. Es dürften dies jedoch Leistungen sein, die sich nur vorübergehend mit bestem Personal und keinerlei Rücksichtnahme auf die Lebensdauer der Kessel erzielen lassen. Für größere Schiffe wird die Rostfläche meist so gewählt, daß auf den qm Rost 200 kg Kohle, also auch ungefähr ebensoviel PS_i entfallen. Der Wert $\frac{\text{Heizfläche}}{\text{Rostfläche}}$ beträgt etwa 50.

In der französischen Marine ist der Normand-Kessel auch auf größeren Schiffen verwendet, er findet sich ferner in der englischen Marine und vereinzelt in der amerikanischen und russischen.

Reed-Kessel.

Einige Ähnlichkeit mit dem Normand-Kessel hat der Reed-Kessel (Fig. 166), der auf 29 englischen Torpedobootszerstörern, 3 Kreuzern und 4 Kanonenbooten für im ganzen 245000 PS_i Verwendung gefunden hat.

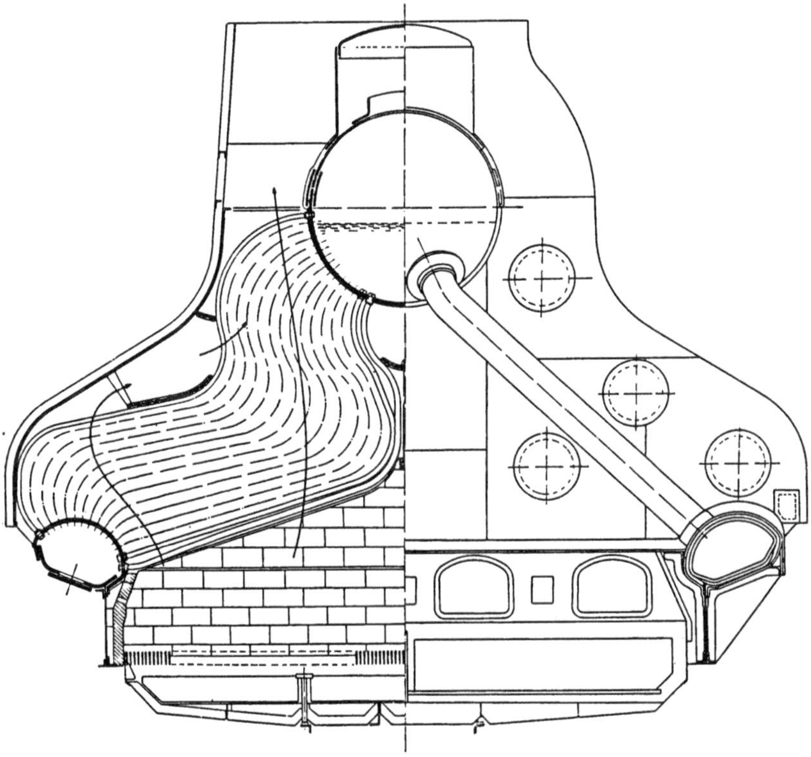

Fig. 166.

Eine Eigentümlichkeit dieses Kessels bildet die Befestigung der Rohre im Ober- und Unterkessel (Fig. 167). Nachdem beim Du Temple-Kessel eine ähnliche Konstruktion aufgegeben ist, ist der Reed-Kessel der einzige Wasserrohrkessel, der diese verhältnismäßig komplizierte und teuere Rohrbefestigung besitzt. Jedes Rohrende hat hier durch die Kugelfläche der unteren Mutter die Möglichkeit, sich etwas nach allen Richtungen zu bewegen. Bei dieser Rohrbefestigung läßt sich ferner jedes Rohr leicht herausnehmen und ohne jede Beschädigung wieder einsetzen.

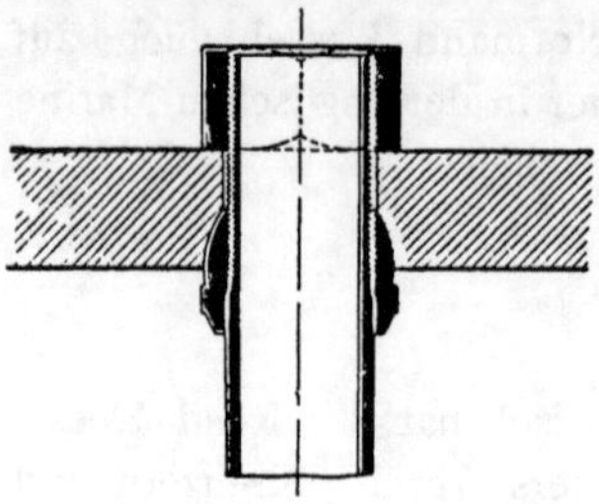

Fig. 167.

Beide Vorteile scheinen jedoch die Verwendung dieser Rohrbefestigung, welche auch noch etwas größere Löcher in den Mantelblechen erfordert, nicht zu rechtfertigen. Da die Rohre mehrfach und ziemlich stark gekrümmt sind, sind sie weniger geeignet, den Oberkessel zu tragen; es sind daher die an beiden Stirnwänden angeordneten Fallrohre zum Tragen des Oberkessels mit herangezogen. Der äußere Rohrdurchmesser beträgt 27 mm, die Wandstärke 2,5 mm; die beiden dem Feuer zunächst gelegenen Rohrreihen werden jedoch mit einem äußeren Durchmesser von 33,3 mm und 3,3 mm Wandstärke ausgeführt. Die Heizfläche beträgt meist das 48 bis 53fache der Rostfläche. Der Reed-Kessel läßt sich ziemlich stark forcieren; auf Torpedobooten sind 277 PS_i pro qm Rost geleistet worden. Das Gewicht des Kessels mit Armatur und Wasser betrug hierbei 10,6 kg pro PS_i.

Stirling-Kessel.

Eine von den eben genannten Kesseln ganz abweichende Konstruktion hat der Stirling-Kessel (Fig. 168). Er besteht aus drei Ober- und einem Unterkessel, welche durch Rohrbündel miteinander verbunden sind. Die Oberkessel werden durch ein Gerüst aus Winkeleisen gestützt; der Unterkessel wird nur lose gelagert, sodaß er in gewissen Grenzen jeder Bewegung der Rohrbündel folgen kann.

Die Wasserzirkulation ist in Fig. 169 dargestellt. Das verhältnismäßig kalte Speisewasser wird in den hintersten Oberkessel eingespeist und kann also den bereits ziemlich ausgenutzten, in den Rauchfang gehenden Heizgasen noch etwas Wärme entziehen; das Gegenstromprinzip ist also hier durchgeführt. Dann fällt das Speisewasser in dem letzten Rohrbündel herunter und hat Gelegenheit, in der rechten Hälfte des Unterkessels Unreinigkeiten abzulagern. Durch eine mit Öffnungen versehene Scheidewand tritt es dann in die linke Hälfte des Unterkessels und geht von hier, der Dampferzeugung entsprechend, in den beiden vorderen Rohrbündeln in die Höhe. In einigen Rohren des mittleren Bündels stellt sich jedoch auch noch, je nach der Lage der erwähnten Scheidewand, eine Abwärtsbewegung des Wassers ein. Im allgemeinen werden sich bei diesem Kessel Unreinigkeiten im hintersten Rohrbündel und dem Unterkessel ablagern, welche nicht so hohen Temperaturen ausgesetzt sind, während die beiden vorderen Rohrbündel, welche hauptsächlich an der Dampferzeugung beteiligt sind, innen rein bleiben werden.

Die Dampfentnahme erfolgt aus dem letzten Oberkessel, in welchem der Einführung des Speisewassers wegen weniger ein Aufwallen, sondern

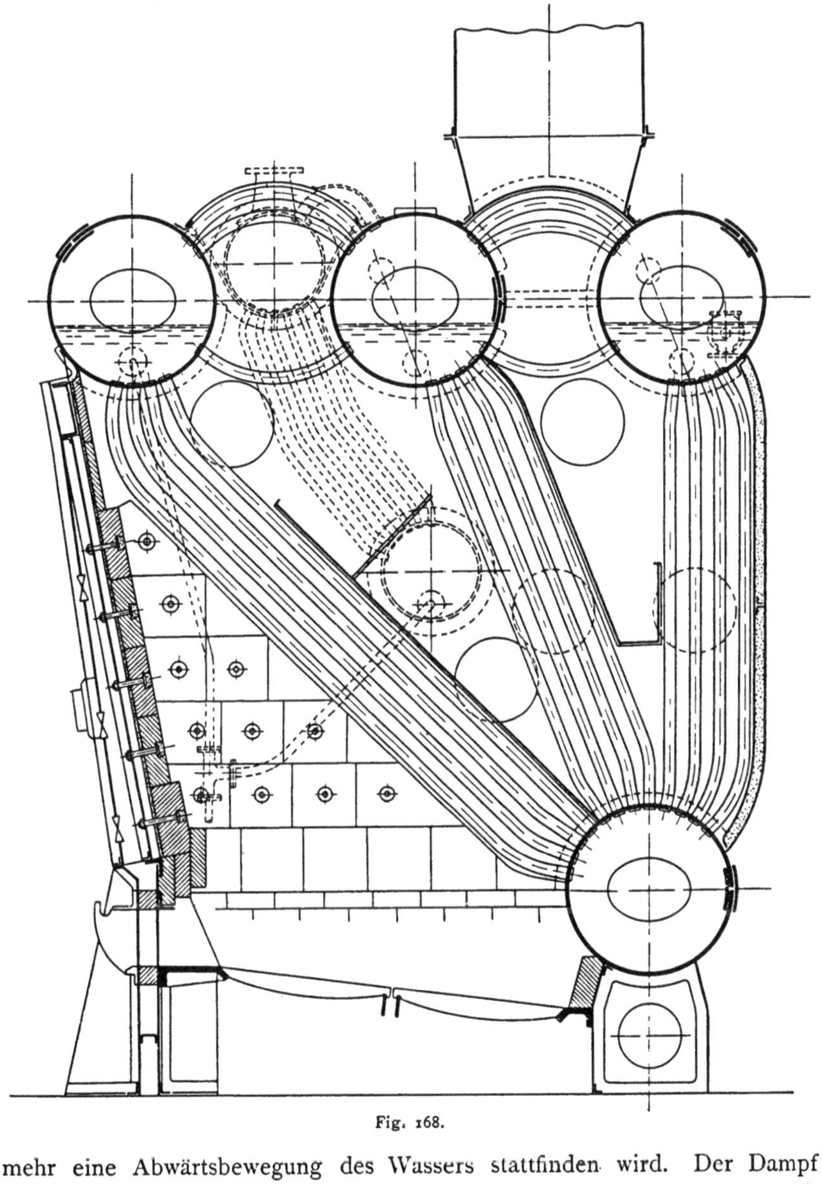

Fig. 168.

mehr eine Abwärtsbewegung des Wassers stattfinden wird. Der Dampf wird daher hier nicht so leicht naß werden können, außerdem wird er auch beim Durchgang durch die Rohre, welche zwischen dem mittleren und hinteren Oberkessel im Rauchfang liegen, etwas überhitzt oder wenigstens getrocknet werden. Wie in Fig. 168 punktiert angedeutet, läßt sich auch ein Überhitzer leicht anordnen. Beim Anheizen wird dieser Überhitzer durch die gleichfalls punktierte Rohrleitung »überflutet«.

Meist werden Rohre von 57 mm äußerem Durchmesser, nur bei Yachten und kleineren Schiffen Rohre von 51 mm Durchmesser verwendet. Die Zirkulation des Wassers wird der fast geraden Rohre wegen eine gute sein. Die Reinigung der Rohre ist aus demselben Grunde und bei dem gewählten großen Rohrdurchmesser leicht möglich.

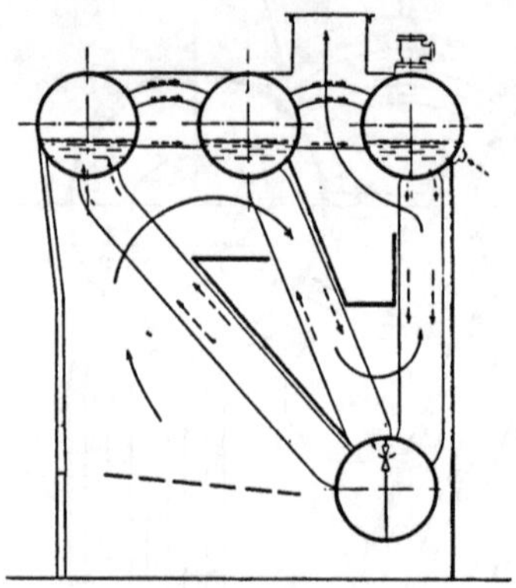

Fig. 169.

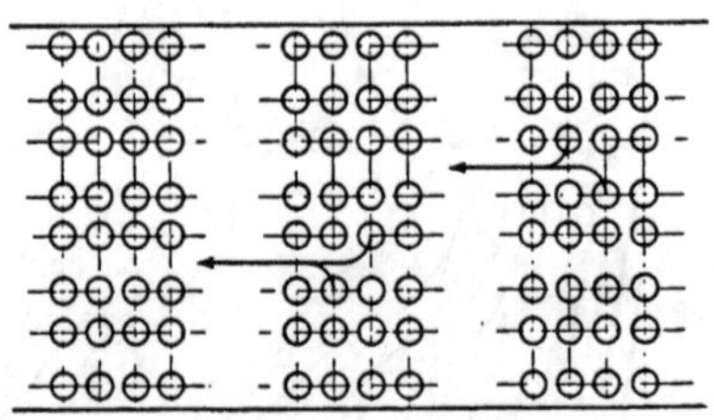

Fig. 170.

Der hohe Verbrennungsraum und der durch Abdeckbleche erzwungene lange Weg der Heizgase sichert dem Stirling-Kessel eine gute Ökonomie; die große Wasseroberfläche und der geräumige Dampfraum sind für die Erzeugung eines trockenen Dampfes förderlich.

Besonderer Wert ist auf eine leichte Auswechselbarkeit der Rohre gelegt. Nach Fig. 170, welche einen Schnitt durch die drei Rohrbündel darstellt, ist jedes dritte Rohr jeder Rohrreihe ausgelassen; es läßt sich daher jedes Rohr, wie durch einige Pfeile angedeutet, entfernen, ohne ein anderes Rohr herausnehmen zu müssen. Die Rohre werden in die Ober- und Unterkessel eingewalzt und die überstehenden Enden konisch aufgeweitet.

Auf Kriegsschiffen ist der Stirling-Kessel bisher noch nicht verwendet worden, sondern meist nur auf Yachten und flachgehenden Schiffen. Im großen und ganzen scheint er, ebenso wie der Schulz-Kessel mit Rohren von 52 mm Durchmesser, mehr für Handelsschiffe geeignet zu sein.

Miyabara-Kessel.

Einen eigenartigen geschickten Aufbau zeigt der Kessel (Fig. 171) des japanischen Chefingenieurs Miyabara. Es sind hier 6 zylindrische Gefäße vorhanden, welche entweder nur Wasser oder Wasser und Dampf enthalten. Als Dampfsammler kann dann noch, wie die Figur zeigt, oben ein zylindrisches Gefäß angeordnet werden. Bedeutend vereinfacht wird dieser Kessel durch eine Ausführung als Doppelender; er wird dann

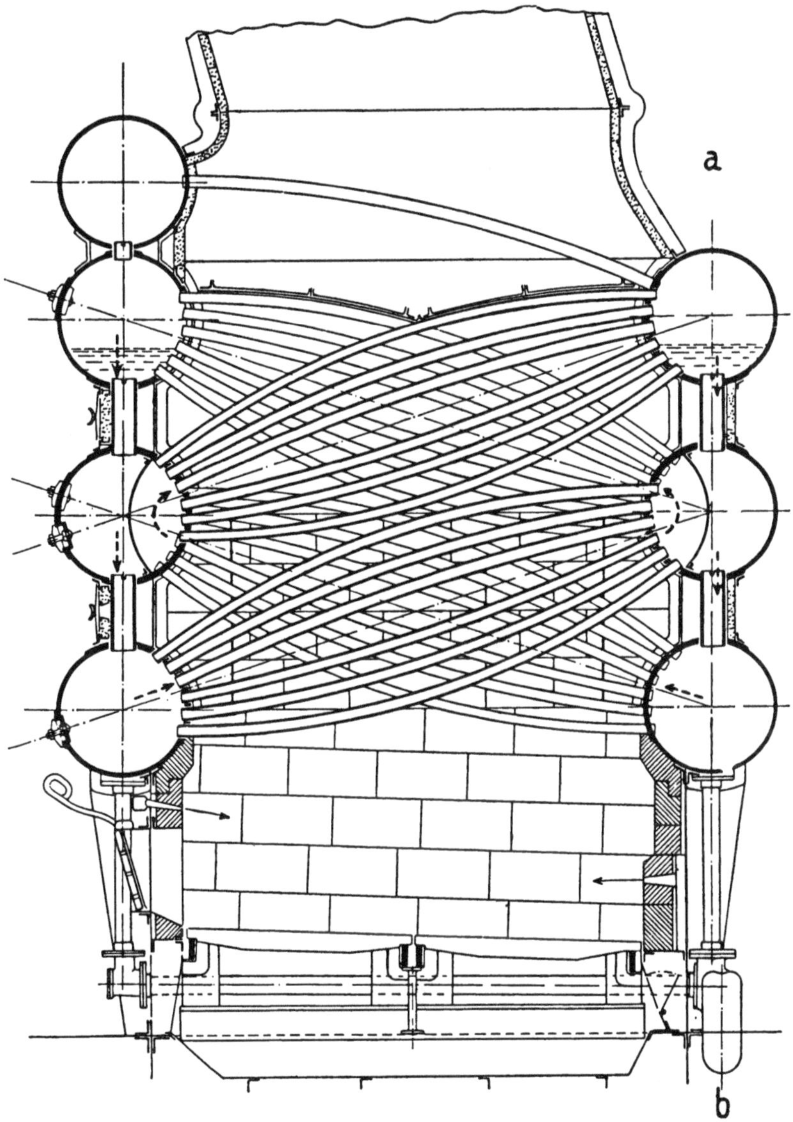

Fig. 171.

einfach symmetrisch zur Achse $a - b$ ausgeführt und erhält so, abgesehen von dem oberen, unter Umständen entbehrlichen Dampfsammler, nur neun zylindrische Gefäße gegenüber den sechs des Einenders. Die

Wasserzirkulation ist durch Pfeile angedeutet. Der äußere Durchmesser der Rohre beträgt 51 mm, die Wandstärke 3,76 mm. Die Rohre sind eingewalzt, nur die stärkeren senkrechten Verbindungsrohre der einzelnen Kessel werden eingeschraubt. Der Kessel nutzt fast die ganze von ihm eingenommene Grundfläche für den Rost aus, wie man es sonst bei engrohrigen Wasserrohrkesseln kaum findet. Der Wasser- und Dampfinhalt ist ein großer, die Reinigung eine leichte. Auch die Herstellungs- und Reparaturkosten können nur gering sein. Der Kessel hat pro qm Rost 193 PS_i geleistet. Die Heizfläche ist verhältnismäßig gering, nämlich nur das 35 fache der Rostfläche. Dieser Kessel ist in der japanischen Marine bisher für 57000 PS_i ausgeführt worden, für 135000 PS_i ist er zurzeit im Bau befindlich, was darauf schließen läßt, daß die japanische Marine ihn einzuführen oder wenigstens eingehend zu erproben beabsichtigt.

Schütte-Kessel.

Als Mittelding zwischen Zylinder- und Wasserrohrkessel sei schließlich der Schütte-Kessel (Fig. 172) genannt. Um eine Überhitzung und Durchbeulung der untersten Stelle des großen zylindrischen Teiles, in dem

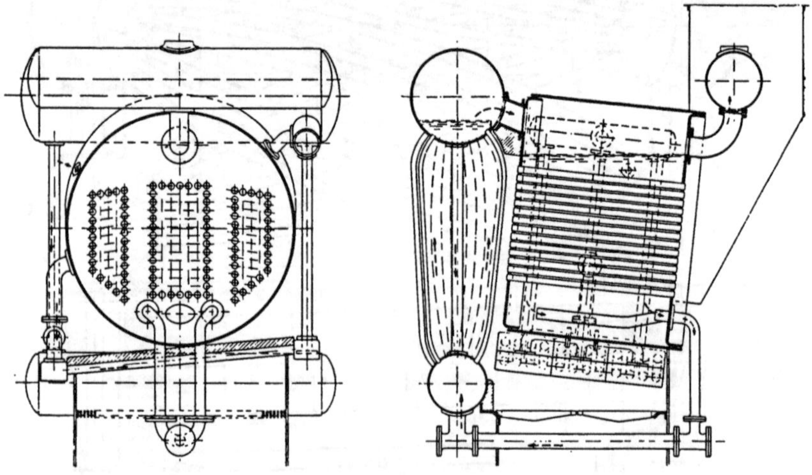

Fig. 172.

sich leicht Schmutz absetzen kann, zu vermeiden, ist diese Stelle bei der letzten Ausführung durch ein Gewölbe aus feuerfesten Steinen abgedeckt worden; neuerdings werden statt dessen, wie die Figur zeigt, eine Anzahl etwas geneigter Rohre angeordnet, welche oben mit Abdecksteinen versehen sind. Leistung und Gewicht halten sich naturgemäß zwischen den bei Zylinder- und Wasserrohrkesseln üblichen Grenzen.

XV. Abschnitt.

Zusammenfassung über Wasserrohrkessel.

Nachdem nunmehr die einzelnen Wasserrohrkesselarten beschrieben sind, sollen einzelne Angaben noch ergänzt und Mitteilungen über die Gewichte der verschiedenen Kesselarten, die Größe des Wasser- und Dampfraumes usw. gemacht werden. Die Zahlenangaben, welche aus den neuesten Ausführungen zusammengestellt sind, und sich stets auf die Konstruktionsleistung beziehen, sind naturgemäß nur Mittelwerte, da alle diese Werte fast bei jeder Ausführung der betreffenden Kessel etwas verschieden ausfallen.

Soweit die Werte nicht ausdrücklich als für Torpedoboote geltend bezeichnet sind, beziehen sie sich stets auf Kessel für größere Schiffe, gelten also mit anderen Worten für normale Forcierungen. Zum Vergleich sind auch die entsprechenden Werte für die Zylinderkessel größerer Schiffe der Handelsmarine und ferner für die früher verwendeten Zylinder- und Lokomotivkessel der Kriegsmarine herangezogen. Die Werte für Yarrow- und Normand-Kessel sind ungefähr die gleichen wie für Schulz-Thornycroft-Kessel und daher nicht besonders aufgeführt.

Da die Zahlen für sich selbst sprechen, ist es kaum nötig, Erläuterungen dazu zu geben.

Pro qm Rost werden etwa geleistet:

Handelsmarine.	Zylinderkessel mit natürlichem Zug	100—120	PS_i
Kriegsmarine.	Zylinderkessel	130	»
	Lokomotivkessel	230	»
	Dürr-Kessel	160—170	»
	Babcock- und Wilcox-Kessel . . .	160—170	»
	Belleville-Kessel	140—160	»
	Niclausse-Kessel	140—170	»
	Schulz-Kessel	190—210	»
	Schulz-Kessel auf Torpedobooten .	300	»

Auf den in Dienst befindlichen Schiffen der deutschen Marine sind die Schulz-Kessel so bemessen, daß auf den qm Rost etwa nur 175 PS_i entfallen; bei den im Bau befindlichen Schiffen sind jedoch der vergrößerten Maschinenleistung wegen, wie angegeben, 190 bis 210 PS_i pro qm Rost zugrunde gelegt.

Obige Zusammenstellung zeigt also, daß weitrohrige Wasserrohrkessel pro qm Rost durchschnittlich mit 160 PS_i und engrohrige Wasserrohrkessel mit 200, auf Torpedobooten sogar mit 300 PS_i beansprucht werden.

Für die Anforderungen der Kriegsmarine neigt sich aber die Wagschale noch mehr zugunsten der engrohrigen Wasserrohrkessel, sobald man die Gewichte der einzelnen Wasserrohrkessel in Betracht zieht.

Mit Armatur, Mauerwerk, Rost, Bekleidung und Wasser in den Kesseln wiegen pro PS_i

Dürr-Kessel	28—33	kg
Schulz-Kessel	18—19	»
Schulz-Kessel auf Torpedobooten	10	»

Die Gewichte von ganzen betriebsfertigen Kesselanlagen, also einschließlich Rauchfang und Schornstein, Ventilationsmaschinen, Pumpen, Rohrleitungen, Wasser in den Kesseln usw. pro PS_i sind in folgender Tabelle zusammengestellt:

Handelsmarine.	Zylinderkessel mit natürlichem Zug	110—120	kg
Kriegsmarine.	Zylinderkessel	72	»
	Gemischtes Kesselsystem	57—64	»
	Lokomotivkessel	40—50	»
	Babcock- und Wilcox-Kessel	45—47	»
	Dürr-Kessel	40—46	»
	Niclausse-Kessel	38—42	»
	Belleville-Kessel	30—34	»
	Schulz-Kessel	31—33	»
	Schulz-Kessel auf Torpedobooten	13	»

Hiernach sind also die engrohrigen Wasserrohrkessel nicht nur ihrer höheren Forcierbarkeit, sondern auch ihres geringeren Gewichtes wegen den weitrohrigen Wasserrohrkesseln beträchtlich überlegen. Für Torpedoboote kommen überhaupt nur engrohrige Wasserrohrkessel in Betracht, da allein diese die für diese Schiffsgattung notwendige Forcierbarkeit, Unempfindlichkeit und Anpassungsfähigkeit an Fahrtänderungen usw. besitzen. Diese hohe Forcierbarkeit hängt nicht allein mit der Krümmung der Rohre zusammen, welche gestattet, daß sich jedes Rohr beliebig verziehen kann, sondern auch mit einer besseren Wasserzirkulation. In den engen Rohren werden im Wasser mehr Dampfblasen enthalten sein als in den weiten Rohren, da letztere im Verhältnis zu ihrem Wasserinhalt weniger Heizfläche besitzen. Das Wasser- und Dampfgemisch, das in den den

Heizgasen ausgesetzten Rohren enthalten ist, wird also bei engrohrigen Wasserrohrkesseln spezifisch leichter sein als bei weitrohrigen und dementsprechend, besonders da häufig Fallrohre vorhanden sind, welche kälteres Wasser führen, einen sehr guten Wasserumlauf hervorrufen. Dieser besseren Zirkulation wegen, und da die Rohre der engrohrigen Wasserrohrkessel meist mehr oder weniger vertikal sind, werden auch Niederschläge, welche die Verdampfungsfähigkeit stark beeinträchtigen, bei diesen Kesseln weniger leicht auftreten.

Zum Teil erklären sich die geringeren Gewichte der engrohrigen Wasserrohrkessel gegenüber den weitrohrigen auch durch die Verschiedenheit des Wasserinhaltes. Einige Angaben hierüber finden sich in der folgenden Tabelle.

Wasserinhalt pro PS_i

Handelsmarine.	Zylinderkessel mit natürlichem Zug .	28—35	kg
Kriegsmarine.	Zylinderkessel	20	»
	Lokomotivkessel	10	»
	Dürr-Kessel	6—7	»
	Babcock- und Wilcox-Kessel . . .	4,5—5	»
	Niclausse-Kessel	4,5	»
	Schulz-Kessel	3,7	»
	Schulz-Kessel auf Torpedobooten . .	2,3	»
	Belleville-Kessel	2,9	»

Insbesondere fällt hier der geringe Wasserraum des Belleville-Kessels auf, der nur wenig größer ist als bei Torpedobootskesseln. Die Belleville-Kessel ohne Ekonomiser hatten einen noch geringeren Wasserinhalt.

Es beträgt ferner der

Dampfraum pro PS

Handelsmarine.	Zylinderkessel mit natürlichem Zug	12—17	cdm
Kriegsmarine.	Zylinderkessel	7	»
	Belleville-Kessel	2,7	»
	Dürr-Kessel	1,4—2	»
	Niclausse-Kessel	1,1—1,8	»
	Schulz-Kessel	1,4—1,7	»
	Schulz-Kessel auf Torpedobooten .	1	»

Bezüglich der Ausnutzung der Grundfläche sind, wie schon im XII. Abschnitt kurz auseinandergesetzt, die engrohrigen Wasserrohrkessel den weitrohrigen unterlegen, da ihre Unterkessel einen Teil der Grundfläche zu ungunsten des Rostes in Anspruch nehmen. Da sich die engrohrigen Wasserrohrkessel jedoch stärker forcieren lassen, sind die für eine bestimmte Leistung, von beiden Kesselarten eingenommenen Grundflächen ungefähr gleich groß.

Wie ebenfalls schon im XII. Abschnitt erwähnt, kann man bei den jetzigen Ausführungen der einzelnen Wasserrohrkesseltypen, bei welchen also im Laufe der Jahre zahlreiche Verbesserungen angebracht sind, im allgemeinen alle bekannteren Wasserrohrkesselarten, was Nutzeffekt, Betriebssicherheit usw. betrifft, als gleichwertig bezeichnen. Dabei ist natürlich vorausgesetzt, daß das Personal mit dem betreffenden Kesseltyp vollständig vertraut ist, und daß die notwendigen Reparaturen, Reinigungen usw., welche je nach der Kesselart einen verschieden großen Kosten- und Zeitaufwand erfordern, zur rechten Zeit und sorgfältig ausgeführt werden.

Nur so läßt es sich erklären, daß einzelne Marinen sich für engrohrige, andere wieder für weitrohrige Wasserrohrkessel entschieden haben. England ist vom Belleville-Kessel abgekommen und scheint sich für den Babcock- und Wilcox-Kessel zu entscheiden. Es verwendet aber auch den Yarrow-Kessel mit weiteren Rohren. Diese beiden letzten Kesseltypen waren in dem endgültigen Bericht des Kesselkomitees besonders empfohlen. Frankreich verwendet Belleville- und Niclausse-Kessel, ab und zu auch den Normand-Kessel und braucht die Lagraffel-d'Allest-Kessel auf, Amerika hat den Babcock- und Wilcox-Kessel angenommen. Auf Torpedobooten finden sich in allen Marinen nur engrohrige Wasserrohrkessel nach den Systemen Schulz-Thornycroft, Normand, Yarrow, Reed und White-Forster.

Die deutsche Marine hat sich für den Schulz-Kessel entschieden. Unsere Marine hat somit, abgesehen von den wenigen Schiffen mit Dürr-Kesseln, auf allen ihren Schiffen einschließlich der Torpedoboote nur einen Kesseltyp, was beim Wechsel des Personals und für die Ausbildung der Heizer von großer Bedeutung ist.

In der Handelsmarine finden sich auf französischen Schiffen Belleville- und Niclausse-Kessel, auf amerikanischen Schiffen Babcock- und Wilcox-Kessel. Vereinzelt sind auch andere Systeme an Bord vertreten. Mit Ausnahme von Raddampfern und anderen flachgehenden Schiffen, bei welchen es also auf besondere Leichtigkeit ankommt, liegt bei Handelsschiffen eigentlich kein Grund vor, von den bewährten Zylinderkesseln abzugehen. Die umständlichere und häufiger notwendig werdende Reinigung, die schwierige Speisung, die Notwendigkeit einer absoluten Reinheit des Kesselwassers usw. stehen der Einführung der Wasserrohrkessel auf Handelsschiffen hindernd entgegen. Dazu kommt noch, daß es bei der großen Anzahl von Wasserrohrkesselarten schwierig sein dürfte, stets, unter Umständen sogar in einem fremden Hafen, Heizer zu finden, welche mit dem betreffenden Kessel genügend vertraut sind. Schließlich ist auch die Lebensdauer der Wasserrohrkessel geringer als die der Zylinderkessel, wenigstens was die Rohre betrifft, die bei den Wasserrohrkesseln aber einen wesentlicheren und teureren Bestandteil des Kessels bilden als bei Zylinderkesseln.

XVI. Abschnitt.

Künstlicher Zug.

Unter künstlichem Zug versteht man die Zuführung von Verbrennungsluft unter einem gewissen Überdruck. Früher, als man noch keine Oberflächenkondensation hatte, benutzte man zur Erzeugung eines besseren Schornsteinzuges, ähnlich wie heute noch bei den Lokomotiven, den Abdampf der Hauptmaschine, den man in den Schornstein schickte. Heutzutage wird der künstliche Zug durch Ventilationsmaschinen erzeugt, derart, daß die Verbrennungsluft in die Heizräume oder direkt in die Feuerungen gepreßt wird, oder daß die Verbrennungsgase aus dem Rauchfang abgesaugt werden. Der Grund für die Anwendung des künstlichen Zuges ist bei der Kriegsmarine vor allem die Notwendigkeit, die Leistung der Kessel gegenüber dem natürlichen Zug, bei dem die Verbrennungsluft nur durch die Wirkung des Schornsteines angesaugt wird, beträchtlich steigern zu können. Auch die ungünstige Wirkung der allmählichen Verschlackung der Roste usw. auf die Leistung der Kessel läßt sich durch Anwendung eines höheren Luftdruckes wieder ausgleichen, kurz, für die Kriegsmarine ist der künstliche Zug eine Lebensfrage. Wenn auch der Kohlenverbrauch pro PS_i mit dem Grad der Forcierung wächst, so gibt doch die Anwendung des künstlichen Zuges eine beträchtliche Raum- und Gewichtsersparnis.

In der Handelsmarine spielt diese Raum- und Gewichtsersparnis, sowie die Möglichkeit einer zeitweise gesteigerten Leistung der Kessel bei weitem nicht die Rolle wie in der Kriegsmarine. Auf gewöhnlichen Fracht- und Passagierdampfern wenigstens ist für die Kessel meist genügend Raum und Gewicht vorhanden. Hier handelt es sich aber im allgemeinen um Fahrten, die unabhängig von Wind und Wetter und schlechten Kohlensorten regelmäßig eingehalten werden müssen. Eine fast vollständige Unabhängigkeit von diesen Verhältnissen gewähren nun die beiden Arten des künstlichen Zuges »Howdens forced draught« und »Ellis and Eaves induced draught«, welche sich bei Handelsschiffen eingebürgert haben. Bei diesen beiden Systemen wird die Verbrennungsluft durch die abziehenden

Schornsteingase vorgewärmt, sodaß hierdurch auch eine beträchtliche Kohlenersparnis erzielt wird, welche wiederum der Ladungsfähigkeit zugute kommt, da für eine bestimmte Fahrt weniger Kohlen mitgenommen zu werden brauchen. Schließlich wird auch in der Handelsmarine eine Ersparnis an Kesselraum und Kesselgewicht gern mitgenommen, wenn sie auch hier nicht so zur Notwendigkeit geworden ist wie in der Kriegsmarine.

Früher bestand die Anwendung des künstlichen Zuges in der Kriegsmarine meist darin, daß man mit »Unterwind« fuhr, d. h., daß die von den Ventilationsmaschinen gelieferte Luft durch Druckkanäle direkt in den Aschfall geblasen wurde. Trotzdem nun meist eine Verblockung der Feuertür vorhanden war, sodaß diese erst geöffnet werden konnte, nachdem eine Klappe in dem Luftkanal, welche zu dem betreffenden Aschfall führte, geschlossen und so die Druckluft abgesperrt war, sind doch verschiedentlich Unglücksfälle dadurch vorgekommen, daß die unter den Rost gepreßte Druckluft beim Öffnen der Feuertür die Flamme in den Heizraum preßte. Unterwind findet man daher in der deutschen Marine jetzt nur noch auf den Dampfbeibooten, bei denen ein Unterdrucksetzen des ganzen Heizraumes, welches ein Herausschlagen der Flamme nicht möglich werden läßt, nicht anwendbar ist. Da nämlich bei der Kriegsmarine die Kesselräume im allgemeinen schon ziemlich geschlossene Räume bilden, ist es das Einfachste, sie ganz abzuschließen und unter Druck zu setzen. Man erhält hierbei auch kühlere Heizräume, da die Heizer in der frisch zugeführten Verbrennungsluft arbeiten. Die Anwendung des künstlichen Zuges durch »geschlossene Heizräume« auf verschiedenen Kriegsschiffstypen, Linienschiffen, Kreuzern und Torpedobooten geht bereits aus den Fig. 20 auf S. 30, 21 und 22 auf Tafel II und 24 auf S. 32 hervor. Die Ventilationsmaschinen, welche möglichst geschützt aufgestellt werden müssen, da sie zu den vitalen Teilen des Schiffes gehören, saugen Luft von Oberdeck an und drücken sie unter geringem Überdruck, meist höchstens 65 mm Wassersäule, in die Kesselräume. Diese dürfen nun der Luft keinen anderen Ausweg bieten als durch die Aschfallklappen, Feuertüren oder einige Öffnungen oder Düsen in der Kesselbekleidung, welche auch in die von den Heizgasen bestrichenen Räume führen. Die Öffnungen in den Panzergrätings neben dem Schornstein und ferner zwischen Rauchfang und Rauchfangmantel müssen daher durch Klappen abgeschlossen werden können. Die Niedergänge werden mit doppelten Türen versehen, welche schleusenartig wirken und beim Öffnen der Tür nur das Entweichen einer geringen Menge Verbrennungsluft gestatten. Die oben genannten Figuren geben die in der deutschen Marine jetzt üblichen Aufstellungen der Ventilationsmaschinen wieder. Bei Panzerschiffen und Panzerkreuzern stehen diese Maschinen (s. Fig. 20) zwischen dem Panzerdeck und dem darüber befindlichen Deck, da sie hier noch durch den Seitenpanzer geschützt sind; bei den kleinen Kreuzern sind die Ventilationsmaschinen unter dem Panzerdeck angeordnet und zwar meist nicht direkt im Heizraum, sondern, wie auch Fig. 21 zeigt, in einer besonderen Kammer oder im Niedergang, damit sie nicht durch den Kohlenstaub leiden. Bei Torpedobooten schließlich müssen die Flügelräder und die zugehörigen Maschinen (s. Fig. 24) liegend angeordnet werden, wobei meist ein Teil des Druckkanales in den Bunker eingebaut wird. Je nach den Raumverhältnissen können aber auch andere Aufstellungen bei den einzelnen Schiffsgattungen in Frage kommen. Die englische und amerikanische Marine z. B. ordnet die Ventilationsmaschinen auch bei großen Schiffen, ähnlich wie für einen kleinen Kreuzer in Fig. 21 dargestellt, meist unter dem Panzerdeck hängend an. Da im allgemeinen für jeden Kesselraum zwei Ventilationsmaschinen vorhanden sind, müssen für den Fall, daß eine derselben unbrauchbar wird, die zugehörigen Druckkanäle durch Klappen oder am einfachsten durch Umhüllen mit Segeltuch abgeschlossen werden können, damit nicht die von dem einen Ventilator gelieferte Druckluft durch die Kanäle des anderen, unbrauchbar gewordenen entweichen kann. Wird ohne künstlichen Zug gefahren, so werden Klappen in den Saugekanälen in der Nähe der Flügelräder geöffnet; die Luft wird dann durch den Schornsteinzug durch dieselben Ventilationskanäle, aber ohne die Flügelräder zu passieren, in den Heizraum gesaugt. Der Querschnitt der Saugeschächte muß in der deutschen Marine mindestens $^1/_5$ der Rostfläche betragen.

Die eben geschilderte Art der Zuführung der Verbrennungsluft in die Heizräume ist in den Kriegsmarinen fast allgemein gebräuchlich. Hierbei findet aber keine Vorwärmung der Verbrennungsluft statt. Diese Art des künstlichen Zuges ist daher nicht so ökonomisch wie Howdens oder Ellis und Eaves Zug, hat aber diesen Zugarten gegenüber wieder den Vorteil größerer Leichtigkeit und Einfachheit, da Luftkanäle am Kessel, Rohrsysteme für die Vorwärmung der Luft usw. hier fortfallen. Die in der deutschen Marine zulässigen Drucke der Verbrennungsluft sind 65 mm Wassersäule für engrohrige Wasserrohrkessel, 50 mm für Dürr-Kessel und 12 mm für Zylinderkessel. Zum Messen dieser Drucke bedient man sich eines Luftdruckmessers, welcher schematisch in Fig. 173 dargestellt ist. Das eine Ende einer gebogenen Glasröhre, welche teilweise mit Wasser gefüllt ist, wird durch ein Rohr mit der äußeren Luft verbunden, das andere Ende ist bei geschlossenen Heizräumen offen oder mit dem Aschfall verbunden; bei Unterwind wird es mit dem Druckluftkanal verbunden. Die Differenz h der beiden Wasserspiegel, welche durch eine verschiebbare, in Millimeter geteilte Skala gemessen wird, gibt den jeweiligen Luftüberdruck an.

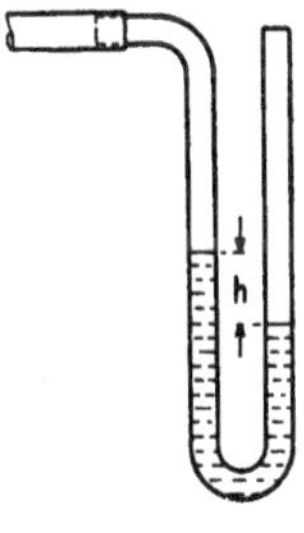

Fig. 173.

In der Handelsmarine sind schon seit dem Jahre 1828 Versuche mit Unterwind, geschlossenen Heizräumen oder einer Absaugung der Schornsteingase durch Ventilationsmaschinen gemacht worden; eine weitergehende Einführung des künstlichen Zuges hat aber erst nach dem Jahre

1884, in welchem James Howden seinen forcierten Zug zum ersten Male ausführte, stattgefunden. Seit diesem Jahre sind etwa 2200 große Dampfer fast aller Nationen mit zusammen 7 000 000 PS_i mit diesem System ausgerüstet worden. In Deutschland hat allein die Hamburg-Amerika-Linie etwa 70 ihrer Dampfer mit Howdens Zug versehen.

Fig. 174 zeigt eine typische Anlage von Howdens Zug für ein Handelsschiff. Die beiden Ventilationsmaschinen sind im Maschinenraum auf Steuerbord und Backbord untergebracht, wo sie leichter beaufsichtigt werden können und durch Kohlenstaub nicht so sehr leiden. Bei ganz großen Anlagen, bei welchen eine Aufstellung im Heizraum notwendig ist, da sonst die Druckkanäle zu lang und unbequem werden, verwendet man eingekapselte Maschinen. Die Druckluftkanäle, in welchen an den Stellen, an denen sie durch ein wasserdichtes Schott gehen, eine wasserdichte Fall- oder Schiebetür angeordnet sein muß, damit bei einer Kollision das Wasser nicht durch den Druckluftkanal aus einem Raum in den anderen laufen kann, führen nach dem oberen Teil der Kessel und zwar, wie Fig. 214 auf S. 280 genauer zeigt, durch eine viereckige Öffnung zu einem Rohrsystem, welches über den Siederohren im Rauchfang angeordnet ist. Während die Heizgase, wie die ausgezogenen Pfeile zeigen, durch diese Rohre ihren Weg in den Schornstein nehmen müssen, streicht die Druckluft (punktierte Pfeile) von der Mitte des Kessels nach beiden Seiten außen an den Rohren vorbei, wobei durch drei wagerechte Führungsbleche dafür gesorgt ist, daß die Luft gleichmäßig mit allen Teilen der Rohre in Berührung kommt. Dann geht die so vorgewärmte Verbrennungsluft in Kanälen, welche an den Seiten der Kesselstirnwand angebracht sind, herunter und kann nun durch die Gitterschieber oder die Klappen über und unter den Rost treten. Diese Heißluftkanäle an den Stirnwänden der Kessel werden sorgfältig isoliert, damit möglichst wenig Wärme verloren geht und die Heizräume kühl bleiben. Bei Doppelendern werden die gemeinsamen Feuerkammern beider Kesselseiten durch eine bis zur Feuerkammerdecke durchgeführte Wand aus Schamottesteinen, welche gleichzeitig als Wärmespeicher dient, wieder getrennt (s. Fig. 206 auf S. 273); ebenso wird der Rauchfang durch Scheidewände geteilt, wie der Schnitt *C—D* in Fig. 214 zeigt, sodaß jedes Feuer seinen eigenen Rauchfangteil hat, damit beim Öffnen der Feuertür keine kalte Luft mit dem nicht zu dem betreffenden Feuer gehörenden Teil des Kessels oder Rauchfanges in Berührung kommt. Wesentlich sind bei dieser Art künstlichen Zuges noch die sog. Retarder (Fig. 175), d. h. Blechstreifen von der Breite der inneren Durchmesser der Siede- und Ankerrohre, welche einige Male um ihre Achse gewunden sind, sodaß sie eine Art Schraubengang darstellen. Diese Retarder werden so in die Siede- und Ankerrohre eingelegt, daß die beiden Enden senkrecht stehen, damit die Heizgase bequem in das Rohr ein- und austreten können. Während ohne Retarder die Heizgase im allgemeinen in den Siede- und Ankerrohren einen heißen »Kern« be-

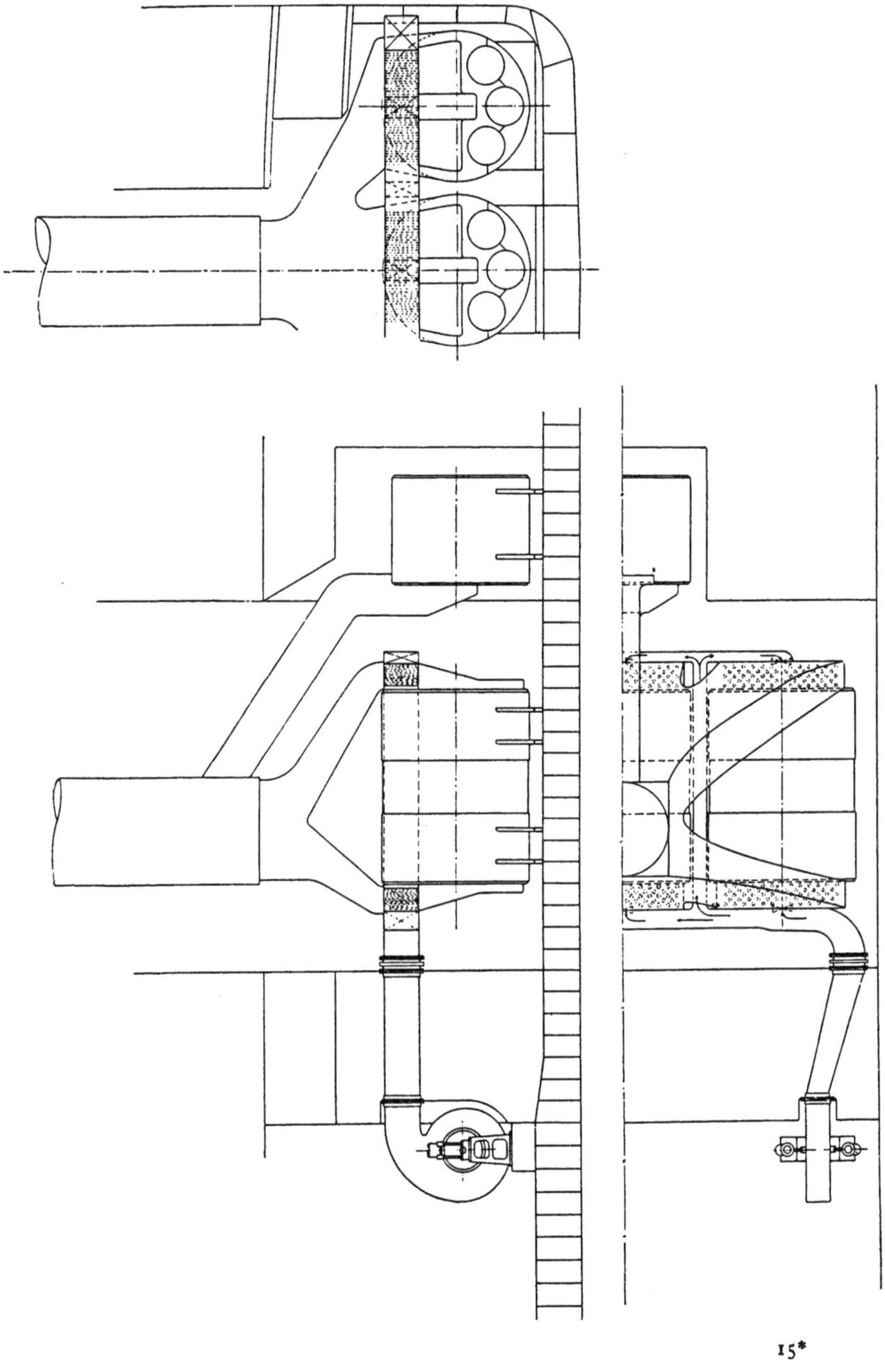

Fig. 174.

halten werden, da nur die äußeren Schichten der Heizgase, welche direkt mit den Wandungen der Rohre in Berührung kommen, ihre Wärme genügend abgeben können, werden die Heizgase durch diese Retarder durcheinander gewirbelt und verzögert, also auch besser ausgenutzt. Bei natürlichem Zug werden sie im allgemeinen nicht verwendet, da sie bei dem verhältnismäßig geringen Schornsteinzug zu großen Widerstand bieten.

Bei der Anwendung von Howdens Zug führt man die Kesselanlage so aus, daß ein kleiner Kessel, meist ein Einender, nur mit natürlichem Zug arbeitet, da im Hafen, wo dieser Kessel dann als Hilfskessel dient, die Howdensche Anlage nicht in Benutzung genommen wird.

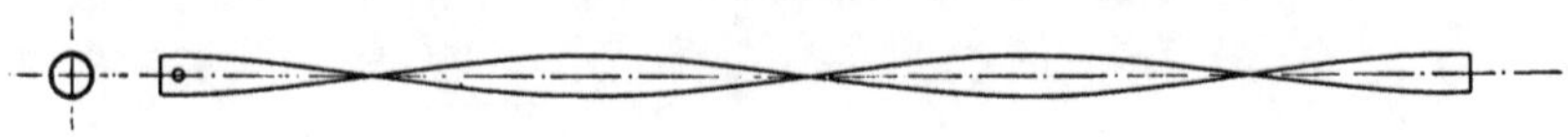

Fig. 175.

In der Kriegsmarine ist Howdens Zug bei Zylinderkesseln, für welche er sich besonders eignet, während er für Wasserrohrkessel meist eine gewisse Höhe über den Kesseln verlangt, auf 5 englischen und 13 holländischen Kriegsschiffen verwendet worden, ferner auf dem amerikanischen Linienschiff Ohio, welches Thornycroft-Kessel hat, und auf 4 österreichischen und 6 holländischen Linienschiffen und Kreuzern mit Yarrow-Kesseln. Fig. 176 zeigt eine solche Anlage mit Yarrow-Kesseln. Die Druckluft streicht hier ebenfalls um ein Rohrsystem, durch welches die Heizgase gehen, herum und gelangt dann durch Kanäle, welche an der Vorder- und Rückwand angebracht sind, unter und über den Rost. Die Feuerung ist hier durch eine Schamottewand in zwei Teile geteilt; in dieser Wand sind noch eine Anzahl Rohre eingebettet, welche an der Dampferzeugung stark beteiligt sind und zur Erzeugung einer guten Wasserzirkulation mit Fieldschen Einsteckrohren versehen sind.

Die *Vorteile von Howdens Zug* sind folgende:

1. *Geringerer Kohlenverbrauch pro* PS_i. Dies klärt sich sofort dadurch auf, daß die heißen Gase im Rauchfang noch zur Erwärmung der Verbrennungsluft herangezogen werden und diese erhitzte Verbrennungsluft eine vollkommenere Verbrennung der Kohlen ermöglicht.

In den Heizgasen wird im allgemeinen stets noch reichlich Wärme enthalten sein, da die Temperatur des Wassers bei den jetzt üblichen hohen Dampfdrucken rund 200° C beträgt und es bei dem ziemlich schnellen Vorbeistreichen der Gase an den Rohrwandungen usw. nicht möglich ist, durch die 3 bis 4 mm starken Siederohre die Wärme der Heizgase genügend auszunutzen, sie also etwa auf weniger als 300 oder 350° abzukühlen. Um die Heizgase besser auszunutzen, würde es daher nicht viel Zweck haben, die Heizfläche zu vergrößern, also die Heizgase einen längeren

Weg beschreiben zu lassen. Ferner könnte man die Heizgase noch zur Vorwärmung des Speisewassers verwenden, allein hierzu eignet sich ja der Abdampf der Hilfsmaschinen sehr gut und wird daher auch meistens dazu verwendet. Nur beim Belleville-Kessel benutzt man die Heizgase zum Vorwärmen des Speisewassers. Zum Überhitzen des Dampfes werden die abziehenden Heizgase auch öfters verwendet; aber auch hier ist der Umstand nicht förderlich, daß der zu überhitzende Dampf bereits eine hohe Temperatur besitzt und daher die Wärmedifferenz zwischen den Heizgasen und dem zu heizenden Medium nicht allzugroß ist. Anders liegt dies jedoch bei der Verbrennungsluft, die an sich kalt ist und in dünnwandigen Rohren leicht genügend erhitzt werden kann. Es können also den Heizgasen auf diese Weise noch eine Anzahl Kalorien entzogen werden, welche sonst nutzlos in den Schornstein gehen würden. Ein weiterer Vorteil der Erwärmung der Verbrennungsluft liegt nun noch darin, daß die Temperatur im Verbrennungsraum durch die erwärmte Luft nicht etwa bloß um so viel gesteigert wird, als

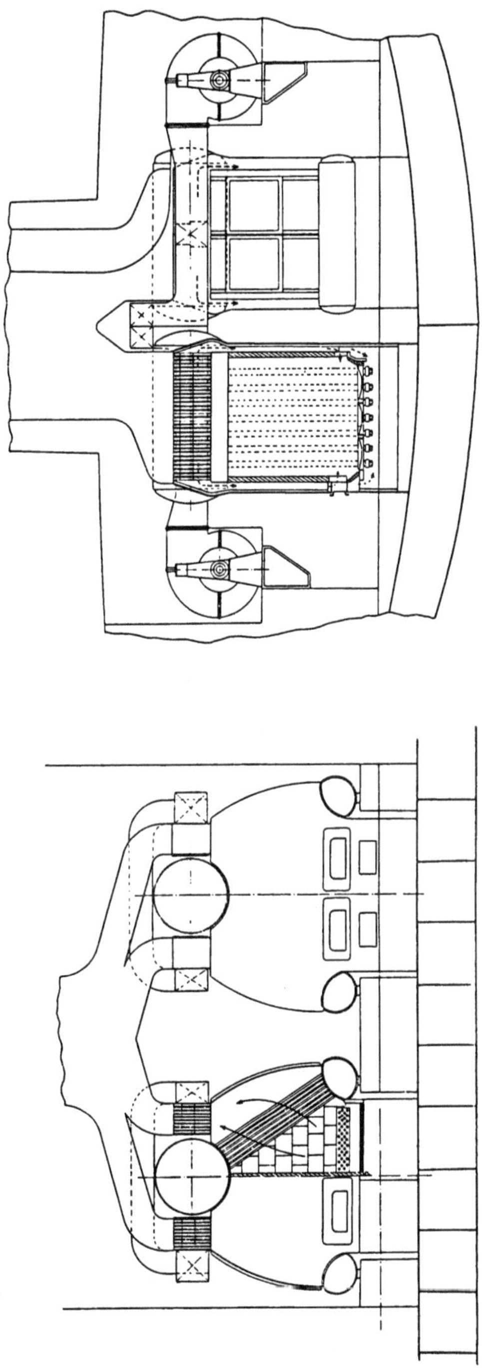

Fig. 176.

die Erwärmung der Luft betrug, sondern etwa um den doppelten Betrag, da die Verbrennung bei vorgewärmter Luft eine viel vollkommenere ist und bei künstlichem Zug überhaupt weniger Verbrennungsluft, also auch weniger Luftüberschuß notwendig ist als bei natürlichem Zug. Im allgemeinen wird nämlich bei künstlichem Zug eine höhere Brennschicht unterhalten als bei natürlichem Zug, da die Luft vermöge ihres Überdruckes imstande ist, diese Schicht zu durchdringen, und in der Zeiteinheit mehr Kohle verbrannt wird als bei natürlichem Zug. Dieser höheren Kohlenschicht wegen bleibt nun die Luft auch längere Zeit mit der glühenden Kohle in Berührung und kann so ihren Sauerstoff besser abgeben, wird also auch besser ausgenutzt. Über dem Rost findet ferner noch eine innigere Vermischung der Luft mit den Heizgasen statt. Daß infolgedessen der notwendige Luftüberschuß nicht so groß zu sein braucht als bei natürlichem Zug, ist auch durch Versuche nachgewiesen. Es werden also auch hierdurch Kalorien gespart. Eine weitere Kohlenersparnis ist dadurch gegeben, daß man bei Howdens Zug auch die Feuer viel weniger zu schüren braucht, sodaß also weniger glühende und unverbrannte Kohlenstücke in den Aschfall fallen.

Durch das Röhrensystem wird die Luft etwa bis auf 120 bis 150° C vorgewärmt; beim Durchgehen durch die heiße Feuertür wird sie aber noch weiter erwärmt, ehe sie in den Feuerraum gelangt. Die Temperatur der Schornsteingase nimmt bei Howdens Zug etwa um 100° ab: in einem Spezialfalle z. B. betrug sie vor den Röhren 400 bis 480° und hinter denselben 330 bis 380°. Daß die Temperatursteigerung der Luft und die Erniedrigung der Temperatur der Heizgase ungefähr gleich groß sind, erklärt sich schon daraus, daß es sich beidemal annähernd um dasselbe Quantum handelt.

Die Kohlenersparnis beträgt bei Howdens Zug je nach der Kohlenart und dem Grad der Forcierung etwa 6 bis 10 %. Insbesondere ist dieser künstliche Zug auch für eine Verbrennung aller möglichen Kohlensorten geeignet, denn die eine Kohlensorte erfordert Luftzuführung unter dem Rost, die andere über dem Rost und manche Sorten gleichzeitig über und unter demselben; alle diese Möglichkeiten lassen sich durch Einstellen der Luftschieber leicht erzielen. Des geringeren Kohlenverbrauches wegen braucht man auch nicht soviel Kohle in den Bunkern mitzunehmen als bei natürlichem Zug, hat also ein geringeres Deplacement durch das Wasser zu bewegen oder kann mehr Ladung mit sich führen.

2. Ein anderer Vorteil ist das kleinere Kesselgewicht und der geringere Raumbedarf für eine bestimmte Leistung. Bei Dreifachexpansionsmaschinen mit 14 bis 14,5 at Überdruck, welche etwa 0,65 bis 0,75 kg Kohle pro PS_i und Stunde verbrauchen, kann man bei Howdens Zug pro qm Rost bequem etwa 150 bis 160 PS_i erzeugen, während man bei natürlichem Zug im allgemeinen nicht mehr als 100 bis 120 PS_i er-

reichen kann. Es empfiehlt sich jedoch, diesen Vorteil des Howdenschen Zuges nicht zu sehr auszunutzen. Je stärker man nämlich forciert, desto kürzer ist die Lebensdauer der Kessel und desto häufiger werden Reparaturen, wie Nachstemmen u. dgl., erforderlich. Mit wieviel Millimeter Wassersäule Luftüberdruck man fährt, hängt natürlich auch von der Kohlensorte ab. Bei stark schlacken- und aschenhaltiger Kohle muß man für eine bestimmte Leistung selbstverständlich mehr Kohlen pro qm Rost verbrennen und der höheren Feuer wegen auch einen stärkeren Luftüberdruck halten. Im allgemeinen empfiehlt es sich aber zur Erzielung einer großen Lebensdauer der Kessel bei guter Kohle etwa höchstens 10 bis 12 mm Wassersäule Luftüberdruck unter dem Rost zu halten, mit anderen Worten also Howdens Zug nur als reichlichen Ersatz für den Schornsteinzug zu benutzen. Sobald man stärker forciert — Howden selbst gibt an, daß man bis 4″ = 102 mm Wassersäule blasen könnte — treten leicht Leckagen an den Nähten und Rohren auf und die Lebensdauer der Kessel nimmt stark ab.

Aber auch wenn man Howdens Zug nur mäßig anwendet, also die Rostfläche gegenüber natürlichem Zug nur wenig kleiner wählt, ergibt sich oft schon ein ziemlich großer Nutzen, denn es gibt Gesamtrostflächen, welche sich bei einer bestimmten Schiffsbreite und einer ungefähr festliegenden Anzahl von Kesseln sehr schlecht unterbringen lassen, während schon eine verhältnismäßig kleine Verringerung der Rostfläche, wie sie durch künstlichen Zug möglich ist, eine gute Ausnutzung der Schiffsbreite und überhaupt eine günstige Kesselanlage ergibt. Ferner kann man bei Howdens Zug auch eine größere Heizfläche bei einer bestimmten Rostfläche verwenden; der Wert $H:R$ beträgt bei natürlichem Zug im Durchschnitt etwa 32 bis 36, während er bei Howdens Zug etwa 38 bis 44 ist. Gerade die Heizfläche aber und nicht die Rostfläche ist es, von welcher die Dampferzeugung und so die Leistung der Maschine abhängt.

3. Unabhängigkeit von Wind und Wetter und den verschiedenen Kohlensorten. Die Leistung der Kessel kann bei Howdens Zug unabhängig von der Stärke und Richtung des Windes, beim Andampfen gegen See usw. durch Regulierung der Ventilationsmaschinen auf gleicher Höhe gehalten werden, auch kleine Verspätungen lassen sich durch stärkere Forcierung wieder einholen, kurz es kann ein regelmäßiger Dienst der Schiffe erreicht werden. Da man ferner bei längeren Fahrten unterwegs Kohlen einnehmen muß, welche meist schlechter sind als die deutschen oder englischen, gestattet Howdens Zug auch die dann pro qm Rost und Stunde notwendig werdende größere Kohlenmenge zu verbrennen. In einem Spezialfalle betrug z. B. bei gleichbleibender Leistung der Hauptmaschine der Kohlenverbrauch pro qm Rost und Stunde für deutsche und englische Kohlen 113 kg, während von der schlechteren Natalkohle 130 kg verbrannt werden mußten. Wie schon oben erwähnt, hat man es für jede Kohlensorte durch Regelung der Luftzufuhr unter

oder über dem Rost vollständig in der Hand, den Verbrennungsprozeß zu regeln.

Erwähnt sei schließlich noch, daß die Heizer auch weniger von der strahlenden Hitze der Kessel zu leiden haben, da die Feuertür nicht so oft und nicht so lange geöffnet zu werden braucht und ein Teil der Kesselstirnwand von den gut isolierten Druckluftkanälen bedeckt wird. Auch die Flammrohre, die in ihrem unteren Teil sonst durch die kalte Verbrennungsluft stetig gekühlt werden, werden bei vorgewärmter Luft günstiger beansprucht, da auch ihr unterer Teil etwas erwärmt wird. Schließlich ist auch die Schornsteintemperatur im allgemeinen etwas geringer, was sowohl den nächstliegenden Räumen als auch der Lebensdauer des Schornsteines zugute kommt.

Bei der Anwendung von Howdens Zug ist auf folgendes zu achten. Die Seitenroste müssen dicht an den gewellten Flammrohren anliegen und ev. an dieser Stelle mit feuerfestem Ton oder Asbest abgedichtet werden (s. Fig. 207 auf S. 274), damit hier keine Luft nach oben treten kann. Ferner darf die Verbrennungsluft im Aschfall nicht unterhalb der Feuerbrücke in die Feuerkammer gehen, sondern sie soll nur durch die Rostspalten zum Feuer gelangen können.

Im Gegensatz zum Feuern bei natürlichem Zug darf die Kohle an der Feuertür nicht angehäuft werden, sie ist vielmehr gleichmäßig über den Rost zu verteilen und eine größere Höhe nur an der Feuerbrücke vorteilhaft. Wenn die Kohle an der Feuertür aufgehäuft wird, kann nämlich nicht genügend Luft aus derselben austreten und zum Feuer gelangen, und außerdem wird auch der gußeiserne Feuertürrahmen zu schnell zerstört. Werden die Feuer zu hoch gehalten, so tritt, wenn der Luftdruck nicht hoch genug ist, zu wenig Luft zum Feuer und die Folge ist die Bildung von Rauch und Ruß; bei zu niedrigen Feuern wiederum tritt zu viel Luft durch die Kohlenschicht, was eine geringere Ökonomie der Anlage zur Folge hat. Die Reinigung der Feuer soll nur von oben erfolgen; vom Aschfall aus soll an den Feuern überhaupt nicht gerührt werden. Schlacken brauchen nicht sofort entfernt zu werden, es ist nur notwendig, sie durch Schleusen zu heben und zu drehen, sodaß sie nicht flach auf dem Rost liegen und so der Luft den Zutritt erschweren. Aschfall und Feuertüren sollen stets geschlossen sein; ist ein Öffnen der letzteren notwendig, so müssen die nach dem Aschfall führenden Druckluftklappen (s. Fig. 214 auf S. 280) geschlossen werden, da sonst die unter den Rost tretende Druckluft die Flamme aus der Feuertür heraustreiben könnte; der obere Luftschieber jeder Feuertür, welcher Luft über den Rost führt und so eine gute Verbrennung der Feuergase herbeiführen soll, darf dagegen nicht geschlossen werden. Hierdurch wird nämlich erreicht, daß auch beim Beschicken und Reinigen der Feuer heiße Luft über den Rost tritt und so nicht allzu viel schädliche kalte Luft in das Flammrohr eintritt. Bei guter, nicht zu stark rauchender Kohle braucht dieser Schieber überhaupt nur etwa $^1/_3$

bis $^1/_2$ geöffnet zu werden, anderenfalls tritt zu viel Verbrennungsluft in den Feuerraum.

Ellis and Eaves induced draught. In der Wirkung dem Howdenschen Zug ähnlich, nur in der Wahl der Mittel verschieden, ist der »Saugzug« von Ellis und Eaves. Das über die Vorteile usw. des Howdenschen Zuges Gesagte gilt auch hier in fast gleicher Weise, sodaß an dieser Stelle nur eine Beschreibung der Wirkungsweise notwendig ist. Fig. 177 zeigt die Gesamtanordnung. Das Rohrsystem, durch welches die Heizgase gehen, die Luftkanäle am Kessel und die Konstruktion der Feuertür und des Rahmens dazu sind ganz ähnlich wie bei Howdens Zug. Wie dort kann auch hier der Luftzutritt über und unter dem Rost durch Gitterschieber und Klappen genau reguliert werden. Hier dient jedoch die Ventilationsmaschine nicht dazu, die Verbrennungsluft unter Druck dem Kessel zuzuführen, sondern sie saugt die Heizgase oberhalb des Rohrsystems ab und erzeugt hier eine Depression. Die im Heizraum befindliche und die durch einen Luftschacht zuströmende Luft wird daher, dieser Depression entsprechend, durch die mit einem Kreuz bezeichneten, im Rauchfang befindlichen Öffnungen einströmen und, wie die punktierten Pfeile zeigen, um die Rohre herumgehen, wobei sie durch die Heizgase vorgewärmt wird. Sie geht dann zu beiden Seiten der Stirnwand herunter und kann dann über und unter den Rost treten. Die ausgezogenen Pfeile geben den Weg der Verbrennungsgase bei Verwendung des künstlichen Zuges an; die im rechten Teil des Rauchfanges angeordnete Klappe *a* ist dann geschlossen. Will man ohne künstlichen Zug fahren, so wird diese Klappe geöffnet und die Heizgase nehmen dann, wie der strichpunktierte Pfeil zeigt, ohne Berührung des Ventilatorflügelrades den näheren Weg durch den rechten Teil des Rauchfanges. Da das Flügelrad mit den Gasen in Berührung kommt, welche trotz der erfolgten Wärmeabgabe an die Verbrennungsluft noch immer ziemlich heiß sind, muß die Lagerung der Ventilatorwelle derart sein, daß ein Warmlaufen nicht eintreten kann. Die Figur zeigt deutlich, daß die Nabe des Flügelrades so konstruiert ist, daß sie möglichst weit von dem Lager entfernt ist; außerdem wird sie durch ein Schutzblech von diesem getrennt. Das Lager selbst erhält Wasserkühlung, um die durch die Welle weitergeleitete Wärme unschädlich zu machen. Die Flügelräder müssen bei dieser Art künstlichen Zuges naturgemäß über den Kesseln Platz finden. Die zugehörige Maschine wird bei kleineren Anlagen, um sie vor Kohlenstaub und vor der über den Kesseln herrschenden Wärme zu schützen, wie gezeichnet, in einer Nische des Maschinenraumes aufgestellt, der bei der dargestellten Anlage nur durch einen Staubschott vom Kesselraum getrennt ist. Da der Kessel sich durch die Wärme ausdehnt, müssen in die Welle zwischen Flügelrad und Maschine entweder Universalgelenke oder entsprechend eingerichtete Kuppelungsscheiben eingeschaltet werden. Beim Beschicken und Reinigen der Feuer wird die im unteren Teil des Rauchfanges be-

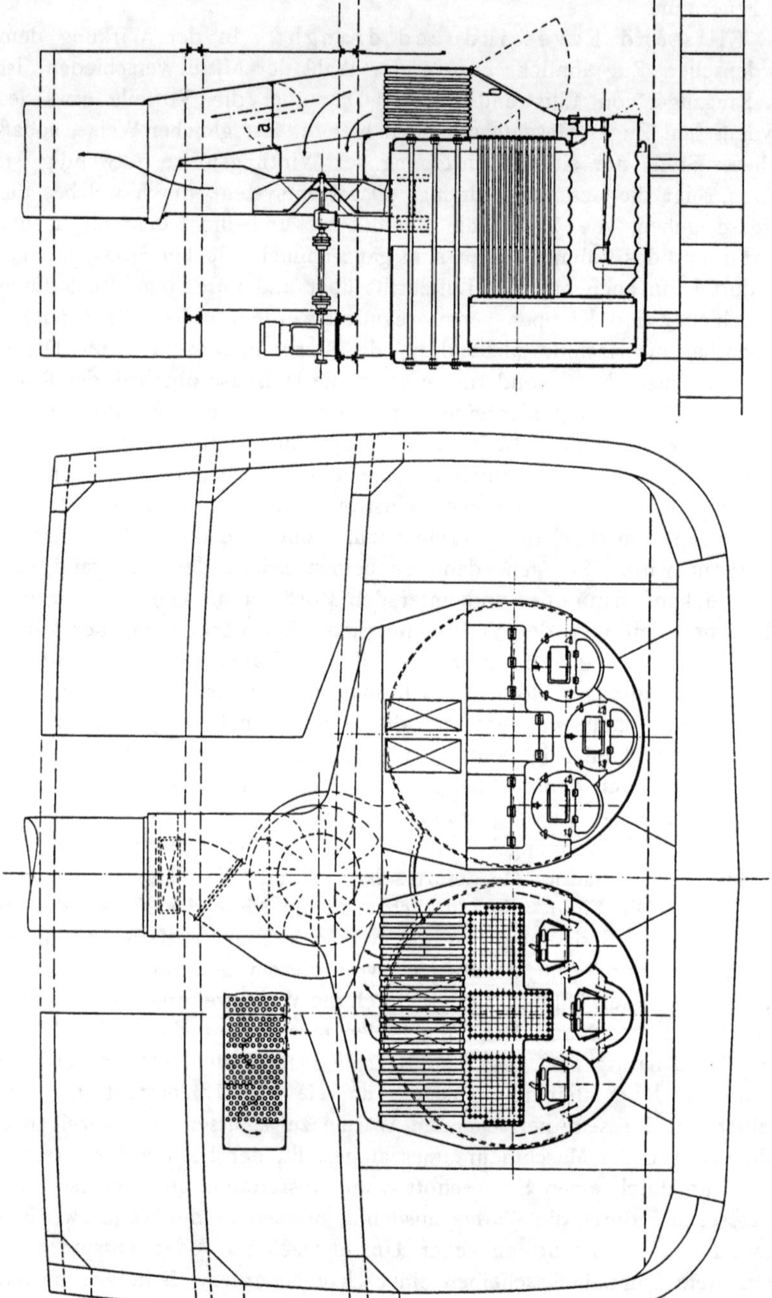

Fig. 177.

findliche Dämpferklappe *b* geschlossen. Angenehm ist bei dieser Art künstlichen Zuges, daß Aschfall und Feuertür geöffnet werden können, ohne irgendwelche Klappen od. dgl. schließen zu müssen, da hier die Heizgase abgesaugt werden, und so die Flamme auch bei unvorsichtiger Bedienung nicht aus der Feuertür herausschlagen kann.

Als Vorteil dieser Art künstlichen Zuges wird genannt, daß hier die Verbrennungsluft aus dem Heizraum selbst genommen wird und so der Kohlenstaub mit abgesaugt wird. Da ferner der Rauchfang usw. von den Rosten an bis zum Ventilator unter negativem Druck steht, wird nirgends durch undichte Stellen heiße Luft, Rauch oder Ruß austreten können. Als Nachteil ist zu nennen, daß das Flügelrad durch Ruß und Flugasche verschmutzen und im schlimmsten Falle sich ganz vollsetzen kann. Der Nutzeffekt des Flügelrades, welches in den heißen Gasen arbeitet, wird auch ungünstiger sein, dafür fällt hier jedoch gegenüber Howdens Zug der Widerstand der ziemlich langen und mehrfach gekrümmten Luftkanäle zwischen Ventilator und Kessel fort. Der manchmal genannte Nachteil, daß sich der Zug von Ellis und Eaves nicht so stark forcieren läßt wie Howdens Zug, dürfte kaum in Betracht kommen, da Howdens Zug, wie bereits auseinandergesetzt, vorteilhaft auch nur mäßig angewendet wird.

Das System von Ellis und Eaves, welches neueren Datums ist, ist bisher auf Schiffen mit zusammen 600000 PS_i verwendet worden. Insbesondere auf den großen Seen in Amerika sind allein etwa 100 Schiffe damit ausgerüstet.

Schließlich sei noch der »Sirocco forced draught« erwähnt. Hierbei wird die Verbrennungsluft durch einen Ventilator ohne Zwischenschaltung eines Röhrensystems direkt einem Vorbau vor dem Flammrohr zugeführt, welcher ähnlich eingerichtet ist wie bei Howdens und Ellis und Eaves Zug. Außerdem werden noch besondere ziemlich breite Roststäbe verwendet, welche nur sehr schmale Längsfugen haben, dafür aber durchlöchert sind und an der Unterseite mehrere längslaufende Rippen und kleinere Querrippen besitzen. Die Verbrennungsluft wird bei diesem System nur in dem gußeisernen Rahmen, in welchem die Feuertür angebracht ist, vorgewärmt und ferner bei ihrem Durchgang durch die Rippen und Löcher in den Roststäben.

XVII. Abschnitt.

Die Überhitzer.

Da auf Schiffen im Gegensatz zum Lokomotivbetrieb das Kondenswasser immer wieder in die Kessel gespeist werden muß, werden die Maschinen meist nur mit »nassem Dampf geschmiert«, um ein möglichst ölfreies Kondenswasser zu erhalten. Dies dürfte der Hauptgrund sein, weshalb die Dampfüberhitzung im Schiffsmaschinenbau bisher so wenig Verwendung gefunden hat, denn bei überhitztem Dampf erweist sich eine verhältnismäßig starke Schmierung der Zylinder und Schieber mit Mineralöl als notwendig.

Mit der Einführung von Dampfturbinen, bei welchen nur die Lager der Schmierung bedürfen, wird sich die Dampfüberhitzung an Bord in größerem Maßstabe einbürgern. Zurzeit finden sich Überhitzer fast nur auf Fluß- oder Binnenseeschiffen und zwar meist bei Raddampfern. Bei diesen spielt nämlich die Anfangskondensation der geringen Tourenzahl wegen eine bedeutende Rolle, ferner handelt es sich meist um Compoundmaschinen, sodaß gerade hier durch die Verwendung von überhitztem Dampf eine beträchtliche Kohlenersparnis erzielt werden kann. Die ausgeführten Überhitzer sind zum größten Teil nach den Patenten des Zivilingenieurs Wilhelm Schmidt in Kassel ausgeführt.

Schmidt unterscheidet Flammrohr-, Rauchröhren- und Schornsteinüberhitzer. Bei Neukonstruktionen werden meist Flammrohrüberhitzer angewendet und zwar wird über jedem einen Rost enthaltenden Flammrohr des Kessels ein anderes kleineres Flammrohr angeordnet, welches die Überhitzerrohre enthält. Fig. 178 zeigt einen solchen Überhitzer für einen Zweifeuerkessel. Ein Teil der Heizrohre geht hier also aus der Feuerkammer, ohne irgendwelche Siederohre zu passieren, in dieses Flammrohr und kann dort auf den in den Überhitzerrohren zirkulierenden Dampf einwirken. Die Konstruktion des Überhitzers selbst ist in Fig. 179 genauer dargestellt. Der Kesseldampf tritt hier zuerst durch einen in der Zeichnung nicht sichtbaren Stutzen in die äußere Ringkammer des am

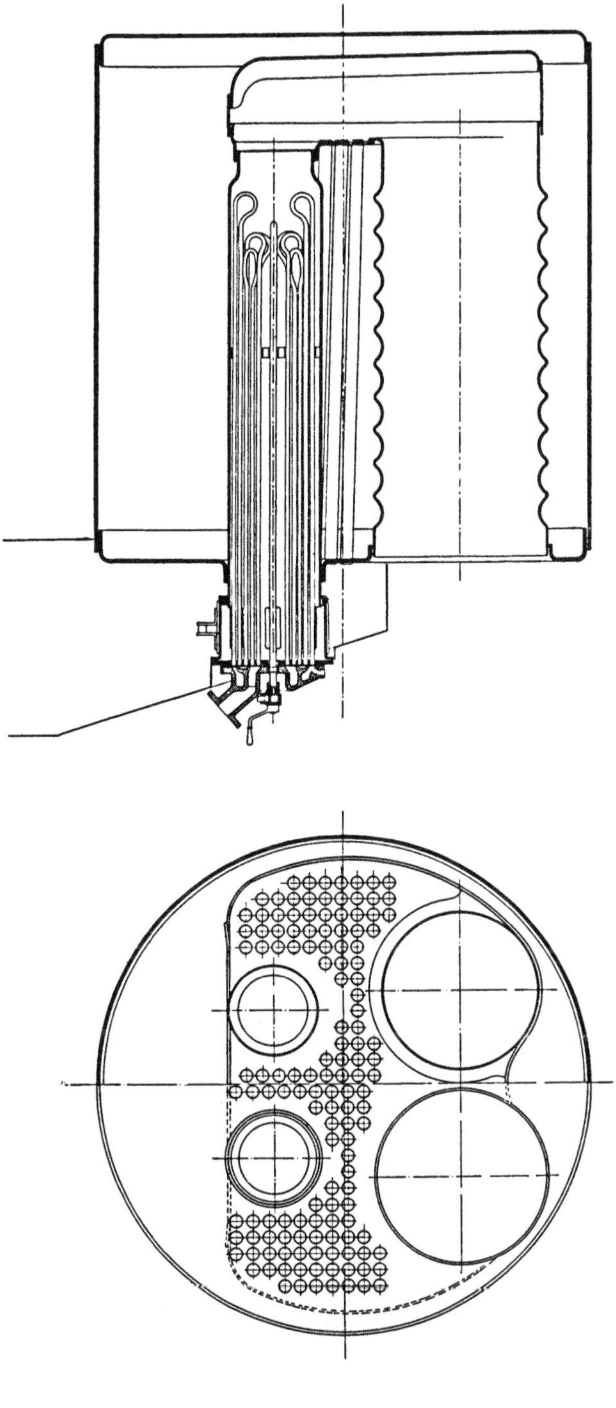

Fig. 178.

Überhitzerflammrohr befestigten Kopfstückes. Von hier geht der Dampf, wie die Pfeile zeigen, durch die am weitesten nach außen gelegenen Rohre einmal im Flammrohre hin und her und durch die zweite Ringkammer in die kürzeren Überhitzerrohre. Nachdem er letztere passiert hat, sammelt

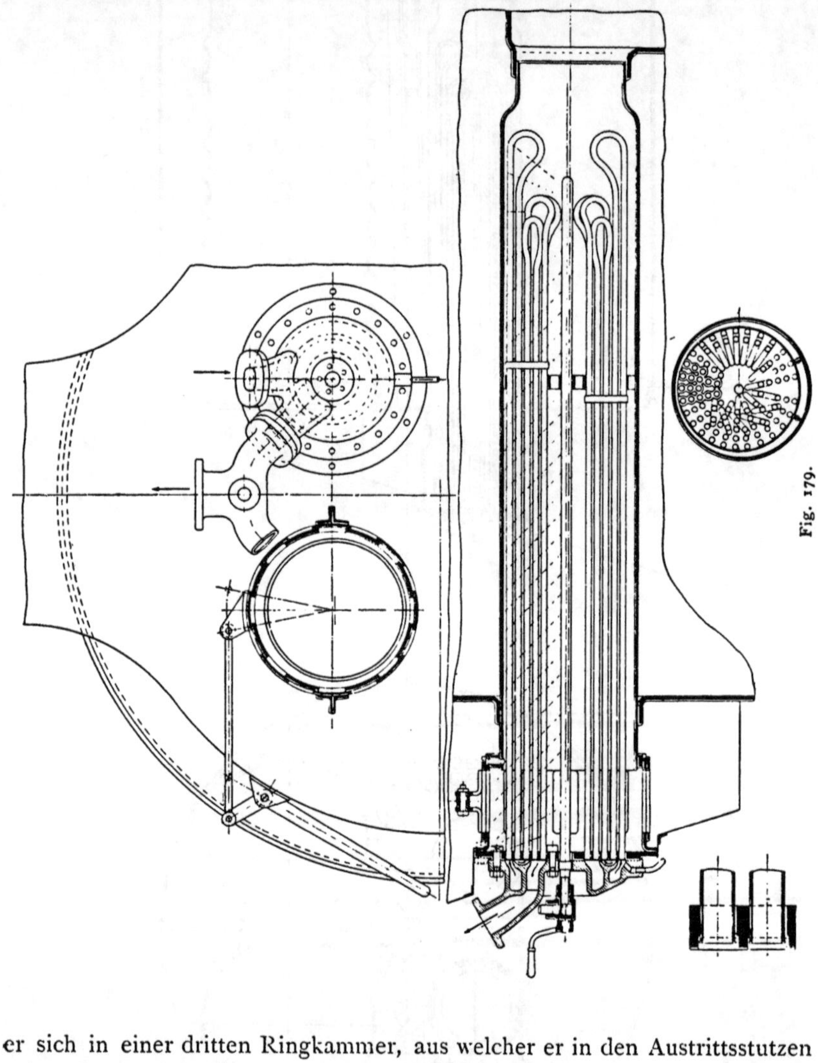

Fig. 179.

er sich in einer dritten Ringkammer, aus welcher er in den Austrittsstutzen gehen kann. Die Überhitzerrohre, durch welche der Dampf zuerst geht, sind länger als die anderen, damit die frischen Heizgase zuerst auf die längeren Enden dieser Rohre, welche kälteren Dampf führen, auftreffen. Bei dieser Anordnung werden so die Rohre, welche mit den heißesten Gasen in Berührung kommen, durch den noch nicht überhitzten Dampf gekühlt. Hierbei ist ferner auch das Gegenstromprinzip eingehalten, da die Gase, welche an den Innenwänden des Flammrohres entlang streichen, also mehr gekühlt werden, hier auf kälteren Dampf treffen, während die Heizgase, welche durch die Mitte des Flammrohres gehen, dort schon überhitzten Dampf vorfinden.

Bei dem dargestellten Kessel legt der Dampf einen Weg zurück, der ungefähr gleich der vierfachen Flammrohrlänge ist; bei sehr großen Kesseln mit dementsprechend auch größeren Überhitzerflammrohren wird noch eine vierte Ringkammer angeordnet, sodaß der Dampf dann einen Weg von der sechsfachen Länge des Flammrohres zurücklegt. Die Rohre werden, wie in der Figur links unten ersichtlich, in die Wand des Überhitzerkopfstückes eingewalzt und konisch aufgeweitet. Zur Entfernung von Ruß dient ein in der Mitte des Überhitzerflammrohres angeordnetes drehbares Blasrohr, aus welchem durch eine Anzahl feiner Öffnungen Dampf in der durch gestrichelte Linien angedeuteten Weise ausströmen kann. Um den Überhitzer regulieren und beim Anheizen, Stoppen usw. abstellen zu können, ist ein Ringschieber am Kopfende des Flammrohres vorgesehen.

Diese Anordnung des Überhitzers ist die wirksamste, da hier die Überhitzerrohre mit frischen Heizgasen in Berührung kommen; diese Konstruktion gestattet daher auch Überhitzungen bis zu 350° C. Die Anordnung der Überhitzerflammrohre verlangt keine Vergrößerung des Kessels, da die Ausnutzung der Heizgase im Überhitzer in gleicher Weise stattfindet wie in den Siederohren; infolge der durch die Verwendung des überhitzten Dampfes sich ergebenden Dampfersparnis kann der Kessel sogar etwas kleiner gehalten werden.

Eine andere Art des Schmidtschen Überhitzers, der sog. Rauchröhrenüberhitzer, ist in Fig. 180 und 181 dargestellt. Bei neuen Kesseln wird hier eine Anzahl Siederohre mit Durchmessern von 100 bis 150 mm ausgeführt. In diesen ist je ein Überhitzerelement, bestehend aus einem mehrfach gewundenen nahtlosen Stahlrohr von z. B. 23 mm äußerem Durchmesser und 3,5 mm Wandstärke, angeordnet. Jedes Überhitzerelement ist dann an einen im Rauchfang liegenden Sammelkasten angeschlossen. Dieser Sammelkasten ist so konstruiert, daß der Kesseldampf durch alle Überhitzerrohre streichen muß, ehe er den Überhitzer verlassen und nach der Maschine gehen kann. Um den durch den Einbau der Überhitzerrohre vergrößerten Widerstand in den weiten Siederohren auszugleichen und die Überhitzung regulieren zu können, erhält der Überhitzer im Schornstein einen eigenen abgeschotteten Teil und ein dazu gehöriges Dampfstrahlgebläse. Der Dampf für letzteres wird zweckmäßig dem Hochdruckschieberkasten entnommen, wobei dann eine selbsttätige Abstellung des Überhitzers erfolgt, da dieses Gebläse dann nur bei geöffnetem Hauptabsperrventil in Funktion tritt. Ohne Benutzung des Gebläses ist der Widerstand im Überhitzer und in dem engen Gebläseschornstein zu groß, um eine Gefährdung der Überhitzerrohre durch die Heizgase hervorzurufen. Das Abstellen irgend einer Klappe, eines Ringschiebers od. dgl. ist hier daher im Gegensatz zum Flammrohrüberhitzer

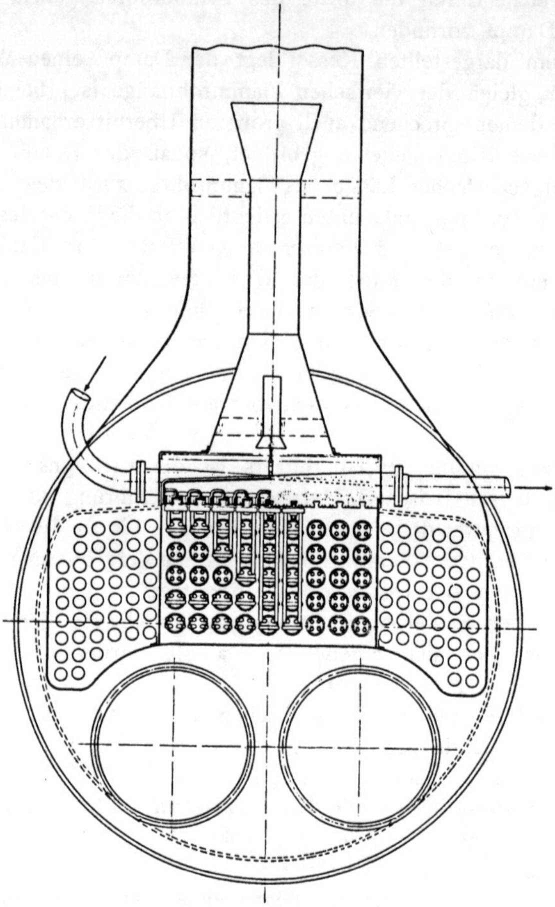

Fig. 180.

nicht notwendig. Der mit dem Gebläse verbundene Dampfverlust wird durch geringere Verrußung der Überhitzerrohre einigermaßen ausgeglichen. Gegenüber dem Flammrohrüberhitzer ist bei dieser Konstruktion neben der automatischen Abstellung des Überhitzers noch der Umstand vorteilhaft, daß jedes defekt gewordene Überhitzerelement schnell entfernt und ausgewechselt werden kann. Bei vorhandenen Kesseln läßt sich ein ähnlicher Überhitzer einbauen, wenn die Siederohre mindestens 70 mm Durchmesser haben; es können dann jedoch (Fig. 182) die Überhitzerrohre in den Siederohren nur einmal hin- und hergehen, während sie sonst in jedem Siederohr zwei- bis dreimal hin- und zurückgehen. Die Ankerrohre müssen bei vorhandenen Kesseln, wie in der Figur durch Schraffur angedeutet, durch Pfropfen verschlossen werden, da ihr Querschnitt für ein Anbringen von Überhitzerrohren zu gering ist. Trotzdem ist die Leistungsfähigkeit des Kessels mit Überhitzer größer als ohne denselben.

Ist der Siederohrdurchmesser für das nachträgliche Einbauen von Überhitzerrohren zu klein, so kann noch eine andere Überhitzerart Verwendung finden, bei welcher ein Rohrbündel im Rauchfang oder Schornstein angebracht ist. Fig. 183 zeigt einen solchen Schmidtschen Schornsteinüberhitzer. Am wirksamsten wird jedoch stets die Anordnung eines Überhitzers im Kessel selbst sein, da hier frische Heizgase zur Überhitzung des Dampfes Verwendung finden und auch keine Wärmeausstrahlung nach außen erfolgen kann. Um nun mit den im Rauchfang oder

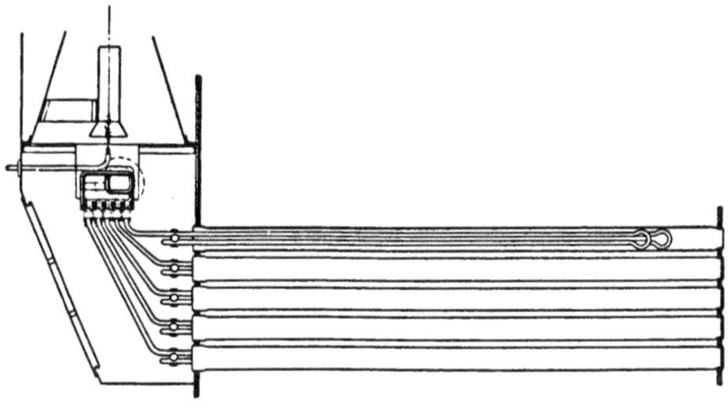

Fig. 181.

Schornstein bereits abgekühlten Heizgasen noch eine genügende Überhitzung des Dampfes zu erzielen, wird, wie die Figur zeigt, ein Teil der Siederohre durch Blechwände mit dem Überhitzerrohrbündel verbunden. Die Heizgase werden dann durch diese Siederohre und den Überhitzer mittels eines Dampfgebläses mit hoher Geschwindigkeit durchgesaugt. Hierdurch tritt ein größeres Quantum der Heizgase, ohne in den Siederohren stark ausgenutzt zu sein, in den Überhitzer und gibt so die Möglichkeit, diesen nicht allzugroß ausführen zu müssen. Immerhin fallen Rauchfang- und Schornsteinüberhitzer dem Volumen nach größer aus als Flammrohr- oder Rauchröhrenüberhitzer. Der Dampf für das Gebläse wird wiederum dem Schieberkasten entnommen, sodaß auch hier ein automatisches Abstellen des Überhitzers stattfindet. Die Überhitzerrohre sind wieder in einen Sammelkasten eingewalzt, welcher so gebaut ist, daß der Dampf durch alle Rohre gehen muß. Zum Reinigen des Überhitzers von Ruß ist ein Blasrohr vorgesehen.

Fig. 184 stellt eine vom Ottensener Eisenwerk vormals Pommée & Ahrens ausgeführte Konstruktion eines Flammrohrüberhitzers dar. Hier

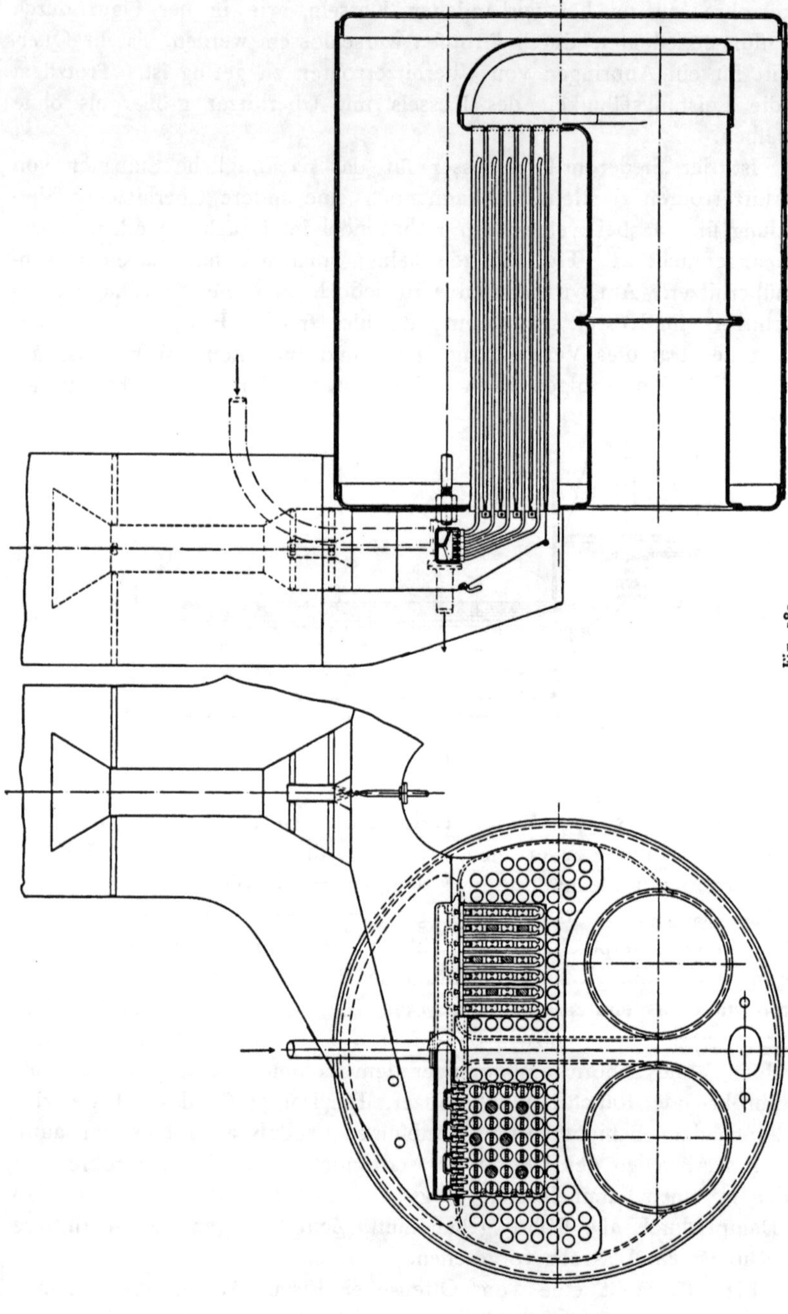

Fig. 182.

ist zwischen den beiden Flammrohren und Feuerkammern ein kleines Flammrohr eingebaut, welchem, wie die punktierten Pfeile zeigen, aus den Feuerkammern durch kurze Stutzen Heizgase zugeführt werden. Der

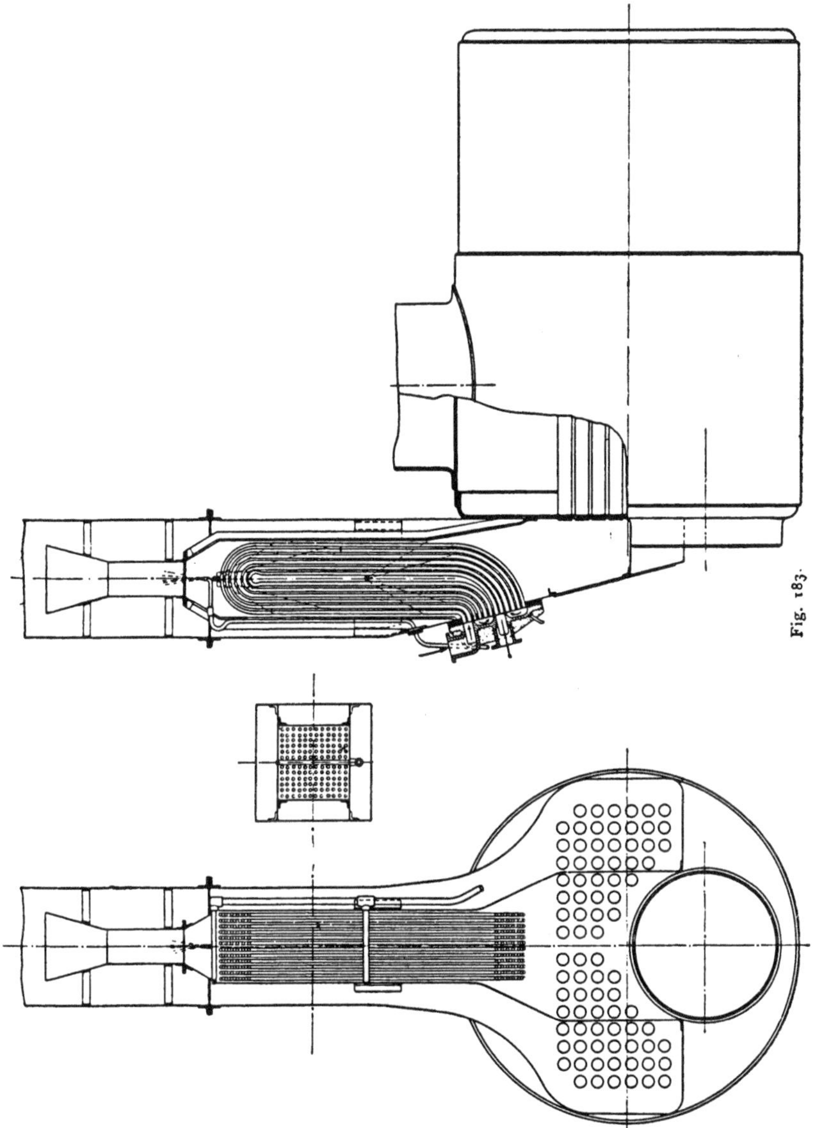

Fig. 183.

Dampf geht hier, den ausgezogenen Pfeilen entsprechend, in den Überhitzerrohren nur einmal durch das Flammrohr hindurch. Zum Rußabblasen und zum Abstellen des Zuges im Überhitzerflammrohr sind entsprechende Vorrichtungen vorhanden.

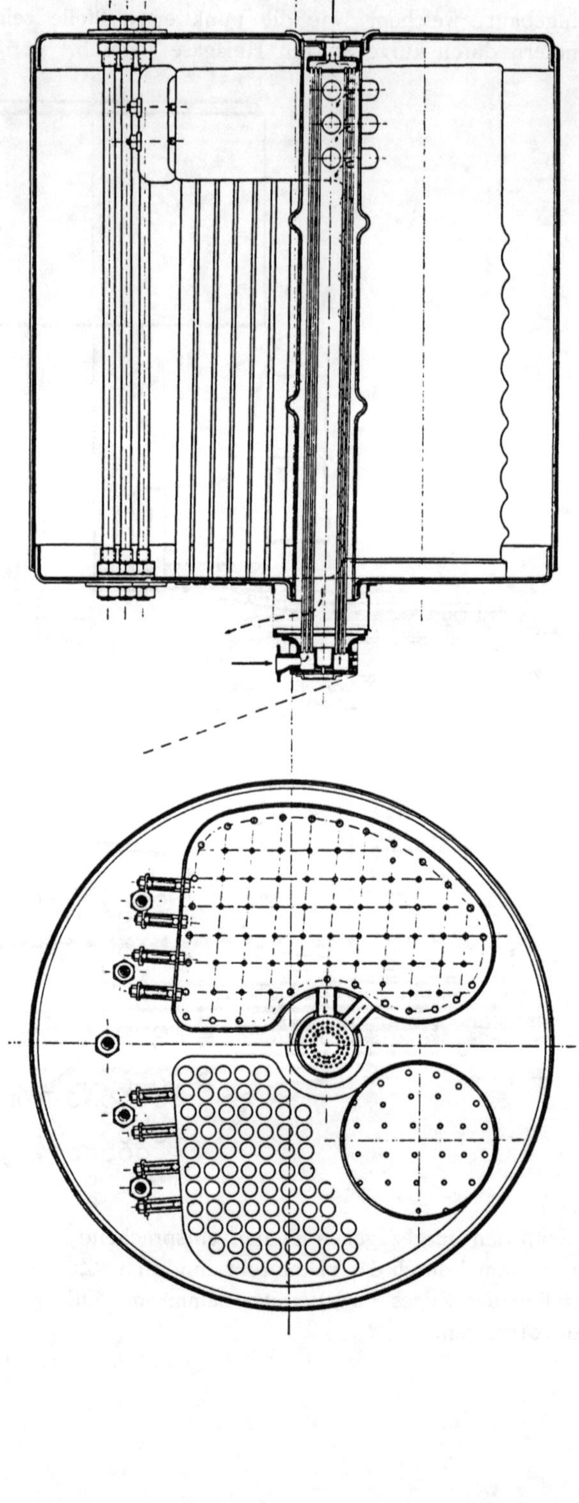

Fig. 184.

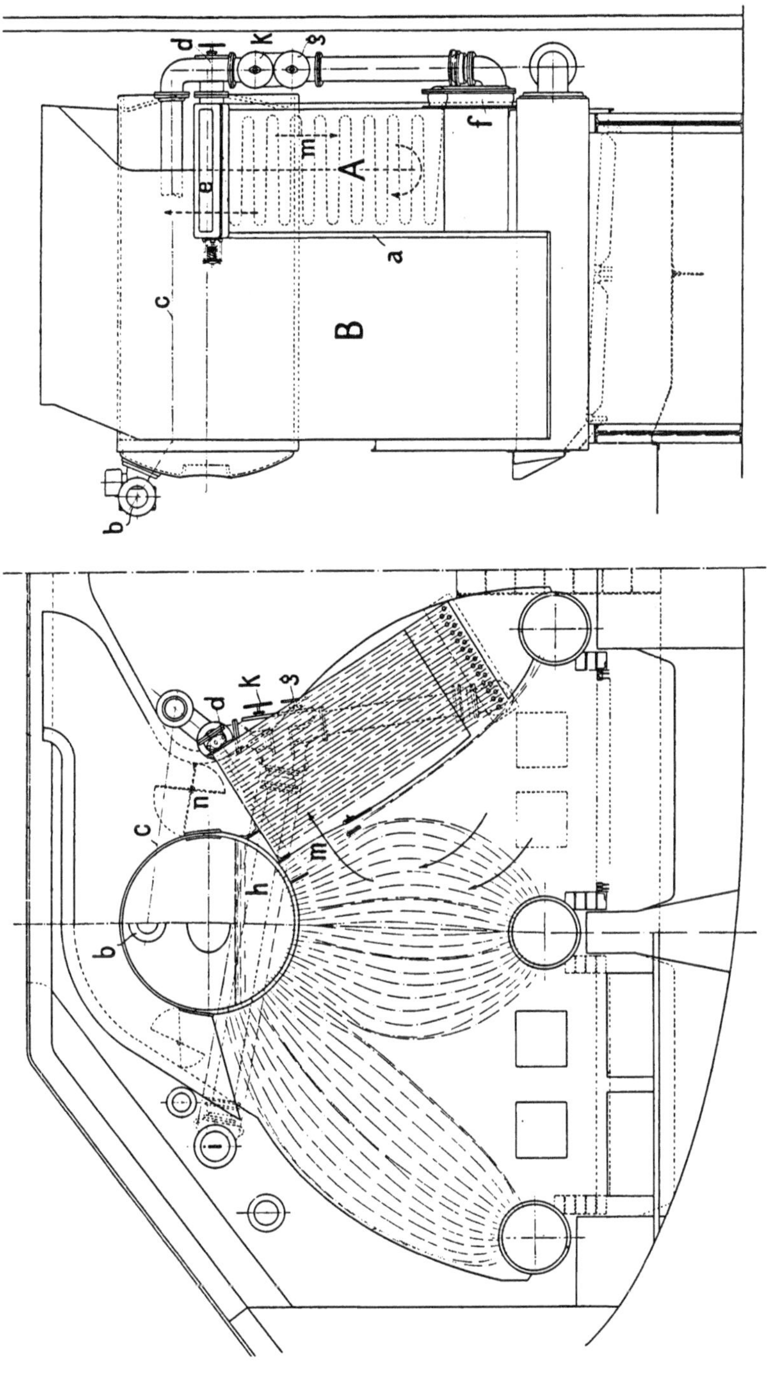

Fig. 185.

Fig. 185 zeigt einen Schulz-Kessel mit eingebautem Überhitzer. Es ist hier von dem nach dem rechten Unterkessel gehenden Rohrbündel etwa der dritte Teil fortgelassen, sodaß eine Überhitzerkammer *A* gebildet wird. Von den eigentlichen Wasserrohren *B* ist diese durch eine auf beiden Seiten mit Astbestpappe bekleidete Wand *a* abgeschlossen. Der Überhitzer selbst besteht aus zwei aus Stahlguß gefertigten Kästen *e* und *f*, welche durch eine Anzahl schlangenförmig gewundener Rohre von etwa 33 mm äußerem Durchmesser und 3 mm Wandstärke verbunden sind. Die Überhitzerfläche beträgt etwa 13% der Heizfläche des Kessels. Die Heizgase, welche an der mit *m* bezeichneten Stelle in den Überhitzer treten, werden durch eine eingebaute Zwischenwand gezwungen, den durch punktierte Pfeile angedeuteten Weg zu nehmen, also den Überhitzer zweimal zu durchziehen. Durch Schließen der Rauchfangklappe *n* läßt sich der Überhitzer ausschalten.

Der Dampf geht vom Hauptabsperrventil *b* durch ein nur durch eine Mittellinie angedeutetes Rohr *c* nach dem Ventil *d* und dem oberen Überhitzerkasten *e*. Von hier geht er durch die Überhitzerrohre nach dem unteren Kasten *f* und durch das Ventil *g* und das Rohr *h* in die Hauptdampfleitung *i*. Soll der Überhitzer nicht benutzt werden, so werden die Ventile *d* und *g* geschlossen und das Ventil *k* geöffnet, sodaß der Dampf, ohne den Überhitzer zu passieren, in die Hauptdampfleitung gehen kann. Wenn der Dampf nur wenig überhitzt werden soll, kann man die Ventile *d*, *g* und *k* nur teilweise öffnen; es geht dann nur ein Teil des Dampfes durch den Überhitzer und mischt sich dann im Rohr *h* mit dem Dampf, welcher direkt durch das Ventil *k* gegangen ist.

Statt jeden Kessel mit einem Überhitzer auszurüsten, ist es auch möglich, nur einige Kessel einer größeren Kesselanlage mit solchen eingebauten Überhitzern zu versehen, wodurch der Betrieb bei Volldampffahrt etwas vereinfacht wird. Bei verringerter Leistung, bei der nur einzelne Kessel benutzt werden, dürften sich bei dieser Anordnung dagegen einige Schwierigkeiten ergeben.

Bei der Konstruktion von Überhitzern ist darauf zu achten, daß der Dampf in den Überhitzerrohren eine verhältnismäßig hohe Geschwindigkeit hat, da die Rohre sonst nicht genügend gekühlt werden und somit leicht verbrennen.

Mentz, Schiffskessel.

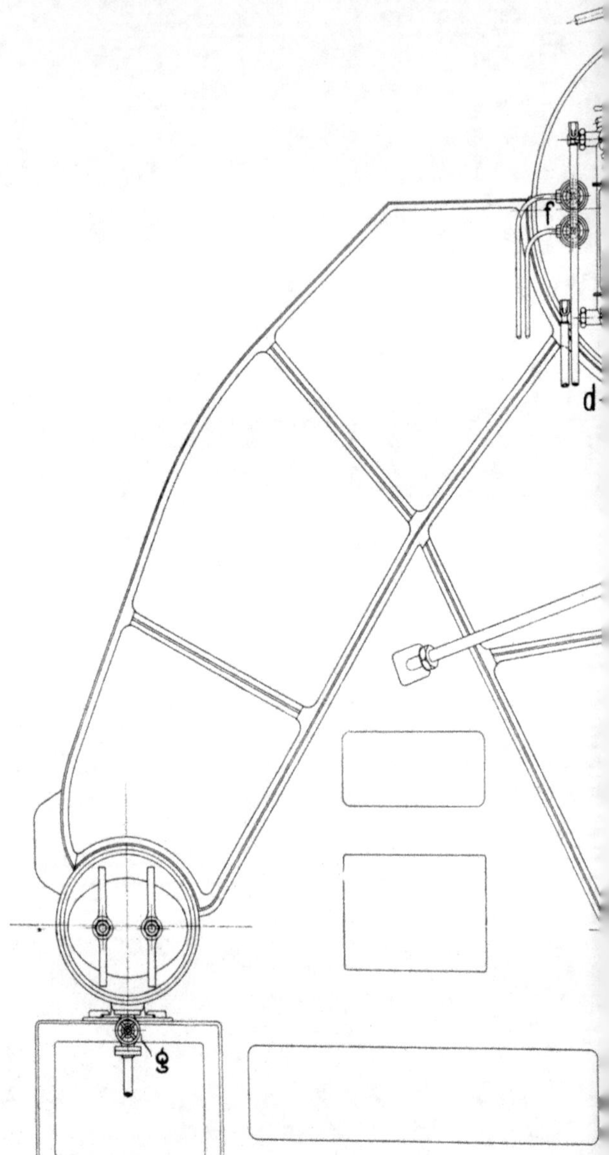

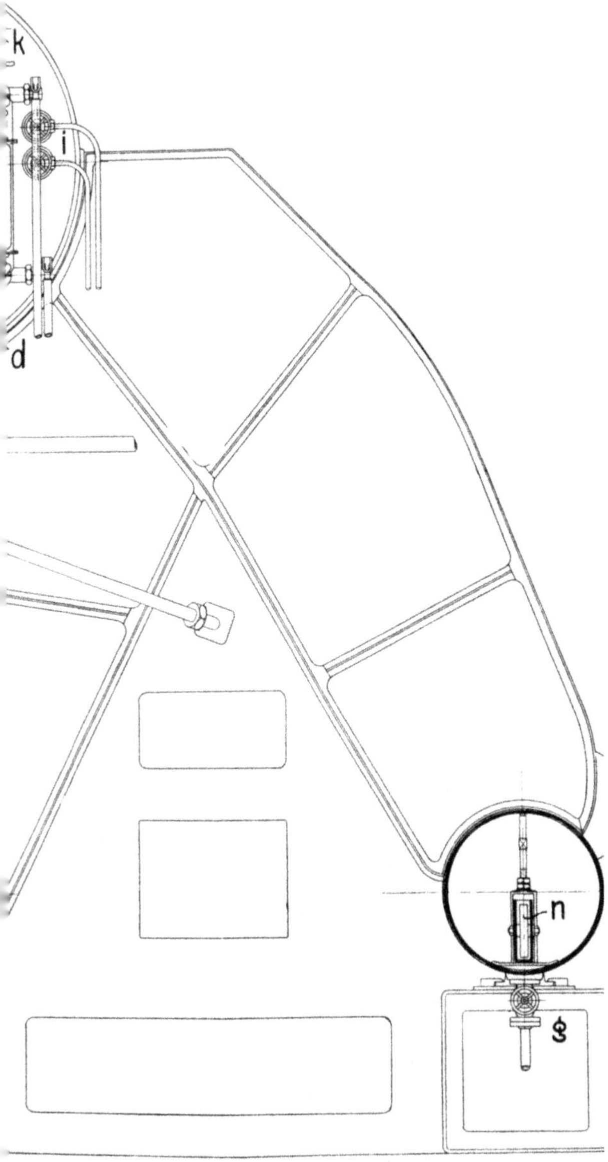
k
i
d
n
s

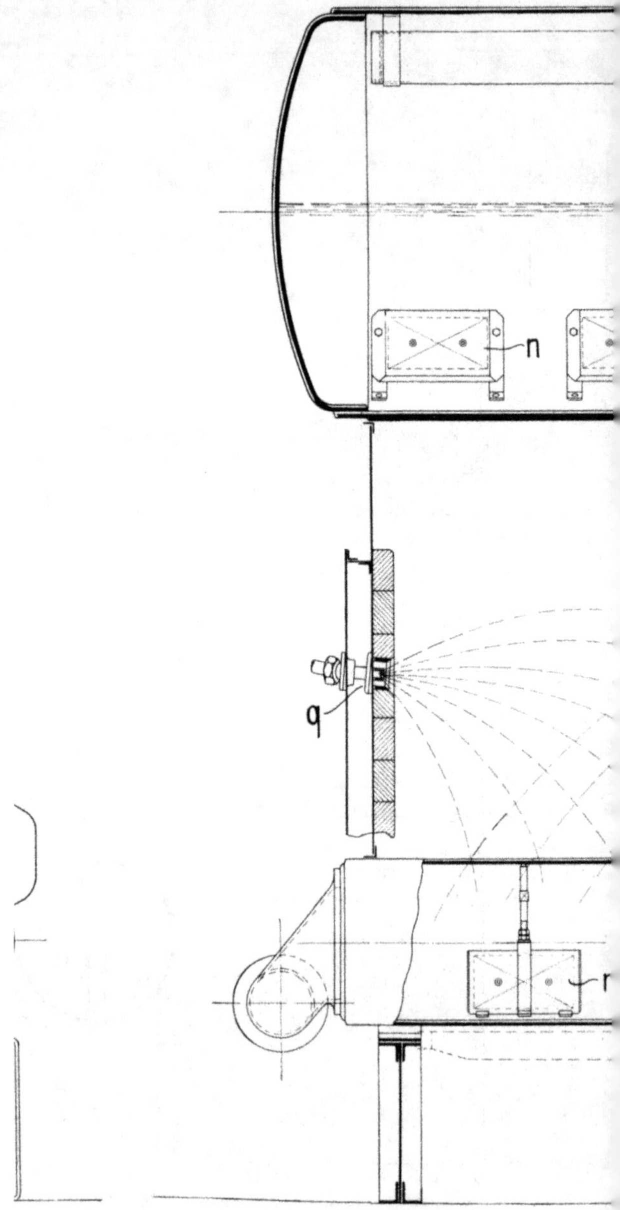
n
q

Tafel IV.

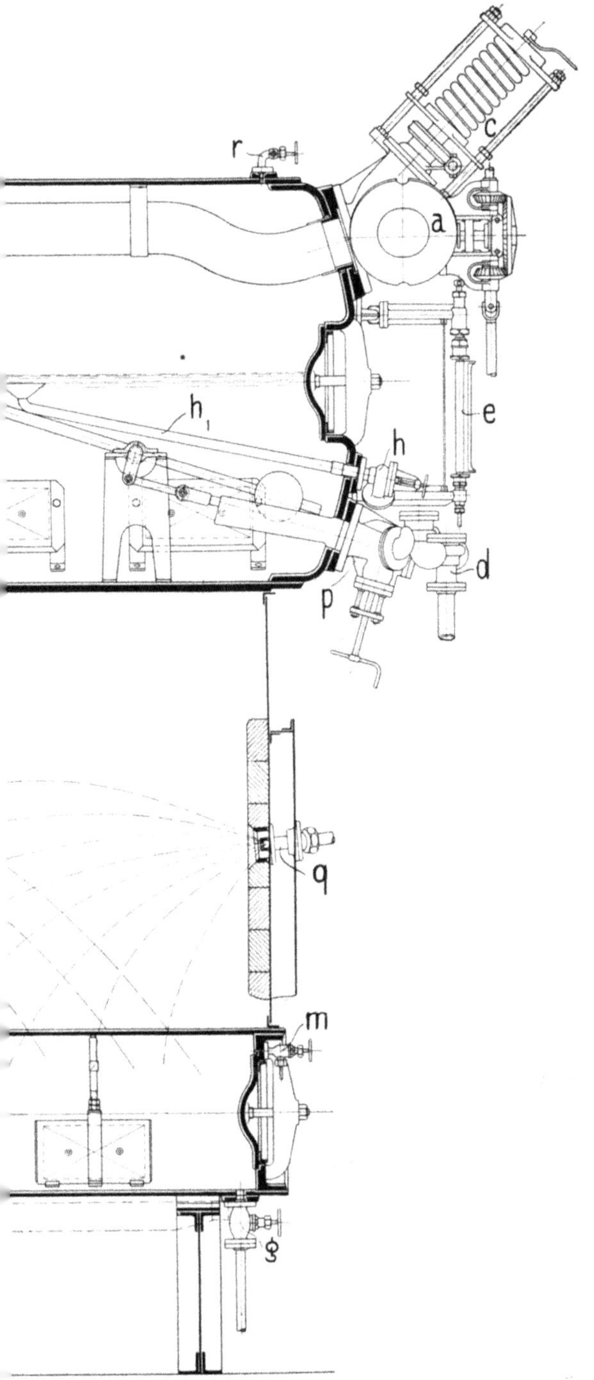

XVIII. Abschnitt.

Die Kesselarmatur.

Unter Kesselarmatur versteht man alle am Kessel angebrachten Teile welche zum Betriebe notwendig sind. Man unterscheidet feine und grobe Armatur.

Zuerst sei ein vollständiges Verzeichnis der feinen Armatur gegeben; die beigefügten Buchstaben beziehen sich auf die Fig. 188 und 189 und Tafel IV.

a = Hauptabsperrventil,
b = Hilfsabsperrventil,
c = Sicherheitsventil,
d = Speiseventile,
e = Wasserstandsapparate,
f = Probierventile oder -hähne,
g = Ausblaseventil oder -hahn,
h = Schaumabblaseventil oder -hahn,
i = Manometerventile,
k = Kontrollmanometerventil,
l = Temperaturausgleicher,
m = Ventil oder Hahn zum Messen des Salzgehaltes des Wassers,
n = Zinkschutzplatten und
o = Wasserablaßchraube.

Je nach dem Verwendungszweck des Kessels ändert sich natürlich diese Liste etwas; so kann z. B. das Hilfsabsperrventil bei einzelnen Kesseln fehlen, öfters kommen dagegen wieder besondere Ventile, z. B. für elektrische Maschinen, Rudermaschine, Dampfpfeife usw. hinzu.

Für Wasserrohrkessel muß obige Liste natürlich sinngemäß verändert werden, z. B. muß hier jeder Unterkessel ein eigenes Ausblaseventil erhalten; es kommen hier ferner meist noch hinzu

p = Speisewasserregler,
q = Feuerlöschvorrichtung,
r = Luftventil und
s = Rohrfegeventil.

Unter grober Armatur versteht man die Feuertür mit Zarge, Schürplatte usw., ferner den Rostbelag mit Rostbalken, die Mann- und Schlammlochdeckel usw.

Im folgenden seien nun zuerst über die feine Armatur einige allgemeine Angaben gemacht. Sämtliche Ventile, Hähne usw. müssen auf Verstärkungsflanschen befestigt werden, welche auf den Kessel aufgenietet sind. Bei kleineren Armaturteilen setzt man meist abwechselnd ein Niet

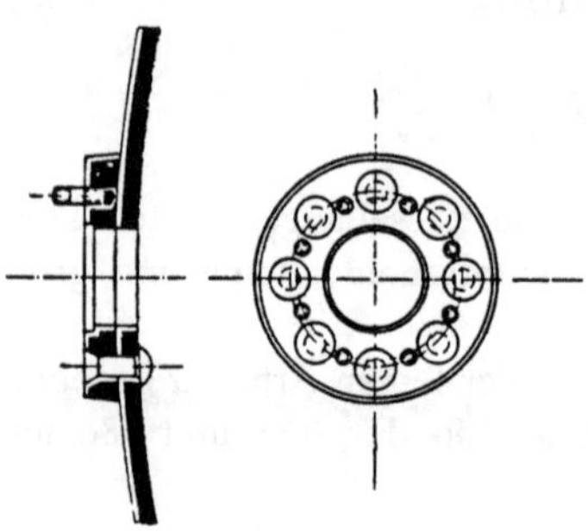

Fig. 186.

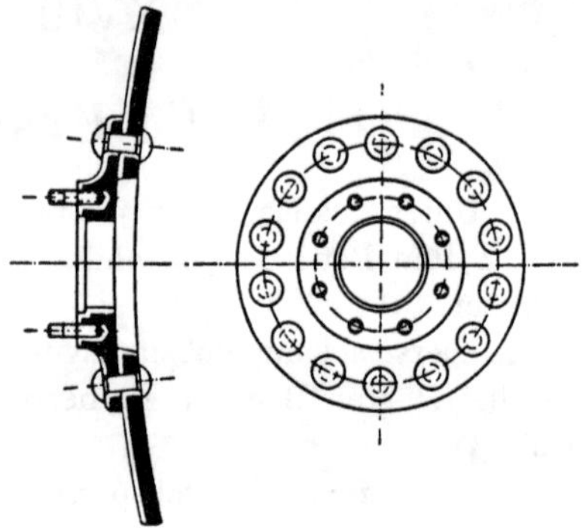

Fig. 187.

für die Befestigung der Verstärkungsflanschen am Kessel und eine Stiftschraube für den Anschlußflansch des Ventils (Fig. 186). Die Stiftschrauben dürfen naturgemäß nicht durch die Kesselwand hindurchgehen. Nach den Vorschriften des Germanischen Lloyd dürfen sie sogar nicht einmal in die Kesselwand hineinragen. Letzteres ist häufig in der Kriegsmarine der Fall; der eingeschraubte Gewindeteil der Stiftschraube muß dann etwas kürzer sein als das zugehörige Gewinde im Verstärkungsflansch und der Kesselwand, damit man nicht durch zu starkes Einschrauben der Stiftschraube den Verstärkungsflansch von der Kesselwand abdrücken kann. Stiftschrauben unter $^5/_8''$ sollten bei Kesseln überhaupt keine Verwendung finden, da sie bei der verhältnismäßig rohen Behandlung im Kesselraum leicht abgedreht oder wenigstens überanstrengt werden können. Bei größeren Ventilen usw. müssen nun die Verstärkungsflanschen eine solche Dicke erhalten, daß es nicht leicht möglich ist, sie mit den Befestigungsnieten stark genug an die Kesselwand heranzuziehen und dichtzustemmen; es sind dann Verstärkungsflanschen nach Fig. 187 zweckmäßig, bei welchen die Niete eher imstande sind, den äußeren, dünner gehaltenen Rand des Verstärkungsflansches an die Kesselwand anzupressen. Neuerdings werden in der Handelsmarine auch vielfach Verstärkungsflanschen aus Stahlguss

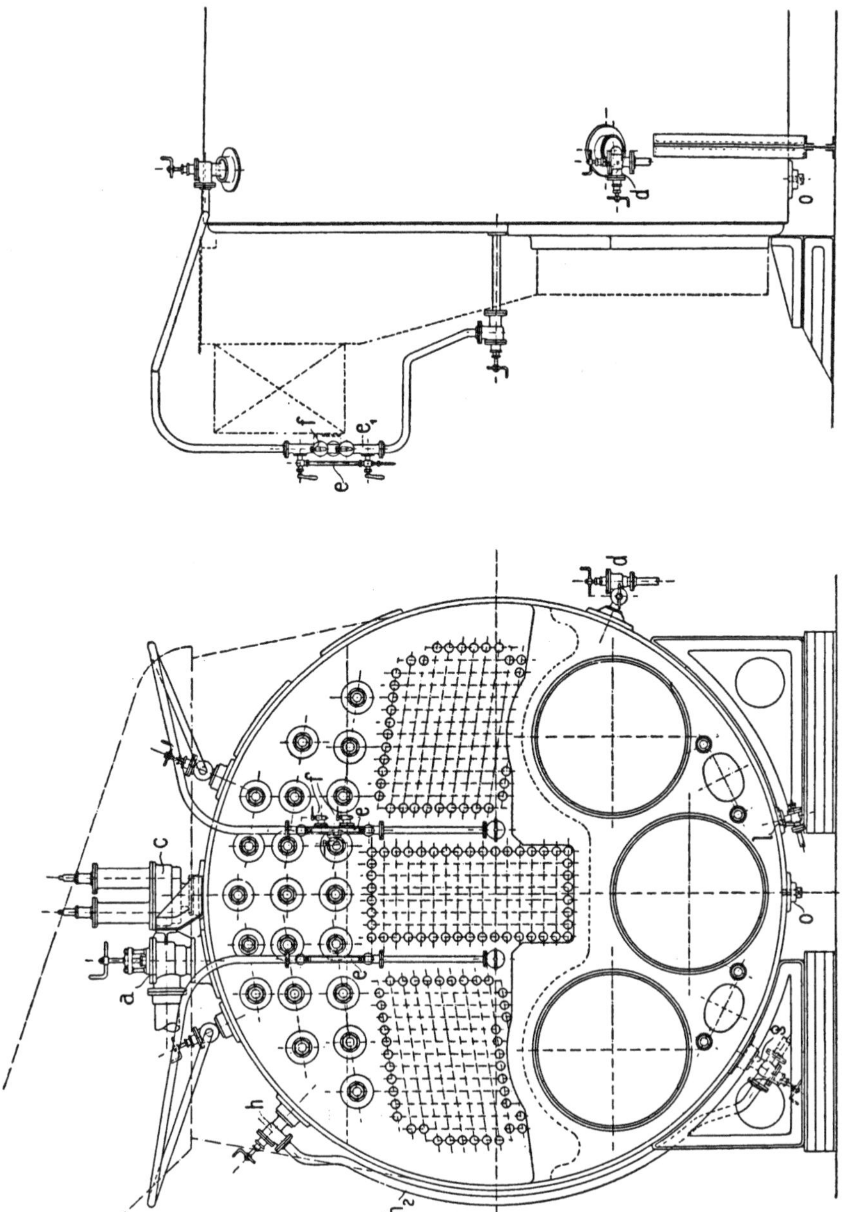

Fig. 188.

verwendet (s. Fig. 190 auf S. 252 und 193 auf S. 257). Zweckmäßig macht man die Verstärkungsflanschen so hoch, daß ihre bearbeitete Fläche über der Bekleidung liegt, sodaß die Armaturteile verpackt werden können, ohne die Bekleidung zu lösen.

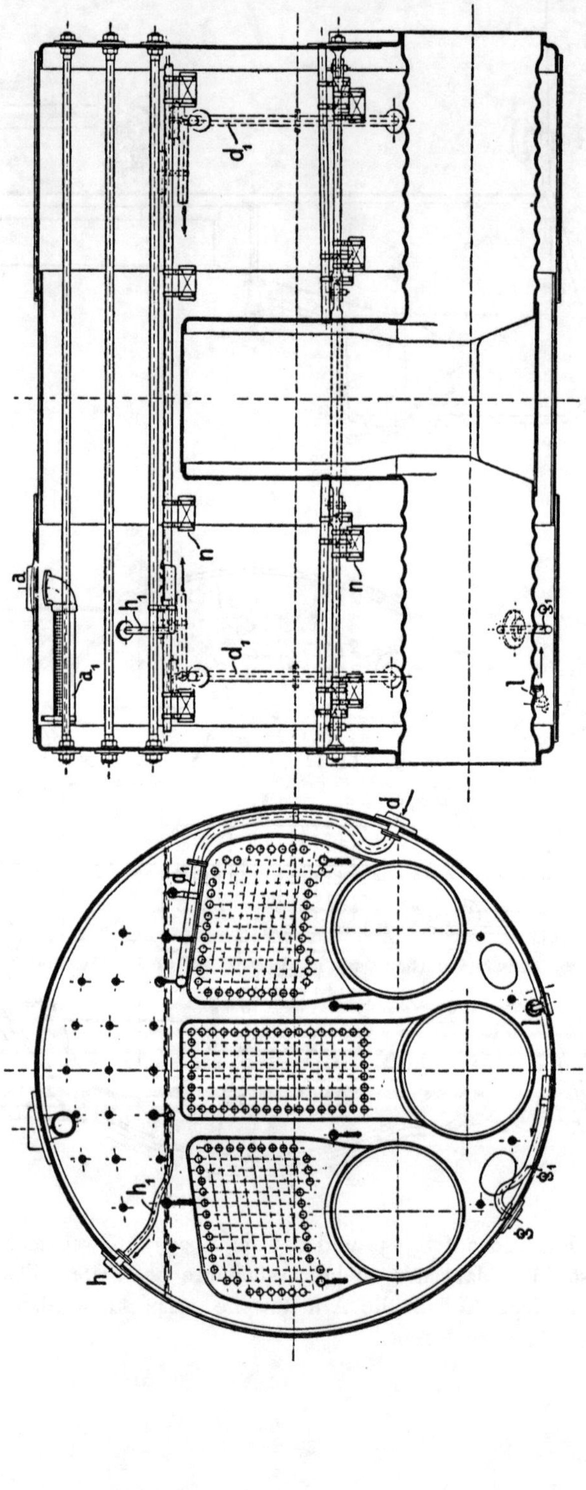

Fig. 189.

Die Marine gestattet als Abschlußorgane nur Ventile. Auf Handelsschiffen findet man als kleinere Abschlußorgane auch Hähne, zweckmäßig jedoch dann wenigstens asbestverpackte Hähne (s. z. B. Fig. 196 auf S. 261), bei welchen eine Abdichtung durch mit Graphit vermischtem Asbest, welcher in Nuten des Hahnkörpers eingestampft ist, erzielt wird. Die Hähne lassen sich dann leichter bewegen und brennen auch nicht so leicht fest.

Bei Absperrventilen, Ausblaseventilen usw. muß der Dampfdruck unter dem Ventilkörper stehen, damit sich die Ventile leicht öffnen lassen; die Ventilspindeln, welche hier fast stets außenliegendes Gewinde erhalten, werden in der Kriegsmarine aus geschmiedeter Bronze gefertigt. Oft erhalten die Ventile und Hähne Ansätze, welche durch die Kesselwand hindurchgehen und gleichzeitig zur Befestigung von etwaigen inneren Rohren dienen (s. z B. Fig. 193 auf S. 257). Teile aus Kupfer, Bronze usw. vermeidet man im Kesselinnern, da sie erfahrungsgemäß starken Korrosionen unterliegen. Auf Kriegsschiffen verwendet man daher für die inneren Rohre aus Flußeisen gezogene Rohre, bei der Handelsmarine meist aus Gußeisen gefertigte. Im folgenden entsprechen die vor die einzelnen Armaturteile gesetzten Buchstaben der Liste auf S. 247 und den Eintragungen in Fig. 188 und 189 und Tafel IV. Fig. 188 zeigt die äußere Armatur eines Zylinderkessels, Fig. 189 die inneren Armaturteile desselben Kessels. Auf Tafel IV sind sämtliche Armaturteile eines Wasserrohrkessels in der bei der deutschen Marine üblichen Ausführung dargestellt. Die weiter unten wiedergegebenen Detailzeichnungen der Kesselarmatur gehören stets entweder zu der Armatur des Zylinder- oder des Wasserrohrkessels.

a) Hauptabsperrventil. Fig. 190 zeigt ein solches Ventil in der bei der Handelsmarine, Fig. 191 ein Absperrventil kombiniert mit einem Sicherheitsventil in der bei der Kriegsmarine üblichen Ausführung. Das Material des Ventilgehäuses ist auf Handelsschiffen Gußeisen oder Stahlguß, in der Kriegsmarine stets Stahlguß; nur kleinere Kessel erhalten noch bronzene Ventilgehäuse. Ventilsitz, Ventilkörper usw. sind natürlich stets aus Bronze angefertigt. Wenn, wie z. B. bei dem in Fig. 190 dargestellten Ventil, in der zugehörigen Dampfleitung eine verschiebbare Stopfbüchse vorhanden ist, muß das Ventil auf dem Kessel durch Winkeleisen oder durch geschmiedete Stützen gegen den Kessel abgesteift werden, damit es den Reaktionsdruck aufnehmen kann, ohne daß sein Befestigungsflansch und die Schrauben desselben unzulässig beansprucht werden. Die Dichtungsfläche des Ventilkörpers selbst wird, wie bei beiden Ventilen gezeichnet, zweckmäßig nicht konisch wie bei Wasserventilen, sondern eben gehalten. Da sich nämlich durch die immerhin etwas ungleiche Verteilung der Rippen, Anschlüsse usw., der Ventilsitz infolge der Wärmeausdehnung aus seiner kreisrunden Form etwas elliptisch verziehen wird, dichtet dann ein Ventil mit ebener Dichtungsfläche immer noch gut ab, während ein solches mit konischer Dichtungsfläche dann Dampf durchlassen wird. Zum Hauptabsperrventil gehört innen ein Dampfentnahmerohr a_1 in Fig. 189 und auf Tafel IV, welches mit Löchern oder Schlitzen versehen ist, um etwa mitgerissenes Wasser zurückzuhalten. Wenn, wie in Fig. 191, das Sicherheitsventil mit dem Dampfentnahmerohr vereinigt ist, muß dafür gesorgt werden, daß auch bei ev. Zusammendrücken des Dampfentnahmerohres der Dampf noch einen Ausweg durch das Sicherheitsventil finden kann. Es werden dann z. B. dicht an der Befestigungsstelle des Dampfentnahmerohres einige Schlitze senkrecht zur Rohrachse in das Rohr geschnitten, welche sich beim Zusammendrücken des Dampfentnahmerohres weiter öffnen müssen. In der Marine geschieht die Bewegung des Hauptabsperrventils durch Kegelräder und Gestänge vom Heizraum und vom Oberdeck oder Panzerdeck aus; die Bewegungsvorrichtung von Deck aus muß jedoch, z. B. durch ein Sperrad, so eingerichtet sein, daß man von hier aus die Kesselabsperrventile nicht öffnen, sondern nur schließen kann. Da sich bei Versuchen mit einem Manövrierventil gezeigt hat, daß man dieses auf $^2/_3$ des Rohrquerschnittes verengen kann, ohne daß in der Leistung der Maschine oder dem Zeiger des hinter dem Ventil angeordneten Manometers irgendeine Veränderung zu bemerken ist, wird in der Marine der Durchmesser des Sitzes des Absperrventils und des Ventilkörpers selbst der Gewichtsersparnis wegen neuerdings nur so groß ausgeführt, daß sein Querschnitt $^2/_3$ vom Durchgangsquerschnitt der zugehörigen Rohrleitung beträgt.

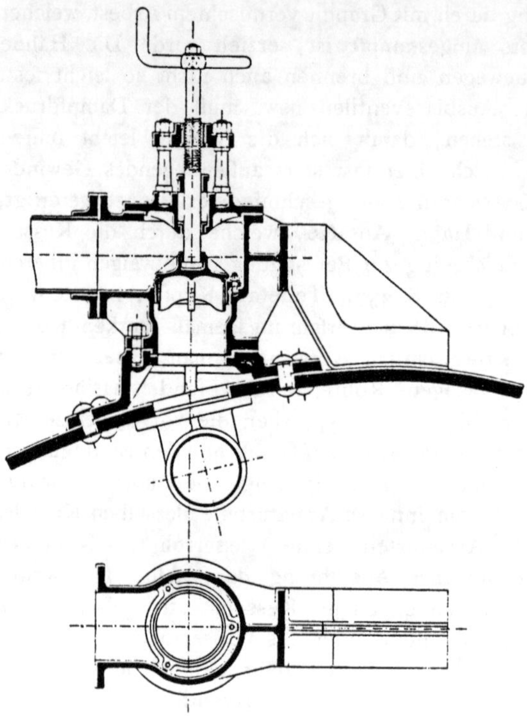

Fig. 190.

Selbsttätige Rohrbruchventile finden an Bord nur selten Verwendung. Versuche auf Schiffen haben gezeigt, daß diese Ventile sehr empfindlich sein müssen, wenn sie auch bei kleineren Rohrbrüchen wirken sollen. Dann treten sie aber auch in unerwünschter Weise bei Änderungen in der Dampfentnahme, z. B. bei Fahrtveränderungen, in Funktion und können so ein Schiff vorübergehend manövrierunfähig machen.

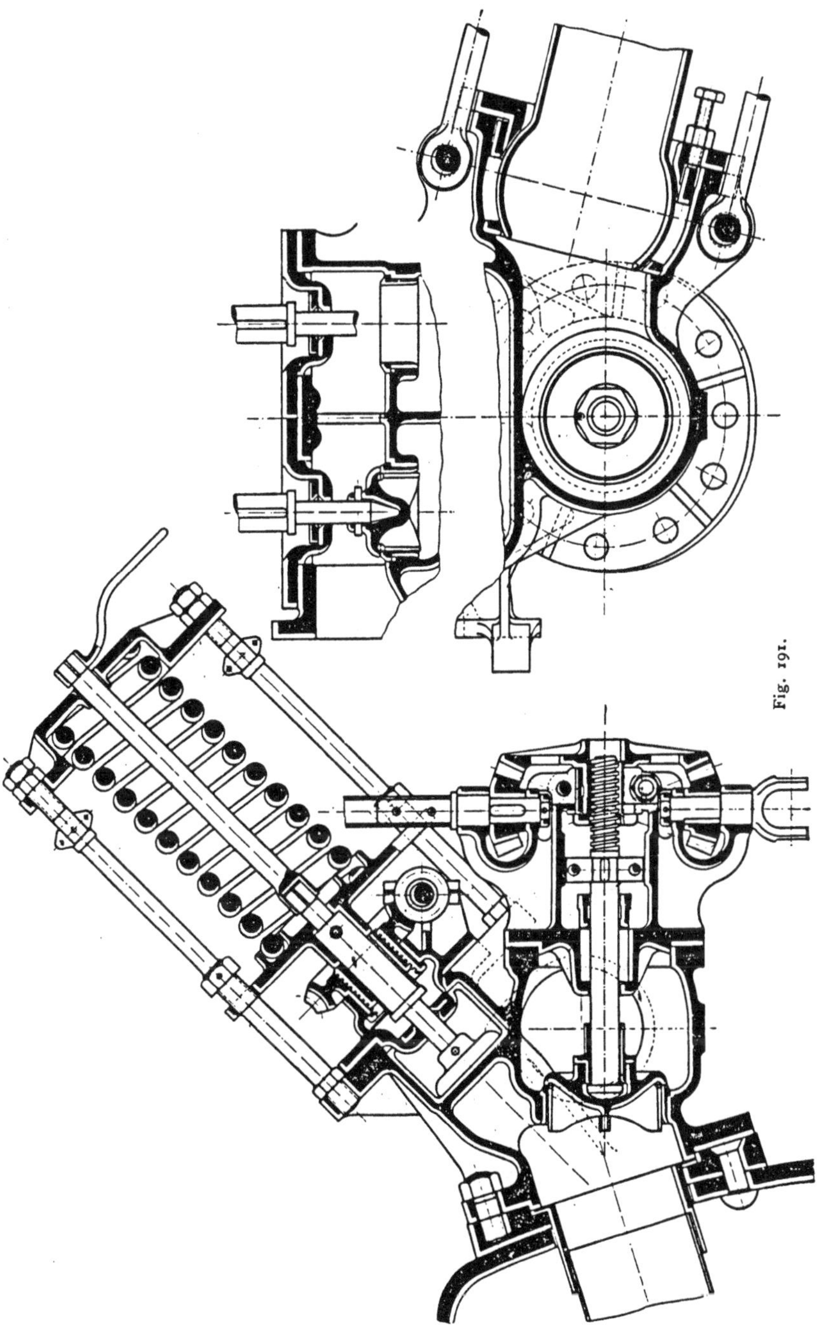

Fig. 191.

b) Hilfsabsperrventil. Das Hilfsabsperrventil erhält ebenfalls ein Dampfentnahmerohr. Ab und zu findet man es an einem Stutzen mit dem Hauptabsperrventil vereinigt; es muß dann jedoch vor letzterem abzweigen. Zweckmäßig wird es als selbsttätiges Rückschlagventil ausgebildet, da sonst leicht dadurch Unglücksfälle entstehen können, daß während einer Besichtigung oder Reparatur im Innern eines an die Hilfsdampfleitung angeschlossenen Kessels das Hilfsabsperrventil dieses Kessels versehentlich nicht geschlossen ist und nun die Hilfsdampfleitung angestellt wird.

c) Sicherheitsventil. Das Sicherheitsventil soll bei Fahrtänderungen, Unterdampfliegen, plötzlichem Stoppen usw. ein Abblasen des erzeugten Dampfes ohne unzulässige Drucksteigerung im Kessel gestatten. Einige Vorschriften gestatten hierbei noch Drucksteigerungen von $^1/_{10}$ der Kesselspannung. Die Größe der Sicherheitsventile hängt ab vom Dampfdruck, von der Art und Größe des Kessels, der Art des Heizens, der Verwendung von künstlichem Zug usw. Gesetzliche Vorschriften über die Größe der Sicherheitsventile bestehen in Deutschland nicht. Nach amerikanischem Gesetz muß der freie Querschnitt der Sicherheitsventile $\geqq \frac{1}{432}$ der Rostfläche sein, also pro qm Rost mindestens 23,2 qcm betragen. Die deutsche Marine verlangt bei ihren Wasserrohrkesseln bei dem üblichen Dampfdruck von 15 at mindestens 14 qcm Sicherheitsventilquerschnitt pro qm Rost. Der Englische Lloyd, Board of Trade und Bureau Veritas geben gleichfalls Vorschriften über die Größe der Sicherheitsventile. Nach Hartmann*) ist erfahrungsgemäß bei richtig gewählter und arbeitender Federbelastung der Sicherheitsventilquerschnitt pro qm Heizfläche ein ausreichender, wenn er nach der folgenden Tabelle ausgeführt wird.

Kesselüberdruck at	5	6	7	8	9	10	11	12	13	14	15	16
Sicherheitsventilquerschnitt in qmm pro qm Heizfläche	131	112	98	86	79	72	66	60	56	54	52	51

Bei künstlichem Zug oder wenn die Heizfläche weniger als das 35fache der Rostfläche beträgt, ist der in dieser Tabelle angegebene Querschnitt entsprechend zu vergrößern.

Nach gesetzlicher Vorschrift muß jeder Schiffskessel mindestens zwei Sicherheitsventile, d. h. Ventilkörper haben, da eins sich z. B. festsetzen könnte. Damit beim Abblasen nicht zu viel Wasser mitgerissen

*) Hartmann, Die gesetzlichen Bestimmungen betreffend die Genehmigung und Untersuchung der Schiffsdampfkessel, 1905.

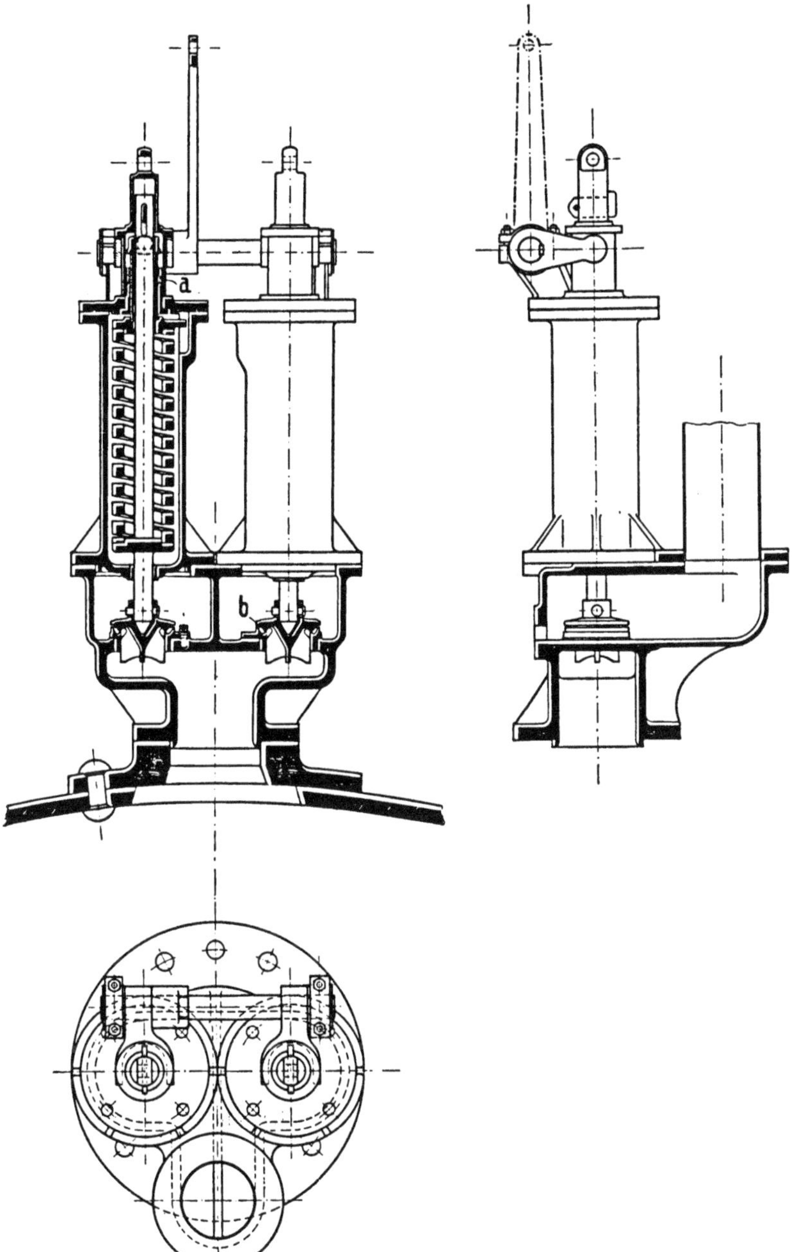

Fig. 192.

wird, wird entweder das Sicherheitsventil an das schon erwähnte Dampfentnahmerohr angeschlossen, oder es erhält ein besonderes Sieb im Innern des Kessels.

Fig. 192 zeigt ein Sicherheitsventil in der bei Handelsschiffen üblichen Ausführung, Fig. 191 ein Sicherheitsventil für einen Kriegsschiffskessel. Bei ersterem ist die Feder, um sie vor dem Rosten und unbefugten Veränderungen, wie z. B. durch Zwischenstecken von Holzkeilen usw. zu schützen, mit einer gußeisernen Hülse umgeben. Die links oben gezeichnete Hülse *a* wird nach Stichmaß angefertigt und gestattet kein tieferes Niederschrauben der oberen Mutter, von welcher ja die Spannung der Feder abhängt. Durch einen Faden mit Bleiplombe wird eine unbefugte Veränderung der Federspannung unmöglich gemacht. Bei der Kriegsschiffskonstruktion muß die Feder der Gewichtsersparnis wegen frei im Heizraum liegen. Hier werden die kleinen Schellen, die oben an den beiden Zugstangen sitzen, welche die Federspannung aufnehmen, nach Stichmaß angefertigt und mit einer Bleiplombe versehen. Bei beiden Konstruktionen ist, wie aus den Figuren ersichtlich, eine Vorrichtung vorhanden, um das Ventil auf seinem Sitz drehen zu können, ferner eine Lüftvorrichtung durch Hebel und Drahtseil oder durch Schnecke und Schneckenrad, mit welcher das Ventil öfters angehoben werden muß, um nachzusehen, ob es auch richtig arbeitet. Bei der Kriegsschiffskonstruktion dient diese Lüftvorrichtung gleichzeitig als Festsetzvorrichtung, welche bei Druckproben oder bei gebrochener Feder in Funktion tritt.

Große Ventildurchmesser sind bei Sicherheitsventilen nicht zweckmäßig, da dann die Federn zu stark ausfallen und erfahrungsgemäß auch mehr Wasser mitgerissen wird. Man führt daher Sicherheitsventildurchmesser über 90 oder 100 mm nicht aus, sondern verteilt dann die notwendige Ventilfläche auf zwei, drei oder mehr kleinere Ventile. Zweckmäßig versieht man die Ventilkörper mit einem vorspringenden Rand *b* in Fig. 192, welcher das Ventil zu einem »Hochhubsicherheitsventil« macht. Besitzt das Ventil einen solchen vorspringenden Rand nicht, so kann die Feder das etwas geöffnete Ventil sofort wieder auf den Sitz zurückdrücken, da die Spannung des auf den Ventilteller wirkenden, gerade austretenden Dampfes bei etwas geöffnetem Ventil natürlich schon nachgelassen hat. Ein gewöhnliches Ventil wird sich daher zu schnell wieder schließen; es tritt dann ein häufiges, kurz andauerndes Öffnen und Schließen und dementsprechend schlechtes Dampfabblasen ein. Wenn der vorspringende Rand *b* dagegen vorhanden ist, drückt bei geöffnetem Ventil der austretende, schon etwas entspannte Dampf auf eine größere Ventilfläche, hält so das Ventil länger offen und gestattet einen höheren Hub des Ventiles; hierzu trägt die Strömung des austretenden Dampfes auch noch etwas bei. Der Angriffspunkt der Ventilstange muß unterhalb der Sitzebene des Ventiles liegen, damit das gehobene Ventil nicht so leicht kippen kann. Auch bei bronzenen Ventilgehäusen werden besondere Ventilsitze verwendet; die amerikanische Marine schreibt Ventilsitze aus Nickel vor, um Korrosionen zu vermeiden. Die Ventilfeder kann runden

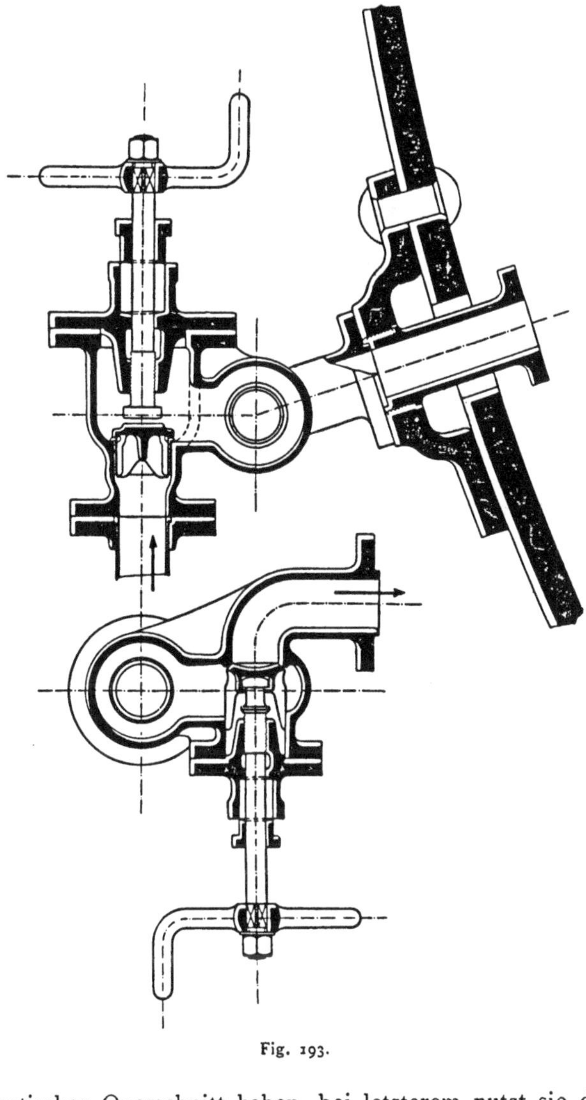

Fig. 193.

oder quadratischen Querschnitt haben, bei letzterem nutzt sie den verfügbaren Raum etwas besser aus. Die Federbeanspruchung soll bei ganz geöffnetem Ventil nach den Vorschriften der Marine 2400 kg pro qcm nicht überschreiten.

d) Speiseventile. Jeder Kessel muß nach gesetzlicher Vorschrift zwei voneinander unabhängige Speisevorrichtungen haben. Jedes Speiseventil enthält im Innern gleichfalls nach gesetzlicher Vorschrift zwei Ventilkörper, nämlich ein dem Kessel zunächst liegendes gewöhnliches Niederschraubventil und ein feststellbares Rückschlagventil, welches verhindert, daß bei einem Bruch der Speiseleitung oder beim Abstellen der Speisevorrichtung Wasser aus dem Kessel austreten kann. Fig. 193 zeigt ein normales Speiseventil für einen Zylinderkessel. Da hierbei der Wasseraustritt aus dem Ventilsitz einseitig erfolgt, nutzen sich die Führungen häufig stark ab, was leicht ein Klemmen des Ventilkörpers zur Folge haben kann. Fig. 194 zeigt nun ein verbessertes Speiseventil, Patent Wiß, bei dem jeder einseitige Wasseraustritt und somit starke Abnutzung vermieden ist. Der obere Rand des Ventiles erhält hier seitlich eine Anzahl halbkreisförmiger Ausschnitte, durch welche beim Heben und Senken des Ventiles Wasser ein- oder ausströmen muß und so ein Schlagen des Ventiles verhindert. Im allgemeinen müssen Speiseventile in allen ihren Teilen sehr kräftig gehalten werden, da sie leicht schlagen und sich, besonders bei einseitigem Wasseraustritt, stark abnutzen.

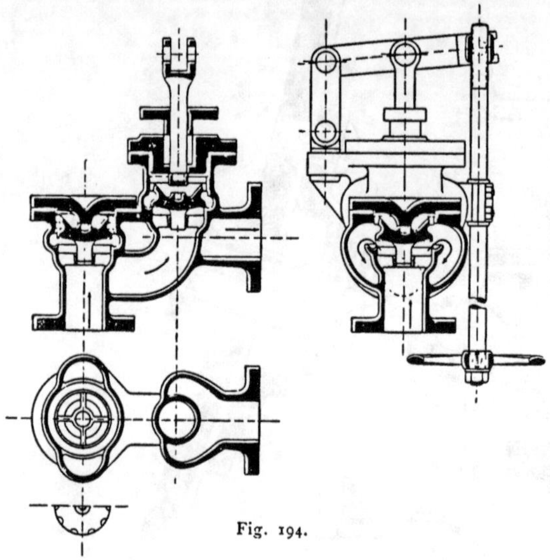

Fig. 194.

Bei Zylinderkesseln werden an den Stutzen der Speiseventile im Kesselinnern aus Flußeisen gezogene oder gußeiserne Rohre befestigt, d_1 in Fig. 189, welche etwa in der Höhe des niedrigsten Wasserstandes münden. Oft werden sie am Ende verschlossen und nur seitlich und oben mit Löchern versehen. Das kältere Speisewasser soll so Gelegenheit haben, seine Luft in den Dampfraum abzugeben; ferner soll es hierdurch auch besser verteilt und vorgewärmt werden und dann erst langsam zu Boden sinken, wohin es seiner größeren Dichtigkeit entsprechend wandern muß.

e) Wasserstandsanzeiger. Jeder Schiffskessel muß mit zwei Wasserstandsanzeigern versehen sein; bei Einendern werden diese rechts und links an den Seiten der Stirnwand angebracht; Doppelender erhalten zweckmäßig drei Wasserstandsanzeiger, von denen dann der dritte in der Mitte der anderen Stirnwand angeordnet wird. Bei sehr großem Kesseldurchmesser ist es zweckmäßig, die Wasserstandsanzeiger nicht an den Außenseiten der Stirnwand, sondern mehr nach der Mitte zu anzuordnen, da sonst beim Schlingern des Schiffes der Wasserstand nicht genügend sicher zu erkennen ist. Bei Zylinderkesseln werden die Wasserstandsanzeiger meist nicht direkt am Kessel, sondern an gegossenen Stutzen, e_1 in Fig. 188, angebracht, welche durch Rohre mit dem Wasser- und Dampfraum der Kessel verbunden sind. Nach den Hamburger Bestimmungen müssen diese Rohre einen Durchmesser von mindestens 45 mm haben; nach den Vorschriften des Germanischen Lloyd sind bei Kesseln mit weniger als 30 qm Heizfläche noch Rohre von 35 mm Durchmesser zulässig. Das nach dem Wasserraum gehende Verbindungsrohr muß so geführt werden, daß die Bildung eines Wassersackes ausgeschlossen ist, da sonst ein falsches Anzeigen des Wasserstandes möglich ist. An dem Wasserstandsapparat wird in der betreffenden Höhe ein Schild mit der Aufschrift »Niedrigster Wasserstand« angebracht. Die freie Länge der Glasrohre schwankt je nach der Größe des Kessels und der Entfernung der Wasserstandsgläser von der Mitte des Kessels zwischen 250 und 500 mm. Der äußere Rohrdurchmesser beträgt meist 22 mm; bei kleineren Kesseln wird er jedoch bis auf 16 mm verringert. Die freie Glaslänge unter dem Zeiger, welcher den niedrigsten Wasserstand angibt, soll nach den Vorschriften des Germanischen Lloyd nicht größer als 100 mm sein; nach den Vorschriften der Marine soll sie bei um 8° geneigtem Schiff mindestens 50 mm betragen. Jeder Wasserstandsapparat erhält unten ein kleines Ventil oder einen Hahn mit anschließender Rohrleitung, um das Wasser aus dem Glase ablassen zu können.

Fig. 195 stellt ein Wasserstandsglas der Firma Weber & Westphal in Hamburg dar. Als Abschlußorgane finden hier Ventile Verwendung. Die Ventilspindeln sind hohl und gestatten daher nach Lösung der vor den Handgriffen liegenden Muttern und Verschiebung des Blechstückes *a* ein Durchstoßen der Stutzen, welches bei Verstopfung durch Schmutz oder Kesselstein notwendig wird. Diese Möglichkeit, die Stutzen usw. durchzustoßen, muß bei allen Wasserstandsgläsern, Probierhähnen usw. vorhanden sein. Die zur Abdichtung des Glasrohres dienenden Gummiringe sind hier in besonderen Einsatzstücken im Innern der Überwurfmutter gelagert, sodaß man nach dem Bruch eines Glasrohres die Gummiringe und Glasstümpfe schnell entfernen kann. Unten enthält das Ventil eine kleine Klappe *b*, welche bei einem Bruch des Glases durch das ausströmende Wasser geschlossen wird. Eine obere Selbstschlußvorrichtung wird seltener ausgeführt, da der ausströmende Dampf erfahrungsgemäß das Schließen der Ventile nicht so erschwert wie das ausspritzende Wasser. In Fig. 196 ist ein Wasserstandsglas derselben Firma mit asbestverpackten Hähnen dargestellt, welches auch eine Art oberen Selbstschlusses besitzt. Hier ist oben eine kleine Kugel vorgesehen, welche zuläßt, daß der Dampf im Glase zirkuliert, aber dem Dampf beim Bruch des Glases nur einen kleinen Durchgangsquerschnitt gestattet. Die untere Kugel wird beim Bruch des Glases durch das ausströmende Wasser nach oben gerissen und dichtet so den Glasstumpf ab. Zum Schutz des Personals beim

Springen des Glases wird bei allen Wasserstandsgläsern vor dem Glasrohr eine Hülse oder Platte aus Drahtglas oder dickem Glas angebracht; hierdurch werden auch Beschädigungen des Glasrohres selbst nach Möglichkeit vermieden.

Fig. 197 stellt ein sog. Klingersches Reflektionswasserstandsglas dar. Hierbei wird ein flaches Glas verwendet, welches an seiner Rückseite, wie

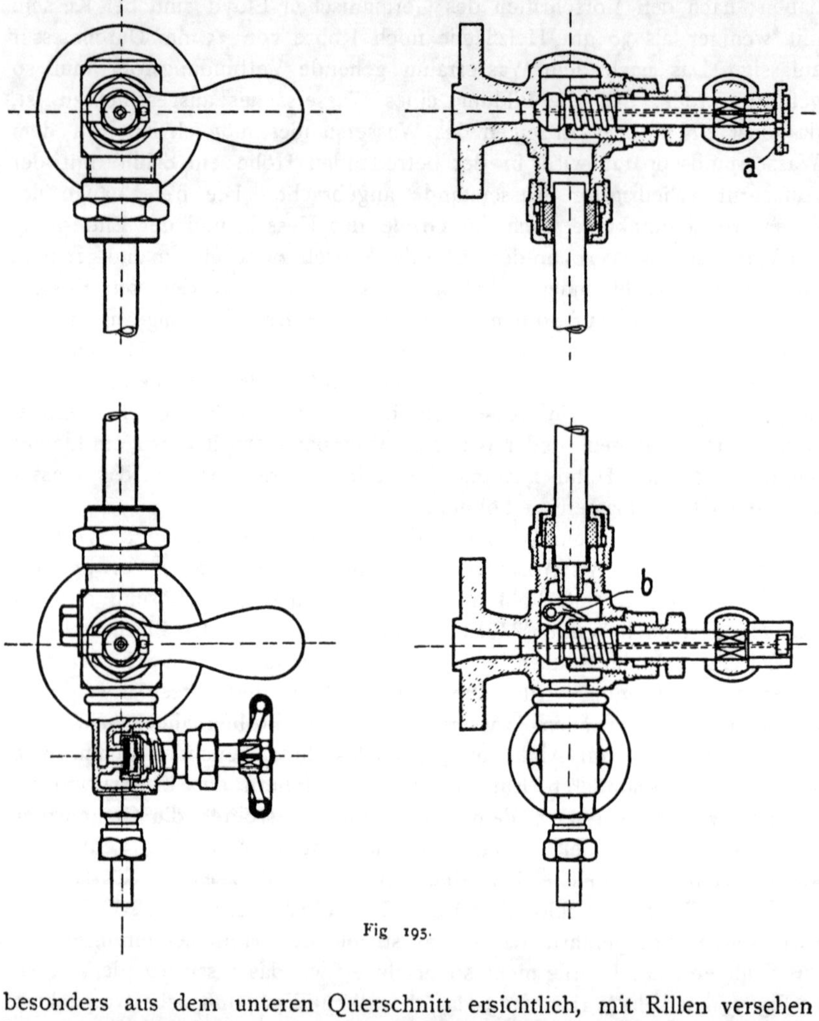

Fig 195.

besonders aus dem unteren Querschnitt ersichtlich, mit Rillen versehen ist, wodurch das hinter dem Glase stehende Wasser schwarz erscheint, also ein leichtes Erkennen des Wasserstandes gestattet. Nachteilig ist jedoch bei diesen Gläsern, daß sie leicht matt werden und sich nicht von hinten durchleuchten lassen. Diese Wasserstandsgläser finden sich besonders in der englischen Marine, in der sie sogar vorgeschrieben sind, ferner in der amerikanischen und russischen Marine.

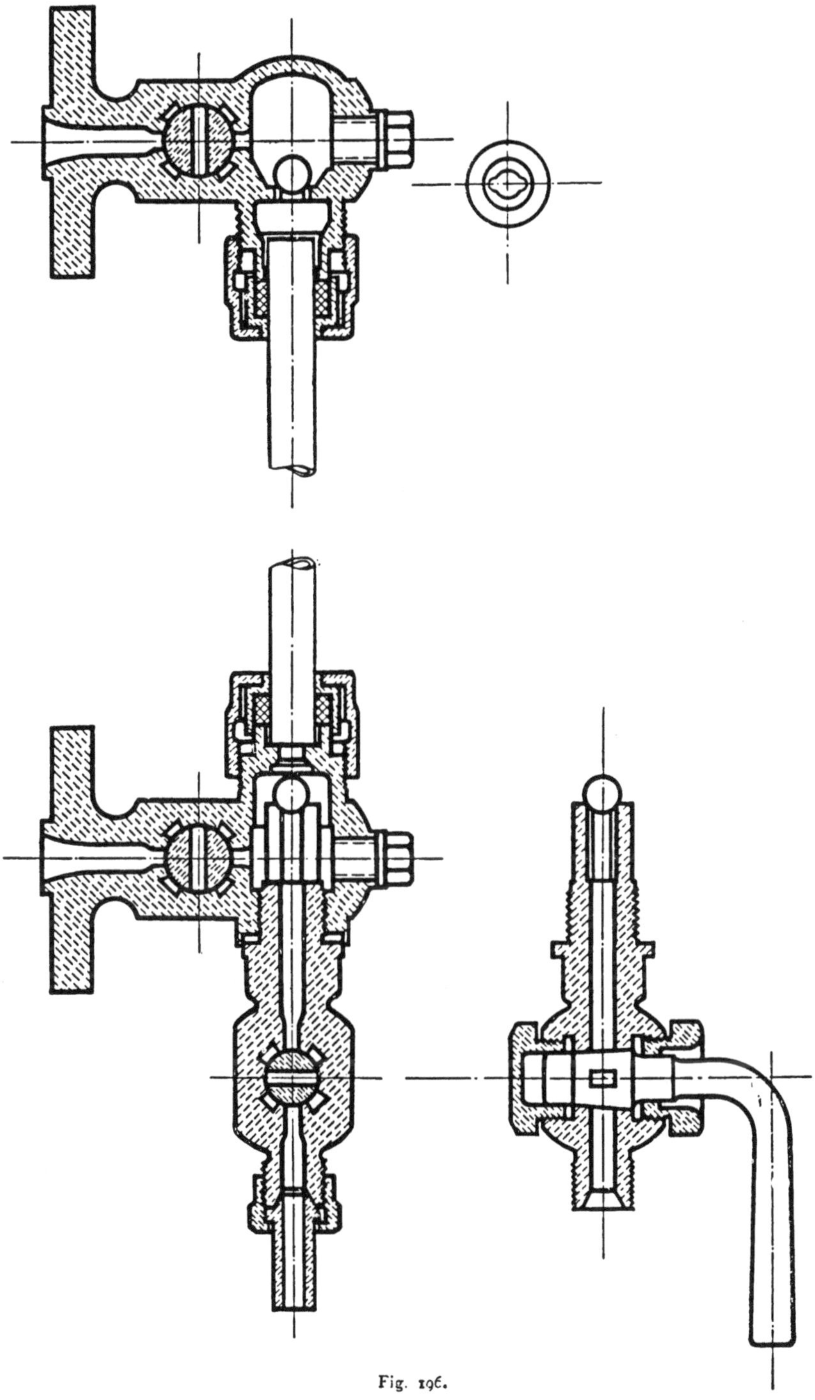

Fig. 196.

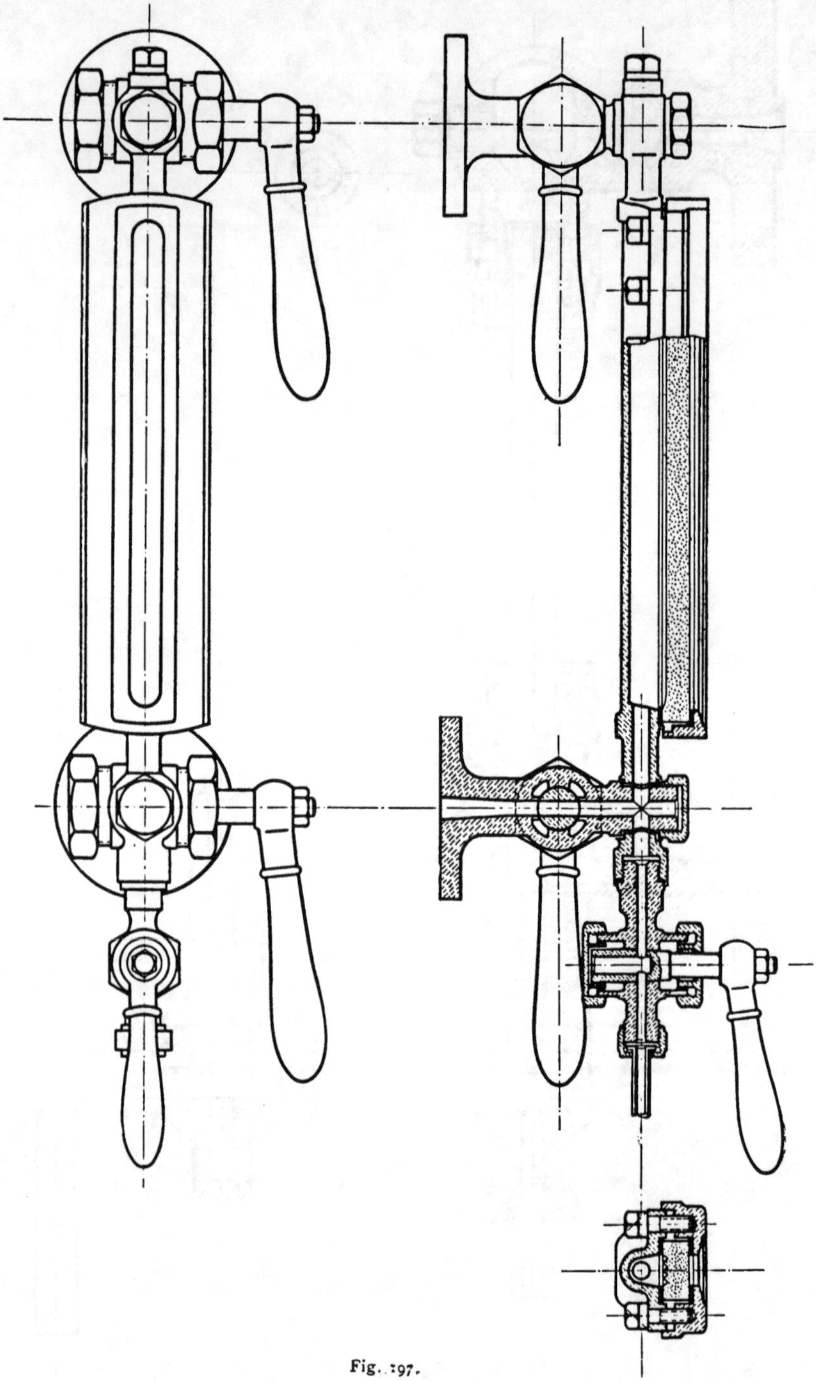

Fig. 197.

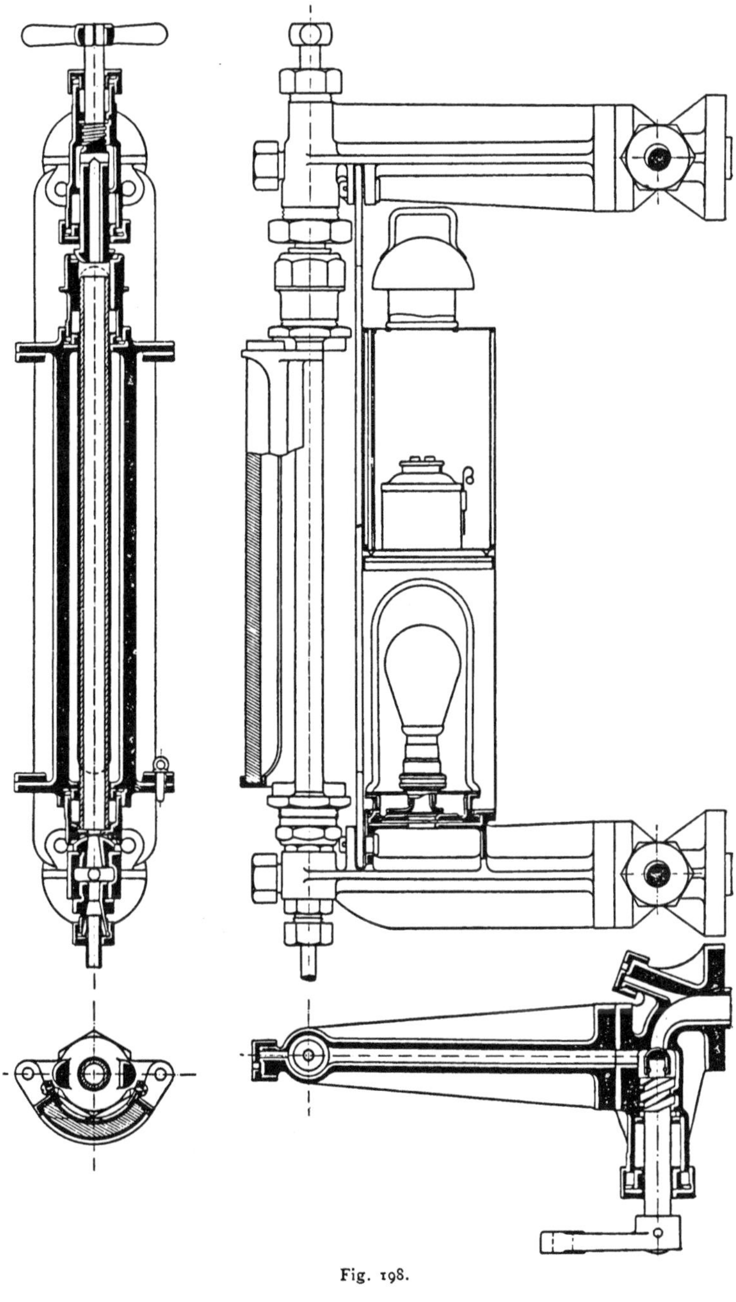

Fig. 198.

In Fig. 198 ist das in der deutschen Marine übliche Wasserstandsglas von Maas dargestellt. Das Glas ist hierbei in einem Bronzekörper gelagert, der oben und unten durch Kugelflächen gehalten und gedichtet wird. Die obere Kugelfläche ist an einer auf- und niederschraubbaren hohlen Spindel angebracht, sodaß der Bronzekörper samt dem etwa gesprungenen Glasrohr leicht entfernt und wieder eingesetzt werden kann. Das Glasrohr selbst wird beim Niederschrauben der hohlen Spindel nicht auf Druck beansprucht, da die beiden Stege von halbkreisförmigem Querschnitt den Druck aufnehmen. Dicht hinter dem Glase ist ein breiter, in der Mitte mit einem Schlitz versehener Anker angebracht, welcher beim Niederschrauben der erwähnten Spindel verhindert, daß die beiden langen Bronzestutzen, welche die Verbindung mit dem Kessel herstellen, auseinandergebogen werden. Eine hinter diesem Anker angebrachte Glühlampe und eine als Notbeleuchtung dienende Öllampe gestatten, durch den erwähnten Schlitz das Wasserstandsglas zu durchleuchten.

In Wirklichkeit ist der Wasserstand im Kessel meist etwas höher als ihn das Wasserstandsglas anzeigt, weil in dem mehr oder minder langen Zuleitungsrohr oder -stutzen abgekühltes, also dichteres Wasser steht. Außerdem ist das Wasser im Kesselinnern spezifisch etwas leichter, da es von Dampfblasen durchsetzt ist.

f) Probierventile. Für den Notfall werden an jedem Kessel noch zwei bis drei kleinere Probierventile oder -hähne, f in Fig. 188 und auf Tafel IV, angebracht und zwar derart, daß das unterste Ventil in der Höhe des niedrigsten Wasserstandes und das zweite etwas darüber liegt; unter Umständen wird noch ein drittes Ventil wieder etwas darüber angeordnet. Man kann somit, je nachdem aus dem betreffenden Ventil beim Öffnen Dampf oder Wasser austritt, erkennen, wo der Wasserstand liegt. Bei Doppelendern, welche drei Wasserstandsgläser haben, sodaß man hier selten in die Lage kommen wird, die Probierventile zu benutzen, werden diese meist an den Stutzen e_1 (Fig. 188), an welchen auch die Wasserstandsgläser befestigt sind, angeordnet. Bei Einendern werden sie meist am Kessel selbst angebracht.

g) Ausblaseventile. Jeder Zylinderkessel enthält ein Ausblaseventil unten am Kessel mit innerem Zuleitungsrohr, g_1 in Fig. 189, welches möglichst tief am Kesselboden mündet. Bei Wasserrohrkesseln muß jeder Unterkessel ein Ausblaseventil erhalten. Die Kesselausblaseleitung führt nach einem am Schiffskörper befestigten Außenbordhahn oder Kingstonventil; an die Kesselausblaseleitung ist meist auch die Leitung zum Leerpumpen der Kessel angeschlossen, wobei also auch das Ausblaseventil mit dem inneren Zuleitungsrohr benutzt wird.

h) Abschaumventil. Oben am Kessel wird ein Abschaumventil angeordnet, welches mit einem inneren Zuleitungsrohr, h_1 in Fig. 189 und auf Tafel IV, versehen ist. Dieses Rohr mündet in der Höhe des niedrigsten Wasserstandes und trägt am Ende einen oben offenen Schaumlöffel, welcher beim Öffnen des Ventiles den an der Wasseroberfläche sich ansammelnden Schaum leicht in das Rohr treten läßt. Die äußere Abschaumleitung, h_2 in Fig. 188, wird am einfachsten über das entsprechend ausgebildete Ausblaseventil hinweg mit der Kesselausblaseleitung verbunden. In der Marine verzweigt sich neuerdings das innere Abschaumrohr, sodaß an jedem Ende des Oberkessels ein Schaumlöffel vorhanden ist.

i) und k) Manometerventile. Zum Anschluß der beiden gesetzlich vorgeschriebenen Manometer und des Kontrollmanometers werden Hähne oder Ventile, an welche dünne Kupferrohre angeschraubt werden, am Kessel angebracht. Um die Manometer zu schonen, werden diese Kupferrohre kurz vor dem Manometer so gebogen, daß ein Wassersack entsteht.

l) Temperaturausgleicher kommen nur bei Zylinderkesseln vor und zwar finden sie sich auf größeren Schiffen zur Schonung der Kessel und um ein schnelleres Anheizen zu ermöglichen. Beim Anheizen wird ja dem unterhalb der Flammrohre stehenden Wasser direkt keine Wärme zugeführt; dazu kommt, daß das eingespeiste Wasser sich seiner größeren Dichtigkeit wegen ebenfalls hier unten ansammeln wird. Es kann daher beim Anheizen das Wasser oben im Kessel bereits Dampf abgeben, während es unten noch ganz kalt ist. Einmal werden hierdurch die Kesselnähte ungünstig beansprucht und leicht undicht, da das untere Drittel des Kesselmantels und der Stirnwand an der Erwärmung kaum teilnimmt, ferner bildet diese große Temperaturdifferenz ein Hindernis gegen schnelles Anheizen. Das Einfachste ist, beim Anheizen mit der Speisepumpe das Wasser vom Boden des Kessels abzusaugen und wieder in den Kessel einzupumpen. Häufig finden sich jedoch besondere Vorrichtungen zum besseren Ausgleich der Temperatur in den einzelnen Teilen des Kessels. Der sog. Weirsche Hydrokineter (Fig. 199) wird unten am Kessel angeordnet, l in Fig. 188 und 189, und erhält ein kleines Dampfzuführungsrohr vom Hilfskessel. Der austretende Dampfstrahl, welcher bald in dem kälteren Wasser kondensiert, bringt nun das Wasser in Bewegung. Um Schmutz usw. von den Düsen fern zu halten, sind eine Anzahl längs und rundherum laufender Rippen angeordnet. Das Zudampfventil des Hydrokineters wird als Rückschlagventil ausgebildet, damit es, sobald im Kessel ein höherer Dampfdruck als in dem vielleicht mit niedrigerem Druck arbeitenden Hilfskessel erreicht ist, einen Übertritt des Kesselwassers in den Hilfskessel verhindert. Der Howaldtsche Temperaturausgleicher besteht aus einem längeren Rohr, welches in verschiedenen Windungen unten im Kesselinnern angeordnet ist. Das eine Ende des Rohres führt unter Einschaltung eines Regulierventiles und Kondenstopfes nach dem Kondensator, das andere mündet oben im Dampfraum oder führt nach einem am Dampfraum befestigten Ventil, welches mit dem Hilfskessel in Verbindung steht. Man kann nun entweder den im Kessel selbst beim Anheizen erzeugten Dampf oder, was wirksamer ist, Dampf auf dem Hilfskessel durch die Rohrschlange jagen, wodurch das am Boden des Kessels befindliche Wasser angewärmt wird. Dieser Apparat hat gegenüber dem Hydrokineter den Vorzug, daß er durch Verunreinigungen usw. nicht verstopft werden kann. Von Temperaturmessungen beim Anheizen mit und ohne eine der genannten Temperaturausgleichvorrichtungen sei hier ein Versuch genannt, welcher an einem Schiffskessel für 6 at Überdruck mit Howaldtschem Temperaturausgleicher im Jahre 1901 vom »Schweizerischen Verein von Dampfkessel-

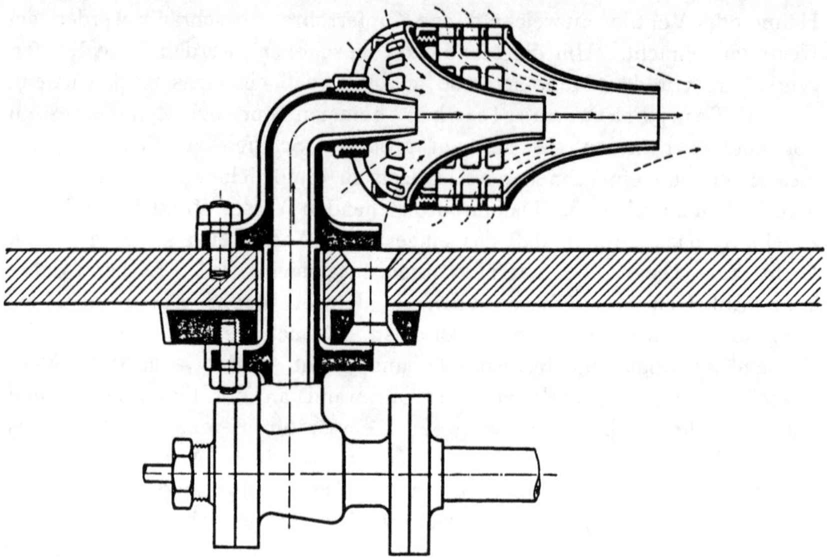

Fig. 199.

besitzern« ausgeführt wurde*). Die stark ausgezogenen Kurven in Fig. 200 und 201 stellen den Dampfdruck dar, die anderen Kurven, wie eingeschrieben, die Temperaturen an vier verschiedenen Stellen des Kessels. Fig. 200 zeigt nun die Ergebnisse eines Versuches ohne Temperaturausgleicher. Nach $5\,^1/_2$ Stunden hat hier also das Wasser unten noch immer eine Temperatur von nur 5 bis 6°, während es oben eine Temperatur von 164° hat und bereits ein Dampfüberdruck von 5,9 at vorhanden ist. Fig. 201 zeigt einen in gleicher Weise ausgeführten Anheizversuch mit Temperaturausgleicher. Da hierbei die Erwärmung des Kesselwassers nicht durch Dampf von einem anderen Kessel, sondern nur durch Dampf vom eigenen Kessel stattfand, nimmt die Temperatur des Wassers unten auch erst mit Beginn der Dampferzeugung, also etwa nach 2 Stunden zu; bei Verwendung von Dampf aus einem anderen Kessel beginnt die Temperaturzunahme dagegen sofort. Nach Beginn der Dampferzeugung nimmt also bei dem genannten Versuch die Temperatur des unten befind-

*) 33. Jahresbericht dieses Vereines 1901.

lichen Kesselwassers schnell zu, immerhin sind aber nach 5 1/2 Stunden noch Temperaturdifferenzen von 10 bis 40° vorhanden. Diese und insbesondere die noch größeren Temperaturdifferenzen in der Zeit bis zur Dampfbildung

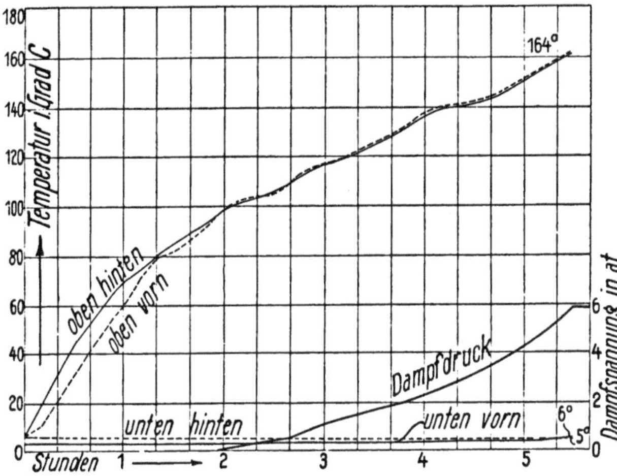

Fig. 200.

waren schließlich fast ganz beseitigt, als durch denselben Temperaturausgleicher bei einem dritten Versuch Dampf aus einem Hilfskessel geleitet wurde. Die Temperaturmessungen ergaben hier an denselben vier Stellen nur Differenzen von wenigen Graden.

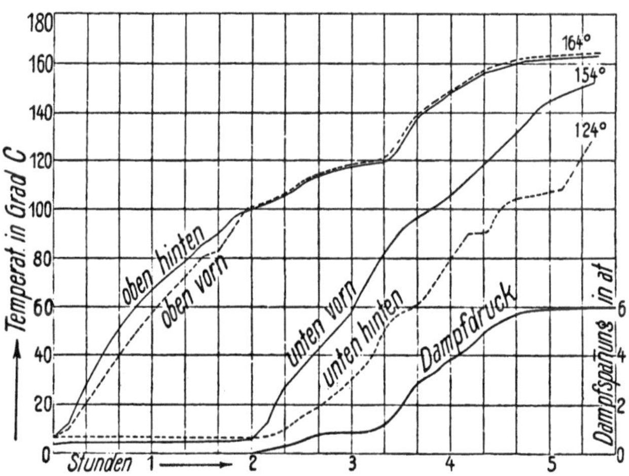

Fig. 201.

Verschiedentlich ist auf Schiffen auch die Altmayersche Wasserumlaufvorrichtung verwendet worden. Hierbei werden zwischen den Rohrbündeln senkrechte Rohre angeordnet, welche vom Boden des Kessels etwa nach dem niedrigsten Wasserstand führen und an ihren oberen Enden mit nach unten offenen Trichtern versehen sind. Der unterhalb der Trichter gebildete Dampf muß nun durch diese gehen und saugt hierbei in dem Rohr Wasser in die Höhe. Durch eine geringe Abänderung lassen sich diese Apparate auch als Druckapparate ausbilden, welche Wasser vom Wasserspiegel nach dem Kesselboden befördern. In der Nähe der Feuerkammerrohrwand werden nun Saugapparate, in der Nähe der Rauchkammerrohrwand Druckapparate angeordnet, sodaß ein regelrechter Wasserumlauf entsteht, der die Leistungsfähigkeit des Kessels auch noch etwas erhöht.

m) Zum Messen des Salzgehaltes mittels des Salinometers wird vorn am Kessel in leicht erreichbarer Höhe ein Ventil oder ein kleiner Hahn zum Entnehmen von Wasser angeordnet. An diesem Ventil wird häufig auch eine Schlauchverschraubung für die Druckprobe angebracht.

n) Zinkschutzplatten. In jedem Kessel werden, um Anfressungen möglichst zu verhindern, eine Anzahl Zinkschutzplatten angeordnet, welche mit dem Kesselblech in leitender Verbindung stehen. Bei Zylinderkesseln hängt man diese Platten (s. Fig. 189) an den Ankern oder auch an einigen Ankerrohren auf, bei Wasserrohrkesseln (s. Tafel IV) werden sie in Kästen, welche nur oben offen sind, untergebracht, damit die abblätternde Zinkasche nicht in die Wasserrohre gelangen kann. Diese Kästen werden im Oberkessel mit Bandeisen an dem Mantel festgeschraubt; in den engen Unterkesseln ist die auf der Tafel dargestellte Konstruktion empfehlenswert, bei welcher durch Drehen der im Bügel des Kastens eingeschraubten Spindel der Kasten gelöst wird und sich dann leicht herausnehmen läßt. Gewalzte Zinkplatten werden nicht so leicht zerfressen wie gegossene; die Marine schreibt für jede 20 qm Heizfläche eine normale Zinkplatte 300 · 150 · 25 mm vor. Die Zinkplatten sollen dabei ungefähr im Verhältnis der Anzahl der Rohrmündungen im Oberkessel und den Unterkesseln verteilt werden.

o) Da bei Zylinderkesseln das innere Zuleitungsrohr des Ausblaseventiles meist keine vollständige Entwässerung des Kessels gestattet, findet sich hier oft noch am Boden des Kessels eine bronzene Ablaßschraube (s. Fig. 188).

An jedem Kessel muß dann noch, den gesetzlichen Vorschriften entsprechend, ein Fabrikschild, ein Schild, welches die Lage der höchsten Feuerzüge angibt, usw. befestigt sein.

Finden Einender Verwendung und befindet sich zwischen Kessel- und Maschinenraum nur ein Staubschott (Fig. 202), so werden häufig Teile der Armatur, insbesondere die Wasserstandsapparate und die Speiseventile, auf der Rückseite der Einender angebracht, sodaß sie also im Maschinenraum liegen; die Sorge für die Beobachtung und Einhaltung des Wasserstandes liegt dann dem Maschinisten ob.

p) Speisewasserregler. Da es bei dem geringen Wasserinhalt der Wasserrohrkessel kaum möglich ist, die Kessel von Hand zu speisen, findet man bei ihnen meist einen automatischen Speisewasserregler.

Das Prinzip ist stets dasselbe. Ein Schwimmer wirkt je nach der Lage des jeweiligen Wasserstandes öffnend oder schließend auf ein entlastetes Ventil, welches hinter den Speiseventilen angeordnet ist und dem Wasser erst den Austritt aus der Speiseleitung in den Kessel gestattet. Fig. 203 gibt den auf Tafel IV dargestellten Speisewasserregler eines Schulz-Kessels

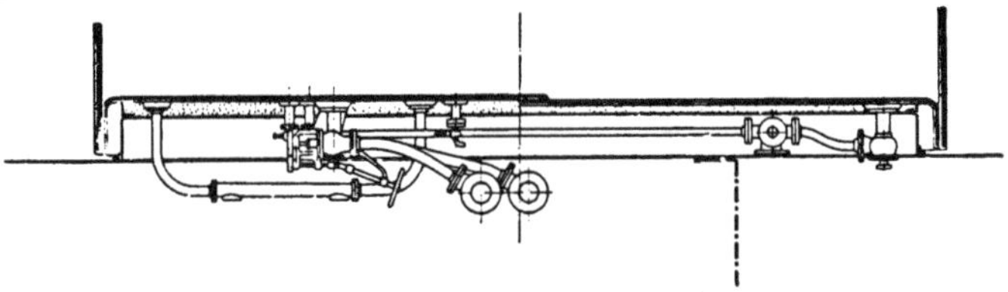

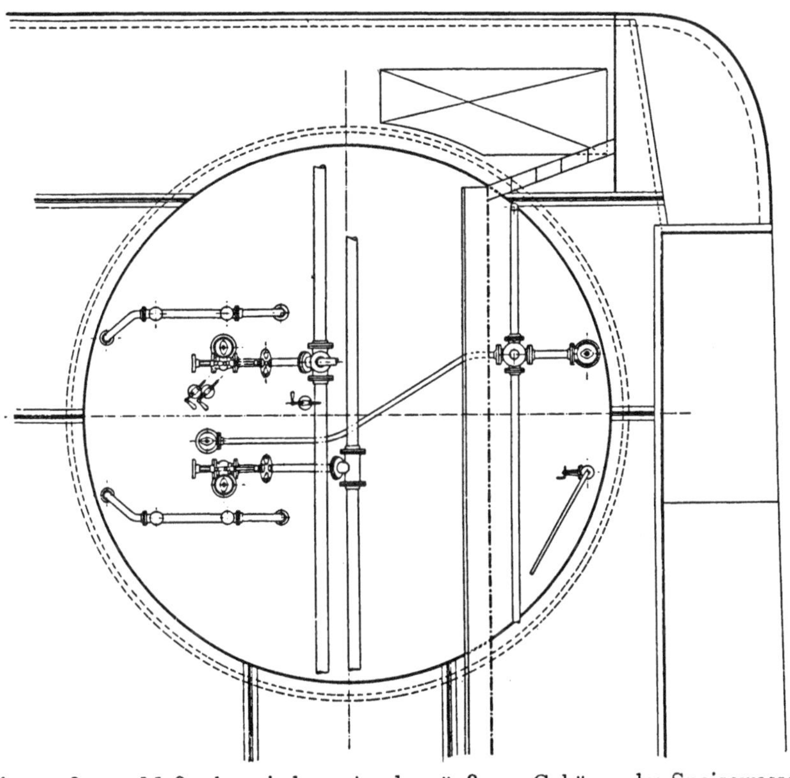

Fig. 202.

in größerem Maßstabe wieder. An dem äußeren Gehäuse des Speisewasserreglers sind bei *a* und *b* Speiseventile, welche zu den beiden Speiseleitungen gehören, befestigt. Das Speisewasser tritt nun in den Raum *c* ein, kann aus diesem jedoch, den ausgezogenen Pfeilen entsprechend, nur austreten, wenn das an der Zugstange des Schwimmers angebrachte Doppelsitzventil geöffnet ist. Bei der Montage wird nun der Schwimmer und das Doppelsitzventil so eingestellt, daß sich bei ganz geöffnetem Ventil die Mitte des Schwimmers, dessen Gewicht durch ein Gegengewicht ausgeglichen ist (s. Tafel IV), in der Höhe des niedrigsten Wasserstandes befindet. Die Abmessungen der Hebel sind so gewählt, daß der Schwimmer

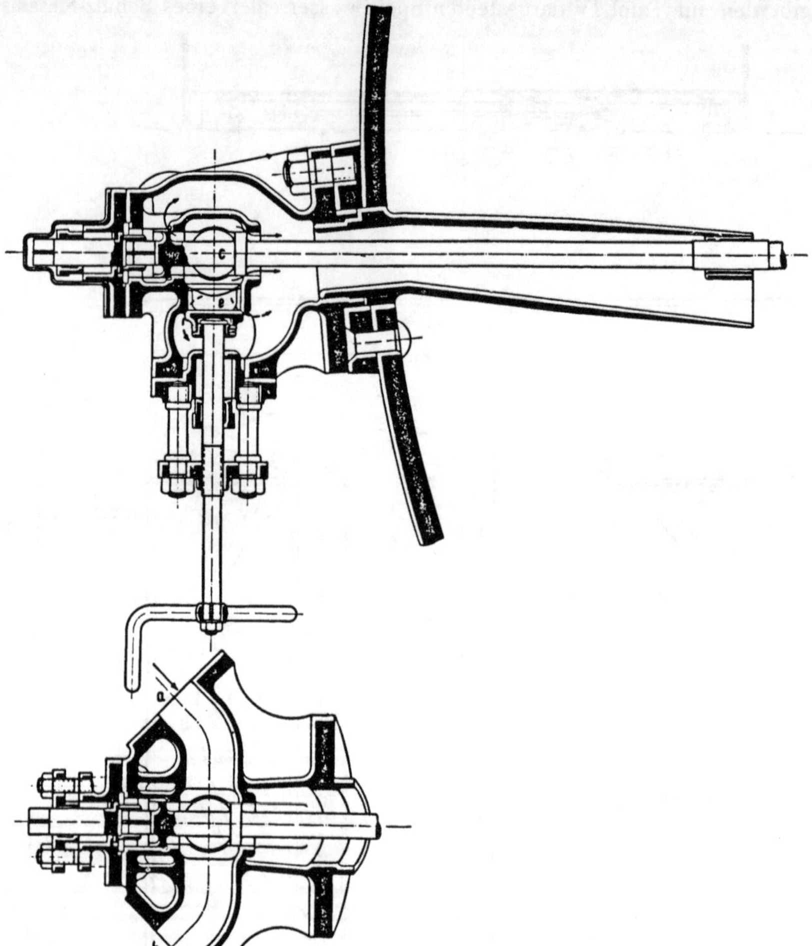

Fig. 203.

das Ventil bei höchstem Wasserstand geschlossen hält. Je nach der Höhe des Wasserstandes wird also das Doppelsitzventil mehr oder weniger geöffnet sein. Um bei Betriebsstörungen des Speisewasserreglers von Hand speisen zu können, ist das Ventil *e* vorgesehen, durch welches, wie die punktierten Pfeile zeigen, das Wasser unter Umgehung des Doppelsitzventiles in den Oberkessel eintreten kann. Der Schwimmer, welcher aus

Stahl nahtlos gezogen angefertigt wird, da er äußeren Druck auszuhalten hat, ist meist, wie auf Tafel IV punktiert angedeutet, von einem mit großen Löchern versehenen Kasten umgeben, damit er beim Schlingern und Stampfen des Schiffes ruhiger arbeitet; bei niedrigstem Wasserstand oder beim Ablassen des Kesselwassers kann er auf Unterstützungsböcke aufsetzen.

q) Feuerlöschvorrichtung. Zum schnellen Löschen des Kesselfeuers bei Gefahr dienen Düsen, *q* auf Tafel IV, welche an eine Rohrleitung, die stets unter dem äußeren Wasserdruck steht, angeschlossen sind. Früher waren ähnliche Düsen an den Wasser- oder Dampfraum des Kessels angeschlossen, neuerdings wird aber das Seewasser zum Löschen des Kesselfeuers benutzt. Fig. 204 zeigt eine solche Düse im Detail. Eine möglichst gleichmäßige Verteilung des Wassers über den Rost wird durch den eingeschalteten Kegel erreicht; um ein Verstopfen oder Verbrennen der Düse zu verhindern, wird sie nicht direkt in die Kesselaufmauerung eingesetzt, sondern mit einem mit Rippen versehenen gußeisernen Schutzrohr umgeben. Zwischen Düse und Schutzrohr kann Luft hindurchstreichen und so die Düse kühlen und vor Verstopfung durch Asche und Ruß schützen. In die erwähnte Seewasserleitung, an welche auch die Aschkühlschläuche angeschlossen sind, wird ein großes Sieb eingeschaltet, um Unreinigkeiten von der Düse fernzuhalten. Die Ventile oder Hähne, welche dem Seewasser den Zulauf zu den Düsen freigeben, sind von den Niedergängen aus zu bedienen, sodaß das Personal bei Gefahr noch nach dem Verlassen des Heizraumes die Feuerlöschvorrichtung betätigen kann.

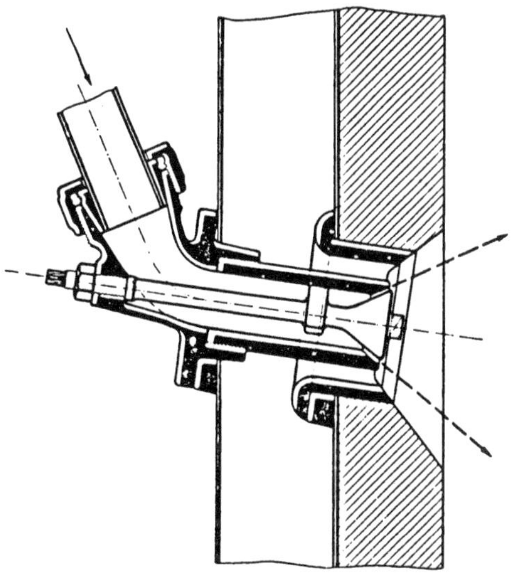

Fig. 204.

r) Am höchsten Punkt des Kessels muß ein Luftventil vorhanden sein, damit man den Kessel bei nasser Konservierung vollständig entlüften kann.

s) Häufig findet man bei den Wasserrohrkesseln noch ein Ventil, welches Dampf aus dem Dampfraum in einen Spiralschlauch leitet, der zum Abblasen von Flugasche und Ruß zwischen die einzelnen Rohre geführt wird. Besser verwendet man hierzu Preßluft, da die Rohre dann nicht so leicht rosten können.

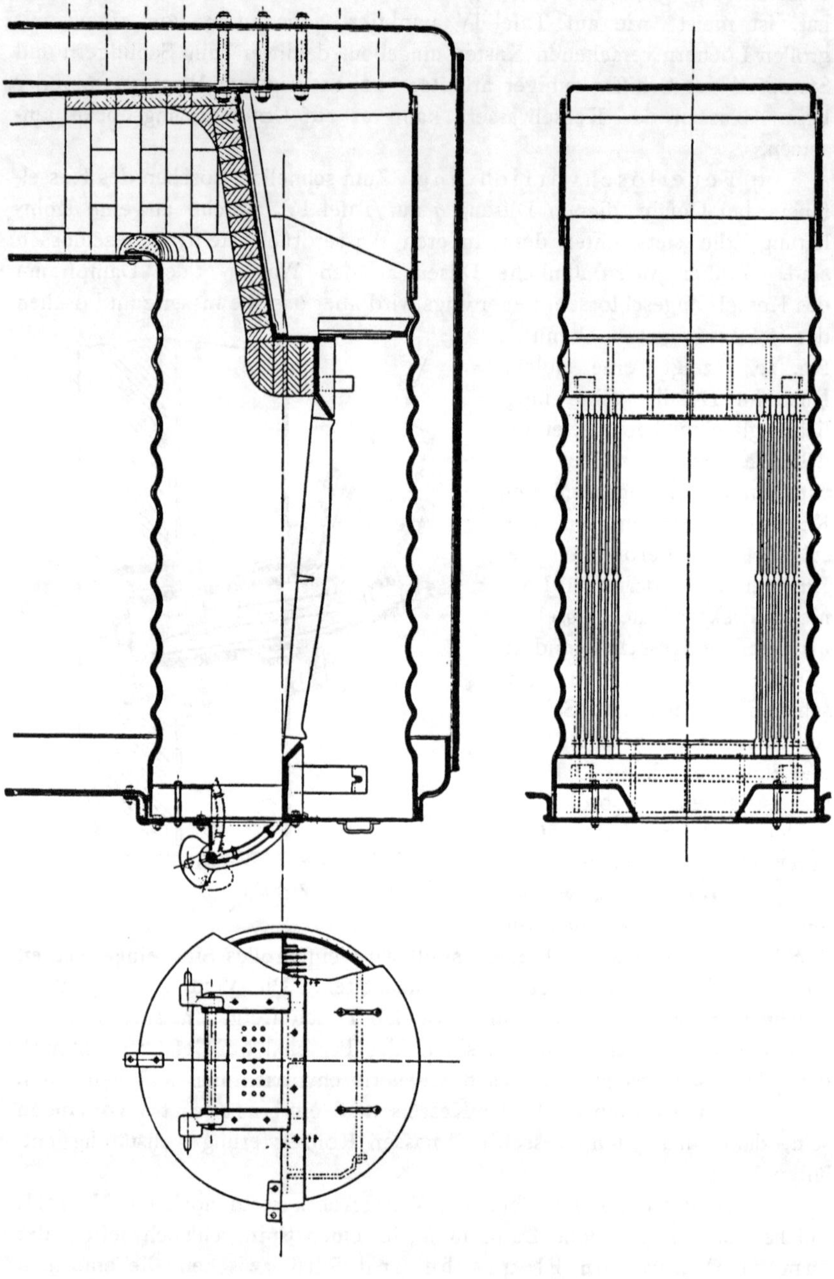

Fig. 205.

Grobe Armatur.

Zunächst seien hier die Teile der Feuerungsanlage besprochen. Fig. 205 stellt die Feuerungsanlage eines Einenders dar, und zwar für das mittlere Feuer eines Dreifeuerkessels. Im allgemeinen werden die Roststäbe so gelegt, daß das vordere Ende derselben etwa 50 mm über und das hintere Ende etwa 50 mm unter Mitte Flammrohr liegt. Bei den mittleren Flammrohren der Dreifeuerkessel legt man jedoch häufig, wie es auch die Figur zeigt, den Rost vorn auf Mitte Flammrohr, um den Höhenunterschied der einzelnen Feuer etwas auszugleichen, und die hintere Kante des Rostes dementsprechend etwa 80 bis 100 mm unter Mitte Flammrohr. Je nach der Länge des Rostes verwendet man in der Handelsmarine in

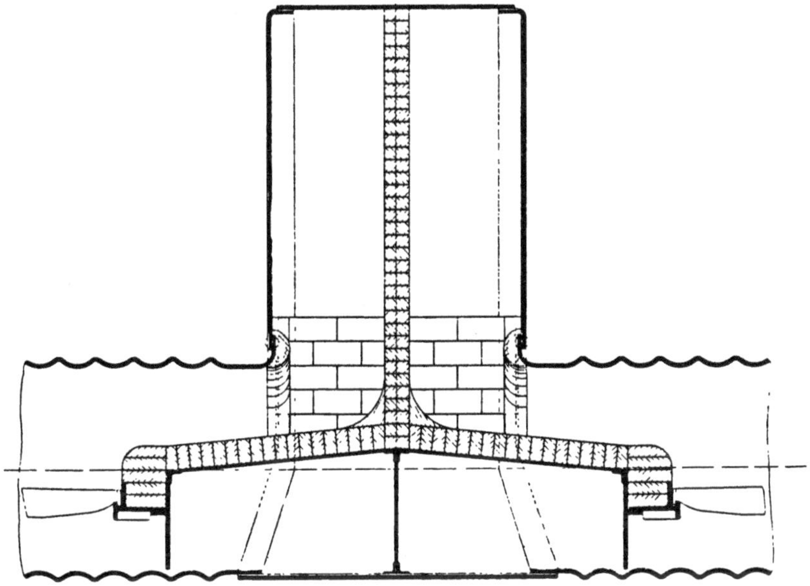

Fig. 206.

der Längsrichtung des Rostes ein oder zwei Roststäbe. Die Kriegsmarine verwendet fast immer zwei Roststäbe von etwa je 1000 mm Länge hintereinander, wobei dann in der Mitte der Feuerung schmiedeeiserne Balken, »Rostbalken« genannt, vorhanden sein müssen (s. z. B. Fig. 144 auf S. 191), auf denen die Roste aufliegen. Vorn liegen die Roststäbe bei Zylinderkesseln auf der sog. Schürplatte auf (s. Fig. 205), hinten auf dem Aufbau, welcher die Feuerbrücke bildet. Letztere verhindert, daß glühende Kohlen in die Feuerkammer fallen, und bewirkt durch die Verengung des Flammrohres an dieser Stelle eine größere Geschwindigkeit und daher bessere Vermischung der Heizgase mit der Luft. Fig. 206 zeigt die Feuerbrückenanordnung eines Doppelenders. Da hier Howdens Zug verwendet ist, ist die Trennungswand bis oben durchgeführt, bei natürlichem Zug endet sie etwa in der Höhe der untersten Siederohrreihe. Der untere Teil der Feuerkammer wird häufig ausgemauert, ebenso wird oft auch die Nietung des Flammrohres mit der Feuerkammerrohrwand, wie aus der Figur ersichtlich, durch Façonsteine geschützt. Diese Ausmauerungen wirken dann gleichzeitig als Wärmespeicher. Die Roststäbe müssen mindestens an einem Ende auf einer schrägen Fläche aufliegen, damit sie sich der Wärmeausdehnung entsprechend verschieben können; in der Breitenrichtung dürfen sie aus demselben Grunde nicht ganz stramm nebeneinander eingelegt werden. In der Handelsmarine bestehen die Roststäbe meist aus Guß-

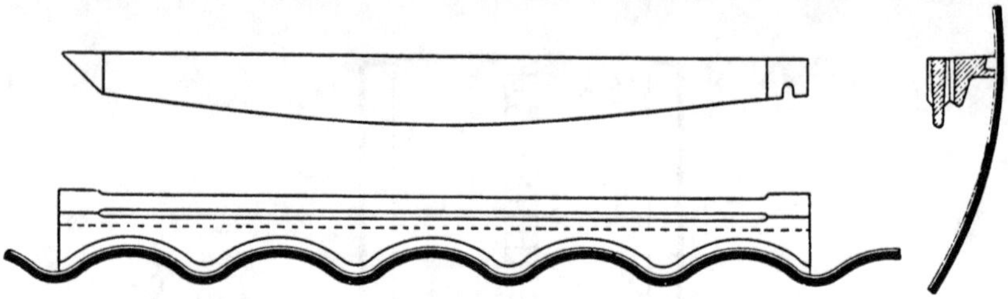

Fig 207.

eisen und haben dann die in Fig. 207 dargestellte Form; bei gewellten Flammrohren müssen noch besondere Seitenroststäbe Verwendung finden, wie hier und in Fig. 205 ersichtlich. Da bei Howdens Zug die Druckluft nur durch die Rostspalten, dagegen auf keinen Fall zwischen Flammrohr und Seitenroststäben durchtreten soll, werden dann diese Seitenroststäbe, wie Fig. 207 zeigt, an der wellenförmigen Begrenzungslinie mit einer Aussparung versehen, welche beim Einpassen der Seitenroststäbe in die Flammrohre mit feuerfestem Ton verschmiert wird. Gußeiserne Roststäbe werden an beiden Enden verdickt hergestellt, damit beim Einlegen der Roststäbe die für den Luftzutritt erforderlichen Zwischenräume ohne weiteres entstehen; lange Roststäbe, wie z. B. der in Fig. 205 dargestellte, erhalten auch noch in der Mitte eine entsprechende Verdickung,

Fig. 208

damit sich diese Roststäbe nicht so leicht krummziehen. Bei den geschmiedeten Roststäben der Kriegsmarine (Fig. 208) werden die verdickten Enden durch Aufstauchen oder Aufschweißen von Eisenstücken hergestellt. Das Normalprofil für Roststäbe ist in unserer Kriegsmarine neuerdings 80 · 15 · 6 mm; früher wurde ein schwereres Profil verwendet. Der lichte Zwischenraum beträgt in der Kriegsmarine 10 mm. Die Größe der lichten Zwischenräume und somit der sog. »freien Rostfläche« richtet sich im allgemeinen nach der verwendeten Kohle, der Art des Heizens, der Verwendung von natürlichem oder künstlichem Zug usw. und wird daher in der Handelsmarine verschieden ausgeführt; im allgemeinen ist der Zwischenraum ungefähr ebenso groß wie die Breite des Roststabes, sodaß die freie Rostfläche etwa gleich der Hälfte der ganzen Rostfläche ist. Um, besonders bei hoher Forcierung, die durch die Roste fallenden glühenden Kohlen gleich zu löschen und die Roste von unten zu kühlen, werden die Aschfallkasten bei Wasserrohrkesseln mit einer niedrigen Wasserschicht angefüllt; bei Zylinderkesseln läßt man im Aschfall meist etwas Asche liegen, um die Flammrohre zu schonen. Einzelne durchgebrannte Roststäbe kann man mit der Rostenzange entfernen und durch neue ersetzen. In primitiverer Weise ist letzteres auch mit einer Schürstange möglich, an welcher der Roststab angebunden wird. Der zum Anbinden verwendete Faden oder Twist brennt dann nach dem Einsetzen des Roststabes durch. Auf Torpedobooten findet man Paketroste (Fig. 209) welche durch Aneinandernieten mehrerer flacher Roststäbe entstehen.

Fig. 209.

In der vor dem Flammrohr angebauten Feuertürzarge ist die Feuertür angeordnet. Meist wird die in Fig. 205 und 210 dargestellte, um eine horizontale Achse drehbare Feuertür verwendet. Unbequemer ist die ältere Art (Fig. 211), bei welcher man die Feuertür um vertikale Zapfen außen herumschlagen muß. Die erstgenannte Art ist stets vorzuziehen, da sie sich viel schneller öffnen und schließen läßt als die Feuertür nach Fig. 211. Außerdem bietet sie den Vorteil, sich bei einem Rohrbruch od. dgl. durch den im Feuerraum entstehenden Überdruck fester zu schließen, während die andere Feuertür sich hierbei öffnet, wenn sie schlecht oder garnicht eingeklinkt ist. Innen wird die Feuertür stets mit einem Schutzblech versehen; in letzterem und in der Feuertür selbst befinden sich Löcher, durch welche Luft gleichmäßig über den Rost treten und dabei auch die Feuertür kühlen kann. Dem Gewicht nach ist die Feuertür durch ein Gegengewicht ausgeglichen. In der Kriegsmarine wird jetzt allgemein ein Keilradgesperre (s. Fig. 210) verwendet, welches die Feuertür in jeder Lage festhält. Auf der Drehachse ist hier ein Rad mit keilförmiger Nut befestigt, in welche sich ein ebenfalls keilförmig geformter Ansatz des am Kessel über der Feuertür befestigten Hebels hineinlegt. Beim Öffnen der Feuertür muß der Hebel etwas angehoben werden.

Unter der Schürplatte können bei Zylinderkesseln die Dämpferklappen eingehakt werden (s. Fig. 205 u. 211), um beim Unterdampfliegen, plötzlichem Stoppen usw. den Luftzutritt zum Rost zu verhindern. Hinter den Dämpferklappen befindet sich eine Rundeisenstange, der Schürstock (s. Fig. 205),

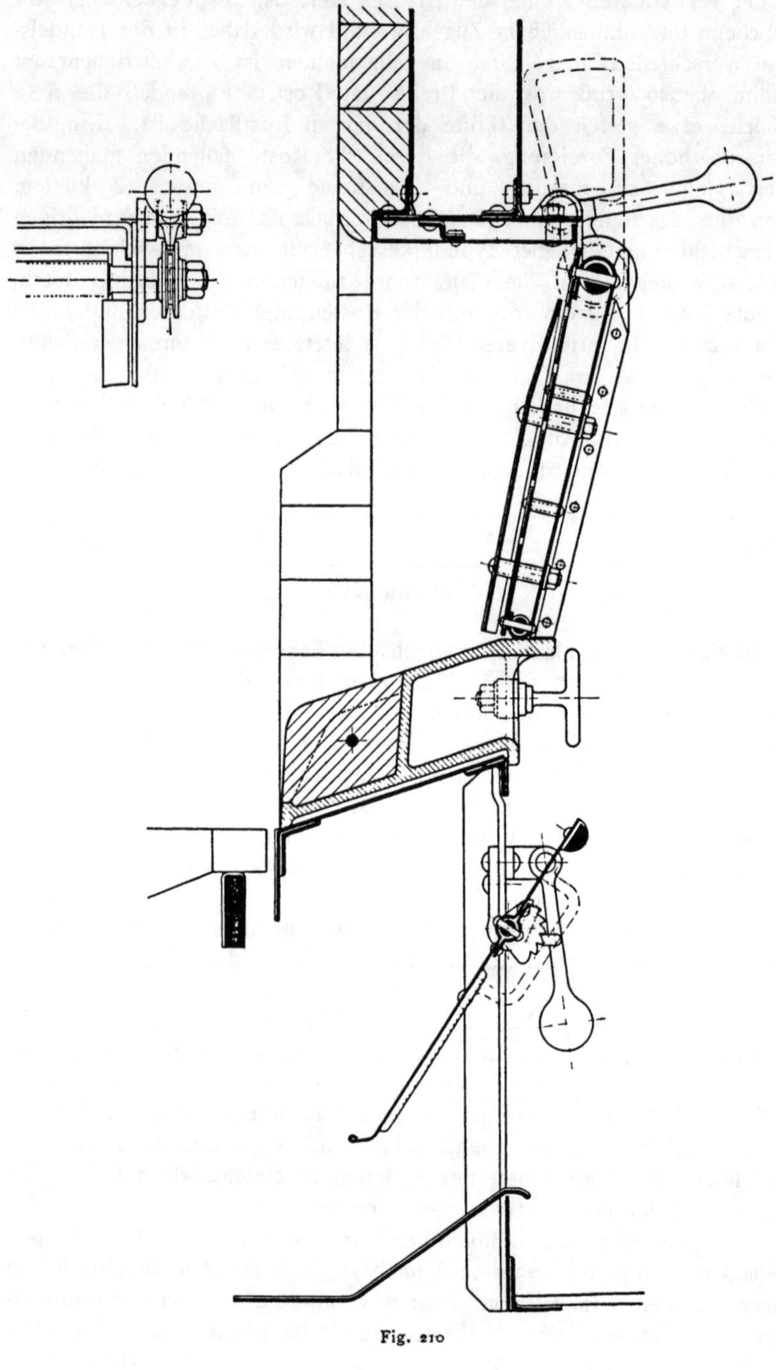

Fig. 210

welcher beim Schüren von unten zur Auflage des Schürgerätes benutzt wird. Bei Howdens Zug muß natürlich die Anordnung der Feuertür und der Dämpferklappen eine andere sein.

Fig. 210 zeigt einen Schnitt durch die Feuertür und Dämpferklappe eines Wasserrohrkessels in der bei der Kaiserlichen Marine üblichen Aus führung. Unter der Feuertür wird hier neuerdings, wie gezeichnet, ein

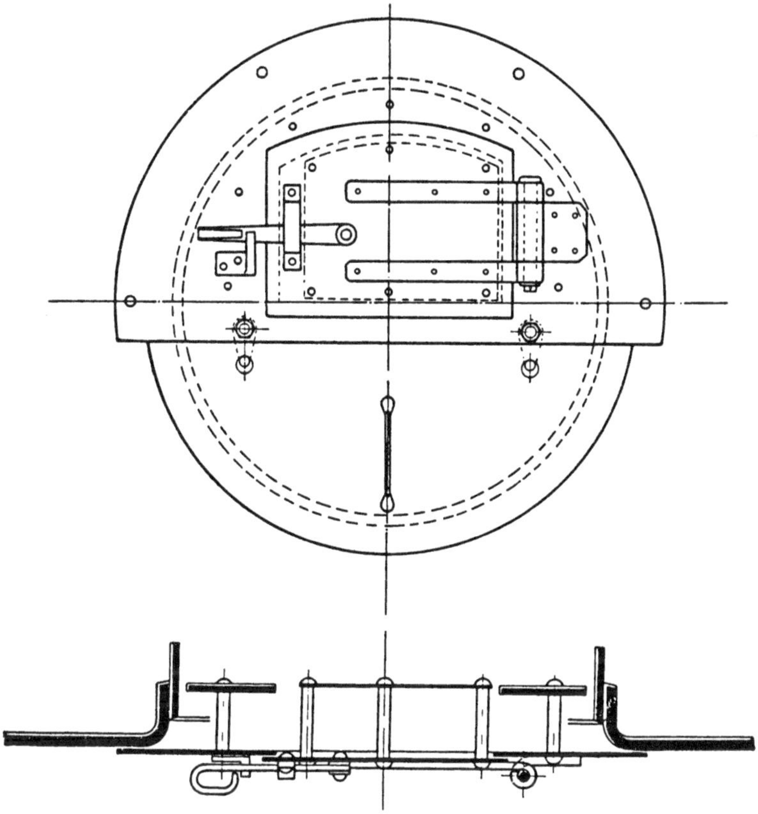

Fig. 211.

gußeiserner, herausziehbarer Kasten angeordnet, damit man bei Außerbetriebsetzung des Kessels die Schlacken leichter vom Roste entfernen kann. Die Dämpferklappen sind hier drehbar am Kessel befestigt und gestatten je nach ihrer Stellung den Zutritt einer bestimmten Menge Ver brennungsluft. Der unter der Drehachse gelegene Teil ist etwas größer gehalten als der obere, damit beim Bruch eines Wasserrohres der in den Verbrennungsraum tretende Dampf die Klappen selbsttätig schließt. Das Gesperre, welches die Dämpferklappen sonst in ihrer Lage festhält, hindert diese Bewegung nicht. Zum Ascheziehen werden die Dämpferklappen abgenommen.

Mannlöcher. Aus Herstellungsrücksichten und um eine innere Besichtigung zu ermöglichen, wird jeder Kessel mit einem Mannloch versehen. Größere Kessel erhalten in der Stirnwand in der Nähe des Bodens ein bis zwei Mannlöcher und ferner ein Mannloch, das in den Dampfraum führt. Dieses obere Mannloch wird bei Kesseln, welche nicht in der Mittelebene des Schiffes stehen, bei denen also die Rauchfänge seitlich nach oben gehen, in der von dem Rauchfang freibleibenden Ecke der Stirnwand angebracht. Bei Kesseln, welche in der Mittelachse des Schiffes liegen, wird dagegen, da hier der Rauchfang gerade in die Höhe geht, das Mannloch meist in den Mantel gelegt; auch bei seitlich stehenden Kesseln findet man es häufig hier. Die üblichen Maße für diese

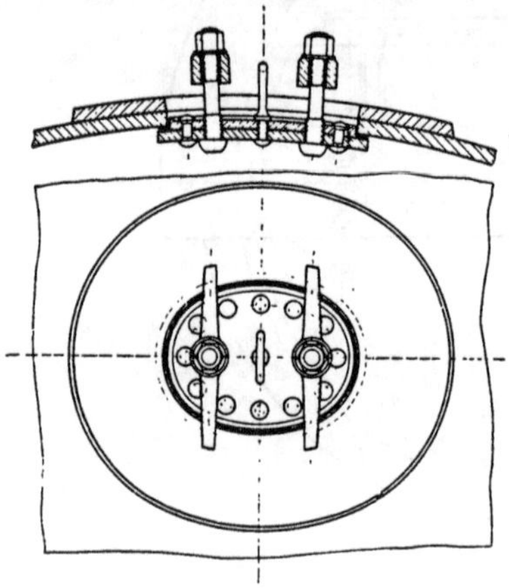

Fig. 212.

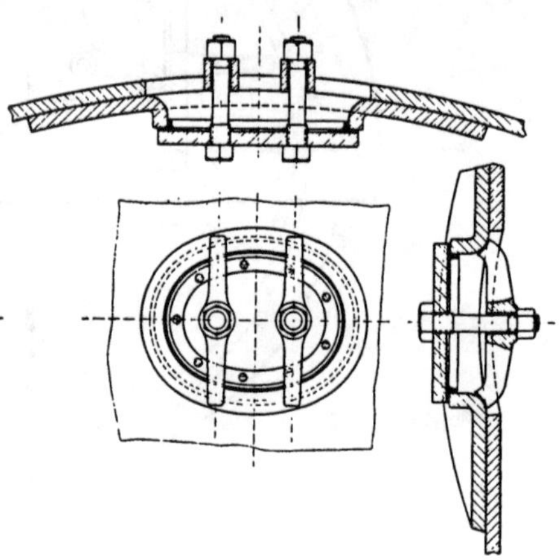

Fig. 213.

elliptischen Mannlöcher sind 300 · 400 mm, im Notfalle kann man auch mit 280 · 380 mm auskommen; ab und zu findet man auch Mannlöcher von 310 · 410 mm. Da das Mantelblech in der Längsachse des Kessels doppelt so stark beansprucht wird als in der Richtung senkrecht dazu, wird das Mannloch im Mantel stets so angeordnet, daß seine kurze Achse — meist also 300 mm — in die Längsrichtung des Kessels fällt. Um eine gute Abdichtung zu erzielen, wird der Mannlochdeckel innen gegengelegt und mit einem zusammenhängenden Ring aus Tucks oder Asbest, das eventuell mit Bleidraht durchflochten ist, abgedichtet. Um ein Festbrennen am Kessel zu verhindern, reibt man die betreffenden Stellen der Packung mit Pottlot und Zylinderöl ein. In der Marine erhalten die Mannlochdeckel eine etwa 15 mm tiefe, ringsherum laufende Nut, in welche der Packungsring hineingelegt wird.

Da der Kesselmantel durch das herausgeschnittene Blech stark geschwächt ist, muß diese Schwächung wieder ausgeglichen werden. Genauere theoretische Untersuchungen über die bei Mannlöchern entstehenden Spannungen fehlen bis jetzt, es gilt nur als Regel, ein Blech aufzunieten, dessen durch Niete geschwächter Querschnitt mindestens ebenso groß ist wie der herausgeschnittene Querschnitt des Kesselbleches. Die ältere Form eines solchen Verstärkungsbleches, die man heutzutage aber noch öfters findet, ist in Fig. 212 dargestellt. Auf den zylindrischen Mantel ist hier einfach ein Blech aufgenietet und ein gekrümmter Mannlochdeckel verwendet. Hierbei wird die Dichtung nie so gut sein und die Packung eine wichtigere Rolle spielen, als wenn man einen glatten Deckel auf eine gehobelte Fläche legen kann. Meist findet man daher, wie in Fig. 213 dargestellt, ein innen aufgenietetes Blech, in das ein Loch von 300 · 400 mm derart hineingepreßt ist, daß die Ränder senkrecht zum Blech stehen. Sie lassen sich dann leicht auf der Hobelmaschine bearbeiten und bilden gleichzeitig eine gute Versteifung. Diese umgekrempten Mannlochversteifungen direkt im Mantelblech anzuwenden, ist meist nicht möglich und wäre auch unvorteilhaft, da dann die großen Bleche nur dieses Mannloches wegen erhitzt werden müßten. In den Stirnwänden, die jedoch so wie so erhitzt werden müssen, werden dagegen die Mannlöcher direkt in das Blech eingepreßt. Der einzige Nachteil der in Fig. 213 dargestellten Konstruktion ist der, daß das Loch im Mantel selbst größer sein muß als 300 · 400 mm, und zwar etwa 400 · 500 mm; wollte man das Loch im Kesselblech auch nur 300 · 400 mm groß machen, so würde man nur eine Stemmkante erhalten.

Bei der Vernietung der Verstärkungsbleche für die Mannlöcher ist darauf zu achten, daß hier das φ des Mantels mindestens dasselbe ist wie in der Nietnaht.

In der Nähe der im Bodenteil der Stirnwand befindlichen Mannlöcher werden meist mehrere Anker angeordnet, da sonst die nicht unterstützte Fläche zu groß ist.

In den Stirnwänden werden an geeigneten Stellen meist noch kleinere Schaulöcher zum Hineinleuchten mit Kabellampen oder zur Entfernung von Schlamm, zum Ausspritzen mit einem Schlauch usw. angeordnet und mit innen vorgelegten Deckeln verschlossen.

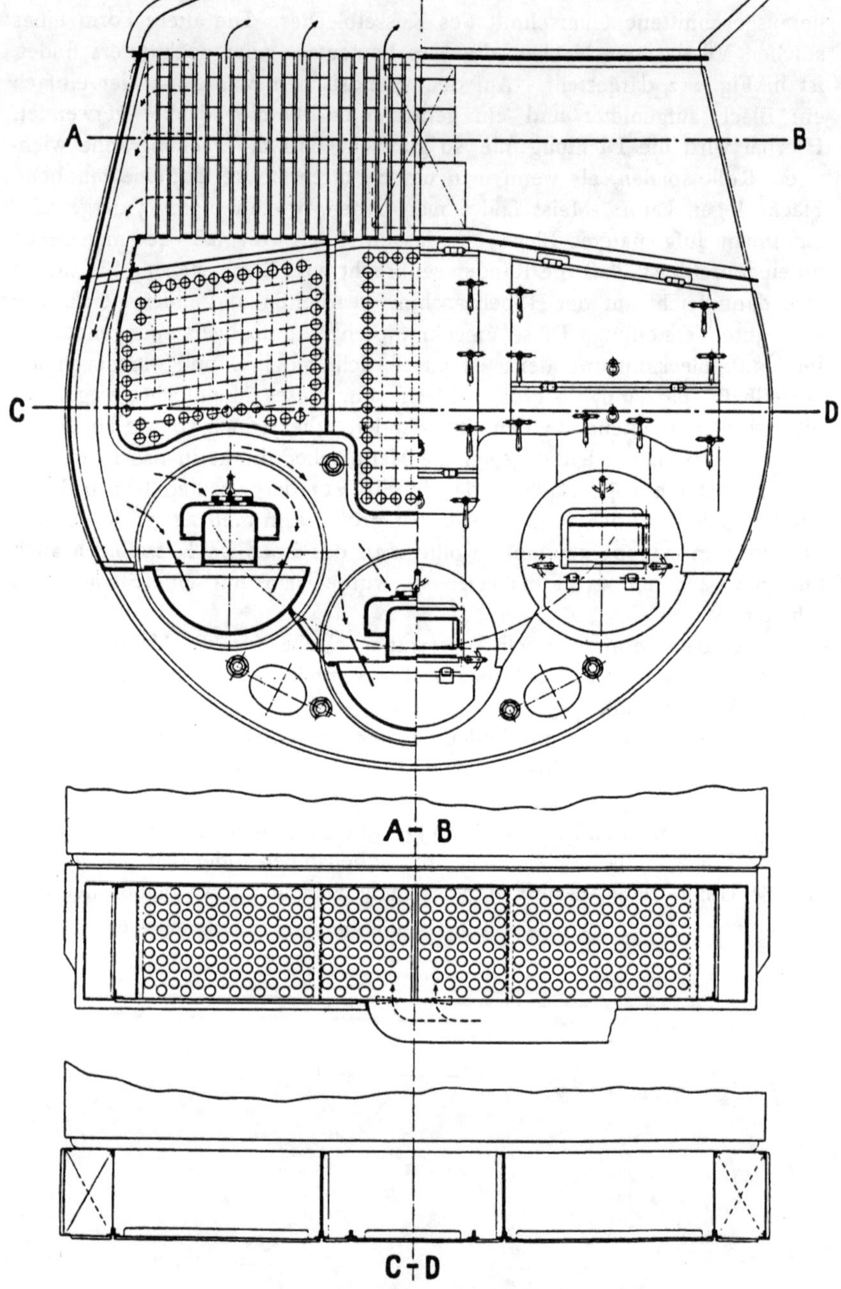

Fig. 214.

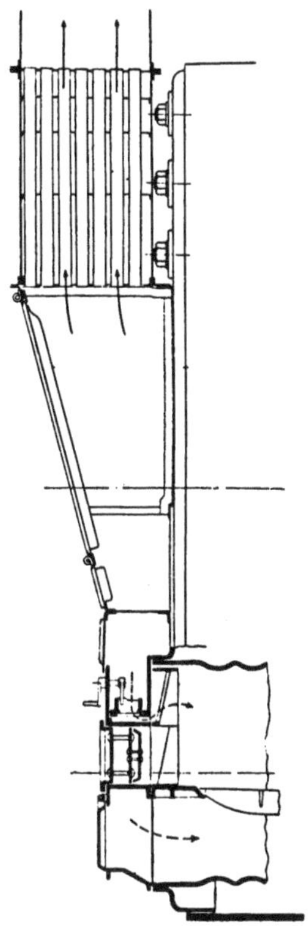

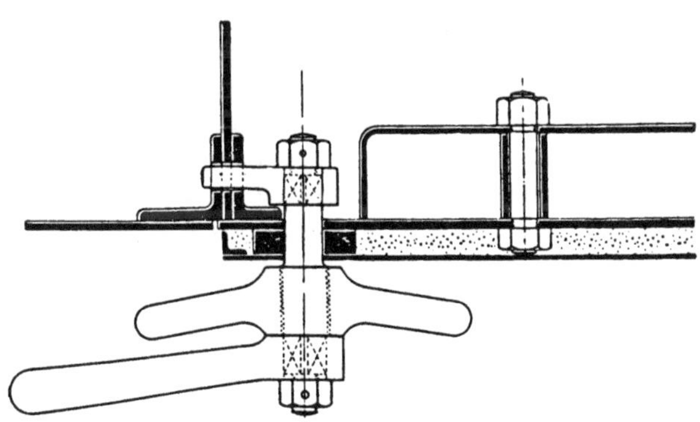

Fig. 215.

XIX. Abschnitt.

Rauchfang und Schornstein, Lagerung und Bekleidung der Kessel.

Rauchfang. Die Rauchfänge, welche bei Zylinderkesseln an dem mittleren und oberen Teil der Kesselstirnwand befestigt sind, führen die Heizgase aus den Siederohren nach dem Schornstein. Rauchfang und Schornstein einer Kesselanlage für Howdens Zug ist auf Tafel V dargestellt. Den dazu gehörigen Rauchfangunterteil eines Kessels zeigen die Fig. 214 und 215. Oberhalb der Siederohre, also an dem Teil der Stirnwand, welcher durch Anker unterstützt ist, wird zweckmäßig ein Blech angeordnet (s. Fig. 215), damit dieser Teil der Stirnwand nicht durch Ruß usw. verschmutzt wird und auch nicht durch Abbrand leiden kann. Beim Vorhandensein eines solchen Flammbleches darf dann auch dieser Teil der Stirnwand nach den Vorschriften der Klassifikationsgesellschaften etwas dünner gehalten werden. Befindet sich oben in der Stirnwand ein Mannloch — bei Howdens Zug ist dieses der Vorwärmerohre wegen nicht möglich — so wird der Rauchfang um dieses Mannloch herumgeführt. In dem Rauchfangunterteil befinden sich bei natürlichem Zug häufig, bei künstlichem Zug stets, Zwischenwände (s. Fig. 214), damit die beim Beschicken und Reinigen eines Feuers einströmende kalte Luft die anderen Feuer weniger in Mitleidenschaft zieht. Jeder einzelne dieser so hergestellten Rauchfangteile erhält häufig eine besondere kleine Rauchfangklappe, welche beim Öffnen der Feuertür geschlossen wird, sodaß dem Eintritt kalter Luft auch hierdurch vorgebeugt wird. Oben im Rauchfang befinden sich stets große Dämpferklappen, *a* auf Tafel V, und zwar für jeden Kessel eine. Die unteren Teile der Rauchfänge werden mit Rauchfangtüren (s. Fig. 214 u. 215) versehen, welche durch Vorreiber geschlossen werden können. Die Türen selbst sind doppelwandig; der Zwischenraum wird mit Kieselgur od. dgl. ausgefüllt. Außerdem sind sie innen durch Flammbleche geschützt, welche des Verziehens und leichten Erneuerns

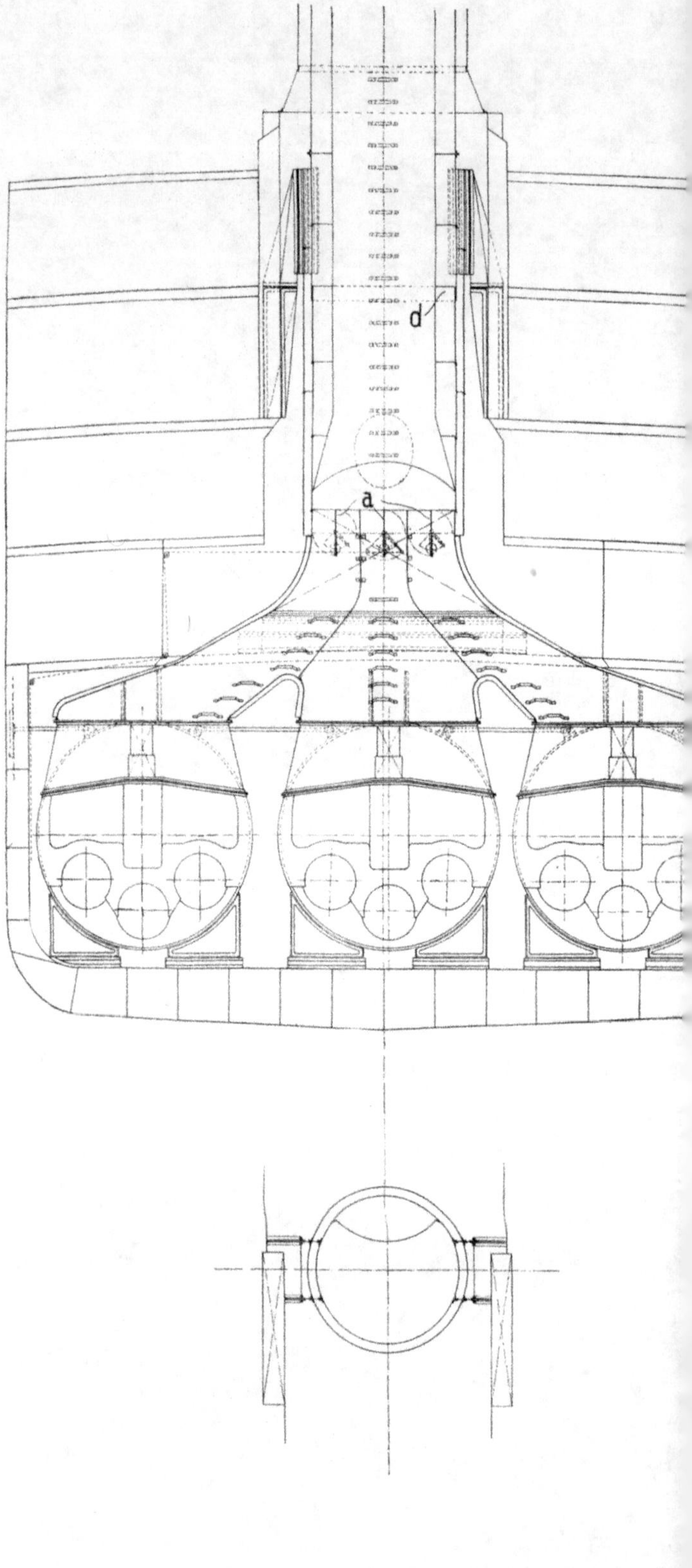
d
a

Tafel V.

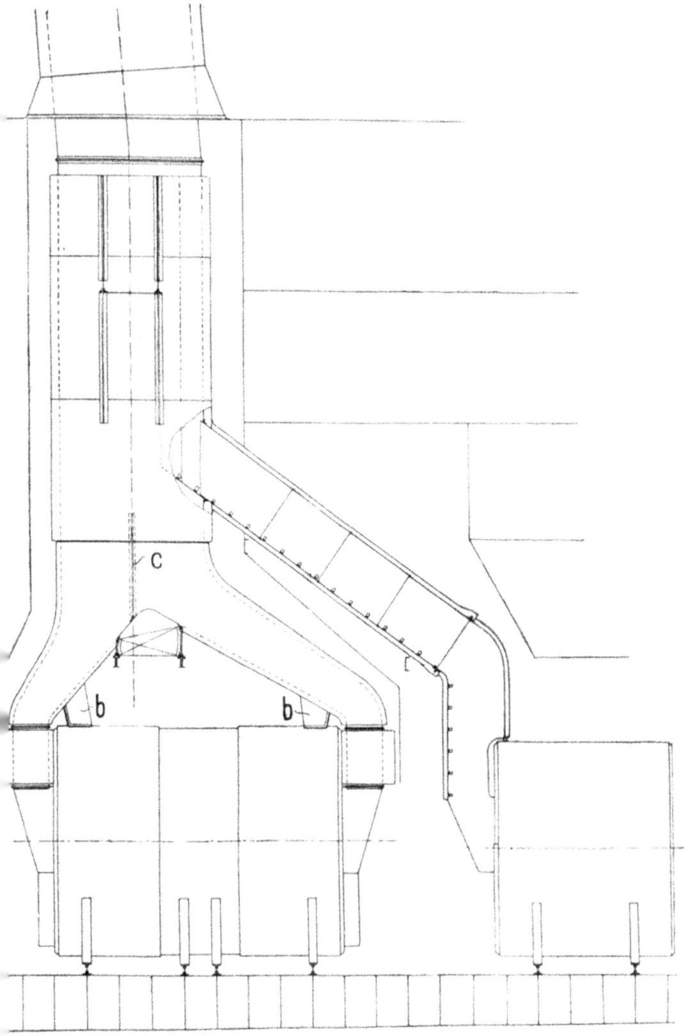

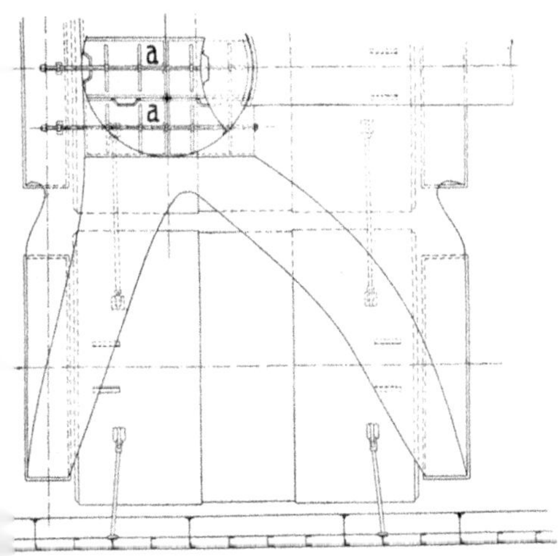

wegen zweckmäßig in nicht zu großen Streifen angebracht werden. Die Rauchkammertüren schlagen manchmal nach der Seite, meist jedoch nach oben auf und haben oft unten noch kleinere Klappen, durch welche Flugasche usw. leicht entfernt werden kann.

Die unteren Rauchfangteile der einzelnen Kessel oder bei Doppelendern beider Kesselseiten werden zweckmäßig durch kleine Knieplatten, *b* auf Tafel V, gegen den Kessel abgestützt. Sie vereinigen sich dann in einem quadratischen Rauchfang, der allmählich in den runden Schornsteinquerschnitt übergeht. Der Rauchfang wird gleichfalls doppelwandig ausgeführt; bei großen Schiffen erhält die innere Wand etwa 6 mm, die äußere etwa 3 mm Wandstärke; beide Wände sind durch Blechstücke von Z-Form oder durch dünne Stehbolzen miteinander verbunden. Zum Befahren und Reinigen des Rauchfanginnern werden Einsteigeöffnungen und Steigeisen im Innern vorgesehen. Das Gewicht des ganzen Rauchfanges stützt man zweckmäßig nicht mit Konsolen auf dem Kessel selbst ab, sondern sucht einige Deckbalken durchzuführen, welche zum Tragen des Rauchfanges dienen können. Bei dem auf Tafel V dargestellten Rauchfang ist zur besseren Übertragung des Gewichtes innen im Rauchfang noch eine Platte *c* eingebaut, welche in der linken Projektion durch ein strichpunktiertes Kreuz bezeichnet ist. Der Rauchfang des Hilfskessels wird lose in den großen Rauchfang eingeführt, da dieser Kessel im Hafen allein benutzt wird. Der obere quadratische Teil des Rauchfanges, der durch immer größer werdende Abrundungen der Ecken oder durch Übergang in einen achteckigen Querschnitt allmählich in den runden Querschnitt des Schornsteins übergeführt wird, ragt bei großen Schiffen verschiebbar, auf Tafel V bei *d*, in den unteren Teil des Schornsteins hinein. Bei mittleren Schiffen ist eine Verschiebbarkeit an dieser Stelle nicht vorhanden, sodaß der Rauchfang bei seiner Ausdehnung auch den Schornstein mit in die Höhe schieben und sein Gewicht tragen muß. Bei ganz kleinen Schiffen, Hafendampfern usw. in billiger Ausführung wird sogar der Rauchfang häufig von unten einfach an das Deck angeflanscht (s. Fig. 18 auf S. 28), sodaß der Rauchfang sich irgendwie hinziehen muß. Wenn diese Konstruktion auch nicht einwandfrei ist, so genügt sie doch mäßigen Ansprüchen.

Fig. 216 und 217 stellen den Rauchfang für eine Kesselgruppe eines kleinen Kreuzers dar. Der Rauchfang besteht hier in seinen unteren Teilen aus 4 mm-, in seinem oberen Teile aus 3 mm-Blechen. Darüber ist im Abstande von 70 mm ein 2 mm starker Rauchfangmantel angeordnet. Auf letzterem werden außen Asbestmatten angebracht, welche durch Bandeisenstreifen befestigt werden. Zwischen dem Rauchfang und dem Dampfraum des Oberkessels muß rundherum ein Spielraum von 60 mm verbleiben, um einer Überhitzung des Oberkessels vorzubeugen. Der untere Rauchfangteil ragt bei *a* auf seinem ganzen Umfang verschiebbar in die Rauchfangschlingen des Panzerdecks hinein und ist deshalb an

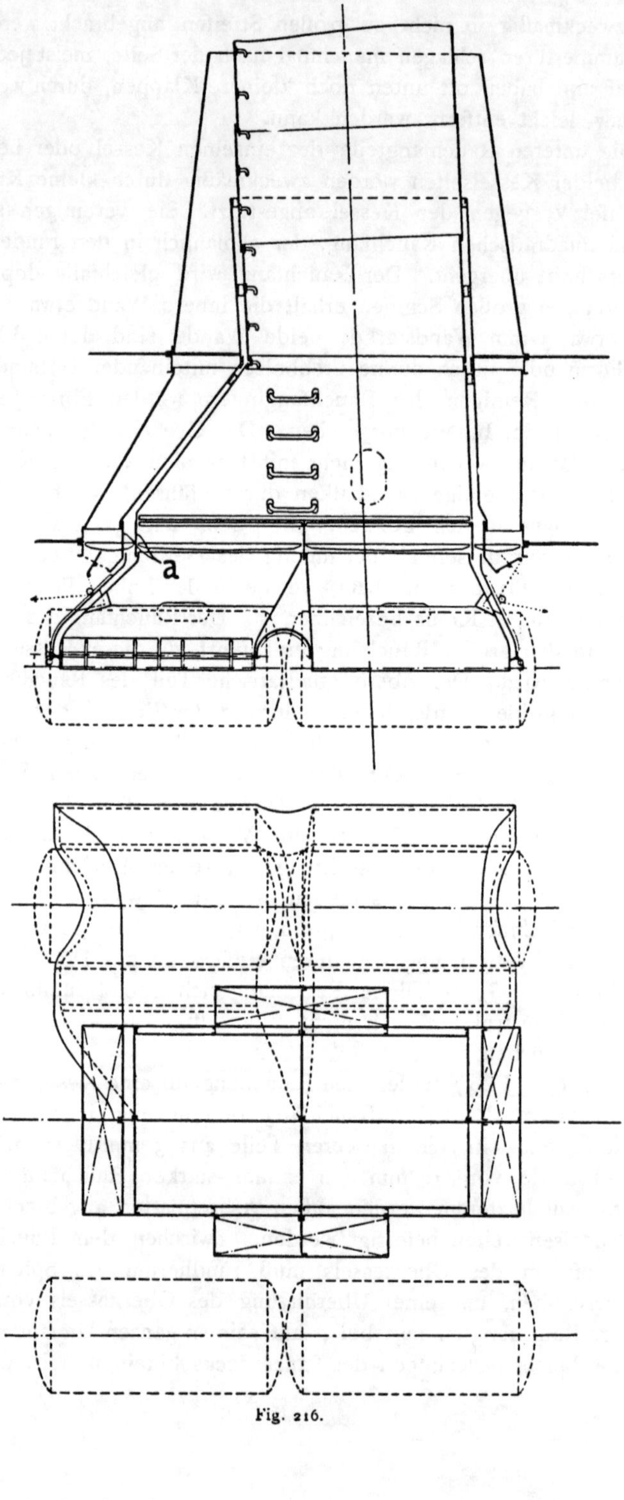

Fig. 216.

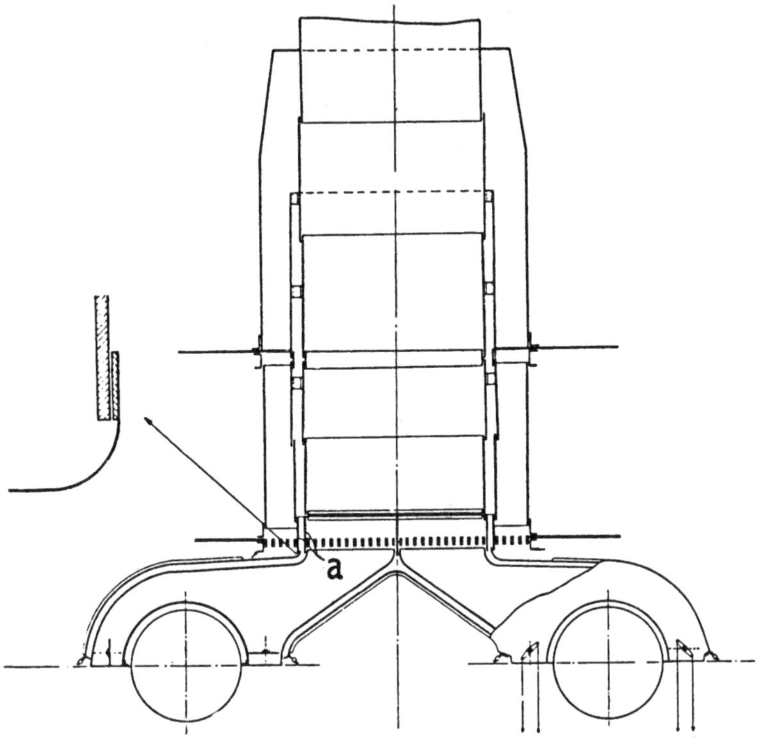

Fig. 217.

diesem oberen Ende mit einer Verstärkungsplatte versehen. Der obere Teil des Rauchfanges ist mit den Rauchfangschlingen vernietet und schiebt bei seiner Wärmeausdehnung zusammen mit dem Schornstein nach oben. Im Panzerdeck werden alle Öffnungen mit Panzergrätings abgedeckt. Die im Grundriß mit gestrichelten Kreuzen bezeichneten Öffnungen im Panzerdeck, welche gleichfalls mit Panzergrätings versehen sind, dienen zur Ventilation des Kesselraumes bei natürlichem Zug; bei Verwendung von künstlichem Zug werden sie durch Klappen, die im Aufriß des Rauchfanges sichtbar sind, geschlossen. Die 70 mm breiten Spielräume zwischen Rauchfang und Rauchfangmantel müssen bei künstlichem Zug ebenfalls durch kleine Klappen verschlossen werden. Unten im Rauchfang sind rechts und links vom Oberkessel Dämpferklappen angeordnet, sodaß jede Feuerung für sich abgesperrt werden kann. Die Züge dieser Dämpferklappen endigen an den Kesselstirnwänden oberhalb der Feuertüren. Die Laschen des Rauchfanges und Rauchfangmantels liegen innen und werden teilweise nicht vernietet, sondern mit Schrauben befestigt, damit einzelne Rauchfangteile leicht demontiert werden können. Wenn einzelne Rauchfangteile sehr schräge geführt sind, so müssen sie noch besonders abgestützt oder aufgehängt werden.

Die Anordnung des Rauchfanges eines Panzerschiffes ist aus Fig. 20 auf S. 30 ersichtlich. Die unteren Rauchfänge ragen hier verschiebbar in die Rauchfangschlingen des Panzerdecks hinein; die oberen Rauchfänge sind mit denselben Schlingen vernietet und ragen verschiebbar in die Rauchfangschlingen des gepanzerten Oberdecks hinein. An diesen Schlingen sind dann die Schornsteine befestigt, die also von hier aus nach oben schieben müssen. Die Rauchfangluken in den beiden gepanzerten Decks werden mit Panzergrätings versehen.

Schornstein. Bei Handelsschiffen ist der Schornstein meist kreisrund, bei Kriegsschiffen häufig elliptisch. Haben die einzelnen Kesselgruppen verschieden große Rostflächen, so macht man die Schornsteine in der Seitenansicht des Schiffes des Aussehens wegen alle gleich breit und dementsprechend teilweise kreisrund oder abgeflacht, wie Fig. 23 auf S. 31 zeigt. Im Schornsteinschacht erhält der Schornstein stets einen Mantel, außerhalb desselben im allgemeinen nur auf großen Schiffen. Auf Tafel V ist ein solcher Schornstein dargestellt. Sein Gewicht wird, wie besonders deutlich aus dem links unten befindlichen Querschnitt hervorgeht, durch Konsolen getragen, welche durch den Schornsteinmantel hindurchgehen und auf ähnlichen am Schiffskörper befestigten Konsolen ruhen. Der eigentliche Schornstein schiebt von diesen Konsolen aus nach oben; in seinen unteren Teil ragt bei *d* der obere Teil des Rauchfanges verschiebbar hinein. Der untere Teil des Schornsteinmantels, welcher gleichfalls mit den am Schornstein befestigten Konsolen vernietet ist, schiebt von hier aus nach unten. Der außerhalb des eigentlichen Schiffskörpers liegende Schornsteinmantel ist mit einem konischen Übergangsstück auf dem Deck befestigt und dehnt sich von hier aus nach oben aus; in seinem Innern kann sich der Schornstein seiner größeren Erwärmung entsprechend beliebig verschieben. Zur Innehaltung der Entfernung zwischen Schornstein und Schornsteinmantel sind eine Anzahl U-förmig gebogener Blechstreifen außen am Schornstein aufgenietet, welche bei der Erwärmung des Schornsteins mit ihren Außenflächen an der Innenseite des Schornsteinmantels scheuern. Letzterer wird an diesen Stellen durch ringsherumlaufende Ringe verstärkt. Die Entfernung zwischen Schornstein und Schornsteinmantel macht man außerhalb des eigentlichen Schiffskörpers möglichst gleich 300 mm oder noch größer, damit man zum Reinigen, Streichen usw. in diesen Zwischenraum gelangen kann. Bei mittleren Schiffen erhält der Schornstein, sobald außerhalb des eigentlichen Schiffskörpers kein Schornsteinmantel vorhanden ist, eine Regenkrone (Fig. 218), mit welcher er sich aus dem Schornsteinschacht herausschiebt. Früher wurde der Schornstein häufig seiner ganzen Länge nach durch vertikale Wände so geteilt, daß jeder Kessel seinen eigenen Schornsteinteil hatte; neuerdings läßt man diese Wände fort, teilt jedoch stets für den Hilfskessel einen linsenförmigen (s. Tafel V) oder kreisförmigen Teil im Innern des Schornsteins ab, da im Hafenbetrieb der ganze Schornstein für den Hilfskessel einen zu großen Querschnitt bieten würde und sich dann auch nicht reinigen ließe, ohne den Hilfskessel außer Betrieb zu setzen. Innen erhält der Schornstein Steigeisen, außen eine Leiter und ev. ein Podest zur Bedienung der Dampfpfeife oder Sirene. Der sichtbare Teil des Schornsteinmantels oder, falls kein Schornsteinmantel vorhanden ist, des Schornsteins wird des besseren Aussehens wegen fast stets mit versenkten Nieten und innenliegenden Laschen genietet. An dem oberen Ende des Schornsteins befindet sich am Schornsteinmantel ein ringsherum laufender Ring, an welchem die Schäkel für die Schornsteinstage befestigt werden. Durch Spannschrauben od. dgl. müssen sich die Stage je nach der Erwärmung des Schornsteins lockern oder anspannen lassen. Da der eigentliche Schornstein aus stärkeren Blechen besteht als der Schornsteinmantel, werden von ersterem häufig Distanzbolzen durch Löcher im Schornsteinmantel geführt und an diesen Bolzen die Schäkel befestigt; die genannten Löcher werden dann in der Längsrichtung des Schornsteins oval gemacht, da sich der Schornstein stärker ausdehnt als der Schornsteinmantel.

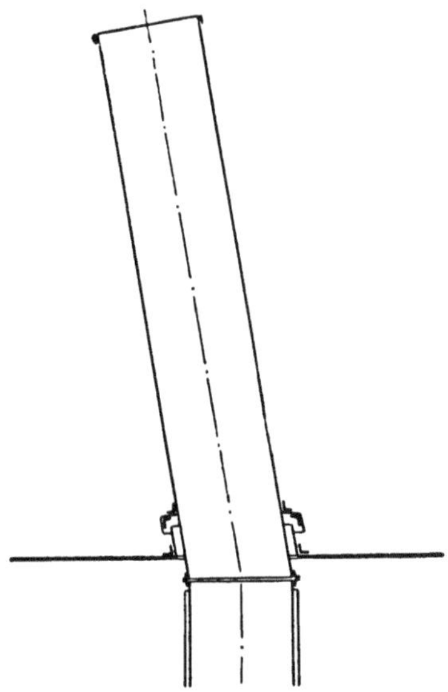

Fig. 218.

Über die Abmessungen des Schornsteinquerschnitts ist bereits auf S. 21 gesprochen worden. Die Höhe des Schornsteins wird meist mit Rücksicht auf ein gutes Aussehen gewählt. Theoretische Erwägungen über die auszuführende Schornsteinhöhe haben deshalb hier auch keinen Wert. Allgemein läßt sich sagen, daß man jetzt die Schornsteine höher ausführt als früher.

Bei kleineren Schiffen, welche Brücken zu passieren haben, werden die Schornsteine umklappbar gemacht. Um den Schornstein dann leichter aufrichten zu können, wird sein Gewicht durch Gegengewichte ausgeglichen. Bei Passagierdampfern ist jedoch bei umgelegtem Schornstein der aus der Teilfuge ausströmende Rauch störend. Interessant ist hier eine Konstruktion, welche sich bei den Dampfern auf den oberitalienischen Seen findet, auf denen besonders viele Brücken zu passieren sind. Der Schornstein (Fig. 219) ist hier dreiteilig; der mittlere Teil kann an Ketten, welche über die am untersten Schornsteinteil angebrachten Rollen *a* laufen, herabgelassen werden. Oben an dem mittleren Schuß sind nun Rollen *b* angebracht, welche sich also mit diesem Schuß senken. Hierbei wird die Kette, welche den obersten Schuß trägt, schlaff, sodaß der oberste

Schornsteinteil sich gleichzeitig in den mittleren Teil hineinschieben kann. Zuletzt sind dann alle drei Teile ineinandergeschachtelt.

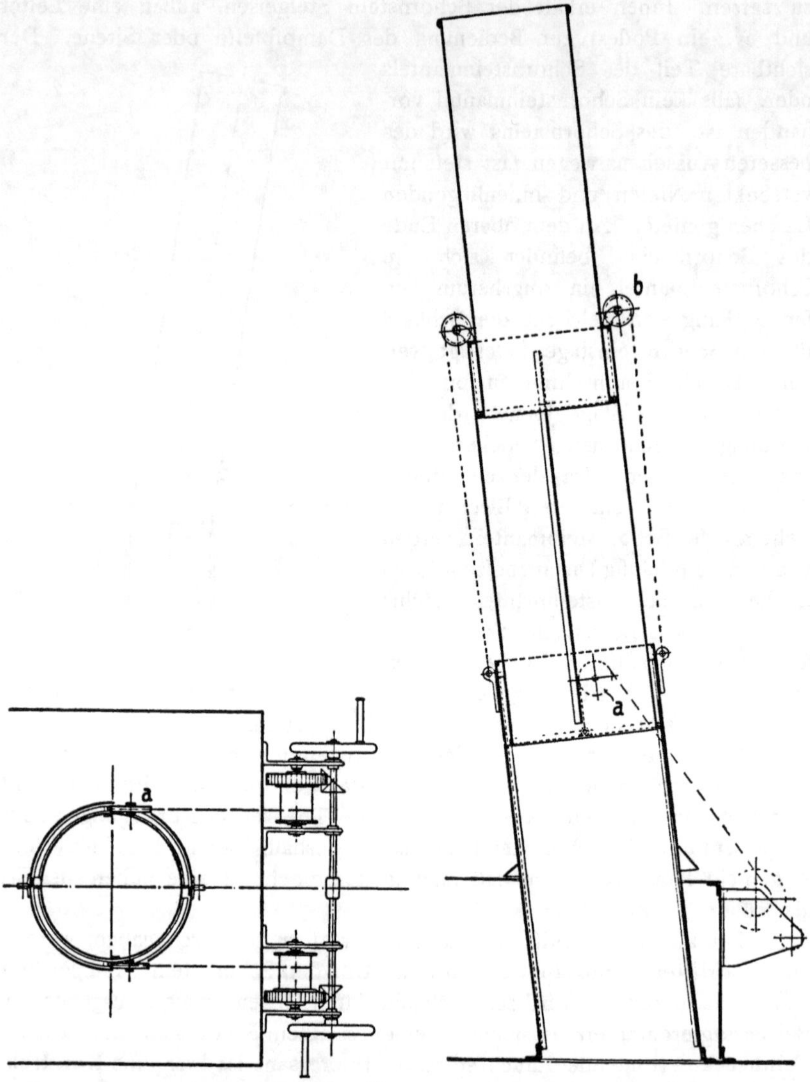

Fig. 219.

Fig. 220 stellt den Schornstein eines kleinen Kreuzers dar; dieser Schornstein gehört zu dem in Fig. 216 und 217 wiedergegebenen Rauchfang. Der des Befahrens wegen mindestens 300 mm breite Spielraum zwischen Rauchfang und Schornstein dient hier ebenso wie bei dem Schornstein auf Tafel V dazu, die im Schornsteinschacht aufsteigende

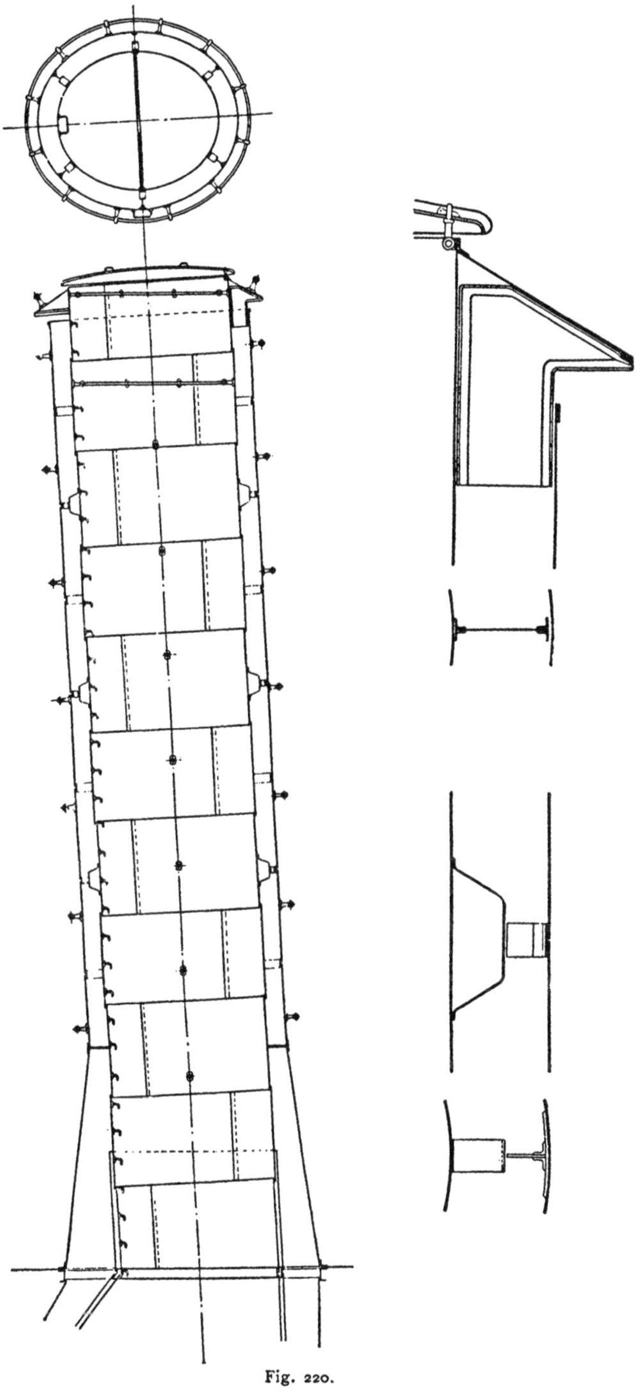

Fig. 220.

heiße Luft abzuführen. Oben erhält der Schornstein eine Regenkrone. Im Hafen kann bei Regen ein aus mehreren Teilen bestehender Schornsteindeckel aufgesetzt werden. Die amerikanische Marine verwendet statt dessen einen Segeltuchbezug, der den Vorteil des leichteren Anbringens bietet. Zum Streichen des Schornsteins usw. sind außen am Schornsteinmantel eine Anzahl Gasrohrringe in 1700 mm Entfernung angebracht. Innen und außen wird zu demselben Zweck eine Reihe Steigeisen angeordnet.

Bei Linienschiffen und Panzerkreuzern wird neuerdings der Gewichtsersparnis wegen der Schornsteinmantel nur etwa bis zur halben Höhe des Schornsteins hochgeführt, sodaß die Regenkrone dann in dieser Höhe zu sitzen kommt. Die Wandstärke des Schornsteins beträgt auf größeren Kriegsschiffen unten meist 3 bis 4, oben 3 mm; der Mantel erhält 2 mm Wandstärke.

Lagerung der Kessel. Jeder Zylinderkessel ruht je nach seiner Größe auf zwei bis vier Konsolen aus Winkeleisen und Blechen. Diese Fundamente ordnet man so an, daß sie über den Bodenwrangen des Doppelbodens liegen; läßt sich dies nicht ermöglichen, so müssen im Doppelboden Versteifungen eingebaut werden. Neuerdings nietet man auf dem Doppelboden niedrige Träger aus Winkeleisen und Blechplatten an und verschraubt auf diesen besondere, annähernd dreieckige Konsolen (s. Tafel V und Fig. 188 auf S. 249). Diese Konstruktion bietet den Vorteil, daß man nach Wegnahme der oberen, nur angeschraubten Teile die Kessel leichter einsetzen oder entfernen kann. An den Längsseiten des Kessels werden die einzelnen Kesselfundamente durch Blechplatten verbunden, einmal, um die Fundamente in der Längsschiffsrichtung zu versteifen und dann auch, um zu verhindern, daß Kohlen, feuchte Asche u. dgl. an die Kessel gelangen kann. Im oberen Teil werden die Kessel durch schmiedeeiserne Zugstangen (s. Tafel V) gehalten, welche in entsprechende Ösen am Kessel greifen und nach den nächstgelegenen Spanten oder Bunkerwänden führen. Die betreffenden Stellen der Bunkerwände müssen in diesem Falle versteift werden. Die obere Verankerung muß so angeordnet sein, daß das durch die Wärmeausdehnung bedingte »Wachsen« des Kessels unbehindert erfolgen kann. Um die Kessel auch in der Längsrichtung zu sichern, werden an jeder Stirnwand Konsolen aus Winkeleisen angeordnet (s. Fig. 188 auf S. 249), gegen welche sich der untere Teil der Stirnwand legt. Die untere Hälfte der Konsole ist hier wiederum mit dem Doppelboden vernietet; der obere Teil ist mit dem unteren des leichteren Wegnehmens wegen nur verschraubt.

Bei Wasserrohrkesseln mit Unterkesseln müssen letztere die Möglichkeit haben, sich frei auszudehnen. An jedem Unterkessel werden zwei Füße angenietet (s. z. B. Fig. 152 auf S. 199), welche auf besonderen, am Schiffskörper angenieteten Kesselfundamenten ruhen. Um eine ebene glatte Fläche zu erhalten, werden unter diese Kesselfüße noch eiserne

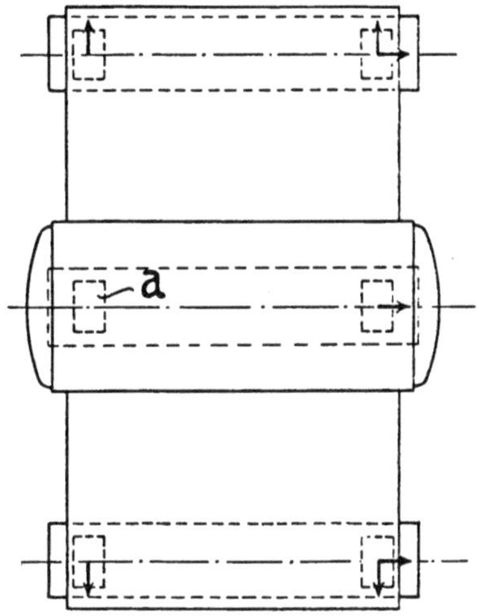

Fig. 221.

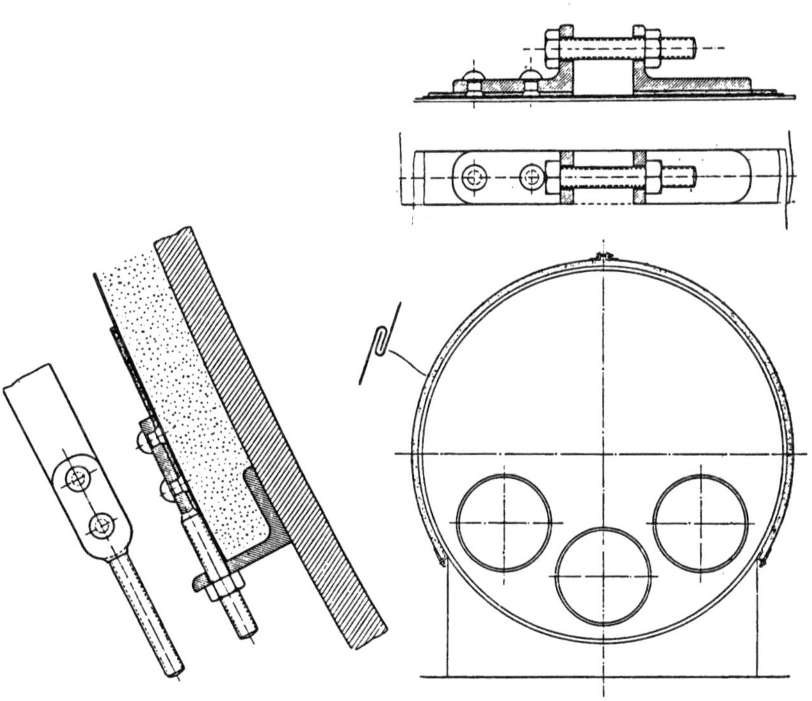

Fig. 222.

Paßstücke gelegt. Ein Fuß des mittleren Unterkessels, in Fig. 221 mit *a* bezeichnet, wird nun starr auf dem Fundament befestigt; meist ist es der nach dem Schott zu gelegene. Die anderen Kesselfüße müssen nun je nach ihrer Lage querschiffs oder längs- und querschiffs beweglich sein. Die Figur gibt durch Pfeile das Schema der notwendigen Beweglichkeit der einzelnen Kesselfüße eines Schulz-Kessels an. Jeder Oberkessel wird in der Längsschiffsrichtung durch einen Anker mit dem nächstgelegenen Querschott verbunden.

Bekleidung der Kessel. Um die Wärmeausstrahlung zu beschränken, werden die Kessel soweit wie möglich mit nichtleitendem Material bekleidet. Das untere Drittel wird bei Zylinderkesseln in besonderer Weise isoliert, da hier die Bekleidung öfters losgenommen werden muß. Man verwendet für diesen unteren Teil meist Asbestmatten, welche durch Ziehbänder od. dgl. zusammengehalten werden. Der obere Teil des Kessels erhält meist eine 50 bis 65 mm starke Isolierung aus Kieselgur, der mit Wasser angerührt und in verschiedenen Schichten aufgetragen wird. Darüber legt man etwa 1,5 mm starke verzinkte Eisenblechplatten, die wiederum durch Ziehbänder festgehalten werden (Fig. 222). Diese Ziehbänder gehen durch Winkeleisen, welche am Kesselmantel angeschraubt sind, und lassen sich durch Muttern nachstellen. Oben am Kessel sind die Ziehbänder geteilt, sodaß man sie auch hier durch Anziehen einer Mutter nachstellen kann. Die Stirnwände werden soweit wie möglich in ähnlicher Weise mit Kieselgur und dünnen Blechplatten bekleidet.

Die Bekleidung eines Wasserrohrkessels ist bereits auf S. 200 genauer besprochen. Im allgemeinen werden zur Bekleidung nur bronzene Muttern verwendet. Die Marine verwendet meist blauen Asbest, welcher teuerer ist als der weiße, aber besser isoliert. Die zur Bekleidung für Wasserrohrkessel allgemein verwendete Asbestpappe wird aus Asbestfaser und Wasserglas als Bindemittel hergestellt. Asbestmatten bestehen aus zwei Asbesttüchern und einer Zwischenlage aus reiner Asbestfaser.

Die unter der Bekleidung liegenden Teile der Kessel müssen stets gut unter Mennigeanstrich, die Stirnwände usw. unter Firnisanstrich gehalten werden.

XX. Abschnitt.

Die Behandlung der Kessel.

Zum Schlusse seien noch einige Worte über den Betrieb, die Reinigung, Konservierung usw. der Kessel hinzugefügt.

Ehe ein neuer oder reparierter Kessel in Betrieb genommen werden kann, muß eine Kaltwasserdruckprobe erfolgen. Nach einem deutschen Reichsgesetz beträgt der Probedruck bei Kesseln, welche für eine höhere Dampfspannung als 5 at bestimmt sind, 5 at mehr als der beabsichtigte Überdruck. Im Ausland ist der Probedruck im allgemeinen noch höher, und zwar häufig gleich dem $1\,^1/_2$ bis 2fachen des Arbeitsdruckes.

Eine eigenartige Vorschrift hat die amerikanische Marine; hier soll nämlich der Probedruck möglichst durch Erhitzen des Wassers bei ganz gefülltem Kessel erzeugt werden. Durch Rechnung ergibt sich hierfür, daß bei gänzlicher Abwesenheit von Luft nur eine Temperaturerhöhung von etwa 20^0 C nötig wäre. Da jedoch stets etwas Luft im Wasser enthalten sein wird oder an den Kesselwänden haftet, wird das Wasser wohl stärker, aber wahrscheinlich nicht bis zu 100^0 C erhitzt werden müssen. Abgesehen davon, daß so die Druckprobe des Kessels bei einigermaßen erwärmtem Kessel — aber ohne jede Explosionsgefahr — stattfindet, also ein der Wirklichkeit näher kommendes Bild der undichten Stellen liefert, dürfte ein Vorteil dieser Art Druckprobe auch darin bestehen, daß die Drucksteigerung ganz allmählich vor sich geht, der Kessel also mehr geschont wird.

Vor einer Inbetriebnahme sind die Kessel einer gründlichen Revision zu unterziehen. Insbesondere ist nachzusehen, ob alle Werkzeuge, Lampen usw. aus dem Kessel entfernt sind, ob die Armaturteile in Ordnung sind, ob die Verbindungsstellen der Zinkschutzplatten mit dem Kessel metallisch blank sind usw. Dann sind die Mann- und Schlammlochdeckel zu verpacken. Auf Flüssen und Landseen kann man nun den Kessel, wenn es der Tiefgang des Schiffes gestattet, einfach durch den Außenbordhahn vollaufen lassen, eine Füllung mit Seewasser darf dagegen nur im äußersten Notfalle geschehen. Für die Wasserrohrkessel genügt sogar nicht einmal eine Füllung mit Frischwasser, sondern es muß hierzu destilliertes Wasser verwendet werden, da sich sonst die Rohre zu leicht verstopfen können. Erst nachdem der Kessel bis zum normalen Wasserstand oder etwas darüber gefüllt ist, sollen die Feuer belegt werden, da sonst durch zu frühes Anzünden Teile des Kessels ausglühen können. Das Belegen der Feuer geschieht folgendermaßen. Die Roste werden aut den hinteren zwei Drittel oder drei Viertel ihrer Länge gleichmäßig mit Stückkohle beworfen. Auf dem vorderen freigebliebenen Teil des Rostes wird dann der sog. Kopf aufgebaut, welcher aus Holzstücken mit darübergelegten Stückkohlen besteht. An das Holz wird gebrauchte ölige Putzbaumwolle gelegt. Diese wird dann mit einer Handlampe oder mit Kohlen aus einem bereits im Betriebe befindlichen Kessel angezündet. Vorher sind die Schornsteinklappen zu öffnen und die Schornsteinstage zu lockern; bei Kriegsschiffen müssen ev. noch die Schornsteinkappen abgenommen werden. Hat man Dampf aus einem im Betrieb befindlichen Kessel zur Verfügung, so ist mit diesem durch die Temperaturausgleicher das Wasser annähernd bis zum Siedepunkt zu erwärmen, bevor die Feuer angezündet werden. Ist noch kein Kessel im Betrieb oder sind keine Temperaturausgleicher vorhanden, so ist es zweckmäßig während des Dampfaufmachens das Wasser langsam durch die Ausblaseleitung aus dem Kessel zu pumpen und durch die Speiseventile wieder einzupumpen, damit der untere Teil des Kessels und das dort befindliche Wasser auch erwärmt wird. Zu dem gleichen Zweck kann man auch den Kessel beträchtlich höher als bis zum normalen Wasserstand auffüllen und das unten befindliche kalte Wasser während des Anheizens allmählich durch vorsichtiges Ausblasen entfernen.

Mit dem Anzünden der Feuer muß auch das Absperrventil des Kessels geöffnet werden, damit die Luft aus dem Dampfraum entweichen kann. Diese Luft und den zuerst gebildeten Dampf läßt man durch die geöffneten Ausblasehähne der Dampfzylinder austreten, wodurch gleichzeitig die Rohrleitungen und die Maschine allmählich angewärmt werden. Zuerst werden die Feuertüren offen und die Dämpfer geschlossen gehalten, damit die Flamme durch den Luftzug von dem Kopf nach hinten zu den auf dem Rost liegenden Stückkohlen getrieben wird. Erst wenn das Feuer ordentlich brennt und ein Teil der Kohlen entzündet ist, werden die angebrannten Kohlen mit der Kratze über den ganzen Rost verteilt, die Feuertüren geschlossen und die Dämpfer geöffnet.

Selbstverständlich sind während des Anheizens und im Betriebe die Manometer, Wasserstandsgläser, Speisevorrichtungen, Sicherheitsventile usw. dauernd zu beobachten. Die Verpackungen der Mann- und Schlammlochdeckel und der Armaturteile können während des Anheizens wenn notwendig vorsichtig nachgezogen werden.

Je langsamer das Anheizen erfolgt, desto mehr wird der Kessel geschont. Je nach der Größe des Kessels, dem Vorhandensein von Temperaturausgleichern usw. rechnet man für das Dampfaufmachen etwa 4 bis 20 Stunden, wobei die untere Grenze für Kriegsschiffskessel und vorgewärmtes Wasser gilt. Bei Wasserrohrkesseln dauert das Dampfaufmachen etwa eine Stunde, kann jedoch im Notfalle unter mäßiger Benutzung der Ventilationsmaschinen schon in $^1/_2$ Stunde geschehen.

Beim Heizen ist vor allen Dingen auf eine gleichmäßige Bedeckung des Rostes mit Kohlen und möglichst kurzes Offenhalten der Feuertüren, also schnelles Bearbeiten der Feuer, zu achten. Hierdurch soll das Einströmen von kalter Luft in den Kessel möglichst vermieden werden, da diese den Nutzeffekt des Kessels herabsetzt und auch durch Abkühlung einzelner Kesselteile Leckagen usw. hervorruft. Ist die Kohlenschicht an einer Stelle zu niedrig, so wird diese Stelle bald ganz von Kohlen entblößt, da hier dem verringerten Widerstand entsprechend mehr Luft hindurchströmt und so die Kohlen schneller abbrennen.

Bei Zylinderkesseln werden in verhältnismäßig großen Zeiträumen größere Mengen von Kohlen aufgeworfen, die man dann bis zu einem gewissen Grade abbrennen läßt. Der Zustand des Feuers ist hierbei nicht immer der gleiche. Die Höhe der im Mittel eingehaltenen Brennstoffschicht richtet sich natürlich nach der pro qm Rost zu verbrennenden Kohlenmenge, der Art des Zuges, der Kohlensorte usw.

Bei Wasserrohrkesseln mit ihrem kleinen Wasser- und Dampfraum ist es dagegen, um eine bestimmte Dampfspannung zu halten, notwendig, das Feuer, praktisch gesprochen, immer in demselben Zustande zu erhalten. Bei diesen Kesseln müssen daher in sehr kleinen Zwischenräumen geringe Kohlenmengen aufgeworfen werden. Da der Verbrennungsraum bei Wasserrohrkesseln verhältnismäßig klein ist, ist es erforderlich, daß die Kohlen in Weißglut brennen, anderenfalls bilden sich Kohlenoxydgase, welche erst im Schornstein oder zwischen den Rohren verbrennen und dabei Ruß und Teer an den Rohren absetzen. Ferner müssen die Feuer bei Wasserrohrkesseln verhältnismäßig dünn gehalten werden, da sonst die Verbrennung nicht vollständig im Verbrennungsraum stattfindet und somit leicht Schornsteinbrände oder unzulässige Erhitzungen des Rauchfanges und Schornsteins eintreten können.

In der deutschen Marine gilt für die Feuerbedienung der Wasserrohrkessel folgendes. Die Höhe der Kohlenschicht soll 150 mm, bei Torpedobooten im allgemeinen 200 mm nicht überschreiten, bei verringerter Fahrt soll sie nur 100 bis 120 mm betragen. Zum Vergleich sei hier hinzugefügt, daß bei Lokomotivkesseln, die ja besonders hohe Feuerbüchsen hatten, Kohlenschichten bis zu 400 mm Höhe gehalten wurden. Damit die von den einzelnen Kesseln gelieferten Dampfmengen ungefähr gleich groß sind, wird die Feuerbedienung von der Kommandomaschine aus geregelt, und zwar durch Einstellen des Uhrwerkes von Heizklingeluhren. Von den in einem Kesselraum befindlichen Kesseln erhalten nun die Feuertüren des ersten Kessels die Nummern 1 und 2, die des zweiten Kessels die Nummern 3 und 4 usw. Ertönt die Klingel, so werden die Feuer mit geraden Nummern beworfen und die mit ungeraden Nummern nötigenfalls durchgestoßen. Beim nächsten Klingeln werden die Feuer mit ungeraden Nummern beworfen und die mit geraden Nummern soweit nötig durchgestoßen. Da das Durchstoßen möglichst nicht mit dem Poker, dessen Benutzung ja eine Öffnung der Feuertür erfordert, sondern vom Aschfall aus mit dem Schüreisen geschehen soll, ist auf diese Weise bei jedem Kessel immer nur eine Feuertür geöffnet. Die jedesmal aufzuwerfende Kohlenmenge soll bei allen Leistungen der Maschine annähernd gleich groß sein — pro qm Rost rechnet man etwa 8 kg —, es ist daher die Zeit zwischen dem Klingeln, also zwischen den Beschickungen, je nach der Leistung der Maschine und der Anzahl der Feuertüren verschieden. Bei einem Kessel von z. B. 5 qm Rost und 2 Feuertüren sind jedesmal durch eine Feuertür 2,5 qm Rost zu beschicken, also $2{,}5 \cdot 8 = 20$ kg Kohlen aufzuwerfen. Da neuerdings die Kessel so bemessen werden, daß bei Volldampfleistung pro qm Rost und Stunde etwa 200 kg Kohle zu verbrennen sind, muß im vorliegenden Falle jede Feuertür in der Stunde $\frac{500}{20} = 25$ mal, also alle 2,4 Minuten geöffnet werden. Das Signal der Heizklingeluhr würde dann alle 1,2 Minuten ertönen, da jedesmal nur die Hälfte der Feuertüren geöffnet werden soll. Damit die Heizer wissen, wieviel Kohlen jedesmal aufzuwerfen sind, werden vor den Kesseln stets nur so viel Kohlen aufgeschüttet, als bei dem nächsten Signal aufgeworfen werden sollen. Je nach dem Dampfverbrauch und der Art der Kohle müssen die Feuer alle 4 bis 12 Stunden gereinigt werden.

Beim Manövrieren läßt sich natürlich die angegebene Heizmethode nicht einhalten; aber auch dann sollen die Feuer möglichst dünn und in Weißglut gehalten werden.

Besonders für Wasserrohrkessel würden nach dem eben Gesagten mechanische Heizvorrichtungen vorteilhaft sein. Diese würden neben einer Entlastung der Heizer auch eine bessere Ökonomie zur Folge haben, da bei ihnen die Zufuhr des Brennmaterials ganz gleichmäßig geschieht. Die Gase werden nämlich hierbei nach und nach und nicht ziemlich plötzlich wie beim Aufwerfen von frischer Kohle erzeugt, wodurch auch eine verminderte Rauchbildung erzielt wird. Abgesehen von dem großen Raum- und Gewichtsbedürfnis dieser Heizvorrichtungen fehlt ihnen aber eine genügende Anpassungsfähigkeit an Fahrtänderungen usw. Außerdem machen sie den Kesselbetrieb noch komplizierter und können auch leicht versagen.

Ein äußeres Zeichen für den Zustand der Feuer ist der Widerschein im Aschfall. Ist der Aschfall hell, so sind die Feuer in gutem Zustand, ist er jedoch ganz oder teilweise dunkel, so ist das Feuer heruntergebrannt oder verschlackt. In letzterem Falle muß es aufgebrochen oder gereinigt werden. Bei stark backender Kohle müssen die Feuer häufig aufgebrochen werden, bei nicht backender dürfen sie dagegen nicht zuviel gerührt werden, da sonst zuviel unverbrannte Kohlenstücke durch die Rostspalten fallen.

Zur Reinigung des Feuers läßt man es etwas abbrennen, bringt alle Kohle auf eine Hälfte des Rostes und reinigt die freigewordene Rosthälfte mit dem Schüreisen von den Schlacken; dann schiebt man das Feuer auf die gereinigte Seite und reinigt die zweite Rosthälfte. Schließlich wird dann das Feuer wieder gleichmäßig über den Rost verteilt und mit frischer Kohle beworfen. Während des Reinigens der Feuer werden zweckmäßig etwa vorhandene Klappen in den Ventilationskanälen geschlossen oder die Ventilatorköpfe aus dem Wind gedreht, damit möglichst wenig kalte Luft in den Kessel einströmt.

Die durch die Roste gefallene heiße Asche und glühenden Kohlenstücke müssen von Zeit zu Zeit entfernt werden, da die Roste sich sonst verbiegen oder durchbrennen. Bei den Wasserrohrkesseln wird in den Aschfallkasten eine niedrige Wasserschicht gefahren, um die Roststäbe wirksam zu kühlen. Die in den Siederohren sich ablagernden Ansammlungen von Ruß und Flugasche müssen gleichfalls ab und zu mit der Rohrkratze oder mit Drahtbürsten, welche an langen Stielen befestigt sind, entfernt werden. Diese Arbeit ist möglichst zu beschleunigen, damit die Rauchkammertüren nicht so lange offen bleiben.

Die Speisung des Kessels hat natürlich möglichst gleichmäßig zu erfolgen, damit die Temperatur des Kesselwassers und somit die Dampferzeugung nicht zu sehr schwankt. Bei steuerlastigem und stark rollendem oder stampfendem Schiff wird der Wasserstand zweckmäßig über dem normalen gehalten, um eine Bloßlegung feuerberührter Flächen zu vermeiden.

Besondere Aufmerksamkeit ist dem Salzgehalt der Kessel zu schenken, welcher bei dem allerdings nur im Notfalle vorzunehmenden Speisen der Kessel mit Seewasser ständig zunehmen würde, aber auch im normalen Betriebe durch lecke Kondensatoren eine unzulässige Höhe erreichen kann. In der Marine soll der Salzgehalt des Kesselwassers alle zwei Stunden mit dem Salinometer gemessen werden, außerdem wird das Kesselwasser alle 24 Stunden mit Lackmuspapier auf Säure untersucht. Letztere entsteht durch die bei höheren Temperaturen eintretende Zersetzung des Schmieröles. Um diese Bildung von Fettsäuren zu verhüten, werden die Dampfzylinder nur noch mit dem sich nicht so leicht zersetzenden Mineralöl oder noch besser nur »mit Dampf geschmiert«, da das Mineralöl sich als gummiartige zähe Masse auf den feuerberührten Teilen absetzt und insbesondere das Flammrohr gefährdet. Durch Zusatz von Soda zum Speisewasser kann man eine teilweise Verseifung des Öles hervorrufen. Für jedes Kilogramm verbrauchtes Zylinderöl rechnet man hierbei 1 bis 2 kg Soda. Bei Wasserrohrkesseln hat sich auch die Einführung von gelöschtem Kalk als zweckmäßig erwiesen.

Bei Zylinderkesseln ist nur ein Salzgehalt von wenigen Prozent zulässig, da sich sonst zuviel Kesselstein absetzt, welcher die Wärmeübertragung erschwert und daher die Leistungsfähigkeit und den Nutzeffekt des Kessels herabsetzt, ev. auch durch Glühendwerden einzelner Teile zu Havarien Veranlassung geben kann. Bei Wasserrohrkesseln darf das Wasser überhaupt keinen Salzgehalt zeigen, da sich sonst die Rohre zu leicht verstopfen.

Um einen etwaigen Salzgehalt der Kessel herunterzubringen und Schmutzablagerungen zu entfernen, ist ein zeitweises Ausblasen erforderlich; das an der Oberfläche des Wassers schwimmende Fett wird durch Abschäumen beseitigt.

Größere Maschinenanlagen werden zur Schonung der Kessel stets mit Evaporatoren und Speisewasserreinigern ausgerüstet. Letztere haben meist auch Vorrichtungen zur Entlüftung des Speisewassers, da die in demselben enthaltene Luft ein Rosten der Kessel verursacht.

Besondere Vorsicht ist beim »Überkochen« der Kessel zu beobachten. Man versteht darunter ein heftiges Aufwallen des Kesselwassers und Mitreißen von Wasser in die Rohrleitungen und Dampfzylinder. Äußerlich macht sich das Überkochen durch starkes Schwanken und eine trübe Färbung des Wassers in den Wasserstandsgläsern und durch Wasserschläge in den Dampfzylindern bemerkbar. Die Ursachen des Überkochens können verschiedene sein, nämlich zu kleiner Dampfraum und zu kleine Wasseroberfläche, ungleichmäßiges Heizen, Schmutz- und Fettablagerungen auf der Oberfläche des Wassers, welche von den aufsteigenden Dampfblasen nur zeitweise durchbrochen werden, ferner zu schnelles Öffnen des Kesselabsperrventiles, da hiermit eine Druckverminderung und somit vermehrte Dampferzeugung verbunden ist. Das Überkochen läßt sich durch Einschränkung der Dampferzeugung beseitigen. Dämpfer und Rauchfangklappen sind daher zu schließen und die Kessel aufzuspeisen. Zweckmäßig ist dabei auch ein teilweises Schließen des Kesselabsperrventiles, also eine Verringerung der Dampfentnahme.

Ist der Wasserstand durch Unachtsamkeit oder durch plötzlich eintretende große Leckagen so stark gesunken, daß schon Kesselteile glühend geworden sein können, so ist weder frisches Wasser aufzuspeisen noch das Feuer herauszuziehen, da durch die Berührung der glühenden Flächen mit dem Wasser und das Herausziehen der Feuer eine stärkere Dampfbildung entstehen kann. Nach Schließung der Dämpfer und Öffnung der

Feuer- und Rauchkammertüren sind vielmehr die Feuer mit nasser Asche zu bedecken.

Ist bei Wasserrohrkesseln ein Rohr durchgebrannt oder irgendwie zerstört, so sind die Feuertüren und Dämpfer zu schließen und die Feuerlöschventile in Tätigkeit zu setzen. Der Dampf entweicht dann durch den Schornstein, besonders wenn dabei mit den Ventilationsmaschinen ein höherer Luftüberdruck im Heizraum erzeugt wird.

Die Ventilationsmaschinen dürfen nur ganz allmählich angestellt werden, da sonst Löcher im Feuer entstehen und zuviel kalte Luft in die Kessel tritt; ebenso müssen sie langsam abgestellt werden, weil sonst die Roste nicht genügend gekühlt werden und leicht durchbrennen. Aus demselben Grunde dürfen auch bei plötzlichem Stoppen die Dämpfer nicht sofort gebraucht werden.

Wird die Maschine längere Zeit nicht benutzt, so werden die Dämpfer geschlossen, die Feuertüren etwas geöffnet und die Feuer »aufgebänkt«, d. h. auf dem hinteren oder auch vorderen Teil des Rostes zusammengeschoben. Den dadurch freigewordenen Teil des Rostes deckt man zweckmäßig mit Heizrückständen zu, um dem Eintritt kalter Luft möglichst vorzubeugen. Der überschüssige Dampf entweicht bei der Handelsmarine durch die Sicherheitsventile; bei Kriegsschiffen geht er durch die Überproduktionsleitung in den Kondensator. Bei Wasserrohrkesseln ist es meist ökonomischer, die Kessel ausgehen zu lassen und dann beim Gebrauch wieder anzuzünden, als längere Zeit hindurch die Feuer aufgebänkt zu halten.

Vor der Ankunft im Hafen kann man die Feuer schon etwas abbrennen lassen, da beim Manövrieren nicht so viel Dampf gebraucht wird. Zur Außerbetriebsetzung der Kessel schließt man die Absperrventile, Dämpfer und Rauchfangklappen, läßt die Feuer ruhig abbrennen und zieht sie schließlich heraus. Auf diese Weise wird ein ganz allmähliches Erkalten der Kessel erzielt. Zweckmäßig bläst man vor der Außerbetriebsetzung vorsichtig das Fett von der Oberfläche des Wassers ab, damit dieses beim späteren Auspumpen des erkalteten Wassers nicht die Wände des Kessels überzieht. Da das Ausblasen wegen der damit verbundenen Erschütterungen und der verhältnismäßig schnellen Abkühlung des Kessels schädlich ist, darf das Wasser nur im Notfall, z. B. bei dringenden Reparaturen ausgeblasen werden, aber auch dann nur, nachdem der Dampfdruck bis auf 1 oder 2 at gesunken ist. Bei Wasserrohrkesseln kann natürlich ein Ausblasen eher vorgenommen werden als bei Zylinderkesseln.

Bei der Reinigung der Zylinderkessel wird der Kesselstein mit Pickhämmern oder an Stellen, die nicht leicht erreichbar sind, wie z. B. zwischen den Rohren, mit dem Stangenmeißel vorsichtig entfernt. Man muß hierbei darauf achten, daß die Oberfläche der Bleche und Rohre nicht angegriffen wird, da sonst der sich frisch ansetzende Kesselstein schwer zu entfernen ist. Kesselsteinschichten bis zu etwa 1 mm Stärke sollten überhaupt nicht entfernt werden, da sie die Kessel vor dem Rosten schützen und die Wärmeübertragung nur wenig hindern. Nach dem Abpicken des Kesselsteins spritzt man den Kessel aus und entfernt den Schmutz und abgelösten Kesselstein. Schornstein und Rauchfang, Siederohr und Feuerkammer reinigt man von Ruß und Flugasche, indem man oben beginnt. Schließlich werden die Roste gesäubert und die Zinkschutzplatten besichtigt und ev. erneuert. Ist der Kessel stark verfettet und verschmutzt, so kocht man ihn mit Wasser, dem Soda zugesetzt ist, bei geöffneten Sicherheitsventilen aus.

Bei den Wasserrohrkesseln unterscheidet unsere Marine je nach den Betriebszeiten drei Reinigungen:

1. Die vorläufige Reinigung, spätestens nach 300 Betriebsstunden. Hierbei wird der Kessel, nachdem der Druck auf etwa 5 at gesunken ist, wiederholt abgeschäumt und schließlich mit geringem Druck ausgeblasen. Dann wird der lose Schmutz und das Fett aus dem Kessel entfernt.

2. Die kleine Reinigung, spätestens nach 600 Betriebsstunden. Hierbei setzt man dem Kessel Soda und etwas Petroleum und kaustische Soda zu und kocht ihn dann mindestens 12 Stunden lang aus, wobei das notwendige Aufspeisen mit Seewasser geschieht, da etwas salzhaltiges Wasser die Verwandlung des Fettes in leichter zu entfernende, pulverförmige Niederschläge begünstigt. Das Auskochen geschieht bei geöffneten Sicherheitsventilen mit einigen Atmosphären Druck, da der dann vorhandene bessere Wasserumlauf für die Reinigung der Kessel förderlich ist. Dann wird der Kessel wie bei der vorläufigen Reinigung nach mehrmaligem Abschäumen ausgeblasen und jedes Rohr mit einem kräftigen Wasserstrahl ausgespritzt. Der Zustand der Rohre wird durch Stichproben festgestellt, indem man durch eine Anzahl von Rohren Drahtbürsten oder Spiralen aus Uhrfederstahl zieht.

3. Die große Reinigung, jährlich mindestens einmal, wenn möglich zweimal, jedenfalls aber nach 1200 Betriebsstunden. Der Kessel wird hierbei wie bei der kleinen Reinigung ausgekocht und ausgeblasen, dann werden aber alle Rohre mit der Bürste durchzogen.

Auf Torpedobooten müssen die genannten Reinigungen bereits nach der Hälfte der angegebenen Zeiten stattfinden.

Vor dem Befahren sind die Kessel stets zu lüften und durch Hineinhalten einer Sicherheitslampe auf das Vorhandensein explosibler Gase zu untersuchen.

Die äußere Reinigung der Wasserrohrkessel von Ruß und Flugasche geschieht während des Betriebes durch Preßluft, indem man nach Bloßlegung der Reinigungsöffnungen die Ventilationsmaschinen schneller laufen läßt, oder auch dadurch, daß man einen Dampfstrahl zwischen die Rohre schickt. Letzteres darf jedoch nur bei im Betrieb befindlichen, also warmen Kesseln geschehen, da sonst die feuchtgewordene Flugasche teilweise an den Rohren hängen bleibt und zu Abrostungen Veranlassung gibt. Außer Betrieb werden die Rohre mit der Bürste gereinigt.

Zur Konservierung der Kessel ist vor allem die Fernhaltung von Luft oder wenigstens des Sauerstoffes derselben vom Kesselinnern erforderlich, bei der trockenen Konservierung auch die Entfernung jeglicher Feuchtigkeit, damit ein Rosten nicht eintreten kann. Die Konservierung kann auf dreierlei Weise geschehen:

1. Luftfrei bei normalem Wasserstand. Diese Methode wird angewendet, wenn die Kessel zum sofortigen Gebrauch bereit sein sollen. Hierbei schließt man bei der Außerbetriebsetzung des Kessels alle Armaturteile luftdicht, sobald der Dampfdruck auf etwa 0,3 at gesunken ist. Es entsteht dann über dem normalen Wasserstand ein luftleerer Raum.

2. Die nasse Konservierung wird angewendet, wenn die Kessel längere Zeit außer Betrieb bleiben, aber doch in verhältnismäßig kurzer Zeit betriebsbereit sein sollen. Hierbei werden die Kessel vollständig mit Wasser gefüllt, das bei mäßigem Feuer oder durch Anwendung der vom Hilfskessel betriebenen Temperaturausgleicher so lange gekocht wird, bis aus den höchstgelegenen Armaturteilen keine Luft mehr austritt. Dann wird der Kessel dicht verschlossen. Selbstverständlich muß bei dieser Konservierungsmethode darauf geachtet werden, daß die Temperatur des Heizraumes nicht unter den Gefrierpunkt sinkt.

3. Die trockene Konservierung wird bei längeren Außerdienststellungen angewendet. Hierbei stellt man in die Feuerungen kleine Öfen und trocknet so die Kessel vorsichtig bei geöffneten Mann- und Schlammlöchern aus. Dann werden Becken mit glühenden Holzkohlen und Schalen mit Chlorcalcium in die Kessel eingesetzt und alle Öffnungen sorgfältig verschlossen. Die Holzkohle soll den Sauerstoff der im Kessel enthaltenen Luft verzehren, das Chlorcalcium die Feuchtigkeit derselben aufsaugen. Ab und zu ist das Chlorcalcium zu erneuern, wobei jedesmal wieder glühende Holzkohlen zu verwenden sind.

Kesselexplosionen, die an Bord glücklicherweise sehr selten vorkommen, können hervorgerufen werden entweder durch Fehler in der Konstruktion — zu schwache Konstruktion oder schlechtes Material — oder durch Fehler im Betrieb, wie zu hohe Dampfspannung, zu große plötzliche Dampfentwickelung, welche z. B. eintritt, wenn glühend gewordene Kesselteile mit Wasser in Berührung kommen, übermäßige Ansammlungen von Kesselstein oder Fett, bei welchen das Material zu sehr erhitzt wird, und vor allem bei Wassermangel, schließlich auch durch das Unterlassen notwendiger Reparaturen bei Anfressungen, Abrostungen u. dgl. Ein solches Abrosten kann insbesondere an lecken Stellen durch das dauernd austretende Wasser entstehen. In dieser Beziehung sind besonders die Bodennähte sorgfältig zu beobachten.

Bezüglich der Reparatur der Kessel sei nur erwähnt, daß lecke Stellen dicht gestemmt und lose gewordene Niete oder solche mit abgesprungenen Köpfen herausgebohrt und durch neue Niete oder Schrauben ersetzt werden müssen. Kleine Risse können »abgebohrt« werden; bei größeren schadhaften Stellen wird das schlechte Stück herausgekreuzt und ein Flicken aufgenietet. An feuerberührten Stellen, insbesondere bei Flammrohren, ist jedoch ein solches Flicken nicht zu empfehlen.

Namen- und Sachregister.

www.ingramcontent.com/pod-product-compliance
Lightning Source LLC
LaVergne TN
LVHW081329011026
849161LV00013BB/2879